碾压式沥青混凝土心墙坝新技术研究与实践

主　编　何建新
副主编　刘　亮　杨　伟　房　晨

黄河水利出版社
·郑州·

内 容 提 要

本书在沥青混凝土心墙坝实践的基础上,综合了沥青混凝土心墙材料设计、施工及质量控制的最新研究成果。全书共分为 10 章,阐述了沥青混凝土性能及配合比的设计方法;建立了天然砾石骨料酸碱性的评价方法,提出了心墙沥青混凝土长期水稳定性的试验方法,推动了砾石骨料在沥青混凝土心墙坝中的应用与发展;结合新疆多座沥青混凝土心墙坝的工程建设,系统分析了特殊气候环境下碾压式沥青混凝土心墙坝的施工难题,创新地提出了利用坝体填筑高差形成的临时挡风结构,保证大风气候环境下心墙的连续施工技术。本书研究成果在阿拉沟、大河沿和大石门水库等一批高沥青心墙坝中成功应用。

本书面向广大的水利工程技术人员和管理人员,可为沥青混凝土心墙坝的材料、设计、施工与检测等方面的技术人员提供参考,也可为沥青混凝土材料研究人员提供借鉴。

图书在版编目(CIP)数据

碾压式沥青混凝土心墙坝新技术研究与实践/何建新主编. —郑州:黄河水利出版社,2020.6
ISBN 978-7-5509-2715-5

Ⅰ.①碾… Ⅱ.①何… Ⅲ.①沥青混凝土心墙-心墙堆石坝-筑坝-研究 Ⅳ.①TV641.4

中国版本图书馆 CIP 数据核字(2020)第 112071 号

出　版　社:黄河水利出版社　　　　　　　　　网址:www.yrcp.com
　　　　地址:河南省郑州市顺河路黄委会综合楼 14 层　　邮政编码:450003
发行单位:黄河水利出版社
　　　　发行部电话:0371-66026940、66020550、66028024、66022620(传真)
　　　　E-mail:hhslcbs@ 126.com
承印单位:河南承创印务有限公司
开本:787 mm×1 092 mm　1/16
印张:22.75
字数:526 千字　　　　　　　　　　　　印数:1—1 000
版次:2020 年 6 月第 1 版　　　　　　　　印次:2020 年 6 月第 1 次印刷

定价:98.00 元

《碾压式沥青混凝土心墙坝新技术研究与实践》

编写人员及单位

主　　编　　何建新

副 主 编　　刘　亮　　杨　伟　　房　晨

参编人员　　杨海华　　马学斌　　宫经伟　　杨　武

吴　松　　安万志　　凤不群　　樊震军

开　鑫　　郭立博　　冯　卉　　慈　军

杨耀辉　　张正宇　　李琦琦　　伦聚斌

吴远鹏　　李亚运　　杨志豪　　李泽鹏

张凤超　　贾广银　　柴龙胜　　于　雷

张　婷　　努尔·开力　　依沙克·胡吉

主要编写单位　　新疆农业大学

中国水电建设集团十五工程局有限公司

吐鲁番市高昌区水利局

新疆兴农建筑材料检测有限公司

序

沥青混凝土作为土石坝的防渗系统在世界范围内得到广泛运用,成为重要的坝型之一。沥青混凝土心墙具有良好的适应变形能力、抗冲蚀能力、抗老化能力及整个心墙无须设置结构缝,因此沥青混凝土心墙可在任何气候条件下和任何海拔上使用。理论分析和工程实践均表明,沥青混凝土心墙坝的安全性很高,是一种极有发展潜力的坝型。

沥青混凝土用于大坝防渗始于 1949 年葡萄牙建成了 Vale de Caio 沥青混凝土心墙坝,1962 年第一座采用机械压实的沥青混凝土心墙坝在德国建成,此后在世界范围内建成近 100 余座沥青混凝土心墙坝,其中绝大部分为碾压式沥青混凝土坝。挪威 1997 年建设的 Storglomvatn 沥青混凝土心墙坝高达 125 m,2005 年我国建成了四川冶勒沥青混凝土心墙坝,高 123 m,茅坪溪工程坝高 104 m。

20 世纪 70 年代初期,我国以陕西机械学院为主,组建了"水工沥青防渗科研协调组",针对石砭峪等沥青面板坝工程,开展了沥青防渗的研究,促成了沥青防渗应用第一个高潮的到来。后因我国沥青的品质欠佳,施工技术水平较低,难以满足防渗要求,导致沥青防渗工程进入停滞状态。改革开放以后,随着石化工业的发展和高速公路的建设,国产沥青的质量和产量得到极大的提高,为沥青防渗技术的应用奠定了良好的物质基础。1997 年在新的形势下,新疆农业大学结合吐鲁番地区坎儿其大坝,编写了《沥青混凝土心墙坝的设计与施工》讲义,在技术资料匮乏的条件下,用于指导工程建设。此后,在与西安理工大学协作下,完成了坎儿其大坝的心墙沥青混凝土配合比设计,成功地采用了半机械化的施工工艺,建成了在深厚覆盖层上的第一座沥青混凝土心墙坝,为这种坝型的推广应用提供了宝贵的经验。目前,新疆已建设的沥青混凝土心墙坝 70 余座,其中百米级以上的有 11 座,包括阿拉沟、石门,五一水库等一批沥青混凝土心墙高坝,基本建成了坝基覆盖层深达近 190 m 大河沿沥青心墙坝;坝高 130 m 级的大石门、尼雅等沥青混凝土心墙坝正在施工。为数众多的工程建成使新疆成为我国沥青心墙坝最多的省份,新疆沥青心墙坝的应用进入了第二个高潮。

尽管沥青心墙坝已成功建成和安全运行,但其设计和施工的水平仍是依赖经验。经验和判断是其设计与施工的基础,材料和施工工艺经验大多来源于公路建设方面,不能完全适应水利工程的要求,有相当多的问题尚制约工程的建设。面对这些亟待解决的问题,本书作者针对沥青心墙坝的结构设计、材料和工程施工工艺诸多方面所开展的研究成果,集成于本书。这些研究成果开拓了人们的思路,对缩短建设周期、降低工程造价具有建设性的意义。

在材料方面,作者深入研究了沥青混凝土采用砾石骨料的可行性,探讨了其耐久性,并应用于实际工程中,取得了显著的效益;在级配设计方面突破现有规范对最大粒径 19 mm 的限制,采用大粒径骨料级配,研究表明:这种粗粒沥青混凝土的力学性能完全可以满足水利工程性能的要求,可提高原材料的利用率。

　　新疆地处欧亚大陆腹地，"冷""热""风""干"是影响工程建设的主要环境因素。本书作者参与了新疆多数沥青混凝土心墙坝工程的建设，研究了在不利施工环境下沥青混凝土心墙的施工工艺，从中总结出了宝贵的成果，这些成果既可降低施工强度，又可延长施工有效工期，甚至对热施工的沥青心墙可实现全年施工。成果丰富，既有理论论述，又有工程经验，无疑将对水工沥青混凝土技术的发展起到推动作用。

　　沥青混凝土心墙坝的应用取得了很大的成就，但这一坝型仍然是经验性的，其设计理念基本上是通过对已建工程的类比，结合经验判断主导。随着坝高和工程规模不断加大，原有的设计方法逐步显露出不能满足工程的需要，设计理论亟待完善，以弥补经验的局限性。为使沥青混凝土心墙坝由经验性坝型，逐步转向依据理论分析进行设计，这就需要对沥青混凝土的基本性能开展更深入的研究。例如，心墙沥青混凝土的性能十分复杂，究竟属于何种材料，是黏弹性材料、蠕变材料、弹塑性材料，还是线弹材料，其应力应变关系究竟采用何种模型更合理；当前视沥青混凝土为 Mohr-Coulomb 材料，随着坝高的增加，在高应力水平下的强度遵循何种规律；沥青混凝土心墙与坝壳材料的相互作用对结构稳定性影响如何。这些问题均需通过大量的科学试验和理论分析回答。

　　期盼本书的出版将会促进沥青混凝土心墙坝在我国取得更大的发展！

冯家骥
2020 年 5 月

前　言

　　新疆水利工程建设的快速发展和克拉玛依高品质沥青的资源优势,使沥青混凝土作为土石坝防渗心墙在新疆寒冷地区得到广泛应用。沥青混凝土心墙坝具有结构简单、防渗性好、施工快捷、适应变形能力强等特点,且具有很好的抗冲蚀和抗老化能力,已成为新疆水利工程中的重要坝型之一。近年来,新疆先后建成了下坂地、库什塔依、阿拉沟等百米级沥青混凝土心墙坝,正在兴建大石门、尼雅等130 m级沥青混凝土心墙坝,推动了新疆经济的发展,促进了新疆的社会稳定和长治久安。

　　尽管工程实践中碾压式沥青混凝土坝得到了迅速的发展,但在材料研究、设计理论方面远落后于工程实践,致使沥青混凝土心墙坝的设计与施工仍处于经验性阶段,远不能满足工程实际的需要,已制约着该坝型的发展。为满足工程建设特别是高坝建设的需要,仍需开展碾压式沥青混凝土心墙坝技术的研究工作。我们在20多年的研究和工程实践中,系统地研究了心墙沥青混凝土性能和试验方法,提出了大粒径骨料沥青混凝土配合比设计方法及砾石骨料在心墙沥青混凝土中的应用,结合实际工程研究了特殊环境下心墙沥青混凝土的性能、施工技术和质量控制方法,分析了沥青混凝土施工缺陷及处理措施。

　　本书在沥青混凝土性能及试验总结的基础上,系统介绍了沥青混凝土配合比的设计方法,对沥青混凝土骨料最大粒径由现行的19 mm提高至37.5 mm的可行性进行了理论探讨,并给出相应的配合比设计思路;从胶浆理论出发,进行了砾石骨料在碾压式沥青混凝土心墙坝中的应用研究,通过分析砾石骨料与沥青胶浆的黏附规律,比较在沥青中掺水泥、石灰石粉等碱性填料或添加抗剥落剂对砾石骨料与沥青胶浆黏附性的改善效果。研究了砾石骨料与沥青胶浆界面强度的变化规律,并与碱性骨料做对比分析,阐明水泥作为填料对天然砾石骨料与沥青胶浆的界面行为影响机制,揭示了水泥对心墙沥青混凝土长期水稳定性的作用机制,完善心墙沥青混凝土长期水稳定性的试验方法,为天然砾石骨料在沥青混凝土心墙坝中的应用提供理论依据。本研究成果得到了新疆系列工程的实践检验,首先在新疆一批浇筑式沥青混凝土心墙坝中应用,接着在碾压式沥青混凝土心墙低坝中进行了推广,如乌苏市特乌勒水库、轮台县五一水库围堰、呼图壁县齐古水库、青河县喀英德布拉克水库等,近几年又在策勒县奴尔水库、若羌县若羌河水库和新疆兵团第九师乔拉布拉水库3座80 m级中高坝中成功应用。

　　本书结合新疆多座沥青混凝土心墙坝的工程建设,系统分析了特殊环境下碾压式沥青混凝土心墙坝施工存在的难题。研究主要包括:低温环境下沥青混凝土碾压结合层面的力学性能和渗透性能,通过室内模拟和现场试验分析了在保证结合面渗透性能的条件下,适当降低沥青混凝土结合面温度的可行性,研究成果在阿拉沟水库心墙冬季施工中成功应用,心墙施工最低气温达到了-20 ℃;研究沥青混凝土高温碾压的侧胀规律,通过试验分析了沥青混凝土碾压侧胀量与孔隙率的关系,提出适当提高沥青混凝土碾压结合层面温度,可有效地缩短施工等待时间,保证沥青混凝土在高温环境下的连续施工,研究成果在阿拉沟水库、大河沿水库和大石门水库成功应用;研究大风环境下沥青混凝土心墙施工防风技术,通过室内和现场试验研究在大风环境下沥青混凝土心墙的散热规律,分析了在保证心墙连续施工的条件下,利用坝体填筑高差形成临时挡风结构的施工技术,此项工艺措施在大河沿水库施工中进行了应用,达到了较好效果。

本书是对我们 20 余年的水工沥青混凝土材料和施工技术研究与实践的总结,希望能够起到抛砖引玉的作用,使读者能够看到碾压式沥青混凝土心墙坝的新材料和新技术,进一步推动了我国碾压式沥青混凝土心墙坝的建设和发展。

本书在编写过程中得到了新疆农业大学凤家骥教授、葛毅雄教授、唐新军教授的支持,以及王景、刘涛、糟凯龙等研究生的帮助,在此一并表示诚挚的感谢!

本书得到了新疆维吾尔自治区自然科学基金(项目编号:2017D01A42)、新疆维吾尔自治区高校科研计划科学研究重点项目(项目编号:XJEDU2014I016)、新疆维吾尔自治区水利工程重点学科、新疆水利工程安全与水灾害防治重点实验室等多个项目资助。

作　者

2020 年 5 月

目　录

第 1 章 沥青混凝土心墙坝概要

沥青混凝土心墙坝是指坝体中部设置沥青混凝土墙作为防渗体的土石坝。沥青混凝土心墙作为土石坝的防渗系统在世界范围内得到了广泛运用,并成为重要的坝型之一。沥青混凝土心墙具有良好的适应变形能力、抗冲蚀能力、抗老化能力,以及整个心墙无须设置结构缝,因此沥青混凝土心墙可在任何气候条件下和任何海拔上使用。理论分析和工程实践均表明沥青混凝土心墙坝的安全性很高,是一种极有发展潜力的坝型。

1.1 沥青混凝土心墙坝的发展

自 1949 年葡萄牙建成了 Vale de Caio 沥青混凝土心墙坝,1962 年第一座采用机械压实的沥青混凝土心墙坝在德国建成,此后在世界范围内建成近 100 座沥青混凝土心墙坝,其中绝大部分为碾压式沥青混凝土坝。挪威 1997 年建设的 Storglomvatn 沥青混凝土心墙坝高达 125 m,如图 1-1 所示。我国已建成发电的四川冶勒沥青混凝土心墙坝高 126 m,茅坪溪工程坝高 104 m。2000 年以来,我国建成了新疆坎儿其、重庆洞塘、内蒙古三座店、新疆下坂地、四川龙头石等工程,在沥青混凝土心墙坝建设和工程实践中,在设计、施工、质量控制方面均积累了很多的经验,技术水平有了较大的提高。沥青混凝土心墙可作为防渗体用于更高的土石坝工程中,国内正在建设的去学水电站坝高达到了 164.2 m,其中沥青混凝土心墙高度 132.0 m,为目前世界上最高的沥青混凝土心墙堆石坝。

图 1-1 Storglomvatn 沥青混凝土心墙坝

在浇筑式沥青混凝土心墙防渗体方面,苏联早在 20 世纪 30 年代就已开始应用,并在尼日涅—斯维尔斯基心墙坝的施工中取得了成功的经验。70 年代以后,工程技术人员对采用浇筑式沥青混凝土作为高土石坝心墙防渗体的可行性,在沥青混凝土材料研究、配合比设计以及心墙的施工工艺、应力—应变计算等方面,开展了一系列的试验及研究工作。

研究成果及工程实践证实,与碾压式沥青混凝土相比,浇筑式沥青混凝土具有较高的密实度、不透水性和耐久性,能适应较大的变形,并具有裂缝自愈能力,作为土石坝防渗体是安全可靠的;浇筑式沥青混凝土靠自重压实,不需要任何压实机械,因而简化了心墙的施工程序。此外,由于该技术采用高温热拌沥青混凝土,故可在多雨、严寒等较恶劣的气候条件下全年施工,从而大大缩短了工期。鉴于以上优点和显著的经济效益,浇筑式沥青混凝土防渗体在苏联的北部、西伯利亚寒冷地区的土石坝建设中被相继采用。到80年代,在西伯利亚已开始修建鲍谷昌(坝址区年平均气温为-3.2 ℃)和捷尔马姆(坝址区年平均气温为-5～-3.3 ℃,年冰冻期大约200天,最低气温-55 ℃)两座浇筑式沥青混凝土堆石坝,坝高分别为82 m和140 m,在北高加索修建了坝高达100 m的伊尔干埃斯卡亚浇筑式沥青混凝土心墙坝,其技术水平当前在世界上处于领先地位。

我国东北地区在20世纪70年代也开展了浇筑式沥青混凝土坝的研究和工程实践,取得了可喜的成果,初步显示出这种坝型在寒冷地区的优越性,但因所建的大坝高度较小,未引起坝工界的重视。

新疆山区水库建设近年来呈现出迅速发展的趋势,根据相关规划,2010～2030年规划建设大中型水库近百座,其中绝大多数是山区水库。在山区水库建设中,结合新疆高严寒、高海拔、高地震、深厚覆盖层、多泥沙等特殊条件,形成了以当地材料坝为主的筑坝趋势。20世纪90年代开始引进推广沥青心墙筑坝技术,2001年建成了坎儿其水库沥青心墙坝(坝高51.3 m),2010年建成了下坂地水库沥青心墙坝(坝高78 m),已建设的沥青心墙坝百米级高坝有大石门水库(坝高128.8 m)、阿拉沟水库(坝高105.3 m)、五一水库(坝高102.5 m),正在建设的吉尔格勒德水库(坝高101.5 m),2015年开工建设的大河沿水库(坝高75.0 m,混凝土防渗墙最大墙深184 m,属世界第一深墙)。

进入20世纪90年代,新疆根据自身的气候条件,先后建成了40 m级的多拉特、加音塔拉和两座50 m级的围堰,这些工程均在一个冬季就施工完毕,工作性能良好,体现了浇筑式沥青混凝土的优越性。表1-1和表1-2对新疆近年来建设的典型沥青混凝土心墙坝进行了统计。

表1-1　新疆碾压式沥青混凝土心墙坝典型工程建设统计

序号	水库名称	建成年	河流	地点	最大坝高 (m)	坝长 (m)	总库容 (亿 m³)	装机 (MW)
1	尼雅水库	在建	尼雅河	民丰县	131.0	352	0.422	6
2	大石门水库	在建	车尔臣河	且末县	128.8	205	1.27	60
3	巴木墩水库	在建	巴木墩河	哈密市	128.0	306	0.099 6	—
4	八大石水库	在建	庙尔沟河	哈密市	115.7	313	0.099	—
5	吉尔格勒德水库	在建	四棵树河	乌苏市	101.5	345	0.61	20
6	大河沿水库	在建	大河沿河	吐鲁番市	75.0	500.0	0.302 4	—
7	若羌河水库	在建	若羌河	若羌县	77.5	231.0	0.177 6	2.6
8	石门水电站	2013	呼图壁河	呼图壁县	106.0	312.5	0.797 5	95

续表 1-1

序号	水库名称	建成年	河流	地点	最大坝高 （m）	坝长 （m）	总库容 （亿 m³）	装机 （MW）
9	阿拉沟水库	2018	阿拉沟河	托克逊县	105.3	365.5	0.445	—
10	五一一水库	2019	迪那河	轮台县	102.5	374	0.968	15
11	库什塔依水电站	2014	库克苏河	特克斯县	91.1	439	1.59	100
12	奴尔水库	2015	奴尔河	策勒县	80.0	740	0.68	62
13	下坂地水库	2010	塔什库尔干河	塔什库尔干县	78.0	406	8.67	150
14	照壁山水库	2007	板房沟河	乌鲁木齐	71.0	121	0.075 3	—
15	加那尕什水库	2019	别列则克河	哈巴河县	69.0	432	0.619 6	—
16	二塘沟水库	2018	二塘沟	鄯善县	64.8	337	0.236	—
17	克孜加尔水库	2014	克兰河	阿勒泰市	64.0	355	1.767	5
18	坎儿其水库	2001	坎儿其河	鄯善县	51.3	320	0.118	—
19	开普太希水库	2010	库孜洪河	乌恰县	48.4	195	0.099	—
20	山口水库	2015	米兰河	若羌县	83.0	415	0.410	2.4
21	38 团石门水库	2018	莫勒切河	且末县	75.5	565	0.736 2	8
22	努尔加水库	2015	三屯河	昌吉市	81.0	486	0.684 4	—
23	喀英德布拉克水库	2019	大青河	青河县	59.6	607	0.523 4	—
24	齐古水库	2017	呼图壁河	呼图壁县	50.0	381	0.205 7	—

表 1-2　新疆浇筑式沥青混凝土心墙坝典型工程建设统计

序号	水库 名称	所在地州河流	库容 （万 m³）	坝高 （m）	总投资 （万元）	单方库 容投资 （元/m³）
1	也拉曼	阿勒泰可依克拜河	703.39	31.76	8 246.90	11.8
2	巴勒哈纳克	阿勒泰切末尔切克河	453.96	61.57	8 208.50	18.1
3	东塔勒德	阿勒泰阔斯特塔勒德河	364.66	44.70	5 215.94	14.3
4	麦海因	塔城麦海因河	995.00	52.65	7 954.33	8.0
5	乌雪特	塔城乌雪特河	320.00	49.42	6 102.94	19.1
6	阿勒腾也木勒	塔城阿勒腾也木勒河	285.00	35.41	5 485.61	19.2
7	乌克塔斯	塔城乌图阔力河	265.00	26.80	4 049.28	15.3
8	大柳沟	哈密大柳沟	372.42	36.33	6 215.28	16.7
9	小洪那海	伊犁小洪那海河	585.77	46.38	8 088.15	13.8
10	莫呼查汗	巴州莫呼查汗河	654.74	56.65	9 355.56	14.3
11	大库斯台	博州大库斯台河	351.71	36.80	7 725.11	21.9
12	阿尔夏提	博州阿尔夏提河	330.68	39.40	7 871.30	23.8

1.2　沥青混凝土心墙坝的类型

沥青混凝土心墙按材料性质可分为：

（1）碾压式密级配沥青混凝土心墙；

（2）浇筑式沥青混凝土心墙；

（3）块石沥青混凝土心墙。这种心墙坝仅在德国使用较多，是将块石压入沥青砂中，沥青砂的最大粒径为 8 mm，沥青含量约 9%，块石粒径为 10~40 mm，块石含量 35%~40%。目前已很少采用。

沥青混凝土心墙按布置形式可分为以下三类，如图 1-2 所示。

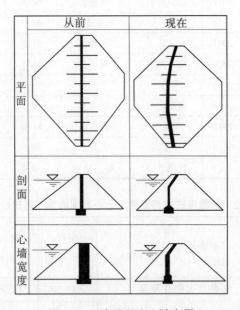

图 1-2　沥青混凝土心墙布置

（1）垂直式沥青混凝土心墙：垂直式沥青混凝土心墙面积较小，工程量少，施工简单；心墙对坝体沉降引起的变形反应不像倾斜式心墙那样敏感，各种高度的坝均可采用，浇筑式沥青混凝土心墙多采用这种型式。

（2）倾斜式沥青混凝土心墙：这种型式的心墙受力后的变形方向与坝体上部的变形矢量方向一致，且通过防渗斜墙传递的水荷载由剪力变为斜向压力传递给地基。同时由于防渗墙位置由坝体中部移向上游部位，增大了受剪断面，且通过防渗斜墙传递的水荷载与坝体的自重荷载的合力方向有利于传递到坝基中去，因而有可能使下游坝坡修得更陡些，节省坝体填筑方量；斜心墙与下游坝体合成一个整体，彼此不再成为互不干扰的独立体。就受力条件而论，沥青混凝土斜墙要比沥青混凝土心墙优越，尤其在地震区更是如此；斜心墙倚靠在下游坝体上，与相邻的过渡层密切结合，但受坝体沉降变形影响较大，要求斜心墙适应变形的能力要大些。斜心墙施工时必须安装自动横向交错模板，增加了施工难度，也增加了沥青混凝土用量，万一发现斜心墙渗漏严重，则由坝顶通过上游过渡层内钻孔灌浆比较困难。斜心墙的坡度约为1:0.4。

(3)混合式沥青混凝土心墙:是综合了上述二者的优点而发展起来的一种坝型。

沥青混凝土心墙按施工方法可分为以下两类:

(1)碾压式沥青混凝土心墙:是采用碾压机械或人工,对在一定温度条件下的沥青拌和料进行压实,使其达到设计要求的密实度,满足心墙工作安全的要求。其施工工艺与碾压式土石坝类同,国内外已建成的沥青混凝土心墙坝多为此类。

(2)浇筑式沥青混凝土心墙:采用较高的沥青用量提高沥青混凝土拌和物在规定的温度条件下的流动性,实现在沥青拌和物自重作用下得以压实达到设计要求的密实度,保证沥青混凝土心墙的安全运行。

近期又提出了振捣式沥青混凝土心墙坝,但还处在研究试用阶段。

1.3 沥青混凝土心墙坝的特点

沥青混凝土心墙坝是土石坝的一种坝型,因此其设计思想及方法与土石坝基本相同,仅在防渗心墙设计上有其自身的特点。沥青混凝土心墙坝的优点如下:

(1)沥青混凝土心墙位于坝壳中间,不受气候影响,也不易受到风浪等外力的损伤,因沥青混凝土具有较小的孔隙率,没有水浸入其中,冰冻作用无论怎样也不会影响沥青混凝土的工程性质,所以对沥青混凝土心墙不需要防冰保护。

(2)沥青混凝土具有较好的柔性和黏滞性,因此沥青混凝土心墙具有较好的抗震稳定性和防爆性。沥青混凝土在强震作用下显示出弹性变形性质,经过200次重复剪切和拉伸加载试验,发现对压实的沥青混凝土结构没有出现不利的影响。

(3)对地基要求较低,当坝体产生沉降时,对沥青混凝土心墙影响较小,其塑性能够保证在不降低坝体稳定性的情况下,可靠地吸收掉由于坝体超载、可压缩地基及因蓄水而引起坝基的附加位移。沥青混凝土在很大的剪切变形情况下不会破坏,室内试验表明,当压缩应变达到14%和侧向变形达到6%的情况下,仍然能保持防水性能。这种性能对建造于V形河谷的大坝适应可能产生的不均匀沉降变形是很有意义的。

(4)与黏土心墙不同,沥青心墙属非冲蚀材料,即使沥青混凝土心墙产生裂缝,在渗流作用下也不会产生危及坝体安全的冲蚀破坏。当坝体为堆石料时,渗透只是经济问题,而不是安全问题;由于沥青具有塑性,因此所出现的裂缝将有自愈能力,在载荷作用下,裂缝将闭合,使渗流减少。

(5)沥青混凝土心墙与坝体同时施工,早期即可蓄水。

(6)沥青混凝土心墙坝便于日后加高。

与面板坝相比,沥青混凝土心墙坝缺点如下:

(1)只有下游坝体承受水压力,下游坝坡比面板坝缓,工程量相应有所增加。

(2)沥青混凝土心墙与坝体同时施工,施工干扰较大,影响施工速度。

(3)检查漏水部位比较困难,后期也不易修补。

第 2 章　沥青混凝土性能与试验

2.1　沥青混凝土物理性能

2.1.1　沥青混凝土密度及孔隙率

密实性是心墙沥青混凝土获得良好物理力学性能和耐久性能的前提,沥青混凝土密度是指压实后沥青混凝土单位体积试件的质量。心墙沥青混凝土密实性一般用孔隙率表示,沥青混和料一定时,沥青混凝土密度越大,孔隙率越小,沥青混凝土就越密实。沥青混凝土孔隙率的大小将直接反映沥青混凝土防渗性能的好坏,是控制沥青混凝土防渗心墙防渗性能最重要的指标。孔隙率是通过测定沥青混凝土的表观密度,再根据沥青混凝土的理论最大密度计算出来的。工程中测定沥青混凝土密度的方法很多,马歇尔击实成型试件或在心墙上钻取芯样的密度测试方法有水中重法、表干法、蜡封法、体积法。沥青混凝土核子密度仪法是一种无损检测密度的方法,经常使用在工程现场沥青混凝土实体检测中。

2.1.1.1　水中重法

水中重法适用于测定吸水率不大于 0.5% 的沥青混凝土试件毛体积密度。当试件很密实,几乎不存在与外界连通的开口孔隙时,采用本方法测定的表观密度可以代替表干法测定的毛体积密度,并可以计算沥青混合料试件的孔隙率、矿料间隙率等各项体积指标。

1. 仪器设备

(1)浸水天平或电子秤:当最大称量在 3 kg 以下时,感量不大于 0.1 g;最大称量在 3 kg 以上时,感量不大于 0.5 g;最大称量在 10 kg 以上时,感量 5 g,应有测量在水中重的挂钩。

(2)称重装置:网篮、溢流水箱、试件悬吊装置等。

(3)其他:秒表、毛巾、电风扇或烘箱。

2. 试验方法

(1)除去试件表面的浮粒,在适宜的浸水天平或电子秤(最大称量应不小于试件质量的 1.25 倍,且不大于试件质量的 5 倍)称取干燥试件在空气中的质量 m_a,根据选择的天平的感量读数,准确至 0.1 g、0.5 g 或 5 g。

(2)挂上网篮,浸入溢流水箱的水中,调节水位,将天平调平或复零,把试件置于网篮中(注意不要使水晃动),待天平稳定后立即读数,称取水中质量 m_w。若天平读数持续变化,不能在数秒内达到稳定,说明试件有吸水情况,不适用于此法测定,应改用蜡封法测定。

(3)对从心墙上钻取的非干燥试件,可先称取水中质量 m_w,然后用电风扇将试件吹干至恒重[一般不少于 12 h,当不需进行其他试验时,也可用(60±5)℃烘箱烘干至恒重],再称取在空气中的质量 m_a。

3. 结果整理

沥青混凝土试件的表观相对密度和表观密度按式(2-1)和式(2-2)计算:

$$\gamma_a = \frac{m_a}{m_a - m_w} \tag{2-1}$$

$$\rho_a = \gamma_a \times \rho_w \tag{2-2}$$

式中 γ_a——在 25 ℃条件下沥青混凝土试件的表观相对密度,无量纲;

ρ_a——在 25 ℃条件下沥青混凝土试件的表观密度,g/cm^3;

m_a——干燥试件在空气中的质量,g;

m_w——试件在水中的质量,g;

ρ_w——25 ℃时水的密度,g/cm^3,取 0.997 1 g/cm^3。

2.1.1.2 表干法

表干法适用于测定吸水率不大于 2%的沥青混合料试件毛体积密度。

1. 仪器设备

(1)浸水天平或电子秤:当最大称量在 3 kg 以下时,感量不大于 0.1 g;最大称量在 3 kg 以上时,感量不大于 0.5 g;最大称量在 10 kg 以上时,感量 5 g,应有测量在水中重的挂钩。

(2)称重装置:网篮、溢流水箱、试件悬吊装置等。

(3)其他:秒表、毛巾、电风扇或烘箱。

2. 试验方法

(1)除去试件表面的浮粒,选择适宜的浸水天平或电子秤(最大称量应不小于试件质量的 1.25 倍,且不大于试件质量的 5 倍)称取干燥试件在空气中的质量 m_a,根据选择的天平的感量读数,准确至 0.1 g、0.5 g 或 5 g。

(2)挂上网篮,浸入溢流水箱中,调节水位,将天平调平或复零,把试件置于网篮中(注意不要晃动水),浸水 3~5 min 称取水中质量 m_w。若天平读数持续变化,不能很快达到稳定,说明试件吸水较严重,不适用于此法测定,应改用蜡封法测定。

(3)从水中取出试件,用洁净柔软拧干的湿毛巾轻轻擦去试件的表面水(不得吸走空隙内的水),称取试件的表干质量 m_f。

(4)对从心墙上钻取的非干燥试件可先称取其水中质量 m_w,然后用电风扇将试件吹干至恒重,一般不少于 12 h。当不须进行其他试验时,也可用(60±5)℃烘箱烘干至恒重,再称取其在空气中的质量 m_a。

3. 结果整理

沥青混凝土试件的表观相对密度和表观密度按式(2-3)和式(2-4)计算:

$$\gamma_a = \frac{m_f}{m_a - m_w} \tag{2-3}$$

$$\rho_a = \gamma_a \times \rho_w \tag{2-4}$$

式中 γ_a——在 25 ℃条件下沥青混凝土试件的表观相对密度,无量纲;

ρ_a——在 25 ℃条件下沥青混凝土试件的表观密度，g/cm³；

m_a——干燥试件在空气中的质量，g；

m_f——试件的表干质量，g；

m_w——试件在水中的质量，g；

ρ_w——25 ℃时水的密度，g/cm³，取 0.997 1 g/cm³。

2.1.1.3 蜡封法

蜡封法适用于测定吸水率大于2%的沥青混合料试件的毛体积密度。

1. 仪器设备

(1)熔点已知的石蜡。

(2)冰箱：可保持温度为 4~5 ℃。

(3)铅或铁块等重物。

(4)滑石粉、秒表、电风扇、电炉或燃气炉。

(5)其他同试验方法一。

2. 试验方法

(1)除去试件表面的浮粒，在适宜的浸水天平或电子秤(最大称量应不小于试件质量的 1.25 倍，且不大于试件质量的 5 倍)称取干燥试件在空气中的质量 m_a，根据选择的天平的感量读数，准确至 0.1 g、0.5 g 或 5 g。当为钻芯法取得的非干燥试件时，应用电风扇吹干 12 h 以上至恒重作为在空气中质量，但不得用烘干法。

(2)将试件置于冰箱中，在 4~5 ℃条件下冷却不少于 30 min。将石蜡熔化至其熔点以上(5.5±0.5)℃。从冰箱中取出试件立即浸入石蜡液中。至全部表面被石蜡封住后迅速取出试件，在常温下放置 30 min，称取蜡封试件在空气中的质量 m_p。

(3)挂上网篮，浸入溢流水箱中，调节水位，将天平调平或复零。将蜡封试件放入网篮浸水约 1 min，读取水中质量 m_e。

(4)如果试件在测定密度后还需要做其他试验，为便于除去石蜡，可事先在干燥试件表面涂一薄层滑石粉，称取涂滑石粉后的试件质量 m_s，然后蜡封测定。

(5)用蜡封法测定时，石蜡对水的相对密度按下列步骤实测确定：

①取一块铅或铁块之类的重物，称取在空气中质量 m_g。

②测定重物的水中质量 m'_g。

③待重物干燥后，按上述试件蜡封的步骤将重物蜡封后测定其在空气中的质量 m_d 及水中质量 m'_d。

④按式(2-5)计算石蜡对水的相对密度：

$$\gamma_p = \frac{m_d - m_g}{(m_d - m_g) - (m'_d - m'_g)} \tag{2-5}$$

式中 γ_p——在 25 ℃条件下石蜡对水的相对密度，无量纲；

m_g——重物在空气中的质量，g；

m'_g——重物在水中的质量，g；

m_d——蜡封后重物在空气中的质量，g；

m'_d——蜡封后重物在水中的质量，g。

3. 结果整理

计算试件的毛体积相对密度,取 3 位小数。

(1)蜡封法测定的试件毛体积相对密度按式(2-6)计算:

$$\gamma_f = \frac{m_a}{(m_p - m_c) - (m_p - m_a)/\gamma_p} \qquad (2\text{-}6)$$

式中 γ_f——蜡封法测定的试件毛体积相对密度,无量纲;

m_a——试件在空气中的质量,g;

m_p——蜡封试件在空气中的质量,g;

m_c——蜡封试件在水中的质量,g。

(2)涂滑石粉后,用蜡封法测定的试件毛体积相对密度按式(2-7)计算:

$$\gamma_f = \frac{m_a}{(m_p - m_c) - [(m_p - m_a)/\gamma_p + (m_s - m_a)/\gamma_s]} \qquad (2\text{-}7)$$

式中 m_s——试件涂滑石粉后在空气中的质量,g;

γ_s——在 25 ℃条件下滑石粉对水的相对密度,无量纲。

(3)试件的毛体积密度按式(2-8)计算:

$$\rho_f = \gamma_f \times \rho_w \qquad (2\text{-}8)$$

式中 ρ_f——蜡封法测定的试件毛体积密度,g/cm^3;

γ_f——试件毛体积相对密度,无量纲;

ρ_w——25 ℃时水的密度,g/cm^3,取 0.997 1 g/cm^3。

(4)试件的孔隙率按式(2-9)计算:

$$VV = (1 - \frac{\rho_f}{\rho_t}) \times 100 \qquad (2\text{-}9)$$

式中 VV——沥青混凝土试件的孔隙率(%);

ρ_t——沥青混凝土的理论最大密度,g/cm^3。

2.1.1.4 体积法

体积法可测定沥青混合料的毛体积相对密度或毛体积密度,但仅适用于不能用表干法、蜡封法测定的孔隙率较大的沥青碎石混合料及大空隙透水性开级配沥青混合料等,并计算沥青混合料试件的孔隙率、矿料间隙率等各项体积指标。

1. 仪器设备

(1)天平或电子秤:当最大称量在 3 kg 以下时,感量不大于 0.1 g;最大称量在 3 kg 以上时,感量不大于 0.5 g;最大称量在 10 kg 以上时,感量不大于 5 g。

(2)卡尺。

2. 试验方法

(1)选择适宜的天平或电子秤,最大称量应不小于试件质量的 1.25 倍,且不大于试件质量的 5 倍。

(2)清理试件表面,刮去突出试件表面的残留混合料,称取干燥试件在空气中的质量 m_a,根据选择的天平的感量读取,准确至 0.1 g、0.5 g 或 5 g。当为钻芯法取得的非干燥试件时,应用电风扇吹干 12 h 以上至恒重作为在空气中的质量,但不得用烘干法。

(3)用卡尺测定试件的各种尺寸,准确至 0.01 cm,圆柱体试件的直径取上、下 2 个断面测定结果的平均值,高度取十字对称 4 次测定的平均值;棱柱体试件的长度取上、下 2 个位置的平均值,高度或宽度取两端及中间 3 个断面测定的平均值。

3.结果整理

(1)圆柱体试件毛体积按式(2-10)计算:

$$V = \frac{\pi \times d^2 \times h}{4} \tag{2-10}$$

式中　V——试件的毛体积,cm^3;

d——圆柱体试件的直径,cm;

h——圆柱体试件的高度,cm。

(2)棱柱体试件的毛体积按式(2-11)计算:

$$V = b \times l \times h \tag{2-11}$$

式中　b——试件的宽度,cm;

l——试件的长度,cm;

h——试件的高度,cm。

(3)试件的毛体积密度按式(2-12)计算,取 3 位小数:

$$\rho_s = m_a / V \tag{2-12}$$

式中　ρ_s——体积法测定的试件毛体积密度, g/cm^3;

m_a——干燥试件在空气中的质量, g。

2.1.1.5　核子密度仪法

核子密度仪或者核子仪是核子密度/湿度检测仪的简称,是通过 γ 射线的衰减来测定沥青混凝土密度的试验程序。使用该方法可采用两种方式:辐射源和探测器放在表面的散射法,辐射源或探测器深入离表面 300 mm 深处的直接透射法。虽然核子密度仪使用起来非常安全,从来没有对操作人员产生危害,但是,毕竟它使用了同位素放射源,出于对辐射的忧虑,许多人希望不使用同位素,照样可以获得准确、快速的检测结果,于是无核技术便应运而生了。电磁密度仪(PQI-380 型等)主要用来测试厚度为 3~15 cm 的新铺的沥青混凝土实体密度测试,沥青路面检测中应用较多,可以快速测定沥青混凝土的密度,但其测试结果不宜用于沥青混凝土密实度的仲裁。下面简要介绍无核密度仪的测试方法。

1.工作原理

电磁密度仪(PQI-380 型等)利用发射的电磁波在材料中的能量吸收和损耗来检测材料的密度。电磁密度仪主要包括一个电磁波发射器、一个隔离环和一个电磁波接收器。其检测原理是向被检测材料中发射电磁波,电磁波是指电场和磁场相互作用、振动而产生的波动,是放射线、光、电波的总称。电磁波在材料中传播时,其能量发生吸收和损耗,材料对电磁波能量的吸收和损耗取决于材料的介电常数。介电常数是指物质保持电荷的能力。

沥青混合料的组成成分、沥青、骨料、空气和水都有不同的介电常数。如果沥青混合料被碾压(密度增加),混合料中各种成分的相互比例发生变化,材料总的介电常数发生变化,从而对电磁波的能量吸收的能力产生变化。电磁密度仪通过检测电磁波能量的吸收和损耗的程度,来反映材料的密度变化。但这样测得的密度变化是一种相对的变化,而不是密度的绝对值的变化,其检测结果不能用于质量控制和验收。PQI 电磁密度仪常用于检测沥青混凝土表层的密度,试验仪器如图 2-1 所示。

图 2-1　PQI 电磁密度仪

2. 操作步骤

1)开机与自检

按 ON 键开机后进入主菜单。在主菜单中,选择 2 进行更改设置,按 1 键显示主界面的首页。

2)设置日期和时间

在主菜单第一屏上,按 1 键进入日期和时间模式,修改为当前时间。

3)设置混合信息(Mix information)

在主菜单上按 2 键后进入设置混合信息模式。设置 MTD 值(沥青混凝土最大理论密度值);设置测试厚度,按键输入新的厚度值。按←键退格和更换数据。设置完成后,按 ENTER 键设置新的厚度值。返回混合信息菜单。按“.”键输入小数点。设置沥青混凝土类型,按 3 键获取或更换目前 PQI 类型,根据所用骨料大小选择相应的选项。按 ENTER 键返回主菜单。

4)转换显示单位

在主菜单上按 3 键,选择相应的键可以转换测试单位。第 1 条(单位)和第 2 条(温度)能从英制转为公制,第 3 条可设置 PQI,根据沥青混凝土类型读出孔隙率。设置完成后,按 ENTER 键返回主菜单。

5)仪器标定

为获得精确一致的读数,在沥青混凝土碾压试验段的面层上都必须标定 PQI。PQI 通过比较热混凝土面层特征的测定与已知密度特征的比较来测定热混凝土的密度。

(1)标定区域。

在沥青混凝土碾压试验段表面上选择一个干燥而没有污染的地区,指定一个大约长300 cm、宽 60 cm 的待测区域,把这个区域划分为 5 个圆,分别得到 5 个数据测区,如图 2-2 所示。

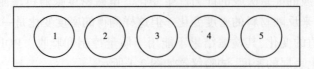

图 2-2　PQI 标定测区的布置

（2）标定方法。

先把 PQI 放在心墙沥青混凝土表面上的第一个测区，用粉笔沿着 PQI 周围画一个圆圈，以传感器的盘子的圆圈作为引导。按下回车键，不要接触 PQI 仪器，然后等待读数完毕，记录密度读数。在圆圈外面的右部向上移动 PQI 大约 5 cm，如图 2-3 中 2 的位置，也就是手表 2 点钟位置，按下回车键测量另一个数据，并把数据记录在表 2-1 中。沿着标记的圆圈顺时针移动 PQI 到图 2-3 中的 3 位置，也就

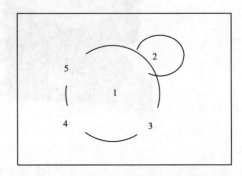

图 2-3　每个测试区域测试点的布置

是手表 4 点钟位置，按下回车键进行另一个数据的测量并记录。继续用同样的方法和步骤测量图 2-3 中的 4 和 5 位置。接着移动 PQI 测量下一个圆圈中的密度，直到图 2-3 中 5 处全部测完。

（3）标定结果。

①在上述测定区域每个圆圈中心处钻取一个沥青混凝土芯样。

②在表 2-1 中记录每一个沥青混凝土芯样的密度值。

③计算 PQI 读数和沥青混凝土芯样密度的净差值，增加或者减去一个较小的数值，这个值代表 PQI 测量出来的密度值与芯样密度值的相对差。这些数值用来校正标定的偏差存储在 PQI 中，保证在同一个地方测出来的压实沥青混凝土的密度与实际的密度保持一致。具体的标定结果见表 2-1。

表 2-1　PQI 标定读数记录　　　　　　　（单位：kg/m³）

位置	测区 1	测区 2	测区 3	测区 4	测区 5
中心 1	2 277	2 292	2 291	2 277	2 282
2	2 266	2 287	2 289	2 270	2 273
3	2 274	2 292	2 290	2 283	2 286
4	2 335	2 297	2 295	2 293	2 289
5	2 342	2 288	2 285	2 289	2 269
总计	11 494	11 456	11 450	11 412	11 399
平均	2 298.8	2 291.2	2 290.0	2 282.4	2 279.8
芯样密度	2 454.51	2 453.55	2 455.57	2 465.50	2 463.70
差值	155.71	162.35	165.57	183.10	183.90
标定值	170.1				

6)操作模式

(1)有连续读数模式。连续读数模式为质量控制提供瞬时密度测试,显示屏每秒更新数据。

(2)单次读数模式。在 5 s 内便能获得读数,但获得 1 个读数需按 ENTER 键。

(3)平均读数模式。通过平均读数模式来计算沥青混凝土一点的 5 个读数的平均值。按 ENTER 键获取读数,移动 PQI 根据指示获取下一个读数,5 个读数测完后,按 EN-TER 键计算 5 个读数的平均值,记录平均值并输入位置。

按《水工沥青混凝土施工规范》(SL 514—2013)要求,沥青混凝土心墙碾压质量应以无损检测为主,核子密度仪检测频次为每一个碾压层每 10~30 m 设置 1 个测点。对于局部可疑部位,应增加测点。

2.1.2　沥青混凝土理论最大相对密度

沥青混凝土理论最大相对密度是指压实后沥青混合料全部为矿料和沥青(内部无孔隙)的理想状态下单位体积试件的质量与水的密度(20 ℃)之比。它是分析和评价沥青混凝土密实性的重要参数,是计算沥青混凝土孔隙率、矿料间隙率、沥青饱和度等指标的前提。

沥青混凝土理论最大相对密度一般有计算法和实测法。计算法主要有:用骨料毛体积相对密度计算、用骨料表观相对密度计算、用骨料毛体积相对密度与表观相对密度有效值计算。实测法主要包括溶剂法和真空法。

2.1.2.1　计算法

(1)合成矿料的毛体积相对密度可按式(2-13)计算:

$$\gamma_{sb} = \frac{100}{\dfrac{p_1}{\gamma_1} + \dfrac{p_2}{\gamma_2} + \cdots + \dfrac{p_n}{\gamma_n}} \tag{2-13}$$

式中　γ_{sb}——矿料的合成毛体积相对密度,无量纲,取 3 位小数;

　　　p_1、p_2、$\cdots$、p_n——各种矿料占矿料总质量的百分率,其和为 100%;

　　　γ_1、γ_2、$\cdots$、γ_n——各种矿料的毛体积相对密度,无量纲,计算时矿粉可采用表观相对密度。

(2)合成矿料的表观相对密度可按式(2-14)计算:

$$\gamma_{sa} = \frac{100}{\dfrac{p_1}{\gamma'_1} + \dfrac{p_2}{\gamma'_2} + \cdots + \dfrac{p_n}{\gamma'_n}} \tag{2-14}$$

式中　γ_{sa}——矿料的合成毛体积相对密度,无量纲,取 3 位小数;

　　　p_1、p_2、$\cdots$、p_n——各种矿料占矿料总质量的百分率,其和为 100%;

　　　γ'_1、γ'_2、$\cdots$、γ'_n——各种矿料的表观相对密度。

(3)合成矿料的毛体积相对密度与表观相对密度有效值,可按式(2-15)计算,其中沥青吸收系数 C 值根据矿料的吸水率计算:

$$\gamma_{se} = C \times \gamma_{sa} + (1 - C) \times \gamma_{sb} \tag{2-15}$$

$$C = 0.033 \times \omega_{se}^2 - 0.293\,6 \times \omega_{se} + 0.933\,9 \tag{2-16}$$

$$\omega_{se} = \left(\frac{1}{\gamma_{sb}} - \frac{1}{\gamma_{sa}} \right) \times 100 \tag{2-17}$$

式中　γ_{se}——合成矿料的有效相对密度;

　　　C——沥青吸收系数,无量纲;

　　　ω_{se}——合成矿料的吸水率,无量纲。

(4)某一个沥青用量(油石比)下的沥青混凝土的理论最大相对密度可按式(2-18)计算:

$$\gamma_t = \frac{100 + P_a}{\dfrac{100}{\gamma_{se}} + \dfrac{P_a}{\gamma_b}} \tag{2-18}$$

式中　γ_t——沥青混凝土理论最大相对密度,无量纲;

　　　P_a——沥青用量(油石比),即沥青质量占矿料总质量的百分比(%);

　　　γ_b——沥青在 25 ℃时的相对密度,无量纲。

(5)沥青混凝土试件的孔隙率、矿料间隙率和有效沥青的饱和度可按式(2-19)~式(2-21)计算:

$$VV = \left(1 - \frac{\gamma_f}{\gamma_t} \right) \times 100 \tag{2-19}$$

$$VMA = \left(1 - \frac{\gamma_f}{\gamma_{sb}} \times \frac{P_s}{100} \right) \times 100 \tag{2-20}$$

$$VFA = \frac{VMA - VV}{VMA} \times 100 \tag{2-21}$$

$$P_s = 1 - P_b \tag{2-22}$$

$$P_b = \frac{P_a}{100 + P_a} \tag{2-23}$$

式中　VV——沥青混凝土试件的孔隙率(%);

　　　VMA——沥青混凝土试件的矿料间隙率(%);

　　　VFA——沥青混凝土试件的有效沥青的饱和度(%);

　　　γ_f——沥青混凝土试件的相对密度,无量纲;

　　　P_s——各种矿料占沥青混凝土总质量的百分数总和(%);

　　　P_b——沥青占沥青混凝土总质量的百分数,即沥青含量(%)。

2.1.2.2 溶剂法

溶剂法适用于测试骨料吸水率不大于 1.5% 的沥青混凝土。

1. 仪器设备

(1)天平:称量 5 kg 以上,最小分度值不大于 0.1 g;称量 5 kg 以下,最小分度值 0.05 g。

（2）密度瓶：容量大于 1 000 mL，广口，带磨口瓶塞。

（3）恒温水槽：可自动控温，控温分度值 0.5 ℃。

（4）温度计：测量范围 0~50 ℃，分度值 0.1 ℃。

（5）其他：三氯乙烯、蒸馏水。

2．试验方法

（1）将沥青混凝土试样团块仔细分散，若沥青混凝土坚硬时可用烘箱适当加热后分散，以备试验用。

（2）称取干燥的密度瓶质量 m_1，将密度瓶内充满蒸馏水，放入（20±0.5）℃恒温水槽中恒温 30 min 以上。用移液管调节密度瓶内水位至密度瓶瓶颈刻度线处，取出擦净，称取密度瓶与水的合计质量 m_4。

（3）将密度瓶中水倒出，干燥密度瓶，取沥青混凝土试样 1 000 g 左右装入密度瓶，称取密度瓶与沥青混凝土合计质量 m_2。

（4）向装有沥青混合料的密度瓶中加入三氯乙烯溶剂至瓶颈刻度线附近，将密度瓶浸入（20±0.5）℃恒温水槽中，摇晃密度瓶，使沥青充分溶解，排出气泡，恒温 4 h。

（5）待沥青完全溶解，无气泡冒出时，注入已保温为（20±0.5）℃的三氯乙烯溶剂至密度瓶瓶颈刻度线处，称其质量 m_3。

3．结果整理

沥青混凝土理论最大相对密度按式（2-24）计算：

$$\gamma_t = \frac{m_2 - m_1}{(m_4 - m_1) - (m_3 - m_2)/\gamma_w} \tag{2-24}$$

式中　γ_t——沥青混凝土理论最大相对密度，无量纲；

　　　m_1——密度瓶质量，g；

　　　m_2——密度瓶与沥青混凝土合计质量，g；

　　　m_3——密度瓶充满沥青混合料与溶剂的总质量，g；

　　　m_4——密度瓶充满水的总质量，g。

　　　γ_w——25 ℃时三氯乙烯对水的相对密度，可取 1.464 2。

同一样品平行试验两次，以两次测值的平均值作为试验结果，保留 3 位小数。

2.1.2.3　真空法

真空法适用于室内成型的开级配沥青混凝土试件及现场钻芯取样的开级配沥青混凝土芯样。

1．仪器设备

（1）天平：称量在 5 kg 以上，最小分度值不大于 0.1 g；称量在 5 kg 以下，最小分度值 0.05 g。

（2）负压容器：根据试样数量选用表 2-2 中的 A、B、C 任何一种类型。负压容器口带橡皮塞，上接橡胶管，管口下方有滤网，防止细料部分吸入胶管。为便于抽真空时观察气泡情况，负压容器至少有一面透明或者采用透明的密封盖。

表 2-2　负压容器类型

类型	容器	附属设备
A	耐压玻璃、塑料或金属制的罐,容积大于 2 000 mL	有密封盖,接真空胶管,分别与真空装置和压力表连接
B	容积大于 2 000 mL 的真空容量瓶	有胶皮塞,接真空胶管,分别与真空装置和压力表连接
C	4 000 mL 耐压真空器皿或干燥器	

(3)真空负压装置由真空泵、真空表、调压装置、压力表及干燥或积水装置、振动装置等组成。

(4)恒温水槽:可自动控温,控温准确度 0.5 ℃。

(5)温度计:测量范围 0~50 ℃,分度值 0.1 ℃。

2. 试验方法

(1)负压容器标定。

当采用 A 类容器时,将容器全部浸入(25±0.5)℃的恒温水槽中,负压容器完全浸没,恒温(10±1)min 后,称取容器的水中质量 m_1。

当采用 B、C 类容器时,大端口的负压容器需要有大于负压容器端口的玻璃板。将负压容器和玻璃板放进水槽中,注意轻轻摇动负压容器使容器内气泡排除。恒温(10±1)min,取出负压容器和玻璃板,向负压容器内加满(25±0.5)℃水至液面稍微溢出,用玻璃板先盖住容器端口 1/3,然后慢慢沿容器端口水平方向移动盖住整个端口,注意查看有没有气泡。擦除负压容器四周的水,称取盛满水的负压容器质量为 m_b。小端口的负压容器,需要采用中间带垂直孔的塞子,其下部为凹槽,以便于空气从孔中排除。将负压容器和塞子放进水槽中,注意轻轻摇动负压容器使容器内气泡排除。恒温(10±1)min,在水中将瓶塞塞进瓶口,使多余的水由瓶塞上的孔中挤出。取出负压容器,将负压容器用干净软布将瓶塞顶部擦拭一次,再迅速擦除负压容器外面的水分,最后称其质量 m_b。

(2)将负压容器干燥、编号,称取其干燥质量。

(3)将沥青混合料试样装入干燥的负压容器中,称容器及沥青混合料总质量,得到试样的净质量 m_a。骨料最大粒径为 19 mm 时,试样质量应不少于 2 000 g。

(4)在负压容器中注入(25±0.5)℃的水,将混合料全部浸没,并较混合料顶面高出约 2 mm。

(5)将负压容器放到试验仪上,与真空泵、压力表等连接,开动真空泵,使负压容器内负压在 2 min 内达到(3.7±0.3)kPa[(27.5±2.5)mmHg]时,开始计时,同时开动振动装置和抽真空,持续(15±2)min。为使气泡容易除去,试验前可在水中加 0.01% 浓度的表面活性剂(每 100 mL 水中加 0.01 g 洗涤灵)。

(6)抽真空结束后,关闭真空装置和振动装置,打开调压阀慢慢卸压,卸压速度不得大于 8 kPa/s(通过真空表读数控制),使负压容器内压力逐渐恢复。

(7)当负压容器采用 A 类容器时,将盛试样的容器浸入保温至(25±0.5)℃的恒温水槽中,恒温(10±1)min 后,称取负压容器与沥青混合料的水中质量 m_2。

(8)当负压容器采用 B、C 类容器时,将装有沥青混合料试样的容器浸入保温至(25±0.5)℃的恒温水槽中,恒温(10±1)min 后,注意容器中不得有气泡,擦净容器外的水分,称取容器、水和沥青混合料试样的总质量 m_c。

3. 结果整理

沥青混凝土理论最大相对密度按式(2-25)计算:

$$\gamma_t = \frac{m_a}{m_a - (m_2 - m_1)}$$ (2-25)

式中　γ_t——沥青混凝土理论最大相对密度,无量纲;

　　　m_a——干燥沥青混凝土试样在空气中的质量,g;

　　　m_1——负压容器在 25 ℃水中的质量,g;

　　　m_2——负压容器与沥青混合料在 25 ℃水中的质量,g。

当采用 B、C 类容器作负压容器时,沥青混凝土的理论最大相对密度按式(2-26)计算:

$$\gamma_t = \frac{m_a}{m_a + m_b - m_c}$$ (2-26)

式中　m_b——装满 25 ℃水的负压容器质量,g;

　　　m_c——25 ℃时试样、水与负压容器的总质量,g。

沥青混凝土 25 ℃时的理论最大密度按式(2-27)计算:

$$\rho_t = \gamma_t \times \rho_w$$ (2-27)

式中　ρ_t——沥青混凝土的理论最大密度,g/cm³;

　　　ρ_w——25 ℃时水的密度,g/cm³,取 0.997 1 g/cm³。

同一样品平行试验两次,以两次测值的平均值作为试验结果,保留 3 位小数。重复性试验误差为 0.011 g/cm³,再现性试验误差为 0.019 g/cm³。

2.1.3　沥青混凝土马歇尔稳定度及流值

2.1.3.1　沥青混凝土马歇尔试件制作方法

采用标准击实法或大型击实法制作沥青混合料试件,以供实验室进行沥青混凝土物理、力学性能试验使用。标准击实法适用于马歇尔试验、间接抗拉试验等所使用的 ϕ101.6 mm×63.5 mm 圆柱体试件成型。大型击实法适用于 ϕ152.4 mm×95.3 mm 的大型圆柱体试件成型。

1. 矿料规格及试件数量的规定

(1)沥青混凝土配合比设计及在实验室人工配制沥青混合料制作试件时,试件尺寸应符合直径不小于骨料公称最大粒径的 4 倍,厚度不小于骨料公称最大粒径的 1~1.5 倍的规定。对直径 ϕ101.6 mm 的试件,骨料公称最大粒径应不大于 26.5 mm。对粒径大于 26.5 mm 的粗粒径沥青混合料,其大于 26.5 mm 的骨料应用等量的 13.2~26.5 mm 骨料代替(等量替代法),也可采用直径 ϕ152.4 mm 的大型圆柱体试件。大型圆柱体试件适用于骨料公称最大粒径不大于 37.5 mm 的情况。实验室成型的一组试件的数量不得少于 3 个,必要时可增加至 5~6 个。

（2）用拌和楼及施工现场采取的沥青混合料制作直径 $\phi101.6$ mm 的试件时，按下列规定选用不同的方法及试件数量：

①当骨料公称最大粒径小于或等于 26.5 mm 时，可直接取样（直接法）。一组试件的数量通常为 3 个。

②当骨料公称最大粒径大于 26.5 mm，但不大于 31.5 mm 时，宜将大于 26.5 mm 的骨料筛除后使用（过筛法），一组试件数量宜为 4 个。如采用直接法，一组试件的数量应增加至 6 个。

③当骨料公称最大粒径大于 31.5 mm 时，必须采用过筛法。过筛的筛孔为 26.5 mm，一组试件宜为 4~6 个。

2. 仪器设备

（1）击实仪：由击实锤、压实头和套向棒（导棒）组成，分为标准击实仪和重型击实仪两类。

①标准击实仪：由击实锤 $\phi98.5$ mm 平圆形压实头及带手柄的导向棒（导棒）组成。用人工或机械将压实锤举起，从（457.2±0.5）mm 高度沿导向棒自由落下击实，标准击实锤质量为（4 536±9）g。

②大型击实仪：由击实锤 $\phi149.5$ mm 平圆形压实头及带手柄的导向棒（直径 15.9 mm）组成。用机械将压实锤举起，从（457.2±2.5）mm 高度沿导向棒自由落下击实，大型击实锤质量为（10 210±10）g。

自动击实仪是将标准击实锤及标准击实台安装一体，并用电力驱动使击实锤连续击实试件且可自动记数的设备，击实速度为（60±5）次/min。大型击实法电动击实的功率不小于 250 W。

（2）实验室用沥青混合料拌和机：能保证拌和温度并充分拌和均匀，可控制拌和时间，容量不小于 10 L，搅拌叶自转速度 70~80 r/min，公转速度 40~50 r/min。

（3）脱模器：电动或手动，可无破损地推出圆柱体试件，配备有标准圆柱体试件及大型圆柱体试件尺寸的推出环。

（4）试模：由高碳钢或工具钢制成，每组包括内径（101.6±0.2）mm，高 87 mm 的圆柱形金属筒、底座（直径约 120.6 mm）和套筒（内径 101.6 mm、高 70 mm）各 1 个。

大型圆柱体试件套筒外径 165.1 mm，内径（155.6±0.3）mm，总高 83 mm。试模内径（152.4±0.2）mm，总高 115 mm。底座板厚 12.7 mm，直径 172 mm。

（5）烘箱：大、中型各 1 台，装有温度调节器。

（6）天平或电子秤：用于称量矿料的，感量不大于 0.5 g；用于称量沥青的，感量不大于 0.1 g。

（7）插刀或大螺丝刀。

（8）温度计：分度为 1 ℃。宜采用有金属插杆的热电偶沥青温度计，金属插杆的长度不小于 300 mm。量程 0~300 ℃，数字显示或度盘指针的分度 0.1 ℃，且有留置读数功能。

（9）其他：电炉或煤气炉、沥青熔化锅、拌和铲、标准筛、滤纸（或普通纸）、胶布、卡尺、秒表、粉笔、棉纱等。

3. 准备工作

在实验室人工配制沥青混合料时,材料准备按下列步骤进行:

(1)将各种规格的矿料置(105±5)℃的烘箱中烘干至恒重(一般不少于 4~6 h)。根据需要,粗骨料可先用水冲洗干净后烘干。也可将粗细骨料过筛后,用水冲洗再烘干备用。

(2)按规定试验方法分别测定不同粒径规格粗、细骨料及填料(矿粉)的各种密度,测定沥青的密度。

(3)将烘干分级的粗细骨料,按每个试件设计级配要求称其质量,在一金属盘中混合均匀,矿粉单独加热,置烘箱中预热至沥青拌和温度以上约 15 ℃(采用石油沥青时通常为 163 ℃)备用。一般按一组试件(每组 3~6 个)备料,但进行配合比设计时宜对每个试件分别备料。当采用替代法时,对粗骨料中粒径大于 26.5 mm 的部分,以 13.2~26.5 mm 粗骨料等量代替。

(4)将采集的沥青试样,用恒温烘箱或油浴、电热套熔化加热至规定的沥青混合料拌和温度备用,但不得超过 175 ℃。当不得已采用燃气炉或电炉直接加热进行脱水时,必须使用石棉垫隔开。

(5)用沾有少许黄油的棉纱擦净试模、套筒及击实座等置 100 ℃左右烘箱中加热 1 h 备用。

4. 拌制沥青混合料

将每组(或每个)试件的矿料置已加热至 55~100 ℃的沥青混合料拌和机中,注入要求数量的液体沥青,并将混合料边加热边拌和,使液体沥青中的溶剂挥发至 50% 以下。拌和时间应事先试拌决定。

5. 成型方法

(1)马歇尔标准击实法的成型步骤如下:

①将拌好的沥青混合料,均匀称取一个试件所需的用量(标准马歇尔试件约 1 200 g,大型马歇尔试件约 4 050 g)。当已知沥青混合料的密度时,可根据试件的标准尺寸计算并乘以 1.03 得到要求的混合料数量。当一次拌和几个试件时,宜将其倒入经预热的金属盘中,用小铲适当拌和均匀分成几份,分别取用。在试件制作过程中,为防止混合料温度下降,应连盘放在烘箱中保温。

②从烘箱中取出预热的试模及套筒,用沾有少许黄油的棉纱擦拭套筒、底座及击实锤底面,将试模装在底座上,垫一张圆形的吸油性小的纸,按四分法从四个方向用小铲将混合料铲入试模中,用插刀或大螺丝刀沿周边插捣 15 次,中间 10 次。插捣后,将沥青混合料表面整平成凸圆弧面。对于大型马歇尔试件,混合料分两次加入,每次插捣次数同上。

③插入温度计,至混合料中心附近,检查混合料温度。

④待混合料温度至符合要求的压实温度后,将试模连同底座一起放在击实台上固定,在装好的混合料上面垫一张吸油性小的圆纸,再将装有击实锤及导棒的压实头插入试模中,然后开启电动机或人工将击实锤从 457 mm 的高度自由落下击实规定的次数(75 次、50 次或 35 次)。对大型马歇尔试件,击实次数为 75 次(相应小于标准击实 50 次的情况)或 112 次(相应于标准击实 75 次的情况)。

⑤试件击实一面后,取下套筒,将试模掉头,装上套筒,然后以同样的方法和次数击实另一面。

⑥试件击实结束后,立即用镊子取掉上下面的纸,用卡尺量取试件离试模上口的高度并由此计算试件高度。如高度不符合要求,试件应作废,并按下式调整试件的混合料质量,以保证高度符合(63.5±1.3)mm(标准试件)或(95.3±2.5)mm(大型试件)的要求。

$$调整后混合料质量 = \frac{要求试件高度 \times 原有混合料质量}{所得试件高度}$$

(2)卸去套筒和底座,将装有试件的试模横向放置冷却至室温后(不少于12 h),置脱模机上脱出试件。在施工质量检验过程中如急需试验,允许采用电风扇吹冷1 h或浸水冷却3 min以上的方法脱模,但浸水脱模法不能用于测量密度、孔隙率等各项物理指标。

(3)将试件仔细置于干燥洁净的平面上,供试验用。

2.1.3.2　沥青混凝土马歇尔稳定度及流值

马歇尔试验是沥青混凝土配合比设计及沥青混凝土施工质量控制最重要的试验项目,在公路工程中,密级配热拌沥青混凝土采用马歇尔试验方法进行配合比设计,并且明确规定了密级配沥青混凝土与马歇尔试件的体积特征参数、稳定度与流值试验结果应达到的技术标准。沥青混凝土心墙是土石坝中的防渗体,是嵌入坝体中的一个薄壁柔性结构。对心墙沥青混凝土材料的基本要求首先是满足抗渗性,压实后的沥青混凝土的孔隙率小于3%,其渗透系数小于1×10^{-8} cm/s;其次是应具有一定的强度和良好的适应变形的能力(柔性),以保证心墙与坝壳料之间作用力传递均匀,变形协调,具有抵御剪切破坏、渗透破坏的能力。虽然在沥青混凝土心墙结构和安全计算中并不使用马歇尔试验测定的技术指标,但是,这些指标仍不失为沥青混凝土的物性指标,并影响沥青混凝土的其他力学性能指标。特别是其受沥青混凝土的配合比影响的敏感性很强。例如,沥青用量的变化,使稳定度、流值随即发生变化。加之马歇尔试验简捷易行,在水工沥青混凝土配合比设计和施工质量控制中采用马歇尔试验方法是可行和有效的。

1. 仪器设备

(1)沥青混合料马歇尔试验仪:符合现行《沥青混合料马歇尔试验仪》(GB/T 11823)技术要求的产品,对用于高速公路和一级公路的沥青混合料宜采用自动马歇尔试验仪,用计算机或X—Y记录仪记录荷载—位移曲线,并具有自动测定荷载与试件垂直变形的传感器、位移计,能自动显示或打印试验结果。对ϕ63.5 mm的标准马歇尔试件,试验仪最大荷载不小于30 kN,读数准确度100 N,加载速率应能保持(50±5)mm/min。钢球直径16 mm,上下压头曲率半径为50.8 mm。当采用ϕ152.4 mm大型马歇尔试件时,试验仪最大荷载不得小于50 kN,读数准确度为100 N。上下压头的曲率内径为(152.4±0.2)mm,上下压头间距(19.05±0.1)mm。电脑数控马歇尔稳定度测定仪如图2-4所示,大型马歇尔试件的压头尺寸如图2-5所示。

(2)恒温水槽:控温准确度为1 ℃,深度不小于150 mm。

(3)真空饱水容器:包括真空泵及真空干燥器。

(4)烘箱。

(5)天平:感量不大于0.1 g。

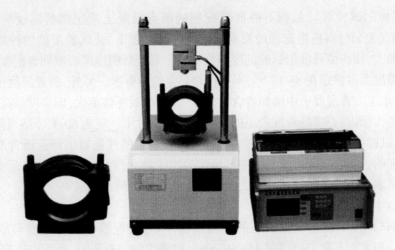

图 2-4　电脑数控马歇尔稳定度测定仪

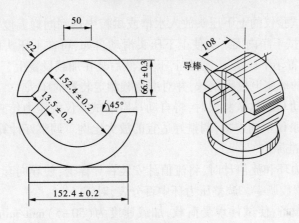

图 2-5　大型马歇尔试件的压头　（单位：mm）

（6）温度计：分度为 1 ℃。

（7）卡尺。

（8）其他：棉纱、黄油。

2.试验方法

1）准备工作

（1）制作符合要求的马歇尔试件，标准马歇尔尺寸应符合直径（101.6±0.2）mm、高（63.5±1.3）mm 的要求。对大型马歇尔试件，尺寸应符合直径（152.4±0.2）mm、高（95.3±2.5）mm 的要求。一组试件的数量最少不得少于 3 个。

（2）量测试件的直径及高度：用卡尺测量试件中部的直径，用马歇尔试件高度测定器或用卡尺在十字对称的 4 个方向量测离试件边缘 10 mm 处的高度，准确至 0.1 mm，并以其平均值作为试件的高度。如试件高度不符合（63.5±1.3）mm 或（95.3±2.5）mm 要求或两侧高度差大于 2 mm 时，此试件应作废。

（3）按规定方法测定试件的密度、孔隙率、沥青体积百分率、沥青饱和度、矿料间隙率等物理指标。

(4)马歇尔试验对以黏稠石油沥青配制的沥青混凝土规定试验温度一般为(60±1)℃,以满足路面材料热稳定性的要求。在这样的温度下,使试验温度的控制和试验操作的难度加大,往往使马歇尔试验的变异性较大。对于新疆地区心墙沥青混凝土而言,常年的工作温度大多稳定在8~10 ℃,不存在热稳定性的要求。另外,沥青混凝土是温度敏感性材料,水工沥青混凝土中的沥青含量偏大,其温度敏感性更大,即温度越高,其性能的稳定性越差。所以,心墙沥青混凝土的马歇尔试验温度不一定为60 ℃。适当降低试验温度,对降低试验难度、提高试验结果的重复性、以较稳定的性能数值评价沥青混凝土的性能都是有利的。结合当前我国马歇尔试验仪的性能特点,对碾压式沥青混凝土心墙的沥青混凝土马歇尔试验温度采用40 ℃,经工程实践获得较满意的结果。

2)试验步骤

(1)将试件置于已达规定温度的恒温水槽中保温,保温时间对标准马歇尔试件需30~40 min,对大型马歇尔试件需45~60 min。试件之间应有间隔,底下应垫起,离容器底部不小于5 cm。

(2)将马歇尔试验仪的上下压头放入水槽或烘箱中达到同样温度。将上下压头从水槽或烘箱中取出擦拭干净内面。为使上下压头滑动自如,可在下压头的导棒上涂少量黄油。再将试件取出置于下压头上,盖上上压头,然后装在加载设备上。

(3)在上压头的球座上放妥钢球,并对准荷载测定装置的压头。

(4)当采用自动马歇尔试验仪时,将自动马歇尔试验仪的压力传感器、位移传感器与计算机或 X—Y 记录仪正确连接,调整好适宜的放大比例。调整好计算机程序或将 X—Y 记录仪的记录笔对准原点。

(5)当采用压力环和流值计时,将流值计安装在导棒上,使导向套管轻轻地压住上压头,同时将流值计读数调零。调整压力环中百分表,对零。

(6)启动加载设备,使试件承受荷载,加载速度为(50±5)mm/min。计算机或 X—Y 记录仪自动记录传感器压力和试件变形曲线,并将数据自动存入计算机。

(7)当试验荷载达到最大值的瞬间,取下流值计,同时读取压力环中百分表读数及流值计的流值读数。

3. 浸水马歇尔试验方法

浸水马歇尔试验方法与标准马歇尔试验方法的不同之处在于,试件在已达规定温度恒温水槽中的保温时间为48 h,其余均与标准马歇尔试验方法相同。

4. 真空饱水马歇尔试验方法

试件先放入真空干燥器中,关闭进水胶管,开动真空泵,使干燥器的真空度达到98.3 kPa(730 mmHg)以上,维持15 min,然后打开进水胶管,靠负压进入冷水流使试件全部浸入水中,浸水15 min 后恢复常压,取出试件再放入已达规定温度的恒温水槽中保温48 h,其余均与标准马歇尔试验方法相同。

5. 结果整理

(1)试件的稳定度及流值。

①当采用自动马歇尔试验仪时,将计算机采集的数据绘制成应力和试件变形曲线,或由 X—Y 记录仪自动记录的荷载—变形曲线。按如图 2-6 所示的方法在切线方向延长曲

线与横坐标相交于 O_1，将 O_1 作为修正原点，从 O_1 起量取相应于荷载最大值时的变形作为流值(FL)，以 mm 计，准确至 0.1 mm。最大荷载即为稳定度(MS)，以 kN 计，准确至 0.01 kN。

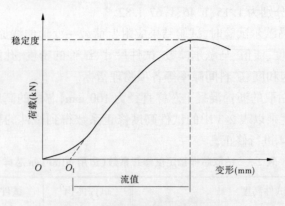

图 2-6　马歇尔试验结果的修正

②采用压力环和流值计测定时，根据压力环标定曲线，将压力环中百分表的读数换算为荷载值，或者由荷载测定、装置读取的最大值即为试样的稳定度(MS)，以 kN 计，准确至 0.01 kN。由流值计及位移传感器测定装置读取的试件垂直变形，即为试件的流值(FL)，以 mm 计，准确至 0.1 mm。

(2)试件的马歇尔模数按式(2-28)计算：

$$T = \frac{MS}{FL} \tag{2-28}$$

式中　T——试件的马歇尔模数，kN/mm；

　　　MS——试件的稳定度，kN；

　　　FL——试件的流值，mm。

(3)试件的浸水残留稳定度按式(2-29)计算：

$$MS_0 = \frac{MS_1}{MS} \tag{2-29}$$

式中　MS_0——试件的浸水残留稳定度(%)；

　　　MS_1——试件浸水 48 h 后的稳定度，kN。

(4)试件的真空饱水残留稳定度按式(2-30)计算：

$$MS'_0 = \frac{MS_2}{MS} \tag{2-30}$$

式中　MS'_0——试件的真空饱水残留稳定度(%)；

　　　MS_2——试件真空饱水后浸水 48 h 后的稳定度，kN。

6.说明与注意问题

(1)从恒温水槽中取出试件至测出最大荷载值的时间，不得超过 30 s。

(2)试验中每组只有 3 个试件，以平均值作为试验结果。当 3 个试件测定值中最大值或最小值之一与中间值之差超过中间值的 15% 时，取中间值；当 3 个试件测定值中最大值和最小值与中间值之差均超过中间值的 15% 时,应重做试验。

(3)试验中每组超过 3 个试件,当测定值中某个测定值与平均值之差大于标准差的 k 倍时,该测定值应予舍弃,并以其余测定值的平均值作为试验结果。当剩余试件数目 n 为 3、4、5、6 个时,k 值分别为 1.15、1.46、1.67、1.82。

(4)采用自动马歇尔试验时,试验结果应附上荷载—变形曲线原件或自动打印结果,并报告马歇尔稳定度、流值、马歇尔模数、试件尺寸、试件的密度、孔隙率、沥青用量、沥青体积百分率、沥青饱和度、矿料间隙率等各项物理指标。

(5)对于现场钻取的沥青混凝土芯样直径为 100 mm,芯样的高度与标准高度有出入时,则由实测稳定度乘以表 2-3 中的试件高度修正系数得到试件的稳定度。若芯样直径为 150 mm,按表 2-4 进行修正。

表 2-3　钻取芯样稳定度修正系数(适用 ϕ100 mm 芯样)

试件体积 (cm³)	试件高度 (cm)	修正系数	试件体积 (cm³)	试件高度 (cm)	修正系数
405~420	5.1	1.47	523~535	6.5	0.96
421~431	5.2	1.39	536~546	6.7	0.93
432~443	5.4	1.32	547~559	6.8	0.89
444~456	5.6	1.25	560~573	6.9	0.86
457~470	5.7	1.19	574~585	7.1	0.83
471~482	5.9	1.14	586~598	7.3	0.81
483~495	6.0	1.09	599~610	7.4	0.78
496~508	6.2	1.04	611~625	7.6	0.76
509~522	6.4	1.00			

表 2-4　钻取芯样稳定度修正系数(适用 ϕ150 mm 芯样)

试件体积 (cm³)	试件高度 (cm)	修正系数	试件体积 (cm³)	试件高度 (cm)	修正系数
1 608~1 636	8.81~8.97	1.12	1 753~1 781	9.61~9.76	0.97
1 637~1 665	8.98~9.13	1.09	1 782~1 810	9.77~9.92	0.95
1 666~1 694	9.14~9.29	1.06	1 811~1 839	9.93~10.08	0.92
1 695~1 723	9.30~9.45	1.03	1 840~1 868	10.09~10.24	0.90
1 724~1 752	9.46~9.60	1.00			

2.1.4　沥青混凝土中沥青含量和矿料级配

沥青混凝土中的沥青含量与矿料级配对马歇尔稳定度、流值影响较大,进而影响沥青混凝土的变形性能和力学性能。心墙沥青混凝土中沥青含量和矿料级配的测定是施工过程中一项常规试验项目,它对沥青心墙施工质量控制有着重要意义。心墙施工过程中每天应对沥青混合料进行至少 1 次抽提试验,将抽提结果的沥青含量和矿料级配与施工配合比进行比较,严格控制级配偏差,以保证施工配合比的准确执行,允许偏差见表 2-5。本试验既可用于热拌热铺沥青混合料心墙施工时的沥青用量检测,以评定拌和楼生产工艺的稳定性,也适用于碾压后心墙沥青混凝土的沥青用量。工程中常用离心式抽提法和燃烧炉法。

表 2-5　配合比允许偏差

检验类别		沥青	填料	细骨料	粗骨料
允许偏差(%)	逐盘、抽提	±0.3	±2.0	±4.0	±5.0
	总量	±0.1	±1.0	±2.0	±2.0

2.1.4.1　离心式抽提法

1. 仪器设备

(1)离心抽提仪:由试样容器及转速不小于 3 000 r/min 的离心分离器组成,分离器备有滤液出口。容器盖与容器之间用耐油的圆环形滤纸密封。滤液通过滤纸排出后从出口流出收入回收瓶中,仪器必须安放稳固并有排风装置。

(2)标准筛及摇筛机:在尺寸为 53 mm、37.5 mm、31.5 mm、26.5 mm、19.0 mm、16.0 mm、13.2 mm、9.5 mm、4.75 mm、2.36 mm、1.18 mm、0.6 mm、0.3 mm、0.15 mm、0.075 mm 的标准筛系列中,根据沥青混合料级配选用相应的筛号,必须有密封圈、盖和底。

(3)圆环形滤纸。

(4)回收瓶:容量 1 700 mL 以上。

(5)压力过滤装置。

(6)天平:感量不大于 0.01 g、1 mg 的天平各 1 台。

(7)量筒:最小分度 1 mL。

(8)电烘箱:装有温度自动调节器。

(9)三氯乙烯:工业用。

(10)碳酸铵饱和溶液:供燃烧法测定滤纸中的矿粉含量用。

(11)其他:小铲、金属盘、大烧杯等。

2. 试验步骤

1)准备工作

(1)以规定的方法在拌和楼出机口或从仓面上采取沥青混合料试样,放在金属盘中适当拌和,待温度稍下降后至 100 ℃ 以下时,用大烧杯取混合料试样质量 1 000~1 500 g,准确至 0.1 g。

(2)如果试样是在心墙上用钻机法或切割法取得的,应注意取样的代表性。将芯样用电风扇吹风使其完全干燥,置微波炉或烘箱中适当加热后成松散状态取样,不得用锤击以防骨料破碎。

2）操作步骤

（1）向装有试样的烧杯中注入三氯乙烯溶剂，将其浸没，浸泡 30 min，用玻璃棒适当搅动混合料，使沥青充分溶解。也可直接在离心分离器中浸泡。

（2）将混合料及溶液倒入离心分离器中，用少量溶剂将烧杯及玻璃棒上的黏附物全部洗入分离容器中。

（3）称取洁净的圆环形滤纸质量，准确至 0.01 g。注意，滤纸不宜多次反复使用，有破损的不能使用，有石粉黏附时应用毛刷清除干净。

（4）将滤纸垫在分离器边缘上，加盖紧固，在分离器出口处放上回收瓶，上口应注意密封，防止流出液成雾状散失。

（5）开动离心机，转速逐渐增至 3 000 r/min，沥青溶液通过排出口注入回收瓶中，待流出停止后停机。

（6）从上盖的孔中加入新溶剂，数量大体相同，稍停 3~5 min 后，重复上述操作，如此数次至流出的抽提液成清澈的淡黄色为止。

（7）卸下上盖，取下圆环形滤纸，在通风橱或室内空气中蒸发干燥，然后放入（105±5）℃的烘箱中干燥，称取质量，其增重部分 m_2 为矿粉的一部分。

（8）将容器中的骨料仔细取出，在通风橱或室内空气中蒸发后放入（105±5）℃烘箱中烘干（一般需 4 h），然后放入大干燥器中冷却至室温，称取骨料质量 m_1。

（9）用压力过滤器过滤回收瓶中的沥青溶液，由滤纸的增重 m_3 得出泄漏入滤液中矿粉，如无压力过滤器时，也可用燃烧法测定。

（10）用燃烧法测定抽提液中矿粉质量的步骤如下：

①将回收瓶中的抽提液倒入量筒中，准确定量至 mL，记作 V_a。

②充分搅匀抽提液，取出 10 mL 记作 V_b 放入坩埚中，在热浴上适当加热使溶液试样变成暗黑色后，置高温炉（500~600 ℃）中烧成残渣，取出坩埚冷却。

③向坩埚中按每 1 g 残渣 5 mL 的用量比例，注入碳酸铵饱和溶液，静置 1 h，放入（105±5℃）烘箱中干燥。

④取出放在干燥器中冷却，称取残渣质量 m_4，准确至 1 mg。

（11）将分离沥青后的全部矿质混合料放入样品盘中置温度（105±5 ℃）下烘干，并冷却至室温，准确至 0.1 g。

（12）按沥青混合料矿料级配设计要求，选用全部或部分需要筛孔的标准筛，进行施工质量检验时，至少应包括 0.075 mm、2.36 mm、4.75 mm、9.5 mm 及骨料公称最大粒径等 5 个筛孔，按大小顺序排列成套筛。

（13）将标准筛带筛底置摇筛机上，并将矿质混合料置于筛内，盖好筛盖后，扣紧摇筛机，开动摇筛机筛分 10 min。取下套筛后，按筛孔大小顺序，在一清洁的浅盘上，再逐个进行手筛，手筛时可用手轻轻拍击筛框并经常地转动筛子，至每分钟筛出量不超过筛上试样质量的 0.1% 时为止，但不允许用手将颗粒塞过筛孔。筛下的颗粒并入下一号筛，并和下一号筛中试样一起过筛。矿料的筛分方法，尤其是对最下面的 0.075 mm 筛，采用水筛法，或者对同一种混合料，适当进行几次干筛与湿筛的对比试验后，对 0.075 mm 通过率进行适当的换算或修正。

　　(14)称量各筛上筛余颗粒的质量,准确至 0.1 g。并将沾在滤纸、棉花上的矿粉及抽提液中的矿粉计入矿料中通过 0.075 mm 的矿粉含量中。所有各筛的分计筛余量和底盘中剩余质量的总和与筛分前试样总质量相比,相差不得超过总质量的1%。

　　3. 试验结果

　　(1)沥青混合料中矿料的总质量按式(2-31)计算:

$$m_a = m_1 + m_2 + m_3 \tag{2-31}$$

式中　m_a——沥青混合料中矿料部分的总质量, g;

　　　　m_1——容器中留下的骨料干燥质量, g;

　　　　m_2——圆环形滤纸在试验前后的增重, g;

　　　　m_3——泄漏入抽提液中的矿粉质量, g。

　　用燃烧法时可按式(2-32)计算:

$$m_3 = m_4 \times \frac{V_a}{V_b} \tag{2-32}$$

式中　V_a——抽提液的总量,mL;

　　　　V_b——取出的燃烧干燥的抽提液数量,mL;

　　　　m_4——坩埚中燃烧干燥的残渣质量,g。

　　(2)沥青混合料中的沥青含量按式(2-33)计算,油石比按式(2-34)计算:

$$P_b = \frac{m - m_a}{m} \tag{2-33}$$

$$P_a = \frac{m - m_a}{m_a} \tag{2-34}$$

式中　m——沥青混合料的总质量, g;

　　　　P_b——沥青混合料的沥青含量(%);

　　　　P_a——沥青混合料的油石比(%)。

　　(3)沥青混合料中的矿料级配按式(2-35)计算:

$$P_i = \frac{m_i}{m} \times 100 \tag{2-35}$$

式中　P_i——第 i 号筛分计筛余(%);

　　　　m_i——第 i 号筛筛余质量, g。

　　以筛孔尺寸为横坐标,各个筛孔的通过百分率为纵坐标,绘制实际的矿料组成级配曲线,如图 2-7 所示,评定该试样的颗粒组成与施工配合比的偏差是否满足要求。

　　(4)同一沥青混合料试样至少平行试验两次,取平均值作为试验结果。两次试验结果的差值应小于 0.3%,当大于 0.3%但小于 0.5%时,应补充平行试验 1 次,以 3 次试验的平均值作为试验结果,3 次试验的最大值与最小值之差不得大于 0.5%。

2.1.4.2　燃烧炉法

　　燃烧炉法测定的原理是在一定条件下利用高温将沥青混合料中的沥青成分分解为气体,再通过相应矿料的质量修正,从而确定沥青的含量。该试验方法操作简便、快捷,结果准确性高,不污染环境,是沥青混合料中沥青含量测定方法的发展方向。该方法已列入

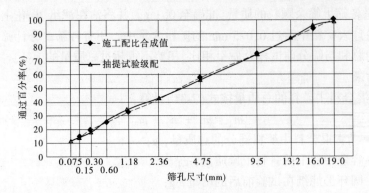

图 2-7　抽提试验矿料级配与配合比级配偏差

《水工沥青混凝土试验规程》(DL/T 5362—2018)。

1. 仪器设备

(1)燃烧炉:由燃烧室、控制装置、空气循环装置、试样篮及附件组成。

(2)烘箱:200 ℃,分度值±1 ℃,可自动控温。

(3)天平:分度值 0.01 g、1 mg 的天平各 1 台。

(4)标准筛:尺寸为 31.5 mm、26.5 mm、19.0 mm、16.0 mm、13.2 mm、9.5 mm、4.75 mm、2.36 mm、1.18 mm、0.60 mm、0.30 mm、0.15 mm、0.075 mm 的方孔筛系列中,根据沥青混合料级配选用相应的筛号,必须有密封圈、盖和底。

(5)摇筛机。

(6)防护装置:防护眼镜、隔热面罩、隔热手套等。

(7)其他:小铲、金属盘、钢丝刷等。

2. 试验步骤

(1)制备标准沥青混合料(沥青含量 7.0%,填料含量 12%),称取沥青混合料 1 800 g,计算混合料中沥青质量 m_6,测出混合料中沥青质量 m_5。m_6-m_5 之差在±5 g 以内,沥青含量绝对误差在±0.3% 以内,试验设备即可投入使用;否则进行系统校准。

(2)按要求在施工现场取样,将沥青混合料试样放在金属盘中适当拌和,待温度降至 100 ℃ 以下时,取混合料试样质量 1 000~1 500 g,准确至 0.1 g。

(3)如果在现场用钻机法或切割法取样,应用电风扇吹风使其完全干燥,置烘箱中适当加热成松散状态,但不得用锤击以防骨料破碎。

(4)试样最小质量根据沥青混合料的骨料最大粒径按表 2-6 确定。

表 2-6　沥青混合料试样数量

最大粒径(mm)	试样最小质量(g)	最大粒径(mm)	试样最小质量(g)
4.75	1 200	19	2 000
9.5	1 200	26.5	3 000
13.2	1 500	31.5	3 500
16	1 800	37.5	4 000

(5)将燃烧炉预热至(538±5)℃,将试样放在(105±5)℃的烘箱中烘至恒重。

(6)称量试验篮和托盘的质量 m_1 ,准确至 0.1 g。

(7)将试样篮放入托盘中,将加热的试样均匀地摊平在试样篮中,称量试样、试样篮和托盘的总质量 m_2 ,准确至 0.1 g。计算初始试样总质量 $m_3 = m_2 - m_1$ 。

(8)将试样篮、托盘和试样放入燃烧炉,关闭燃烧室门。查看燃烧炉控制程序显示质量,即试样、试样篮和托盘总质量 m_2 与显示质量 m_4 的差值不得大于 5 g,否则需要调整托盘的位置。

(9)锁定燃烧室的门,启动开始按钮进行燃烧。燃烧至连续 3 min 试样质量每分钟损失率小于 0.01% 时,燃烧炉会自动发出警示声音或者指示灯亮起报警,并停止燃烧。燃烧炉控制程序自动计算试样燃烧损失质量 m_5 ,准确至 0.1 g。按下停止按钮,燃烧室的门会解锁,并打印试验结果,从燃烧室中取出试样盘。燃烧结束后,罩上保护罩适当冷却。

(10)将冷却后的残留物倒入大盘子中,用钢丝刷清理试样篮确保所有残留物都刷到盘子中。称量燃烧后的全部矿料试样质量,准确至 0.1 g。

(11)将标准筛带筛底置摇筛机上,并将矿料置于筛内,盖妥筛盖后,压紧摇筛机,开动摇筛机筛分 10 min。取下套筛后,按筛孔大小顺序,在一清洁的浅盘上,再逐个进行手筛。手筛时,可用手轻轻拍击筛框并经常地转动筛子,至每分钟筛出量不超过筛上试样质量的 0.1% 时为止,但不允许用手将颗粒塞过筛孔,筛下的颗粒并入下一级筛,并和下一级筛中试样一起过筛。

(12)称量各筛上筛余颗粒的质量,准确至 0.1 g。所有各筛的分计筛余量和底盘中剩余质量的总和与筛分前试样总质量相比,相差不得超过总质量的 1%。

3. 试验结果

(1)沥青混合料中的沥青含量及油石比按式(2-36)、式(2-37)计算:

$$P_b = \frac{m_5}{m_3} \tag{2-36}$$

$$P_a = \frac{m_5}{m_3 - m_5} \tag{2-37}$$

式中　m_3——沥青混合料的总质量, g;

　　　m_5——试样燃烧损失质量, g;

　　　P_b——沥青混合料的沥青含量(%);

　　　P_a——沥青混合料的油石比(%)。

(2)试样的分计筛余量按式(2-38)计算:

$$P_i = \frac{m_i}{m_a} \tag{2-38}$$

式中　P_i——第 i 级试样的分计筛余量(%);

　　　m_i——第 i 级筛上颗粒的质量, g;

　　　m_a——沥青混合料中矿料部分的总质量, g。

(3)同一沥青混合料试样至少平行试验两次,取平均值作为试验结果。两次试验结果的差值应小于 0.3%(指沥青含量的绝对误差),当大于 0.3% 但小于 0.5% 时,应补充平行试验 1 次,以 3 次试验的平均值作为试验结果,3 次试验的最大值与最小值之差不得大于 0.5%。

2.2　沥青混凝土渗透性能

2.2.1　沥青混凝土渗透性试验方法

渗透性是心墙沥青混凝土最重要的特性,也是进行配合比设计和心墙质量检测的主要项目。为真实有效地测定沥青混凝土的渗透系数,根据目前已报道的研究成果,对国内外水工沥青混凝土材料的渗透系数测定方法进行了总结,主要有以下几种。

2.2.1.1　变水头和常水头渗透试验

变水头和常水头渗透试验是《水工沥青混凝土试验规程》(DL/T 5362—2018)中提出的测定水工沥青混凝土渗透系数的常用方法。变水头试验中的水头一般不小于 200 cm,一般测试渗透系数小于 10^{-7} cm/s 量级,变水头法适用于沥青混凝土心墙、面板防渗层等具有较好防渗性能的试件。常水头试验中的水头一般为 200 cm 左右,测试渗透系数大于 10^{-7} cm/s 量级,适用于整平胶结层、透水层等防渗性能较差的试件。

1. 仪器设备

(1)渗透试验装置及试模:如图 2-8 所示的渗透试验装置可用于变(常)水头渗透试验。

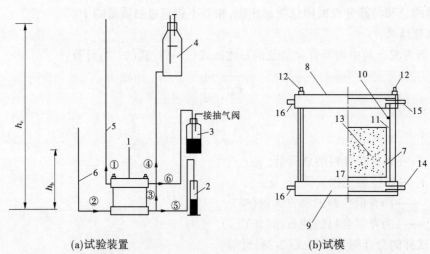

(a)试验装置　　　　　　　　　(b)试模

1—装好试件的试模;2—量筒;3—抽气瓶;4—储水瓶;5—进水测压管;6—出水测压管
7—试模套筒;8—上盖;9—下盖;10—橡皮垫圈;11—止水填料;12—螺栓;13—试件;14—出水口;15—进水口;
16—测压管口;17—多孔透水板;①②③④⑤⑥—阀门

图 2-8　沥青混凝土变(常)水头渗透试验装置及试模

(2)其他:量筒、秒表、温度计、真空泵、止水填料及加热器具等。

2. 试验步骤

(1)制备沥青混合料,成型马歇尔试件,如采用芯样进行试验,用切割机将芯样上下两头切平,测量试件的平均高度和直径。

(2)将渗透试模的上盖卸下,将试件放入试模中央。清理试件表面,除去油污、粉尘等,避免试件周边与沥青结合不好而渗水,灌入热沥青密封试模与试件周边的缝隙。灌缝时,应避免热沥青污染试件表面及沥青外流。待沥青冷至室温后,装好上盖,拧紧螺栓。渗透试件装模后,应加以检查,确认试模密封良好、管道畅通。

(3)试验应采用蒸馏水或经过滤的清水,试验前用抽气法或煮沸法进行排气。试验时,水温宜高于室温 3~4 ℃。试验开始前,应备够一次所需的用水。

(4)按如图 2-8 所示的渗透试验装置进行试验:

将渗透试模安装在渗透试验装置上。安装时,关闭全部阀门,防止水流入渗透试模内。

将阀门③、⑥打开,开动抽气机进行抽气,至抽气瓶内无气泡排出。关闭阀门⑥,打开阀门④,使试件从上下两端充水饱和,关闭阀门④,打开阀门⑥,进行抽气,至抽气瓶内无气泡排出时,关闭阀门⑥。打开阀门④,使试件充水饱和。如此反复进行,直至气泡完全排出。饱和排水结束后,将全部阀门关闭。

常水头试验时,先打开阀门①、④,使进水测压管内水柱上升到稳定的高度,再打开阀门②、③,使出水测压管充水,然后打开阀门⑤,当水从水管口向外渗流后,立即关闭阀门③。应避免出水管口浸没在量筒水面以下。当进水和出水测压管水位稳定后,开始进行观测,记录测压管内的水位,用量筒测定渗透水量,用秒表测定相应的渗透时间,用温度计测定试验开始时和结束时的水温,取其平均值。如此反复测试不少于 6 次,每次测试水量应不少于 5 mL。

变水头试验时,先打开阀门①、④,使进水测压管水位达到一定水平后关闭阀门④,分别记录进水和出水测压管的水位,同时开动秒表计时,经时间 t 后,再记录两测压管相应的水位。如此反复试验 3~4 次后,打开阀门④,使进水测压管水位重新上升后,再重复进行测试。记录试验开始和结束时的水温。每次试验的水头差应不小于 50 mm,并应在 3~4 h 内完成。如两次试验结果出现较大偏差,应在试验前重新抽气饱水,再进行试验。

3. 试验结果

(1)变水头试验的渗透系数按式(2-39)计算:

$$k_T = \frac{aL}{At}\ln\frac{\Delta h_1}{\Delta h_2} \qquad (2-39)$$

式中　k_T——试验温度 T ℃下的渗透系数,cm/s;

　　　a——测压管截面面积,cm^2;

　　　A——试样面积,cm^2;

　　　t——时间,s;

　　　L——渗径,等于试件高度,cm;

　　　Δh_1——时段 t 开始时进水测压管和出水测压管的水位差,cm;

　　　Δh_2——时段 t 结束时进水测压管和出水测压管的水位差,cm。

（2）常水头试验的渗透系数按式（2-40）计算：

$$k_T = \frac{QL}{A\Delta ht} \tag{2-40}$$

式中　　Q——渗透水量，mL；

　　　　L——试样的高度，cm；

　　　　A——试样面积，m^2；

　　　　Δh——进出水测压管水位差，cm；

　　　　t——渗水时间，s。

（3）单个试件几次测试算出的渗透系数，取平均值作为该试件的渗透系数。应平行测定 3~5 个试件，渗透系数小于 1.0×10^{-4} cm/s 时，给出渗透系数的范围；渗透系数大于等于 1.0×10^{-4} cm/s 时，取其平均值。

（4）按式（2-41）换算为 k_{20}：

$$k_{20} = k_T \frac{\eta_T}{\eta_{20}} \tag{2-41}$$

式中　　k_{20}——温度 20 ℃时的渗透系数，cm/s；

　　　　η_T——温度 T ℃时水的动力黏滞系数，Pa·s；

　　　　η_{20}——温度 20 ℃时水的动力黏滞系数，Pa·s。

η_T/η_{20} 可按表 2-7 查得。

表 2-7　水的动力黏滞系数比的温度校正值

温度 （℃）	动力黏滞系数 η（×10^{-3} Pa·s）	η_T/η_{20}	温度校正系数 T_D	温度 （℃）	动力黏滞系数 η（×10^{-3} Pa·s）	η_T/η_{20}	温度校正系数 T_D
5.0	1.516	1.501	1.17	18.0	1.061	1.050	1.68
6.0	1.470	1.455	1.21	19.0	1.035	1.025	1.72
7.0	1.428	1.414	1.25	20.0	1.010	1.000	1.76
8.0	1.387	1.373	1.28	21.0	0.986	0.976	1.80
9.0	1.347	1.334	1.32	22.0	0.963	0.953	1.85
10.0	1.310	1.297	1.36	23.0	0.941	0.932	1.89
11.0	1.274	1.261	1.40	24.0	0.919	0.910	1.94
12.0	1.239	1.227	1.44	25.0	0.899	0.890	1.98
13.0	1.206	1.194	1.48	26.0	0.879	0.870	2.03
14.0	1.175	1.163	1.52	27.0	0.859	0.850	2.07
15.0	1.144	1.133	1.56	28.0	0.841	0.833	2.12
16.0	1.115	1.104	1.60	29.0	0.823	0.815	2.16
17.0	1.088	1.077	1.64	30.0	0.806	0.798	2.21

2.2.1.2　加压常水头渗透试验

《水工沥青混凝土试验规程》（DL/T 5362—2018）中还提出了一种新的测定防水沥青

混凝土渗透系数的方法,是在常水头法的基础上,考虑心墙沥青混凝土的工作特性,将水头压力值提高至 0.5 MPa。沥青混凝土在试模内,侧壁均由防水材料防止渗水,底部由透水砂保护,渗透压力水头由试样顶部向底部渗流,最终通过压力差计算渗透系数。

1. 仪器设备

(1)渗透试验装置及试模:如图 2-9 所示的渗透试验装置用于加压常水头渗透试验。

(2)其他:量筒、秒表、温度计、空气压缩机、止水填料及加热器具等。

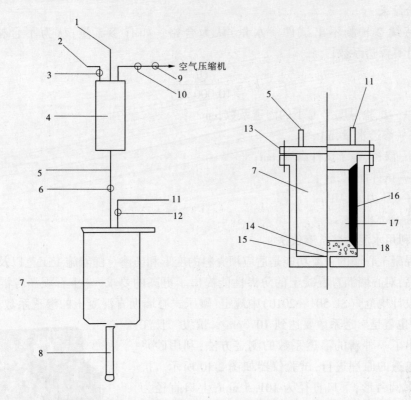

1—压力表;2—注水管;3—注水阀;4—压力水箱;5—进水管;6—进水阀;7—试模;
8—量筒;9—压力调节阀;10—气阀;11—排气管;12—排气阀;13—试模盖;
14—阻砂透水板;15—排水孔;16—止水材料;17—试件;18—透水砂

图 2-9 加压常水头渗透试验装置

2. 试验步骤

(1)制备沥青混合料并成型马歇尔试件,如采用芯样进行试验,用切割机将芯样上下两头切平,测量试件的平均高度和直径。

(2)将渗透试模的上盖卸下,将试件放入试模中央。清理试件表面,除去油污、粉尘等,避免试件周边与沥青结合不好而渗水,灌入热沥青密封试模与试件周边的缝隙。灌缝时,应避免热沥青污染试件表面及沥青外流。待沥青冷至室温后,装好上盖,拧紧螺栓。渗透试件装模后,应加以检查,确认试模密封良好、管道畅通。

(3)试验应采用蒸馏水或经过滤的清水,试验前用抽气法或煮沸法进行排气。试验时,水温宜高于室温 3~4 ℃。试验开始前,应备够一次所需的用水。

(4)压力水箱注满水。打开进水阀6和排气阀12,当排水管有水排出时,关闭气阀。

(5)关闭注水阀3,开启空气压力机,观测气源压力上升。

(6)当气源压力大于0.6 MPa时,打开气阀10。调节压力到设定值,通常可设定压力为0.5 MPa,检查设备有无漏气。

(7)待压力稳定后,可开始计时试验。用量筒测定通过试件的渗水量。

(8)持续2 h测不出渗水量,停止试验。

3.试验结果

试验持续2 h测不出试件渗水量,认为合格。如有渗流量,认为不合格,并按式(2-42)计算渗透系数。

$$k_T = \frac{QL}{10\ 000\ APt} \tag{2-42}$$

式中　k_T——试验温度 T ℃下的渗透系数,cm/s;

　　　Q——渗透水量,mL;

　　　L——渗径,等于试件高度,cm;

　　　A——试件面积,m²;

　　　P——压力值,MPa;

　　　t——渗水时间,s。

2.2.1.3　利用水泥砂浆抗渗仪法

沥青混凝土心墙的主要功能是适应坝壳料的变形和防渗。随着施工工艺以及原材料品质的提高,对心墙沥青混凝土的防渗性能提出了更高的要求。《土石坝沥青混凝土面板和心墙设计规范》(SL 501—2010)中规定,碾压式心墙沥青混凝土的渗透系数小于 1×10^{-8} cm/s,也就是渗透系数要达到 10^{-9} cm/s 量级。长江科学院提出了一种新的渗透系数的测定方法,利用砂浆抗渗抗水渗透的原理进行,试验仪器如图2-10所示。抗渗试样采用圆台形,下口直径为101.5 mm,上口直径为100 mm,高度为63.5 mm。此方法虽然很好地解决了沥青混凝土在高压下的边壁漏水问题,但在结果评价中并不能定量进行评价,采用分级加压的办法,以一定水压力下,保持一段时间后,试样不渗水,判定合格。

图2-10　砂浆抗渗仪

具体可参考《水工混凝土试验规程》(SL 352—2006)中水泥砂浆抗渗性试验方法进行,这里不再赘述。

2.2.1.4　利用三轴仪的加压渗透法

1.试验原理

加压渗透试验在三轴试验机上测定沥青混凝土在不同孔隙率的渗透系数,试验装置示意图如图2-11所示,渗流路径由下至上。试件用橡胶膜裹住并抽气真空饱和,通过下孔压给试样底部施加恒定渗透压力,利用围压对试样侧封。试验过程中,控制围压大于渗透水压50 kPa,以确保试样底部水流不会在渗透压力作用下产生侧壁渗漏。根据岩石测定渗透系数的方法,当围压大于渗透压力30 kPa时,不会出现边壁漏水问题,压力差大于

100 kPa 时,橡胶膜会出现破损的情况,因此本试验采取 50 kPa 的压力差。待到试样顶面出水后,开始计时测定通过试件内部的水量。

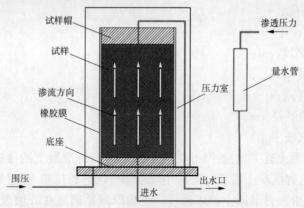

图 2-11　试验装置示意图

2. 试验步骤

(1)制备不同孔隙率的沥青混凝土试件,试件尺寸参照《水工沥青混凝土试验规程》(DL/T 5362—2018)相关规定,渗透试验试样为 $\phi101$ mm×63.5 mm。制备完成的试件通过真空饱和装置饱和 24 h。

(2)为解决边壁效应导致的漏水问题,采用围压对试样与橡胶膜进行约束,并在试样周围涂抹凡士林,使其边壁与橡胶膜紧密贴合。

(3)将试样装入三轴压力室内,装样顺序为透水石→试样→透水石→试样帽。用皮筋将试样上下部封死,防止压力室内的水进入试样内部。

(4)在加压之前,需将上出水口内充满水,并连接外部出水装置。

(5)试验开始后,加压顺序为先加载围压,后通过下孔压加载渗透压力。

(6)加载围压时,上部出水口阀门打开,观测上部出水口是否出现渗水的情况,否则需重新装样。

(7)加载渗透压力的过程中,待试样经过围压固结完成后加载渗透压力,试样的体积不发生变化时认为固结完成,此时沥青混凝土的内部孔隙结构相对稳定。先加载渗透压力后打开反压阀,当渗透压力稳定到目标值后,观察压力差是否仍保持在 50 kPa。经过一段时间后观测外部量水管的出水量。

3. 试验结果

渗透系数计算公式如下:

$$Q = Av = Aki = \pi r^2 k \frac{P}{H} \tag{2-43}$$

$$Q = \frac{q}{T} \tag{2-44}$$

$$k = \frac{qH}{PT\pi r^2} \tag{2-45}$$

式中　k——试样的渗透系数,cm/s;

A——试样的面积,cm^2;

v——渗透流速,cm/s;

i——水力坡降;

P——水头,cm;

H——试样高度,cm;

q——出水量,mL;

T——渗透时间,s;

r——试样的半径,cm。

2.2.1.5　现场渗气法

在心墙沥青混凝土施工质量控制时,为快速测定沥青混凝土的渗透性,1963 年,Boecker 首次在德国沥青混凝土面板坝上采用现场渗气法进行试验,通过渗气仪试验方法测定渗气系数间接评价沥青混凝土的渗透性。试验原理是通过在心墙表面放置渗气仪,将仪器内部抽真空至 90 kPa,如果该真空压力在 1~2 min 内不变,则认为沥青混凝土不透水。国内学者也不断改进此试验方法,先利用现场渗气仪测出渗气系数后,再通过室内试验得到渗气系数与渗透系数的关系,间接换算出沥青混凝土渗透系数。此方法适用于现场沥青混凝土渗透性无损检测,不适用于沥青混凝土芯样的渗透性检测。

1. 仪器设备

(1)渗气仪:智能型渗气仪是用真空渗气的方法,通过自动换算,直接测出沥青混凝土的渗透系数,装置如图 2-12 所示。

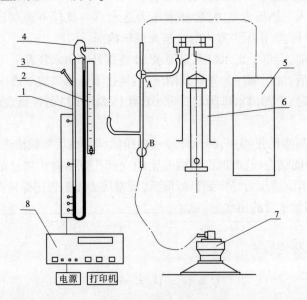

1—电触点测压管;2—标尺;3—防溢栓;4—缓冲腔;5—气室;6—抽气筒;
7—隔气罩;8—智能测控系统;A—三通阀;B—二通阀
图 2-12　智能型渗气仪构造

(2)隔气罩,真空表,抽气筒(或真空泵),软管(耐真空)。

2. 试验步骤

（1）将隔气罩密封于测试位置。

（2）在沥青混凝土检测表面和钢筒法兰之间填充密封腻子，确保不漏气。

（3）选择渗气仪的测试状态：测试渗透系数小的沥青混凝土选用无气室状态进行测试，测试渗透系数较大的沥青混凝土选用带气室状态进行测试。

（4）用渗气仪进行测试：往复抽气，使水银柱高度到达标尺刻度 140 mm 左右，开始测试，在显示屏上读出渗透系数。

3. 试验结果

渗气仪测得的渗透系数结果，还应与芯样的室内渗透试验结果进行比较，按统计规律对渗气仪进行校正。

2.2.2　沥青混凝土孔隙率与渗透性的关系

2.2.2.1　不同孔隙率的沥青混凝土

为全面研究沥青混凝土孔隙率与渗透系数的关系，为此室内制备不同孔隙率的沥青混凝土试样测定其渗透系数的变化规律。根据国内关于沥青混凝土孔隙率的研究，制备不同孔隙率的试样有两种方法：①沥青混凝土采用同一配合比，采用击实功控制孔隙率，根据不同击实功得到不同孔隙率的试样；②沥青混凝土采用不同配合比，通过增大粗骨料的占比使得沥青混凝土内部孔隙增大，采用固定击实功得到不同孔隙率的试样。以上两种方法中，击实功作为一种不可控因素，在同一击实下得出的沥青混凝土孔隙率差异也会较大，并且选取同一配合比不同击实功的沥青混凝土试样孔隙率跨度较小。采用不同配合比的方法是从材料本身的性质上考虑，从本质上改变材料内部孔隙结构的方法，同一配合比下得出的孔隙率较为稳定，而且此方法可得出孔隙率的变化区间大。因此，选择上述方法二中提出的方案。

沥青混凝土的孔隙率与级配有着密不可分的关系，在级配由密级配区向开级配区发展的过程中，孔隙率在不断增大。因此，在保证沥青用量不变的情况下，通过不断增大粗骨料用量，相应减少细骨料和填料用量的方法，选取表 2-8 中的 10 组配合比制备沥青混凝土渗透试样，矿料级配曲线如图 2-13 所示。

表 2-8　沥青混凝土质量配合比

项目	各项材料用量的比例（质量比，%）					
	9.5~19 mm	4.75~9.5 mm	2.36~4.75 mm	0.075~2.36 mm	<0.075 mm	沥青
1 号配合比（%）	25.0	16.0	13.0	33.0	13.0	6.5
2 号配合比（%）	28.0	19.0	12.8	28.0	12.2	6.5
3 号配合比（%）	31.0	22.0	12.6	23.0	11.4	6.5
4 号配合比（%）	34.4	25.0	12.4	17.4	10.8	6.5

续表 2-8

项目	各项材料用量的比例(质量比,%)					
	9.5~19 mm	4.75~9.5 mm	2.36~4.75 mm	0.075~2.36 mm	<0.075 mm	沥青
5 号配合比 (%)	37.0	28.0	12.1	13.0	10.0	6.5
6 号配合比 (%)	38.5	30.0	12.0	10.0	9.5	6.5
7 号配合比 (%)	40.0	31.0	12.0	8.0	9.0	6.5
8 号配合比 (%)	44.0	33.0	10.0	6.0	7.0	6.5
9 号配合比 (%)	48.0	36.0	7.0	5.0	4.0	6.5
10 号配合比 (%)	50.0	37.0	6.0	4.0	3.0	6.5

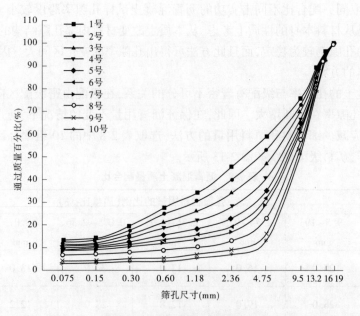

图 2-13　沥青混凝土级配曲线

　　由上述 10 组配合比制备的沥青混凝土渗透试样,每组 2 个试样,如图 2-14 所示,分别测定试样的密度及孔隙率,试验结果见表 2-9。

图 2-14 沥青混凝土渗透试样

表 2-9 沥青混凝土孔隙率试验结果

试样编号	密度 (g/cm³)	理论最大密度 (g/cm³)	孔隙率 (%)	
1-1	2.422	2.471	2.00	2.00
1-2	2.422	2.471	2.00	
2-1	2.414	2.473	2.37	2.47
2-2	2.409	2.473	2.57	
3-1	2.400	2.474	2.98	2.90
3-2	2.404	2.474	2.82	
4-1	2.384	2.475	3.67	3.84
4-2	2.376	2.475	4.00	
5-1	2.256	2.472	8.74	8.23
5-2	2.281	2.472	7.72	
6-1	2.222	2.472	10.11	10.33
6-2	2.211	2.472	10.55	
7-1	2.198	2.477	11.28	12.20
7-2	2.152	2.477	13.12	
8-1	2.093	2.479	15.57	16.11
8-2	2.066	2.479	16.66	
9-1	1.989	2.481	19.84	20.23
9-2	1.969	2.481	20.62	
10-1	1.925	2.481	22.40	22.48
10-2	1.921	2.481	22.56	

可以看出,由 1 号配合比至 10 号配合比沥青混凝土的密度在逐渐减小,理论最大密度在逐渐增大,孔隙率在逐渐减小。

2.2.2.2　不同孔隙率沥青混凝土的渗透性能

根据凤家骥教授关于沥青混凝土渗透特性的研究结果,温度对沥青混凝土的渗透系数影响不大,因此本次渗透试验在室温 20 ℃下进行。渗透系数测定中作用水头是一个重要的控制指标,孔隙率小的沥青混凝土发生渗流的时间历时较长,反之则较短;考虑到围压对试样内部孔隙率有一定的影响,高围压对孔隙大的沥青混凝土影响较大。因此,试验中孔隙较小的采用高水头加快渗流速度,孔隙率大的则采用低水头。由于试验当中不了解发生渗流时的临界水力坡降,因此对不同孔隙率的试验采取逐级加载围压的方式,当在同一压力下 2 h 未发生渗流加载下一级压力。最终压力的设定值见表 2-10 所示。

表 2-10　沥青混凝土压力取值

孔隙率(%)	围压(kPa)	渗透压力(kPa)
1~3	200	250
	400	450
	600	650
	800	850
3~10	200	250
	400	450
	600	650
	800	850
10~15	100	150
	200	250
	300	350
	400	450
15~25	20	70
	40	90
	60	110
	80	130

采用表 2-1 压力设定值进行沥青混凝土渗透试验,由此可得出孔隙率与渗透系数的关系曲线,如图 2-15 所示。

从图 2-15 中可以看出,沥青混凝土的渗透系数随着孔隙率的增大逐渐增大,但增大的趋势逐渐变缓,沥青混凝土渗透系数 k 与孔隙率 VV 呈幂函数的关系,最终通过 origin 进行曲线拟合,得出如下关系式:

$$k = 9.8 \times 10^{-10} (VV - 1.79)^{4.87}$$

$$(2-46)$$

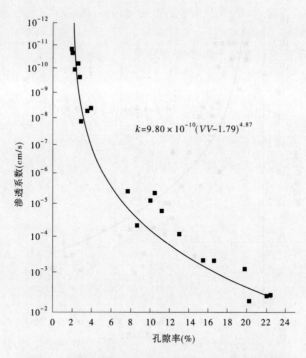

图 2-15　沥青混凝土孔隙率与渗透系数的关系曲线

本试验的测试点虽然孔隙率包含的范围广,但在孔隙率的测试点较少。为更清晰地描述沥青混凝土孔隙率与渗透系数的关系,并证实孔隙率与渗透系数关系的真实性。根据国外学者 Hoeg K 对于沥青混凝土抗渗性的研究得出孔隙率与渗透系数的关系,如图 2-16 所示。其测定渗透系数的试验方法为常规方法,作用水头较低。图 2-16 中试验结果说明,当孔隙率小于 4% 时,渗透系数可以小于 10^{-7} cm/s;当孔隙率小于 3% 时,渗透系数基本处于 10^{-8} cm/s 左右。

沥青混凝土孔隙率与渗透系数基本呈幂函数的形式。将两组数据进行合并拟合,沥青混凝土渗透系数 k 与孔隙率 VV 的拟合结果如图 2-17 所示,得出如下关系式:

$$k = 1.12 \times 10^{-9}(VV - 1.72)^{5.36} \tag{2-47}$$

由上述结果可以看出,沥青混凝土的抗渗性与孔隙率有很大关系,孔隙率越小,渗透系数也越小,沥青混凝土的渗透系数与孔隙率呈幂函数的关系。孔隙率为 2%～4%,试验点基本吻合;孔隙率大于 4% 后,试验数据和参照数据存在一定的差异,试验点的数据较参照数据中的渗透系数总体高于统计数据。这说明压力水头对于沥青混凝土的渗透系数存在一定影响,孔隙率较小时这种影响较低,当孔隙率较大时则较高,这一表现说明了沥青混凝土的压密效应;沥青混凝土在不同水头作用下渗透系数存在差异,随着作用水头的升高而减小。拟合曲线中当孔隙率在 3% 时,对应渗透系数值在 10^{-8} cm/s 处,沥青混凝土基本是不透水的,施工中也以 3% 为孔隙率的控制指标,证实了孔隙率 3% 这一控制指标是可靠的,能保证沥青混凝土心墙的质量安全。

2.2.2.3　不同级配沥青混凝土的渗透性能

在渗透系数与孔隙率的研究中,采用了不同级配的沥青混凝土,造成孔隙率不同的根

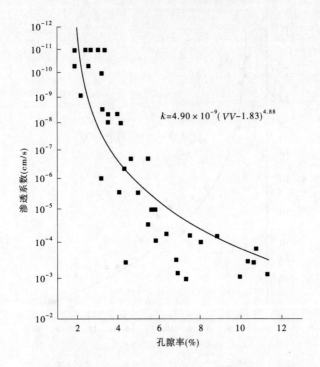

图 2-16　Hoeg K 沥青混凝土孔隙率与渗透系数的关系曲线

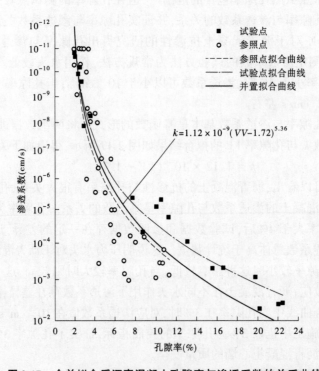

图 2-17　合并拟合后沥青混凝土孔隙率与渗透系数的关系曲线

本原因是沥青混凝土的级配发生变化,细骨料减少使得填充内部孔隙的占比减少,所以会出现大孔隙。在渗流发生过程中,水流通过这些孔隙通道流出,造成防渗性能下降,因此沥青混凝土级配与渗透系数也存在着间接关系。为此将渗透系数作为一个评判标准,当渗透系数处于安全范围时认为沥青混凝土的级配选择没有问题,这样可以给出一个安全的级配区间,为后者在沥青混凝土级配选择时提供一定的参考。

通过不同级配沥青混凝土渗透系数的测定结果,根据公路规范中对沥青混凝土级配分区的方法,以孔隙率为判定标准进行分区。孔隙率在2%~6%的沥青混凝土为密级配,孔隙率在6%~18%的沥青混凝土为半开级配,孔隙率大于18%的沥青混凝土为开级配。为此对以上 10 组配合比,根据孔隙率的大小进行了级配分区,级配分区结果如图 2-18 所示。

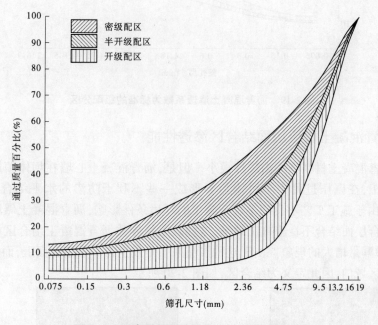

图 2-18　沥青混凝土孔隙率为标准的级配分区

在水工沥青混凝土中,沥青混凝土的防渗性能是最重要的,但公路级配分区内密级配区的孔隙率在2%~6%,此区间内存在不满足水工沥青混凝土防渗要求的级配,为适应水工沥青混凝土级配分区的判别标准,再一次将密级配区的沥青混凝土进行级配分区,以满足防渗要求的渗透系数 10^{-8} cm/s 作为临界点。渗透系数小于临界值的沥青混凝土级配具有较强的防渗功能,能有效地防止坝体发生渗流,命名为超密级配区;渗透系数大于临界值的沥青混凝土级配防渗性较低,不满足坝体防渗的需求,因此命名为密级配区。由以上标准对本次试验中的 10 组配合比重新进行级配分区,分区结果如图 2-19 所示。根据图 2-19 中结果更易进行沥青混凝土配合比的选取,如配合比在超密级配区内即认为级配良好,适宜坝体的防渗;如配合比在密级配区内,则认为配合比的防渗性较弱,不宜用于坝体心墙部分。

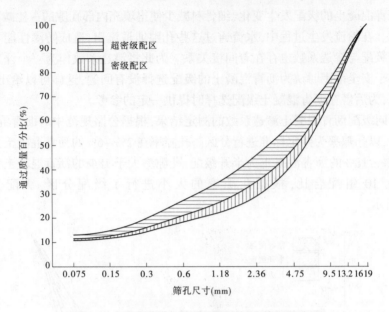

图 2-19　沥青混凝土渗透系数为标准的级配分区

2.2.3　沥青混凝土碾压层面结合区渗透性能

　　心墙沥青混凝土材料本体渗透性很小。但是,沥青混凝土心墙在坝体填筑过程中为分层碾压施工,在碾压过程中不可避免会形成一些不利于防渗的水平结合层面(结合面)。同时,由于施工工艺不良或不利于施工的环境条件影响,沥青混凝土碾压过程中也容易出现结合层面结合不良等施工缺陷,这些缺陷将导致沥青混凝土结合区域的孔隙率增加、水平渗漏量增大的现象。由于这种渗流并不是发生在一个结合面上,而是在结合面附近的一定区域内,因此定义为结合区,如图 2-20 所示。

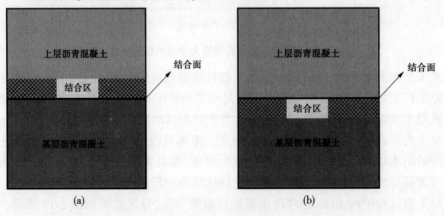

图 2-20　沥青混凝土施工缺陷产生的结合区

　　影响沥青混凝土结合区渗透性主要的影响因素是结合面温度和施工环境等。由施工规范可知:当心墙沥青混凝土结合面温度低于 70 ℃时,基层沥青混凝土温度过低造成混凝土层间结合不良。室内和现场试验均表明,结合面温度过低会影响上层沥青混凝土碾

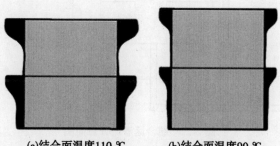

压质量,尤其是上层沥青混合料下部温度下降较快,沥青混凝土碾压不密实而出现如图 2-20(a)中的结合区,结合区内的材料孔隙率增大,使沥青心墙出现集中渗漏区。在大风气候条件下进行心墙施工时,风对沥青混合料表面散热作用明显,基层沥青混凝土表面不易碾压密实,容易形成表面"硬壳",与上层沥青混凝土也存在结合区,见图 2-20(b),这也是一种施工缺陷。当心墙沥青混凝土结合面温度高于 90 ℃时,由于基层沥青混凝土的温度较高,尚不能形成有效的承载能力,将导致上层沥青混合料碾压时产生较大侧胀。现场试验表明,结合面附近的侧胀明显增大,而且结合面温度越高,侧胀也越明显,形成所谓的松塔效应,如图 2-21 所示。侧胀量将导致沥青混凝土孔隙率的变化,从而影响沥青混凝土结合区的渗透性能。

(a)结合面温度110 ℃　　　(b)结合面温度90 ℃

图 2-21　沥青混凝土碾压产生的松塔效应

2.2.3.1　试验原理

为测定心墙结合区渗透系数,参考室外抽水试验测定渗透系数的思路。采用环形试样,由试样外部向内部渗水。如图 2-22 所示,压力室施加围压,渗流由试样中部结合面发生水平渗流,在试样内、外部产生渗透压差,假定结合区顶面和底面不透水,视为平面渗流。由环形试样中的测压管水头线可以看出,随着渗径的逐渐增大,其过水断面面积和渗透水头在不断减小。图中试样中部代表结合区,H 为结合区高度。

因此,本试验计算公式采用积分的方法,计算公式推导为式(2-48)、式(2-49)。

截取任意过水断面,其渗流量 $Q = \dfrac{\Delta ha}{T}$,又

$$Q = AV = Aki = 2\pi rkH\frac{\mathrm{d}h}{\mathrm{d}r} \tag{2-48}$$

$$k = \frac{\Delta ha}{2\pi HT(h_1 - h_0)}\ln\frac{r}{R} \tag{2-49}$$

式中　k——试样结合区的渗透系数,cm/s;

　　　Q——通过试样的流量,mL/s;

　　　H——试样过水断面的高度,cm;

　　　h——试样任意断面的水头,cm;

　　　h_0——试样进水断面的水头,cm;

　　　h_1——试样出水断面的水头,cm;

　　　R——试样的外径,cm;

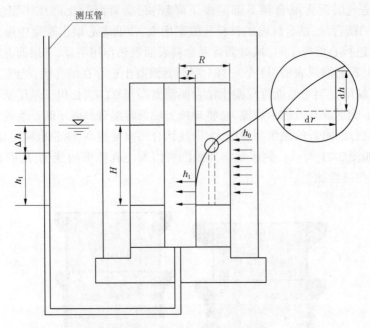

图 2-22　结合区渗流计算简图

r——试样的内径,cm;

Δh——测压管的渗水高度,cm;

a——测压管的截面面积,cm^2;

T——试样的渗流时间,s。

2.2.3.2　试验方法

在此基础上进行结合面渗透试验,试验主要测定沥青混凝土的水平渗透系数,水平渗流试验装置示意如图 2-23 所示。为探究沥青混凝土在三围应力下的渗流状态,采用不同围压进行渗透系数的测定,研究其在不同水头作用下渗透系数的变化规律。

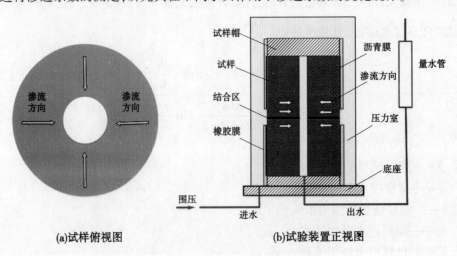

(a)试样俯视图　　　　　　(b)试验装置正视图

图 2-23　水平渗流试验装置示意

根据上述原理可利用沥青混凝土三轴仪进行试验,以测定心墙沥青混凝土碾压结合区的水平渗透系数。在心墙碾压结合层处钻取芯样,尺寸为 $\phi100$ mm×150 mm,将试样真空饱水,在安装过程中必须在中心孔内先注水,使得发生渗流时中心孔内保持充足水量。安装完成后向压力室内注水,将中心孔与外部量水管联通。试验中围压加载采用逐级加载方式,围压设定值分别为 200 kPa、400 kPa、600 kPa、800 kPa,逐级测定沥青混凝土结合面的渗透系数。试验中加压顺序为先加载围压关闭外部量水管的阀门,待压力室内的沥青混凝土试件固结完成后,打开量水管的阀门。记录量水管的水量 Q 和时间 T,通过式(2-45)计算渗透系数 k。

2.3　沥青混凝土变形性能

在沥青混凝土心墙坝中,心墙材料防渗和变形能力一定要很强。心墙要承受周围填筑材料的压力以及基础的不均匀沉降作用,同时也会由干湿、温度变化产生变形造成剪切破坏,引起心墙开裂、渗透等现象。由于心墙和两侧坝料的变形不协调产生一定的拱效应,沥青混凝土心墙发生水力劈裂现象。如果坝体材料刚度较小,在上游水荷载作用下,防渗心墙还会产生挠曲和蠕变现象,影响大坝的安全运行。

由于大坝内部受力条件和沥青混凝土力学性能的复杂性,已有的研究成果中,很难用一个本构模型去精确地描述它的受力状态。低温状态下,沥青混凝土表现出线弹性性质;常温状态下表现出黏弹性性质;高温状态下,又表现出弹塑性及流变性性质。试验得到应力—应变关系较为复杂,在屈服阶段后,应力—应变不是简单的函数关系,研究起来有一定的困难。因此,要求心墙沥青混凝土具有良好的适应变形的能力。心墙沥青混凝土的变形性质主要是由沥青胶浆的性质和用量决定的,油石比越高、温度越高,黏弹性表现得越明显。大坝蓄水期,在自重和水荷载作用下,坝体会产生一定的位移,要求心墙可以以其良好的变形能力适应周围环境的变形,而不影响其防渗性能。在周围结构产生不均匀沉降和变形时,心墙也要能够适应这些变形。沥青混凝土具有很好的自愈能力和适应变形的能力,沥青混凝土心墙坝的建设高度也越来越高。

2.3.1　沥青混凝土单轴压缩性能

测定沥青混凝土轴向抗压强度及相对应的应变和轴向压缩变形模量,适用于室内成型的试件和现场钻取的芯样。

2.3.1.1　仪器设备

(1)沥青混凝土单轴压缩试验仪或万能材料试验机,如图 2-24 所示。其他可施加荷载并测试变形的路面材料试验设备也可使用,但均必须满足下列条件:

①最大荷载应满足不超过其量程的 80%,且不小于量程的 20%的要求,宜采用 100 kN,分度值 100 N,具有球形支座,压头可以活动,与试件紧密接触。

②具有环境保温箱,控温准确至 0.5 ℃。当缺乏环境保温箱时,实验室应设有空调,

控温准确至 1.0 ℃。

③能符合加载速率保持 1 mm/min 的要求。试验机宜有伺服系统,在加载过程中速度基本不变。

图 2-24　沥青混凝土单轴压缩试验仪

(2)变形量测装置:抗压试验加载用上下压板,下压板下应有带球面的底座。压板直径为 120 mm,在直径 102 mm 处有一浅的放置试件的圆周刻印。下压板直径线两侧有立柱顶杆,上压板直径线两侧装有千分表架,表架中心与顶杆中心位置一致。若试验机具有自动测定试件的垂直变形或自动测记试件的压力与变形曲线功能,可以直接使用,不必另外配备变形量测装置。

(3)千分表:0.001 mm,2 只。

(4)恒温水槽:用于试件保温,温度能满足试验温度要求,控温准确至±0.5 ℃,恒温水槽的液体应能不断地循环回流,深度应大于试件高度 50 mm。

(5)成型设备:马歇尔击实仪、压缩试模、脱模器。

(6)台秤或天平:感量不大于 0.5 g;卡尺:最小分度值不大于 0.1 mm;温度计:分度值 0.5 ℃;秒表等。

2.3.1.2　试验步骤

(1)室内可用静压或击实方法成型直径 100 mm、高 100 mm 的试件,也可用轮碾成型的板块或在心墙上钻取芯样。采用击实成型法分两层单面击实,每层击实后高度约为 50 mm,击实次数以试件的密度达到马歇尔标准击实试件密度的±1% 为准,试件成型后冷却到常温方可脱模。芯样试件的尺寸应符合直径(100±2)mm、高(100±2)mm 的要求,用于单轴压缩试验试件数一般为 3~6 个。

(2)用卡尺量取试件尺寸,并检查其外观,当试件有严重缺陷或最高部位与最低部位的高度差超过 2 mm 时,应废弃。试件直径实测尺寸与公称尺寸之差不超过 1 mm,可按公称尺寸进行计算试件的承压面积。试件的尺寸测量精确至 0.1 mm。测定试件的密度、孔隙率等各项物理指标。

（3）试件在常温下放置 24 h 后,再置于规定的试验温度的恒温水槽中恒温,恒温时间不小于 4 h。

（4）调节试验机恒温室温度,使之达到规定的试验温度。如无特殊要求,试验温度采用工程当地年平均气温,或 5 ℃ 和 25 ℃。

（5）将恒温至规定试验温度的试件取出,安装到试验机上,使试件轴心与底座压板的中心重合。

（6）启动试验机,以 1 mm/min 的加载速率对试件进行加荷,并进行数据采集,直至试件破坏。

2.3.1.3　试验结果

（1）沥青混凝土试件的抗压强度按式(2-50)计算,精确至 0.01 MPa:

$$R_c = \frac{4P_c}{\pi d^2} \tag{2-50}$$

式中　R_c——试件的抗压强度,MPa;

P_c——试件破坏时的最大荷载,N;

d——试件直径,mm。

（2）试件最大应力时的应变按式(2-51)计算:

$$\varepsilon = \frac{\Delta h}{h} \tag{2-51}$$

式中　ε——试件最大应力时的应变(%);

Δh——最大荷载时的垂直变形,mm;

h——试件高度,mm。

（3）绘制试件应力—应变过程曲线,若 $\sigma—\varepsilon$ 为直线关系,该直线段斜率为其受压变形模量;若 $\sigma—\varepsilon$ 为曲线关系,则试件的变形模量按式(2-52)计算,精确至 0.1 MPa。

$$E_c = \frac{\sigma_{0.5P_c} - \sigma_{0.1P_c}}{\varepsilon_{0.5P_c} - \varepsilon_{0.1P_c}} \tag{2-52}$$

式中　E_c——受压变形模量,MPa;

$\sigma_{0.5P_c}$、$\sigma_{0.1P_c}$——对应于 $0.5P_c$、$0.1P_c$ 时的压应力,MPa;

$\varepsilon_{0.5P_c}$、$\varepsilon_{0.1P_c}$——对应于 $0.5P_c$、$0.1P_c$ 时的压应变(%)。

2.3.1.4　说明与注意问题

（1）抗压强度和轴向受压变形模量取不少于 3 个试件的算术平均值作为试验结果,当 3 个试件测定值中最大值或最小值之一与中间值之差超过中间值的 15% 时,取中间值;当 3 个试件测定值中最大值和最小值与中间值之差均超过中间值的 15% 时,应重做试验。

（2）试验结果均应注明试件尺寸、成型方法、试验温度。

2.3.2　沥青混凝土劈裂抗拉性能

沥青混凝土劈裂试验又称间接抗拉试验,是沥青混合料的一种强度试验。该试验是将沥青混合料制备成马歇尔试件,将试件在恒温室保温至规定试验温度,将试件侧放于压力机上,在试件上下各加置一压条(采用专用劈裂设备时,试验机上下承压板各有一压条),宜采用试验温度(15±0.5)℃、加荷速度 50 mm/min 进行,测定其垂直向变形。当用于评价沥青混合料低温抗裂性能时,宜采用温度(-10±0.5)℃、加荷速度 1 mm/min 进行试验。计算时,采用沥青混合料的泊松比 μ 值见表 2-11,其他试验温度的 μ 值由内插法决定。也可由试验实测的垂直变形及水平变形计算实际的 μ 值,但计算的 μ 值必须在 0.2~0.5 内。

表 2-11　劈裂试验使用的泊松比 μ

试验温度(℃)	≤10	15	20	25	30
泊松比 μ	0.25	0.30	0.35	0.40	0.45

采用的圆柱体试件应符合下列要求:

(1)最大粒径不超过 26.5 mm(圆孔筛 30 mm)时,用马歇尔标准击实法成型的直径为(101.6±0.2)mm 试件,高为(63.5±1.3)mm。

(2)从轮碾机成型的板块试件或从心墙现场钻取直径(100±2)mm 或直径(150±2.5)mm、高为(40±5)mm 的圆柱体试件。

2.3.2.1　仪器设备

(1)试验机:能保持规定的加载速率及试验温度的材料试验机,当采用 50 mm/min 的加载速率时,也可采用具有相当传感器的自动马歇尔试验仪代替,但均必须配置有荷载及试件变形的测定记录装置。荷载由传感器测定,应满足最大测定荷载不超过其量程的 80%且不小于其量程的 20%的要求,一般宜采用 40 kN 或 60 kN 传感器,测定精密度为 10 N,如图 2-25 所示。

(2)位移传感器可采用 LVDT 或电测百分表:水平变形宜用非接触式位移传感器测定,其量程应大于预计最大变形的 1.2 倍,通常不小于 5 mm,测定垂直变形的精密度不低于 0.01 mm,测定水平变形的精密度不低于 0.005 mm。

图 2-25　沥青混凝土劈裂试验仪

(3)数据采集系统或 X—Y 记录仪:能自动采集传感器及位移计的电测信号,在数据采集系统中储存或在 X—Y 记录仪上绘制荷载与跨中挠度曲线。

(4)恒温水槽或冰箱、烘箱:用于试件保温,温度范围能满足试验要求,控温程度±0.5 ℃。当试验温度低于 0 ℃时,恒温水槽可采用 1:1 的甲醇水溶液或防冻液作冷媒介质。恒温水槽中的液体应能循环回流。

（5）压条：如图 2-26 所示，上下各一根，试件直径为（100±2）mm 或（101.6±0.25）mm 时，压条宽度为 12.7 mm，内侧曲率半径为 50.8 mm；试件直径为（150±2.5）mm 时，压条宽度为 19.0 mm，内侧曲率半径为 75 mm，压条两端均应磨圆。

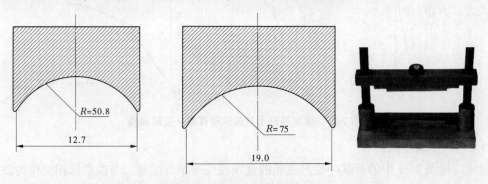

图 2-26　沥青混凝土劈裂试验仪压条形状　（单位：mm）

（6）劈裂试验夹具：下压条固定在夹具上，上压条可上下自由活动。

（7）其他：卡尺、天平、记录纸、胶皮手套等。

2.3.2.2　试验方法

1. 准备工作

（1）根据规定制作圆柱体试件，并测定试件的直径及高度，准确至 0.1 mm。在试件两侧通过圆心画上对称的十字标记。

（2）测定试件的密度、孔隙率等各项物理指标。

（3）使恒温水槽达到预定的试验温度±0.5 ℃。将试件浸入恒温水槽的水或冷媒中，不少于 1.5 h。当为恒温空气浴时不少于 6 h，至试件内部温度达到要求的试验温度±0.5 ℃为止，保温时试件之间的距离不少于 10 mm。

（4）将试验机环境保温箱达到要求的试验温度，当加载速率等于或大于 50 mm/min 时，也可不用环境保温箱。

2. 试验步骤

（1）从恒温水槽中取出试件，迅速置于试验台的夹具中安放稳定，其上下均安放有圆弧形压条，与侧面的十字画线对准，上下压条应居中、平行。

（2）迅速安装试件变形测定装置，水平变形测定装置应对准水平轴线并位于中央位置，垂直变形的支座与下支座固定，上端置于上支座上。

（3）将记录仪与荷载及位移传感器连接，选择好适宜的量程开关及记录速度，当以压力机压头的位移作为垂直变形时，宜采用 50 mm/min 加载，记录仪走纸速度根据温度高低可采用 500～5 000 mm/min。

（4）开动试验机，使压头与上下压条接触，荷载不超过 30 N，迅速调整好数据采集系统或 X—Y 记录仪到零点位置。

（5）开动数据采集系统或记录仪，同时启动试验机，以规定的加载速率向试件加载劈裂至破坏，记录仪记录荷载及水平变形（或垂直位移）。当试验机无环境保温箱时，自恒温槽中取出试件至试验结束的时间应不超过 45 s。记录的荷载—变形曲线如图 2-27

所示。

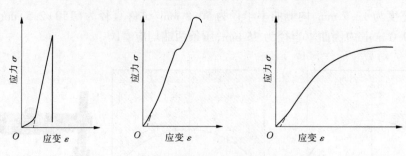

图 2-27　沥青混凝土劈裂试验荷载—变形曲线

2.3.2.3　试验结果

（1）将图 2-27 中的荷载—变形曲线的直线段按图示方法延长与横坐标相交作为曲线的原点,由图 2-27 中量取峰值时的最大荷载 P_T 及最大变形(Y_T 或 X_T)。

当试件直径为(100±2.0)mm、压条宽度为 12.7 mm 及试件直径为(150.0±2.5)mm、压条宽度为 19.0 mm 时,劈裂抗拉强度 R_T 分别按式(2-53)及式(2-54)计算,泊松比 μ、破坏拉伸应变 ε_T 及破坏劲度模量 S_T 分别按式(2-55)~式(2-57)计算。

$$R_T = \frac{0.006\ 287 \times P_T}{h} \tag{2-53}$$

$$R_T = \frac{0.004\ 25 \times P_T}{h} \tag{2-54}$$

$$\mu = \frac{0.135\ 0A - 1.794\ 0}{-0.5A - 0.031\ 4} \tag{2-55}$$

$$\varepsilon_T = X_T \frac{0.030\ 7 + 0.093\ 6\mu}{1.35 + 5\mu} \tag{2-56}$$

$$S_T = P_T \frac{0.27 + 1.0\mu}{hX_T} \tag{2-57}$$

式中　R_T——劈裂抗拉强度,MPa;

　　　ε_T——破坏拉伸应变;

　　　S_T——破坏劲度模量,MPa;

　　　μ——泊松比;

　　　P_T——试验荷载的最大值,N;

　　　h——试件高度,mm;

　　　A——试件垂直变形与水平变形的比值,$A = \dfrac{Y_T}{X_T}$;

　　　Y_T——试件相应于最大破坏荷载时的垂直方向总变形,mm;

　　　X_T——按图 2-27 的方法量取的相应于最大破坏荷载时的水平方向总变形,mm。

当试验仅测定垂直方向变形 Y_T 或由实测的 X_T、Y_T 计算的 μ 值大于 0.5 或小于 0.2 时,水平变形 X_T 可由表 2-11 规定的泊松比按式(2-58)求算。

$$X_T = Y_T \frac{0.135 + 0.5\mu}{1.794 - 0.031\ 4\mu} \tag{2-58}$$

（2）需要计算加载过程中任一加载时刻的应力、应变、劲度模量的方法同上,只需读取该时刻的荷载及变形代替上式的最大荷载及破坏变形即可。

（3）当记录的荷载—变形曲线在小变形区有一定的直线段时,可以试验的最大荷载的$(0.1\sim0.4)P_T$范围内的直线段部分的斜率数据计算的弹性阶段的劲度模量,或以此范围内和测点的应力、应变数据计算的$S = \dfrac{\sigma}{\varepsilon}$的平均值作为劲度模量,并以此作为路面设计用的力学参数。

2.3.2.4　说明与应注意的问题

（1）当一组测定值中某个数据与平均值之差大于标准差的k倍时,该测定值应予舍弃,并以其余测定值的平均值作为试验结果。当试验数目n为 3、4、5、6 个时,k值分别为 1.15、1.46、1.67、1.82。

（2）试验结果均应注明试件尺寸、成型方法、试验温度、加载速率及采用的泊松比μ。

2.3.3　沥青混凝土轴向拉伸性能

心墙沥青混凝土应具有一定的抗拉强度,直接拉伸试验就是采用加载拉伸试验设备对沥青混凝土进行直接加载,测定材料的拉伸强度、拉伸应变和应力—应变过程曲线,用以评定沥青混凝土的拉伸性能,适用于室内成型的试件和现场钻取的芯样。

2.3.3.1　仪器设备

（1）万能材料试验机:最大荷载应满足不超过其量程的 80%,且不小于其量程的 20%的要求,宜采用 100 kN,分度值 100 N。有环境保温箱,控温准确至 0.5 ℃,试验仪器如图 2-28 所示。当缺乏环境保温箱时,实验室应设有空调,控温准确至 1.0 ℃。

图 2-28　沥青混凝土轴向拉伸试验机(带控温系统)

（2）变形测量系统:测量精度为 0.01 mm 的位移传感器或万能试验机自带测量小变形的引伸计 2 套。

（3）成型设备：马歇尔击实仪、脱模器；试模：钢制成，板状试模尺寸为 250 mm×125 mm×50 mm，圆柱体试模 ϕ100 mm×250 mm。

（4）恒温箱：-50~+30 ℃，控温准确度为 0.5 ℃，净空尺寸为 1 000 mm×1 000 mm×1 000 mm。

（5）台秤或天平：感量不大于 0.5 g；卡尺：最小分度值不大于 0.1 mm；温度计：分度值 0.5 ℃。

（6）其他：球面拉力接头、夹具、切割机、脱模剂、强力黏结剂等。

2.3.3.2　试验步骤

（1）室内可用轮碾或击实方法成型直径 250 mm×125 mm×50 mm 板状试件。采用击实成型法将板状试模预热至（105±5）℃，涂刷脱模剂，然后将（160±5）℃的热混合料装入板状试模中，将沥青混合料铺平后用击实锤均匀击实，击实次数以试件的密度达到马歇尔标准击实试件密度的±1%为准。若成型圆柱体试件，将沥青混合料分 4 层装入圆柱体试模中，每层击实后高度约为 60 mm，击实次数以试件的密度达到马歇尔标准击实试件密度的±1%为准。

（2）待试件自然冷却后脱模，进行切割。拉伸试件尺寸为 220 mm×40 mm×40 mm，长、宽、高的尺寸偏差分别为±2 mm、±1 mm、±1 mm，以 3 个试件为一组。

（3）用强力黏结剂胶黏试件两头于夹具中，安装量测设备，两套位移测量传感器应对称分布在试件两侧的中间部位，标距不小于 100 mm。

（4）通过球面拉力接头将带夹具的试件安装到拉伸试验机上。

（5）将恒温室温度调到规定的试验温度，试件恒温不少于 35 min。如试验温度没有特殊规定，可采用工程当地年平均气温，或 25 ℃和 5 ℃。

（6）在规定温度下按规定拉伸应变速率进行试件拉伸，如对拉伸变形速率没有特殊规定，一般可按 1%/min 应变速率控制。试验过程中测读并记录荷载及位移值，直至试件破坏。

2.3.3.3　试验结果

（1）沥青混凝土拉伸强度按式（2-59）计算，精确至 0.01 MPa：

$$R_t = \frac{P_t}{A} \tag{2-59}$$

式中　R_t——轴向拉伸强度，MPa；

　　　P_t——轴向最大拉伸荷载，N；

　　　A——试件断面面积，mm²。

（2）沥青混凝土拉伸应变按式（2-60）计算，精确至 0.01%：

$$\varepsilon_t = \frac{\Delta L}{L} \tag{2-60}$$

式中　ε_t——轴向拉伸应变（%）；

　　　ΔL——轴向拉伸变形，取试件两侧位移传感器的变形平均值，mm；

　　　L——轴向量测标距，mm。

轴向拉伸变形 ΔL 的确定：在拉伸应力和拉伸应变关系曲线中，当拉伸应力峰值比较明显时,拉伸变形值取与之对应的变形值;当拉伸应力峰值比较平缓且不明显时,拉伸变形值取拉伸应力明显下降时对应的变形值。

(3)拉伸变形模量按式(2-61)计算,精确至 0.01 MPa:

$$E_t = \frac{P_t}{\varepsilon_t} \qquad (2\text{-}61)$$

式中　E_t——拉伸变形模量,MPa;

　　　P_t——某一拉伸应力,MPa;

　　　ε_t——相应的某一拉伸应变(%)。

拉伸变形模量的确定:当记录的荷载—变形曲线不是直线时,可以取最大荷载 P_t 的 $0.1 \sim 0.7$ 的割线斜率计算变形模量。

2.3.3.4　说明与应注意的问题

(1)取一组 3 个试件的平均值作为试验结果。当 3 个试件测定值中最大值或最小值之一与中间值之差超过中间值的 15% 时,取中间值。当 3 个试件测定值中最大值和最小值与中间值之差均超过中间值的 15% 时,应重做试验。

(2)试验结果均应注明试件尺寸、成型方法、试验温度。

2.3.4　沥青混凝土小梁弯曲试验

用来测定沥青混凝土在规定温度和加载速率下弯曲破坏的力学性质,试验原理如图 2-29 所示。试验温度和加载速率根据有关规定和需要选用,如无特殊规定,可采用试验温度为 $(10\pm0.5)℃$。当用于评价沥青混凝土低温拉伸性能时,可采用试验温度为 $(-10\pm0.5)℃$,加载速率宜为 50 mm/min。采用不同的试验温度和加载速率时应予以注明。由轮碾或击实成型的板状试件或圆柱体试件,再切制成长 (250 ± 2.0) mm、宽 (30 ± 2.0) mm、高 (35 ± 2.0) mm 的棱柱体小梁,其跨径为 (200 ± 0.5) mm,若采用其他尺寸,应予注明。小梁弯曲试验装置如图 2-30。

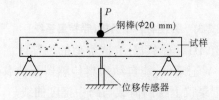

图 2-29　小梁弯曲试验原理示意图

2.3.4.1　仪器设备

(1)万能材料试验机或压力机:荷载由传感器测定,最大荷载应满足不超过其量程的 80% 且不小于量程的 20% 的要求,一般宜采用 1 kN 或 5 kN,分度值为 10 N。具有梁式支座,下支座中心距 200 mm,上压头位置居中,上压头及支座为半径 10 mm 的圆弧形固定钢棒,上压头可以活动与试件紧密接触。应具有环境保温箱,控温精密度 ±0.5 ℃,加载速率可以选择。试验机宜有伺服系统,在加载过程中速度基本不变,试验仪器设备如图 2-31 所示。

图 2-30　小梁弯曲试验装置

图 2-31　万能材料试验机(带控温系统)

(2)跨中位移测定装置:LVDT、电测百分表或类似的位移计。

(3)数据采集系统或 X—Y 记录仪:能自动采集传感器及位移计的电测信号,在数据采集系统中储存或在 X—Y 记录仪上绘制荷载与跨中挠度曲线。

(4)恒温水槽或冰箱、烘箱:用于试件保温,温度范围能满足试验要求,控温程度±0.5 ℃。当试验温度低于 0 ℃时,恒温水槽可采用 1:1 的甲醇水溶液或防冻液作冷媒介质。恒温水槽中的液体应能循环回流。

(5)卡尺、秒表、分度为 0.5 ℃的温度计、感量不大于 0.1 g 的天平、平板玻璃等。

2.3.4.2　方法与步骤

1. 准备工作

(1)按沥青混合料试件制作方法由轮碾或击实成型的板块状试件上用切割法制作棱柱体试件,试件尺寸应符合长(250±2)mm、宽(30±2)mm、高(35±2)mm 的要求,一块 300 mm×300 mm×50 mm 的板块最多可切制 8 根试件。

（2）在跨中及两支点断面用卡尺量取试件的尺寸，当两支点断面的高度（或宽度）之差超过 2 mm 时，试件应作废。跨中断面的宽度为 b，高度为 h，取相对两侧的平均值，准确至 0.1 mm。

（3）测量试件的密度、孔隙率等各项物理指标。

（4）将试件置于规定温度的恒温水槽中保温 45 min 或恒温空气浴中 3 h 以上，至试件内部温度达到要求的试验温度±0.5 ℃为止。保温时，试件应放在支起的平板玻璃上，试件之间的距离应不小于 10 mm。

（5）将试验机环境保温箱达到要求的试验温度，当加载速率等于或大于 50 mm/min 时，允许不使用环境保温箱。

（6）将试验机梁式试件支座准确安放好，测定支点间距为（200±0.5）mm，使上压头与下压头保持平行，并两侧等距离，然后将位置固定住。

2. 试验步骤

（1）将试件从恒温水槽或空气浴中取出，立即对称安放在支座上，试件上下方向应与试件成型时方向一致。

（2）在梁跨下缘正中央安放位移测定装置，支座固定在试验机身上。位移计测头支于试件跨中下缘中央或两侧（用两个位移计）。选择适宜的量程，有效量程应大于预计的最大挠度的 1.2 倍。

（3）将荷载传感器、位移计与数据采集系统或 X—Y 记录仪连接，以 X 轴为位移，Y 轴为荷载，选择适宜的量程后调零。跨中挠度可以用 LVDT、电测百分表或类似的位移测定仪具测定。当以高精密度电液伺服试验机压头的位移作为小梁挠度时，可以由加载速率及 X—T 记录仪记录的时间求得挠度。为正确记录跨中挠度曲线，当采用 50 mm/min 速率加载时，X—T 记录仪 X 轴走纸速度（或扫描速度）根据温度高低宜采用 500～5 000 mm/min。

（4）开动压力机以规定的速率在跨径中央施以集中荷载，直至试件破坏。记录仪同时记录荷载—跨中挠度的曲线如图 2-32 所示。

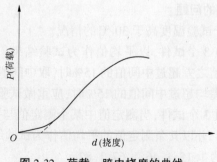

图 2-32 荷载—跨中挠度的曲线

（5）当试验机无环境保温箱时，自试件从恒温箱中取出至试验结束的时间应不超过 45 s。

2.3.4.3 试验结果

（1）将图 2-32 中的荷载—挠度曲线的直线段按图示方法延长与横坐标相交作为曲线

的原点,由图中量取峰值时的最大荷载及跨中挠度。

(2)按式(2-62)~式(2-65)计算试件破坏时的抗弯拉强度、试件破坏时的梁底最大弯拉应变、试件破坏时的弯曲变形模量及试件破坏时的挠跨比。

$$R_B = \frac{3LP_B}{2bh^2} \tag{2-62}$$

$$\varepsilon_B = \frac{6hd}{L^2} \tag{2-63}$$

$$S_B = \frac{R_B}{\varepsilon_B} \tag{2-64}$$

$$W_B = \frac{d}{L} \times 100 \tag{2-65}$$

式中　R_B——试件破坏时的抗弯拉强度,MPa;

　　　ε_B——试件破坏时的最大弯拉应变;

　　　S_B——试件破坏时的弯曲变形模量,MPa;

　　　W_B——试件破坏时的挠跨比(%);

　　　b——跨中断面试件的宽度,mm;

　　　h——跨中断面试件的高度,mm;

　　　L——试件的跨径,mm;

　　　P_B——试件破坏时的最大荷载,N;

　　　d——试件破坏时的跨中挠度,mm。

(3)需要计算加载过程中任一加载时刻的应力、应变、变形模量的方法同上,只需读取该时刻的荷载及变形代替上式的最大荷载及破坏变形即可。

(4)当记录的荷载—变形曲线在小变形区有一定的直线段时,可以试验的最大荷载的$(0.1~0.4)P_B$范围内的直线段的斜率计算弹性模量,或以此范围内各测点的σ、ε数据计算S的平均值作为弹性模量。

2.3.4.4　说明与应注意的问题

(1)本方法不适用于试验温度高于30 ℃的情况。

(2)试验中每组只有3个试件,以平均值作为试验结果。当3个试件测定值中最大值或最小值之一与中间值之差超过中间值的15%时,取中间值;当3个试件测定值中最大值和最小值与中间值之差均超过中间值的15%时,应重做试验。

(3)试验中每组超过3个试件,当测定值中某个测定值与平均值之差大于标准差的k倍时,该测定值应予舍弃,并以其余测定值的平均值作为试验结果。当剩余试件数目n为3、4、5、6个时,k值分别为1.15、1.46、1.67、1.82。

(4)试验结果均应注明试件尺寸、成型方法、试验温度及加载速率。

2.4　沥青混凝土剪切强度及应力应变特性

2.4.1　沥青混凝土剪切强度

2.4.1.1　纯剪切试验

纯剪切试验是在试件上下表面施加偏心均布荷载,使沥青混合料试件在剪切面上主要受剪应力,试件沿固定垂直剪切面破坏。该方法常用来评价沥青路面结构层内、层间及含夹层材料的抗剪性能。纯剪切试验的受力模式可以体现材料在垂直和水平方向的单一抗剪强度,适用于解决"自下而上"的反射裂缝垂直破坏及层间黏结水平破坏的问题。

2.4.1.2　直剪试验

直剪试验来源于土力学,试件顶面施加正压力,侧向无约束,沥青混合料试件沿水平剪切面破坏。依据库伦—摩尔强度理论,测得不同垂直压力下的抗剪强度,通过摩尔圆可得沥青混合料的黏聚力和内摩擦角。直剪试验原理简单,缺点是在固定水平剪切面上受力不均,剪切刀具与试件边缘的硬接触会造成边界应力集中,对抗剪强度的确定有较大影响。

2.4.1.3　斜剪试验

与纯剪、直剪相比,斜剪试验对试模加以改进,改变了荷载与试件的接触方式,施加在顶部的压力沿 45°分解的正应力和切应力以相同速率线性增加直至试件破坏,斜剪试验原理与直剪试验的相同,即试件顶面有正应力下的水平剪切破坏,本质不同在于前者正应力与切应力两者之间数值变化是离散无规律的增长,而斜剪试验是同步有规律的连续线性增长。斜剪试验仪见图 2-33。

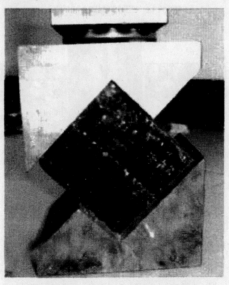

图 2-33　斜剪试验仪

斜剪试验可用于沥青混凝土碾压结合层面的抗剪强度试验,对沥青混凝土的抗剪强度的研究也有一定应用。该试验操作简单，利用斜剪试验装置来变化剪切角度，使试件受到剪应力与压应力，但斜剪试验装置只是间接地反映剪、压应力的变化，且压、剪应力不能独立变化以及接触部位的应力集中，因而存在一定的局限性。

2.4.1.4　同轴剪切试验

同轴剪切试验试件侧向受限，轴向荷载通过钢柱作用于中空圆柱体试件内壁，使试件在竖直方向上剪切破坏，如图 2-34 所示。原理是先通过三维有限元建模，计算确定单位荷载下同轴剪切试验剪切强度系数，通过实际荷载相乘确定沥青混合料抗剪强度，如图 2-35 所示。

同轴剪切试验是侧面受限的剪切试验，体现的是沥青混合料微观结构之间相互作用下的抗剪强度，接近沥青路面高温永久剪切变形的实际过程，而粒径大的骨料会对试验结果有较大影响。

图 2-34　同轴剪切试验仪

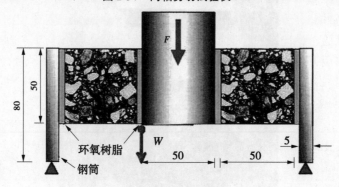

图 2-35　同轴剪切试验原理图　（单位:mm）

2.4.1.5　圆柱体扭转剪切试验

Sousa 设计了中空圆柱扭剪试验法，相比于同轴剪切试验，试件形状及试模有相似之处，施加扭矩可实现主应力轴可旋转，如图 2-36 所示。原理是通过模拟混合料发生塑性剪切流动变形时的各种应力状态分布，来研究沥青混合料的抗剪强度。

Goodman 利用中空圆柱体剪切试验研究了沥青混合料的抗剪切能力，与沥青混合料

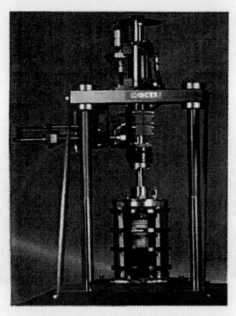

图 2-36   中空圆柱剪切试验

车辙试验结果相关性较好。中空圆柱体试件壁较薄,级配较粗的沥青混合料的抗剪强度有一定的影响,且试验应力控制较为复杂,目前还没有推广应用。

2.4.2   沥青混凝土静三轴特性

沥青混凝土三轴试验主要是测定材料的抗剪强度参数和变形参数,绘制应力—应变曲线,探求其力学性能变化规律,根据曲线选择合适的模型探求沥青混凝土心墙的应力—应变特征。三轴压缩试验从破坏方式来看是剪切破坏,所以通常又叫三轴剪切试验。目前,沥青混凝土常用的静三轴试验方法有闭式三轴试验和开式三轴试验两种。

闭式三轴试验也称史密斯三轴试验,是将试件置于刚性的密闭压力室中,根据其承受不同垂直应力作用下产生相应的侧压力关系,确定沥青混凝土的黏聚力 c 和内摩擦角 φ,在试验过程中,垂直压力和周围压力均是变量,且周围压力有滞后现象。闭式三轴试验是在规定试验温度和加载条件下,测定沥青混凝土的抗剪强度参数,以评价沥青混凝土的高温稳定性能,其受力模式主要模拟路面材料在荷载作用下的受力状态,垂直荷载加载速度为 4.0~4.5 mm/min,至施加的荷载使得侧向压力的变化大致和垂直压力的变化成正比时为止。

开式三轴试验是心墙沥青混凝土重要的试验项目,它不仅可以确定沥青混凝土的黏聚力 c 和内摩擦角 φ,而且在国内外土石坝设计中应用的邓肯—张模型进行坝体结构应力—应变分析时,也需要通过该试验进行模型参数的确定,在水工沥青混凝土材料研究中应用较多。开式三轴试验系统(见图 2-37)是将试件置于一个与外界连通的压力室中,在试验过程中周围压力恒定不变,施加轴向压力至试件发生破坏,根据破坏时的大小主应力绘制一个摩尔应力圆(极限应力圆),改变周围压力重新进行试验,可以得到一组极限应力圆,其包线就是材料的抗剪强度线。

图 2-37　沥青混凝土三轴试验系统

2.4.2.1　仪器设备

(1)三轴试验系统:包括压力室、垂直压力加压装置、侧压力恒压装置、体积变化测量装置及其相应的测量传感器等。轴向荷载传感器量程 100 kN,分辨率为 1 N,侧向压力控制分辨率为 1 kPa。

(2)位移传感器:量程不小于 30 mm,精度不大于 0.01 mm。

(3)马歇尔击实仪。

(4)试模:钢制成,尺寸为直径 100 mm、高 250 mm。

(5)恒温室:可自动控温,控温准确度为 0.5 ℃。

(6)其他:橡皮膜直径 100 mm,长 400 mm、厚 2 mm;温度计、秒表、天平、滤纸等。

2.4.2.2　试验步骤

(1)按规定制备沥青混合料。

(2)将三轴试模预热至(105±5)℃,涂刷脱模剂,然后将(150±5)℃的热混合料分 4 层装入试模中,每层击实后高度约为 50 mm,击实次数以试件的密度达到马歇尔标准击实试件密度的±1%为准。待模试件自然冷却后脱模。

(3)试件尺寸为 φ100 mm×200 mm,高度尺寸偏差±2 mm。用卡尺量取试件尺寸,并检查其外观。有严重缺陷或试件端面最高与最低处的高度差超过 2 mm 的试件均应废弃。

(4)将试件放入压力室,对中,在规定的试验温度下恒温不少于 3 h。如无特殊要求,试验温度采用工程当地年平均气温,或采用 5 ℃和 25 ℃。

(5)调整试验仪轴向位移和体变位移,使轴向压头与试件顶部压盖接触并使体变位移稳定。

(6)开启量测系统,施加一级设定的围压,并保持恒压 30 min。围压的大小与分级应根据工程的实际受力情况确定,一般不少于 4 级。每级围压应做 3 个试件。

(7)按规定变形速率施加轴向压力进行剪切。如变形速率没有规定,可采用应变速率 0.1%/min 控制,对于 200 mm 高试件,轴向变形速率为 0.2 mm/min。剪切过程中,同时测读和记录轴向压力、轴向变形、体变变形,并控制试验过程中围压、温度和变形速度恒定。

(8)当轴向压力出现峰值后,停止试验。如不出现峰值,可按 20%应变值停止试验。

(9)试验结束后,卸去轴向压力和围压,取出试件,对试件外观进行描述记录。

2.4.2.3　试验结果

(1)以主应力 σ 为横坐标,剪应力 τ 为纵坐标,在横坐标轴上以破坏时的 $\dfrac{(\sigma_1 + \sigma_3)_f}{2}$ 为圆心,以 $\dfrac{(\sigma_1 - \sigma_3)_f}{2}$ 为半径,绘制不同围压下的极限应力圆,做诸圆的包络线,包络线的倾角为内摩擦角 φ,包络线在纵坐标上的截距为黏聚力 c,如图 2-38 所示。

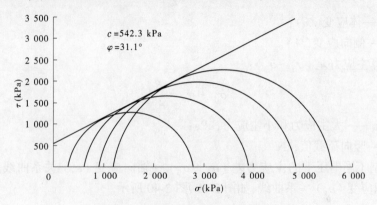

图 2-38　不同围压下得到的极限应力圆(试验温度 5 ℃)

(2)计算试件固结后高度和剪切过程的轴向应变:

$$h_c = h_0 - \Delta h_c \tag{2-66}$$

$$\varepsilon_1 = \frac{\Delta h_i}{h_c} \tag{2-67}$$

式中　ε_1——轴向应变(%);

Δh_i——试件在压缩过程中的竖向变形,mm;

h_c——固结后试件高度,mm;

h_0——试件初始高度,mm;

Δh_c——试件固结下沉量,mm。

(3)计算试件固结后的面积和剪切过程面积校正值:

$$A_c = \frac{V_0 - \Delta V}{h_c} \tag{2-68}$$

$$V_c = A_c \times h_c \tag{2-69}$$

$$A_a = \frac{V_c - \Delta V_i}{h_c - \Delta h_i} \tag{2-70}$$

式中　A_c——固结后试件面积,mm^2;

　　　V_0——试件初始体积,mm^3;

　　　ΔV——试件固结后体积变化量,mm^3;

　　　V_c——固结后试件体积,mm^3;

　　　A_a——剪切过程面积校正值,mm^2;

　　　ΔV_i——剪切过程试件体积变化量,mm^3。

（4）计算试件剪切过程的体积应变和侧向应变:

$$\varepsilon_V = \frac{\Delta V_i}{V_c} \tag{2-71}$$

$$\varepsilon_3 = \frac{\varepsilon_V - \varepsilon_1}{2} \tag{2-72}$$

式中　ε_V——体应变(%);

　　　ε_3——侧向应变(%)。

（5）计算主应力差（$\sigma_1 - \sigma_3$）:

$$\sigma_1 - \sigma_3 = \frac{R}{A_a} \tag{2-73}$$

式中　σ_1、σ_3——大主应力和小主应力,kPa;

　　　R——竖向荷载值,kN。

（6）绘制不同围压下的主应力差（$\sigma_1 - \sigma_3$）—轴向应变（ε_1）关系曲线及轴向应变（ε_1）—体积应变（ε_V）关系曲线,如图2-39、图2-40所示。

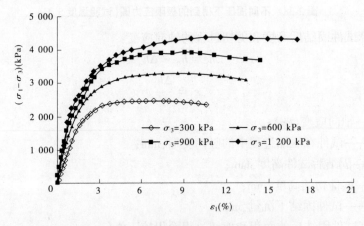

图2-39　主应力差—轴向应变关系曲线(试验温度5 ℃)

2.4.2.4　模型参数整理

按以上关系曲线,还可以求出沥青混凝土在三向受力状态下的变形模量、泊松比及邓肯模型参数,整理方法如下。

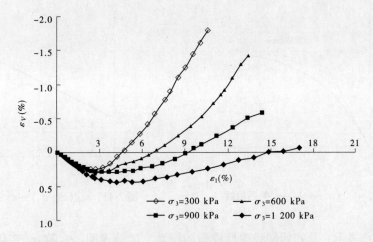

图 2-40 轴向应变—体积应变关系曲线（试验温度 5 ℃）

1. E-μ 模型

E-μ 模型的基本公式根据 Kondner 等的研究,将三轴试验的应力应变近似按双曲线关系模拟(见图 2-41),双曲线关系式如下:

$$\sigma_1 - \sigma_3 = \frac{\varepsilon_a}{a + b\varepsilon_a} \tag{2-74}$$

其中,a、b 为试验常数。变化坐标后:

$$\frac{\varepsilon_a}{\sigma_1 - \sigma_3} = a + b\varepsilon_a \tag{2-75}$$

以 $\dfrac{\varepsilon_a}{\sigma_1 - \sigma_3}$ 为纵坐标,ε_a 为横坐标,构成新的坐标,则双曲线转换成直线,如图 2-42 所示,其中斜率为 b,截距为 a。

Duncan-Chang 利用上述关系推导出切线弹性模量:

$$E_t = \frac{\Delta\sigma_1}{\Delta\varepsilon_1} = \frac{\Delta(\sigma_1 - \sigma_3)}{\Delta\varepsilon_a} = \frac{\partial(\sigma_1 - \sigma_3)}{\partial\varepsilon_a} \tag{2-76}$$

将式(2-74)代入式(2-76),得

$$E_t = \frac{a}{(a + b\varepsilon_a)^2} \tag{2-77}$$

联立式(2-74)和式(2-77),得

$$E_t = \frac{1}{a}\left[1 - b(\sigma_1 - \sigma_3)\right]^2 \tag{2-78}$$

由式(2-74)可知,当 $\varepsilon_a \to 0$ 时,$a = \left(\dfrac{\varepsilon_a}{\sigma_1 - \sigma_3}\right)_{\varepsilon_a \to 0}$,而 $\left(\dfrac{\sigma_1 - \sigma_3}{\varepsilon_a}\right)_{\varepsilon_a \to 0}$ 是曲线 $(\sigma_1 - \sigma_3)$—ε_a 的初始切线斜率,称初始切线弹性模量,用 E_i 来表示,即有

$$a = \frac{1}{E_i} \tag{2-79}$$

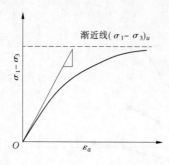

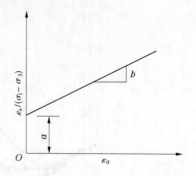

图 2-41　$(\sigma_1 - \sigma_3)\!-\!\varepsilon_a$ 关系曲线　　　图 2-42　$\varepsilon_a / (\sigma_1 - \sigma_3)\!-\!\varepsilon_a$ 关系曲线

式(2-79)表示 a 是初始切线弹性模量的倒数。试验表明，E_i 随 σ_3 变化。如果在直角坐标上点绘 $\lg(E_i/P_a)$ 和 $\lg(\sigma_3/P_a)$ 的关系，则近似为一条直线。这里 P_a 为大气压力，引入它是为了将坐标转化为无因次量。直线的截距为 k，斜率为 n，于是可得

$$E_i = k \cdot P_a \left(\frac{\sigma_3}{P_a} \right)^n \qquad (2\text{-}80)$$

由式(2-74)还可见，当 $\varepsilon_a \to 0$ 时，得

$$b = \frac{1}{(\sigma_1 - \sigma_3)_{\varepsilon_a \to 0}} = \frac{1}{(\sigma_1 - \sigma_3)_u} \qquad (2\text{-}81)$$

用 $(\sigma_1 - \sigma_3)_u$ 表示当 $\varepsilon_a \to 0$ 时 $(\sigma_1 - \sigma_3)$ 的值。实际上，ε_a 不可能趋向无穷大，在达到一定值后试样就破坏了，此时的破坏偏应力为 $(\sigma_1 - \sigma_3)_f$，它总是小于 $(\sigma_1 - \sigma_3)_u$。将其比值定义为破坏比 R_f，可得

$$R_f = \frac{(\sigma_1 - \sigma_3)_f}{(\sigma_1 - \sigma_3)_u} \qquad (2\text{-}82)$$

将式(2-79)~式(2-82)代入式(2-77)中，得

$$E_t = \left[1 - R_f \frac{\sigma_1 - \sigma_3}{(\sigma_1 - \sigma_3)_f} \right]^2 E_i \qquad (2\text{-}83)$$

定义 S 为应力水平。它表示当前应力圆与破坏应力圆直径之比，反映了强度发挥的程度。这样式(2-83)也可表示为

$$E_t = (1 - R_f S)^2 E_i \qquad (2\text{-}84)$$

其中，$S = \dfrac{\sigma_1 - \sigma_3}{(\sigma_1 - \sigma_3)_f}$。

破坏偏应力 $(\sigma_1 - \sigma_3)_f$ 由极限摩尔圆确定，可推出

$$(\sigma_1 - \sigma_3)_f = \frac{2c\cos\varphi + 2\sigma_3 \sin\varphi}{1 - \sin\varphi} \qquad (2\text{-}85)$$

将式(2-80)和式(2-85)代入式(2-83)中，得

$$E_t = KP_a \left(\frac{\sigma_3}{P_a} \right)^n \left[1 - \frac{R_f(\sigma_1 - \sigma_3)(1 - \sin\varphi)}{2c\cos\varphi + 2\sigma_3 \sin\varphi} \right]^2 \qquad (2\text{-}86)$$

式(2-86)表示切线模量 E_t 随应力水平增加而降低,随固结压力增加而增加。c 和 φ 根据试验测得的库伦—莫尔包线得到。

Kulhawy 和 Duncan 认为常规三轴试验测得的轴向应变 ε_a 和侧向膨胀应变 $(-\varepsilon_r)$ 也可用双曲线来拟合(见图 2-43),据此推导出切线泊松比 μ_t 的表达式。

双曲线关系式为:

$$\varepsilon_a = \frac{-\varepsilon_r}{f + D(-\varepsilon_r)} \tag{2-87}$$

其中,f、D 为试验常数。变换坐标后:

$$\frac{-\varepsilon_r}{\varepsilon_a} = f + D(-\varepsilon_r) \tag{2-88}$$

以 $\dfrac{-\varepsilon_r}{\varepsilon_a}$ 为纵坐标,$-\varepsilon_r$ 为横坐标,构成新的坐标,则双曲线转换成直线,如图 2-44 所示,其中斜率 D 为轴向应变渐近线的倒数,截距 f 为初始切线泊松比 μ_i,μ_i 随 σ_3 变化,如果在直角坐标上点绘 μ_i 和 $\lg(\sigma_3/P_a)$ 的关系,则近似为一条直线。直线的截距为 G,斜率为 F,于是可得

$$\mu_i = G - F\lg\left(\frac{\sigma_3}{P_a}\right) \tag{2-89}$$

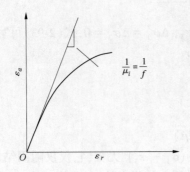
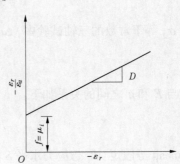

图 2-43　ε_a—ε_r 关系曲线　　　　　　　图 2-44　$-\varepsilon_r/\varepsilon_a$—$\varepsilon_r$ 关系曲线

对式(2-87)求微分,即得到任意应力条件下的切线泊松比 μ_t。

$$\mu_t = -\frac{d\varepsilon_r}{d\varepsilon_a} = \frac{\mu_i}{(1 - D\varepsilon_a)^2} \tag{2-90}$$

将式(2-74)、式(2-79)、式(2-81)、式(2-82)、式(2-85)和式(2-89)代入式(2-90)中,得

$$\mu_t = \frac{G - F\lg\left(\dfrac{\sigma_3}{P_a}\right)}{(1 - A)^2} \tag{2-91}$$

$$A = \frac{D(\sigma_1 - \sigma_3)}{KP_a\left(\dfrac{\sigma_3}{P_a}\right)^n\left[1 - \dfrac{R_f(\sigma_1 - \sigma_3)(1 - \sin\varphi)}{2c\cos\varphi + 2\sigma_3\sin\varphi}\right]}$$

式(2-86)和式(2-91)组成 Duncan E-μ 模型,其中共有 8 个参数,即 K、n、R_f、c、φ、G、D、F。

2. E-B 模型

E-B 模型中,切线模量的计算方法与 E-μ 模型一致,根据摩尔—库仑强度定律,破坏应力圆的公切线即为抗剪强度线,可以得到线性强度指标。然而三轴试验结果表明,在压力较大的应力范围内,沥青混凝土的强度和法向应力的关系并不是一个常数,而是随着围压的增大而有所降低的,强度包线表现出明显的非线性特征,为准确表达坝料在不同应力条件下的 φ,采用如下公式进行修正:

$$\varphi = \varphi_0 - \Delta\varphi\lg\left(\frac{\sigma_3}{P_a}\right) \tag{2-92}$$

强度指标 φ_0 和 $\Delta\varphi$ 可由常规三轴试验测得。

Duncan E-B 模型建议采用切线体积模量 B_t 计算轴向应变与侧向应变关系,以此代替 μ_t。体积变形模量 B 由弹性理论定义:

$$B = \frac{\Delta\sigma_1 + \Delta\sigma_2 + \Delta\sigma_3}{3\varepsilon_v} \tag{2-93}$$

在 σ_3 等于常数的三轴试验中,$\Delta\sigma_1 = \sigma_1 - \sigma_3$,$\Delta\sigma_2 = \Delta\sigma_3 = 0$,式(2-93)可写为:

$$B = \frac{\sigma_1 - \sigma_3}{3\varepsilon_v} \tag{2-94}$$

它与 E 和 μ 之间的关系如下:

$$B = \frac{E}{3(1 - 2\mu)} \tag{2-95}$$

Duncan 等假定:B_t 与应力水平 S 无关,即与 $(\sigma_1 - \sigma_3)$ 无关,它仅仅随固结压力 σ_3 而变化。这相当于假定 ε_v 与 $(\sigma_1 - \sigma_3)$ 成比例关系。如果点绘 $(\sigma_1 - \sigma_3)/3$—ε_v 关系曲线,得到一条近似直线,其斜率即为 B_t。

对于不同的 σ_3,B_t 也不同。在直角坐标系上点绘 $\lg(B_t/P_a)$ 和 $\lg(\sigma_3/P_a)$ 的关系曲线近似地取直线,其截距为 k_b,斜率为 m。于是可得:

$$B_t = k_b P_a\left(\frac{\sigma_3}{P_a}\right)^m \tag{2-96}$$

B_t 值从实测的 $(\sigma_1 - \sigma_3)$—ε_a、ε_v—ε_a 关系曲线中求得。选取计算 B_t 值点的位置通常按照体积变化曲线在应力水平 S 达到 70% 之前尚未出现水平切线时,取应力水平为 70% 的偏应力 $(\sigma_1 - \sigma_3)$ 所对应的体积应变 ε_v 值计算 B_t 值;当体积变化曲线在应力水平为 70% 以前已出现水平切线时,则取体积变化曲线上水平切线点对应的偏应力和体积应变计算 B_t 值。

2.4.2.5　说明与应注意的问题

(1)同一围压下测试 3 个试件,取最大偏应力的平均值作为试验结果。当 3 个试件测定值中,最大值或最小值之一与中间值之差超过中间值的 15% 时,取中间值;当 3 个试件测定值中,最大值和最小值与中间值之差均超过中间值的 15% 时,应重做试验。

(2)试验结果均应注明试件尺寸、成型方法、试验温度。

2.4.3 沥青混凝土振动三轴特性

测定沥青混凝土的动弹性模量和阻尼比等动力特性指标,为动力分析提供动力参数。适用于室内成型的试件和现场钻取的芯样。

2.4.3.1 仪器设备

(1)振动三轴系统:电磁式振动三轴仪或液压/气压伺服式振动三轴仪,包括主机、静力控制系统、动力控制系统和量测系统等,如图 2-45 所示。

图 2-45 沥青混凝土振动三轴系统(带温控)

(2)马歇尔击实仪。

(3)试模:钢制成,尺寸为直径 100 mm、高 250 mm。

(4)恒温室:可自动控温,控温准确度 0.5 ℃。

(5)其他:橡皮膜直径 100 mm,长 400 mm、厚 2 mm;温度计、秒表、天平、滤纸等。

2.4.3.2 试验步骤

(1)按规定制备沥青混合料。

(2)将三轴试模预热至(105±5)℃,涂刷脱模剂,然后将(150±5)℃的热混合料分 4 层装入试模中,每层击实后高度约为 50 mm,击实次数以试件的密度达到马歇尔标准击实试件密度的 ±1% 为准。带模试件自然冷却后脱模。

(3)试件尺寸为 φ100 mm×200 mm,高度尺寸偏差为 ±2 mm。用卡尺量取试件尺寸,并检查其外观。有严重缺陷或试件端面最高与最低处的高度差超过 2 mm 的试件均应废弃。

(4)在规定的试验温度下恒温不少于 3 h。如试验温度没有规定,一般可采用工程当地年平均气温或 25 ℃和 5 ℃。

(5)量测系统调零。将试件对中安放在压力室中,避免试验时试件偏心受力。

(6)根据工程的实际受力情况选择围压和应力比(轴向压力与围压之比)。施加压力时,先施加约 20 kPa 初始围压,逐渐增加围压和轴向压力,直至达到试验要求的应力比。保持此应力比稳定 30 min,即为稳定应力比。

（7）根据要求设置动荷载波形、大小、频率以及振次等试验参数。如无特殊要求,动荷载频率宜采用 1 Hz;在设置动荷载时,由小到大逐级增加,直至达到试验要求的最大值。

（8）按设置好的参数进行试验,记录动荷载、轴向变形及侧向变形,完成预定振次、级次后停机。

（9）试验结束,取出试件,描述试件破坏形状。

（10）对同一配合比的沥青混凝土试件,宜选择 1~3 个稳定应力比。在同一稳定应力比下,应选择 1~3 个不同的围压。每一围压下做不少于 3 个试件,每个试件分 5 级以上逐级递增动应力进行试验。

2.4.3.3　试验结果

沥青混凝土在动荷载作用下变形包括弹性变形和塑性变形两部分,人们常采用弹性元件、黏性元件及塑性元件来模拟分析其在动荷载作用下的应力应变关系。根据不同的组合形式提出了多种动本构模型,如双线性模型、等效线性黏–弹性模型、Iwan 模型、Martin-Finn-Seed 模型、弹塑性模型等。现阶段,国内外研究人员一般采用等效线性黏–弹性模型进行振动三轴试验的结果整理分析。

等效线性黏–弹性模型以线性黏–弹性理论为基础,又同时考虑了沥青混凝土的非线性和滞后性,因此在地震工程中得到普遍应用。等效线性黏–弹性模型是由弹性元件(弹簧)和黏性元件(阻尼器)并联而成的,如图 2-46 所示,表示沥青混凝土在动力作用下的应力是由弹性恢复力和黏性阻尼力共同承受的,但沥青混凝土的刚度和阻尼不是常数,而是与材料的动应变幅值有关。沥青混凝土的动应力—动应变关系的滞回曲线形状比较复杂,滞回曲线所围的面积随剪应变幅值的增大而增大,滞回曲线的斜度随剪应变幅值的增大而变缓,如图 2-47 所示。

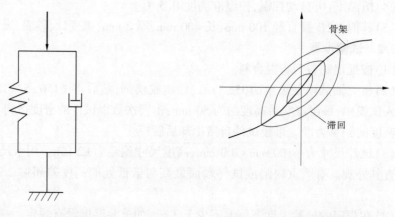

图 2-46　黏–弹性模型　　　　　　图 2-47　动应力—动应变关系

等效线性黏–弹性模型不对滞回曲线形状作严格要求,只是保持滞回曲线所围的面积与实际材料大体相等和滞回曲线的斜度随剪应力幅值的变化,不探讨能量耗损的复杂本质,认为完全是黏性的,用等效阻尼比 λ_{eq} 作为相应的动阻尼比,用剪应力幅值与剪应变幅值之比 G_{eq} 定义相应的动剪切模量 G。

试验中将各滞回圈的顶点相连,得到土的骨干曲线。结果发现动应力幅值和动应变幅值之间的关系可以用双曲线来近似表示,如图 2-48 所示,计算公式如下:

$$\sigma_d = \frac{\varepsilon_d}{a + b\varepsilon_d} \tag{2-97}$$

其中,a、b 两个参数由试验确定。

定义动模量为

$$E_d = \frac{\sigma_d}{\varepsilon_d} \tag{2-98}$$

将式(2-97)代入式(2-98)中,得

$$1/E_d = a + b\varepsilon_d \tag{2-99}$$

绘制 $1/E_d$—ε_d 关系曲线,如图 2-49 所示,可求得系数 a、b,公式如下:

$$\left.\begin{array}{l} a = 1/E_{d\max} \\ b = 1/\sigma_{d\max} \end{array}\right\} \tag{2-100}$$

其中, $E_{d\max}$ 为最大动弹性模量; $\sigma_{d\max}$ 为最终应力幅值,相当于 $\varepsilon_d \to \infty$ 时的动应力值。

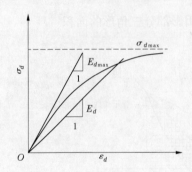

图 2-48　动应力与动应变骨干曲线

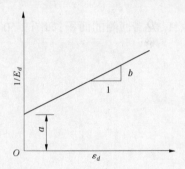

图 2-49　$1/E_d$—ε_d 关系曲线

在沥青混凝土动力试验条件下,固结比及围压的变化对 $E_{d\max}$ 有一定的影响,因此可根据动模量 $E_{d\max}$ 与平均固结应力 σ_m 的关系式[见式(2-101)]回归计算出 k、n。

$$E_{d\max} = KP_a(\sigma_m/P_a)^n \tag{2-101}$$

式中　σ_m——平均固结应力,$\sigma_m = (\sigma_1 + 2\sigma_3)/3$, MPa;

　　　P_a——大气压力,MPa,取值为 0.1 MPa;

　　　K——模量系数;

　　　n——模量指数。

根据试验情况,在当地年平均气温情况下,动泊松比 μ_d 取 0.345。

动力分析中所用模量一般为动剪切模量,动模量 E_d 与动剪切模量 G_d 的关系、动应变 ε_d 与动剪切应变 γ 的关系如下:

$$G_d = \frac{E_d}{2(1 + \mu)} \tag{2-102}$$

$$\gamma = \varepsilon_d(1 + \mu) \tag{2-103}$$

其中,μ 为泊松比。根据经验,砂砾石料的动泊松比一般为 $0.3 \sim 0.4$,本次试验取 $\mu = 0.33$。经过变换可得:

$$\frac{G}{G_{d\max}} = \frac{1}{1 + \gamma/\gamma_r} \tag{2-104}$$

其中,$G_{d\max}$ 为最大动剪切模量,$\gamma_r = \tau_{\mathrm{ult}}/G_{d\max}$,$\tau_{\mathrm{ult}}$ 为最终剪应力幅值,相当于 $\gamma \to \infty$ 时的 τ 值,根据点的应力状态可得 $\tau_{\mathrm{ult}} = \sigma_{d\max}/2$。

$G_{d\max}$ 可用 $1/G_{d\max}$ 与动剪应变幅 γ 在纵轴上的截距的倒数求得,$G_{d\max}$ 与土体所受的初始平均静应力 σ_0 有关:

$$G_{d\max} = KP_a\left(\frac{\sigma_0}{P_a}\right)^n \tag{2-105}$$

其中,K 为模量系数;n 为模量指数;P_a 为大气压,MPa,取 0.1 MPa;$\sigma_0 = (\sigma_1 + 2\sigma_3)/3$。

阻尼比 λ 计算分式为

$$\lambda = \frac{1}{4\pi}\frac{A_L}{A_T} \tag{2-106}$$

其中,A_L 为滞回圈的面积,如图 2-50 所示;A_T 为阴影部分三角形的面积。

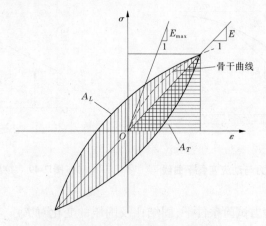

图 2-50　动应力—动应变关系曲线

Hardin 等认为阻尼比与动应变也呈双曲线关系:

$$\lambda_d = \frac{\gamma_d}{c + d\gamma_d} \tag{2-107}$$

其中,参数 c、d 可由试验确定,对(2-107)变换形式得:

$$\frac{1}{\lambda_d} = \frac{c}{\gamma_d} + d \tag{2-108}$$

$$\lambda_{d\max} = 1/d \tag{2-109}$$

其中,$\lambda_{d\max}$ 为最大阻尼比。式(2-108)表明,$1/\lambda_d$—$1/\gamma_d$ 可用线性关系来描述,直线截距的倒数即为最大阻尼比 $\lambda_{d\max}$,相当于 $\gamma \to \infty$ 时的 λ_d 值。

2.5　沥青混凝土耐久性能

2.5.1　沥青混凝土水稳定性能

沥青混凝土水损害主要是水经由沥青混凝土的孔隙进入内部后,一方面水分对沥青起乳化作用,导致沥青混合料强度下降,同时在动水压力作用下,沥青膜产生微裂纹,水分通过微裂纹逐渐渗入到沥青与骨料的界面,造成沥青膜逐渐丧失黏结能力,沥青膜从骨料表面逐渐剥离,致使沥青混凝土松散剥落,进而沥青混凝土心墙失去防渗作用。通过测定密实沥青混凝土浸水前后抗压强度的变化,评定沥青混凝土在水作用下的水稳定性,适用于室内成型的试件及现场钻取的芯样。

2.5.1.1　仪器设备

(1)试验机:压力机或万能材料试验机,加载速率可以选择。示值误差不应大于标准值的±1%。具有环境保温箱,控温准确至 0.5 ℃。当缺乏环境保温箱时,实验室应设有空调,控温准确至 1.0 ℃。

(2)恒温水槽:可自动控温,控温准确度为 0.5 ℃。

(3)成型设备:击实仪、试模、脱模器。

(4)烘箱:200 ℃,可自动控温。

(5)其他:转移平板、双半圆薄铁板模等。

2.5.1.2　试验步骤

(1)按规定制备沥青混合料;室内用击实方法成型直径 100 mm、高 100 mm 的试件,试件分两层单面击实,每层击实后高度约为 50 mm,击实次数以试件的密度达到马歇尔标准击实试件密度的±1%为准,试件成型后自然冷却到常温方可脱模;芯样试件的尺寸应符合直径(100±2)mm、高(100±2)mm 的要求。

(2)用卡尺量取试件尺寸,并检查其外观。当试件有严重缺陷或试件最高部位与最低部位的高度差超过 2 mm 时,应废弃。试件直径实测尺寸与公称尺寸之差不超过 1 mm,可按公称尺寸计算试件的承压面积。试件的尺寸测量准至 0.1 mm。试件在常温下放置 24 h。

(3)把 6 个试件分为两组,第一组试件放在(20±1)℃空气中不少于 48 h,第二组试件先浸入水温为(60±1)℃的水中 48 h,然后移到温度为(20±1)℃的水中 2 h。分组时将密度相近的试件分在不同的两组中,试验前也应进行真空饱水处理。对于沥青含量较高的心墙沥青混凝土在(60±1)℃的水中浸泡 48 h 后,会出现较大的变形。若沥青用量较大,浸泡时为防止试件出现变形,宜采用铁皮网包裹。

(4)按抗压强度试验方法进行。

2.5.1.3　试验结果

(1)沥青混凝土的水稳定系数按式(2-110)计算,精确至 0.01:

$$K_{\mathrm{W}} = \frac{R_2}{R_1} \tag{2-110}$$

式中　K_W——水稳定系数;

　　　R_1——第一组试件(空气中)抗压强度的平均值,MPa;

　　　R_2——第二组试件(浸水后)抗压强度的平均值,MPa。

(2)取一组 3 个试件的平均值作为试验结果。当 3 个试件测定值中最大值或最小值之一与中间值之差超过中间值的 15%时,取中间值;当 3 个试件测定值中最大值和最小值与中间值之差均超过中间值的 15%时,应重做试验。

2.5.2　沥青混凝土长期水稳定性

沥青混凝土心墙与沥青混凝土路面工作性状不同,心墙沥青混凝土虽没有公路沥青混凝土那样交通荷载的往复剥蚀和强烈的风化作用,但却有长期水荷载作用。心墙沥青混凝土属富沥青混凝土,孔隙率一般小于 3%(实验室小于 2%),若按规范方法(参照公路试验方法)进行心墙沥青混凝土的水稳定试验,小孔隙条件下水损害行为在短时间很难表现,水稳定性很容易满足规范要求,容易造成心墙沥青混凝土水稳定性的误判。然而,心墙沥青混凝土是典型的剪胀性材料,荷载长期作用下会产生一定的体积变形,孔隙率随之增大,水损害行为容易表现。因此,孔隙率的变化对心墙沥青混凝土水稳定性影响明显,尤其是耐久性能的影响,还需要长期深入的细致研究。

目前评价心墙沥青混凝土长期水稳定性的试验方法主要是提高浸水温度或延长浸水时间的水稳定性试验。也可参考公路试验方法,即冻融劈裂试验、浸水马歇尔试验、洛特曼试验等。这些试验方法均是通过劣化试验条件的办法来反映心墙沥青混凝土的耐久性能,试验条件并不一定符合心墙沥青混凝土的工作条件,尚处于研究阶段。以下仅介绍冻融劈裂试验。

2.5.2.1　仪器设备

(1)试验机:能保持规定加载速率的材料试验机,也可采用马歇尔试验仪。试验机负荷应满足最大测定荷载不超过其量程的 80%且不小于其量程的 20%的要求,宜采用 40 kN 或 60 kN 传感器,读数精密度为 10 N。

(2)恒温冰箱:能保持温度为-18 ℃,当缺乏专用的恒温冰箱时,可采用家用电冰箱的冷冻室代替,控温准确度为 2 ℃。

(3)恒温水槽:用于试件保温,温度范围能满足试验要求,控温准确度为 0.5 ℃。

(4)压条:上下各 1 根,试件直径为 100 mm 时,压条宽度为 12.7 mm,内侧曲率半径为 50.8 mm,压条两端均应磨圆。

(5)劈裂试验夹具:下压条固定在夹具上,压条可上下自由活动。

(6)其他:塑料袋、卡尺、天平、记录纸、胶皮手套等。

2.5.2.2　试验步骤

(1)制作圆柱体试件。用马歇尔击实仪双面击实各 50 次,试件数目不少于 8 个。测定试件的直径及高度,准确至 0.1 mm。试件尺寸应符合直径(101.6±2.5)mm、高(63.5±1.3)mm 的要求。在试件两侧通过圆心画上对称的十字标记。

(2)测定试件的密度、孔隙率等各项物理指标。

(3)将试件随机分成两组,每组不少于 4 个,将第一组试件置于平台上,在室温下保存备用。

（4）将第二组试件真空饱水，如图 2-51 所示，在 98.3~98.7 kPa(730~740 mmHg)真空条件下保持 15 min，然后打开阀门，恢复常压，试件在水中放置 0.5 h。取出试件放入塑料袋中，加入约 10 mL 的水，扎紧袋口，将试件放入恒温冰箱（或家用冰箱的冷冻室），冷冻温度为(−18±2)℃，保持(16±1)h，如图 2-52 所示。

图 2-51　真空饱水

图 2-52　放进冰箱中冷冻

（5）将试件取出后，立即放入已保温为(60±0.5)℃的恒温水槽中，撤去塑料袋，保温 24 h。

（6）将第一组与第二组全部试件浸入温度为(25±0.5)℃的恒温水槽中不少于 2 h，水温高时，可适当加入冷水或冰块调节；保温时，试件之间的距离不少于 10 mm。

（7）取出试件立即按本规定的加载速率进行劈裂试验，得到试验的最大荷载。

2.5.2.3　试验结果

（1）劈裂抗拉强度按式(2-111)及式(2-112)计算：

$$R_{t1} = 0.006\,287 p_{t1} \times h_1 \qquad (2\text{-}111)$$
$$R_{t2} = 0.006\,287 p_{t2} \times h_2 \qquad (2\text{-}112)$$

式中　R_{t1}——未进行冻融循环的第一组试件的劈裂抗拉强度，MPa；

　　　R_{t2}——进行冻融循环的第二组试件的劈裂抗拉强度，MPa；

　　　p_{t1}——第一组试件的试验荷载的最大值，N；

　　　p_{t2}——第二组试件的试验荷载的最大值，N；

　　　h_1——第一组试件的高度，mm；

　　　h_2——第二组试件的高度，mm。

（2）冻融劈裂抗拉强度比按式(2-113)计算：

$$TSR = \frac{R_{t2}}{R_{t1}} \times 100 \qquad (2\text{-}113)$$

式中　TSR——冻融劈裂试验强度比(%)；

　　　R_{t2}——冻融循环后第二组试件的劈裂抗拉强度，MPa；

　　　R_{t1}——未冻融循环的第一组试件的劈裂抗拉强度，MPa。

2.6　沥青混凝土其他性能

2.6.1　沥青混凝土蠕变试验

蠕变是指材料在受到外力作用时,其变形会随着时间的延长而逐渐变大的现象。而广义的蠕变定义为:当物体受到恒定的荷载作用,其应力与应变都会随着时间的增加发生变化。蠕变与塑性变形是有区别的,前者在较小的应力作用下,经过足够长的时间也会发生,后者通常要求物体所受的应力要大于其弹性极限,才会产生一定的应变。由此可见,蠕变是材料长时间负荷的性能及尺寸稳定性的反映。水工沥青混凝土是一种典型的黏弹性材料,在水利工程中,会受到自重和外荷载的作用,所以心墙沥青混凝土在长期使用过程中会发生蠕变现象。根据已竣工的沥青混凝土心墙坝的长期变形观测发现,施工完成的坝体都会表现出持续的沉降,这种变形会随着时间有一个长期缓慢的发展过程。大坝蓄水后,坝体材料产生的蠕变变形也会引起心墙内部应力重分布,甚至会造成心墙的破坏。

水工沥青混凝土的蠕变是其在受到外部荷载后,沥青材料发生流变以及骨料发生滑移的外部体现,所以蠕变的大小与沥青材料的流变性有很大关系。当温度升高时,沥青的流变性会增大,所以相同时间内沥青混凝土的蠕变也会增大。另外,外部荷载增大也会使沥青混凝土内的沥青及骨料的位移增大,使蠕变增大。此外,沥青混凝土的沥青种类与用量、骨料的特征及级配、沥青混凝土所处的环境及受力特点都会不同程度地影响其蠕变性能。

沥青混凝土蠕变类型分为稳定型蠕变和非稳定型蠕变两类。在恒应力作用下,变形速率随时间递减,最终趋于零,即 $d\varepsilon/dt = 0$,变形也趋于稳定,这种蠕变类型表现在应力水平低、材料坚硬或试验温度低的情况下。在恒应力超过一定水平时,沥青混凝土变形随时间不断增长,直至破坏,这种蠕变类型表现在应力水平高、材料较软或试验温度高的情况下,是典型的蠕变曲线特征,如图 2-53 所示。

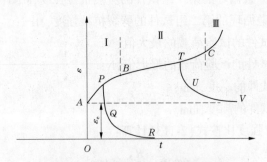

图 2-53　沥青混凝土典型蠕变曲线

由图 2-53 可以看出,试验开始时,试件在力的作用下,刚开始会产生一个较小的瞬时变形,主要是由试件刚开始受力产生的弹性变形,如图 2-53 中 *OA* 段。随着应力的持续作用,试件的变形会逐渐增大,但是试件的应变速率$\dfrac{d\varepsilon}{dt}$会逐渐减小,这个阶段为减速蠕变阶

段,如图 2-53 中 AB 段。随着试验的继续,试件的变形继续增大,而应变速率$\dfrac{d\varepsilon}{dt}$会继续减

小,并且减小得越来越慢,蠕变曲线会越来越接近直线,这主要构成了第二阶段的前半部
分的蠕变曲线图,此阶段为匀速蠕变阶段,见图 2-53 中 BC 段。而在第二阶段的后半期,
试件开始出现微小裂缝,发生局部破坏,此时试件会在相同的应力条件下产生更大的变

形,应变速率$\dfrac{d\varepsilon}{dt}$会随着破坏的增加而持续增大,蠕变曲线进入第三阶段——加速蠕变阶

段。在第二阶段内,蠕变曲线的应变速率是先减小后增大的发展过程,并且该阶段持续时
间长,占了整个蠕变试验的 80% 左右。

　　目前,国内外进行心墙沥青混凝土材料蠕变试验研究主要有轴向拉伸蠕变、单轴压缩
蠕变、弯曲蠕变、三轴剪切蠕变。

2.6.1.1　轴向拉伸蠕变

　　沥青混凝土的拉伸蠕变试验是在一定温度和拉应力水平下观测拉伸变形随时间的变
化规律的一种试验方法。通常情况下进行沥青混凝土拉伸蠕变试验应力水平较低,试验
时间长。轴向拉伸蠕变试验系统如图 2-54 所示,试验方法可参照沥青混凝土轴向拉伸
试验。

图 2-54　沥青混凝土轴向拉伸蠕变试验系统

2.6.1.2　单轴压缩蠕变

　　沥青混凝土的单轴压缩蠕变试验是在一定温度和压应力水平下观测压缩变形随时间
的变化规律的一种试验方法。研究表明,沥青混凝土压缩蠕变变形量随着压缩应力、油石
比的增加而增大,试验温度对蠕变特性有显著影响。试验系统如图 2-55 所示。

图 2-55　沥青混凝土压缩蠕变试验系统

　　图 2-56 是典型的沥青混凝土压缩蠕变曲线。应力为 1 MPa、温度为 20 ℃条件下,0 点到 A_2 点为第一阶段减速蠕变阶段,A_2 点以后为第二阶段匀速蠕变阶段。试件从开始加载到进入第二阶段经历时间为 2 699 s,对应的应变为 0.027。第二阶段的匀速蠕变的速率 K_2 为 2.61×10^{-6}/s。

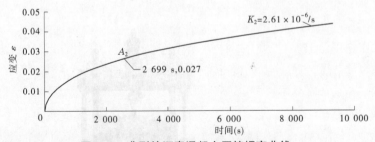

图 2-56　典型的沥青混凝土压缩蠕变曲线

2.6.1.3　弯曲蠕变

　　沥青混凝土的弯曲蠕变试验是在一定温度和弯曲荷载下观测弯曲变形随时间的变化规律的一种试验方法。弯曲蠕变试验可在有控温设施的试验机上进行。试件成型和尺寸要求参见沥青混凝土小梁弯曲试验,试验温度和应力水平可以根据工程运行条件确定,可选用荷载水平为弯曲破坏荷载的 10% 进行试验。沥青混凝土弯曲蠕弯试验系统如图 2-57 所示,试验方法参见沥青混凝土小梁弯曲试验。

2.6.1.4　三轴剪切蠕变

　　三轴剪切蠕变试验是在应力或在应力水平不变的条件下研究沥青混凝土在剪应力作用下的变形与时间的关系。试验可以在有控温系统的三轴仪上进行,如图 2-58 所示。一般采用分级加载方法,在同一沥青混凝土试件上逐级施加不同应力(或应变),每级应力水平下蠕变经历一定时间或达到稳定后,施加下一级应力水平。采用坐标平移法可以得到不同应力水平下的蠕变曲线,如图 2-59 所示。可以看出,沥青混凝土材料剪切蠕变是很显著的。

三轴试验加载多采用控制不同围压,对每级围压分别施加不同的剪应力水平。剪应力水平可以分级施加,也可以一次施加。这种加载方式能够比较全面地反映沥青混凝土在坝体中主要可能的应力状态和应力路径下的蠕变特征。根据蠕变曲线拟合的蠕变方程主要表达为围压和剪应力水平的函数,得到材料的蠕变常数,剪应力水平也反映了材料的强度参数对蠕变特征的影响。

试验所用试件和沥青混凝土静三轴试件相同,按材料相应围压下的破坏荷载将剪应力水平分为0.2、0.4、0.6、0.8 加荷。从长江科学院的研究成果来看:不同剪应力水平下加载历时为 150 ~ 400 h,沥青混凝土蠕变曲线服从幂函数,在应变和时间双对数坐标中呈直线关系,与米切尔提出的统一流变本构关系一致。

图 2-57 沥青混凝土弯曲蠕变试验系统

2.6.2 沥青混凝土水力劈裂

坝工界对大坝的原型观测很早就发现在土质心墙坝中,心墙的竖向应力往往低于上覆土重,而坝壳中的竖向压力又高于上覆土重,这种现象称为坝壳与心墙间产生了拱效应。当拱效应作用足够大时,便可导致心墙产生水力劈裂而渗漏,甚至引起土石坝失事而导致灾难性后果。表 2-12 给出了几座公认的水力劈裂破坏的工程实例。可以看出,不论土石坝高低,均有可能发生水力劈裂破坏,其中 3 座是属于薄心墙工程,表明薄心墙更易产生水力劈裂破坏。

图 2-58 沥青混凝土三轴蠕变试验系统

土石坝的沥青混凝土防渗心墙厚度一般仅为 0.5 ~ 1.2 m,多数以等厚度或在不同高程段采用等厚度布置,其迎水面为直立。沥青心墙的刚度一般小于坝壳料和过渡料;心墙

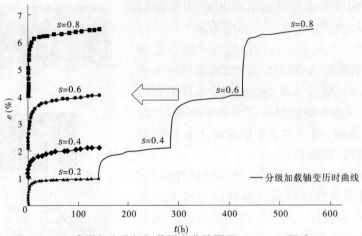

图 2-59　沥青混凝土分级加载蠕变曲线围压(400 kPa,温度 22.1 ℃)

的渗透系数在 $10^{-8} \sim 10^{-9}$ cm/s 数量级,具备低透水性,所有这些因素均将导致在防渗心墙中可能产生拱效应,甚至发展到水力劈裂。由连续介质力学概念可知,两种介质接触面上产生相对位移,只要有摩擦存在,摩擦力就会以拉应力形式出现,相应地也就会产生拉应变。这极大地增加了沥青混凝土心墙上游面产生裂缝的可能性,由于施工等因素也可能造成心墙上游面出现裂缝。拱效应、先天裂缝和低透水性就构成了沥青混凝土心墙产生水力劈裂的力学条件和物质条件。随着我国沥青混凝土心墙坝的迅速发展,众多的百米级大坝正在兴建,其最高者已达到 130 余 m,坝高越高,拱效应作用越强烈,产生水力劈裂风险的可能性越大。

表 2-12　土石坝典型水力劈裂破坏的工程实例

工程名称	坝高 (m)	破坏区心墙 宽度(m)	坝顶高程 (m)	最高水位 (m)	流量突增 水位(m)	破坏区高程 (m)
Balderhead	48	6	334.70	332.30	332.30	305.00~315.00
Hyttejuvet	90	4	749.00	746.00	738.00~740.00	718.00~740.00
Viddalsuatu	70	约10	935.00	930.00	929.40	923.00~925.00
Teton	93	9	1 625.50	1 622.70	1 607.00	1 573.00~1 568.00
Yard's Creek	24	4	475.90	474.00	469.10	457.20~464.80

　　长期以来,国内外许多学者致力于土石坝水力劈裂问题的研究工作,系统地分析了心墙两侧堆石体对心墙的拱效应,认为拱效应是发生水力劈裂的必要条件之一。19 世纪 70 年代,土石坝的水力劈裂问题逐渐引起工程界的重视,特别是 1976 年美国坝高 126.5 m 的 Teton 宽心墙土石坝发生溃决,经调查是由于右岸基岩截渗齿槽内的粉砂土体发生水力劈裂,并引发土体管涌造成的,且该水力劈裂与槽内土体的拱效应有关,并提出该水力劈裂发生在土的抗拉强度与最小主应力之和小于静水压力的区域。1982 年,黄文熙院士提出,应使用心墙土料的抗拉性能和坝体中应力与应变的分布判定是否会发生水力劈裂。如果心墙某点上的主应力与土的抗拉强度之和小于该点处的孔隙水压力,心墙就将因水

力劈裂产生水平或竖向裂缝。2005 年,张丙印通过模拟水库蓄水过程和心墙上游面应力条件进行水力劈裂模型试验。该试验使用一种新型试验装置模拟渗透软弱面形成水楔引发水力劈裂的现象。结果表明,水压力的升高会诱发水力劈裂现象的发生,并认为两侧堆石体对心墙的拱效应可以减小心墙的竖向应力。

作为防渗材料的沥青混凝土与多孔介质不同,其孔隙率小于 3%,孔隙以封闭且非连通形态存在,沥青混凝土的渗透系数极低。因此,沥青混凝土应属不透水的连续介质材料,应通过非饱和介质不排水剪切试验确定本构模型参数,采用总应力法进行水力劈裂的计算分析。沥青混凝土心墙发生水力劈裂最主要的物质条件有两个,一是心墙中存在与库水相通的裂缝或缺陷,施工中沥青混凝土心墙的松塔效应是产生裂缝的重要因素;二是沥青混凝土的低渗透性或不透水性。与土质心墙不同,心墙中的裂缝空腔四周皆可视为不透水边界,库水位所形成的静水压力将以全水头量级作用在裂缝周边,产生对心墙水力劈裂的力源,形成强大的水楔作用,进而可能导致水力劈裂的发生。水楔作用是心墙发生水力劈裂的力学条件,当采用总应力法分析时,其判别标准为:心墙裂隙内某点的水压力大于或等于总主应力与沥青混凝土抗拉强度之和时,就可发生水力劈裂:

$$p \geq \sigma_p + \sigma_t \qquad\qquad (2\text{-}114)$$

式中　p ——裂缝中心处的库水压力,MPa;

　　　σ_p ——裂缝边界上的总应力,MPa;

　　　σ_t ——沥青混凝土的极限抗拉强度,MPa。

若不计沥青混凝土的极限抗拉强度,而将其作为安全储备,只要该裂缝处的库水压力大于该点的总应力,该裂缝就会进一步扩展,直至裂缝贯穿整个防渗体而失去防渗功能。

众所周知,大主应力与正应力在作用方向上大体相同,数量级大体相等,其形成主要是结构的自重应力所引起的。沥青混凝土的密度比水的密度大 1 倍以上,通常不会出现在同一点上的水压力大于总应力的情况,只有当心墙发生拱效应时才有可能。研究表明,过渡料与沥青混凝土心墙是两种刚度不同的介质,前者的变形模量一般均大于后者的。当两者间产生位移差的趋势时,其间的变形不协调使得界面间可以通过摩擦作用传递应力时,一经受荷产生变形,刚度较低的一方将应力传递到刚度较大的介质中,产生拱效应。拱效应是心墙产生水力劈裂重要的力学条件。当墙体中该点的总应力小于水压力时,就有可能产生水力劈裂,这里所指的总应力应当包括大主应力和中主应力。当大主应力低于水压力时,心墙将产生水平裂缝,当中主应力小于水压力时,心墙将产生由上游向下游扩展的竖向裂缝。我国一些沥青混凝土心墙坝参照土石坝水力劈裂的方法,进行了水力劈裂试验研究工作,主要有以下几种方法。

2.6.2.1　厚壁空心圆筒水力劈裂试验和圆形平板水力劈裂试验

三峡茅坪溪沥青混凝土心墙坝在建设过程中,根据现场实测资料和试验结果分析认为,当沥青混凝土模量系数 K 小于 400 时,通过黏土心墙对水力劈裂的判别依据,即心墙竖向应力小于或等于相应处水压力,心墙的拱效应显著,存在诱发水力劈裂的可能。长江科学院设计了厚壁空心圆筒水力劈裂试验装置,如图 2-60 所示。试件依照三轴试验试样尺寸成型,试样直径 101 mm、高度 200 mm、试样一端中心用立钻钻孔,孔径 20 mm、孔深 160 mm,用环氧树脂或加温的沥青将试件黏结在三轴剪力仪的底盘上,观察水力劈裂产生的条件。水力劈裂试验在两种受力条件下进行,分别是无侧限和有侧限条件。前者只施加内水压力并不施加周围压力;后者则是在一定围压和轴向压力下进行。试验由于没有理想的沥青混凝土与三轴剪切仪刚性底座的密封连接材料,当内水压力施加到 0.3 MPa 时,在沥青混凝土与三轴剪切仪刚性底座之间都出现了漏水,由于发生渗漏不能继续施加更高的内水压力,只能通过一组试样经过反复的拆卸和黏结,施加内水压力才达到 0.4 MPa。试验结果见表 2-13。

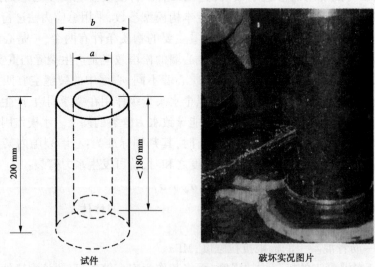

试件　　　　　　　　破坏实况图片

图 2-60　水力劈裂破坏试验

表 2-13　厚壁空心圆筒劈裂试验结果

直径 (cm)	内孔径 (cm)	内孔深 (cm)	围压 (MPa)	内水压 (MPa)	内水压时间 (min)	描述
10	2	16	0	0.15	45	无侧向变形和渗水
				0.2	10	侧向变形 0.1 mm,无渗水
				0.2	19	侧向变形 0.54 mm,出现渗水
10	2	16	1.2	1.2	60	
			1.0	1.2	45	排水管未出现出气和出水现象
			0.9	1.2	45	
			0.8	1.2	16	排水管开始出水
			0	0.3	45	重装样无明显侧向变形和渗水
			0	0.4	3	侧向变形快,3 min 破坏出水

　　圆形平板试件的水力劈裂试验研究采用的方法是将沥青混凝土板置于中间区域,并通过法兰盘止水。试验开始前在沥青混凝土板与调节板之间填充砂砾石过渡料,圆形板式沥青混凝土试件通过螺丝固定在上、下两个腔体之间。沥青混凝土板与上部区域之间

采用密封圈密封,以起到止水作用。试验采用分级加压形式逐级施加水压力,并观察下部腔体是否漏水同时记录渗水量,判定是否发生了水力劈裂。沥青混凝土平板试件的厚度分别为 25 mm、40 mm、60 mm,直径为 500 mm。试验结果表明,圆形板试件在 1 MPa 的水压力作用下并未发现水力劈裂现象。但厚度为 25 mm、40 mm、60 mm 沥青混凝土板,在底板位移分别为 7 mm、9.3 mm、11 mm 时,在 1 MPa 水压力作用下,发生拉裂破坏,剪切变形率达 18%。

茅坪溪的研究者认为当沥青混凝土模量系数 K 小于 400 时,心墙的拱效应就显著,并可能发生水力劈裂。同时,其前述三轴水力劈裂试验方法与 1973 年 Nobari 的沙质黏土水力劈裂试验类似。但他们忽略了沥青混凝土的孔隙率小于 3%,近于不可压缩这一特点,不会出现孔隙率大得多的黏土心墙的拱效应。且当孔隙率很小时,试件内无法形成孔隙水压力,导致三轴水力劈裂试验退化成了厚壁筒承载试验,试件内部无法形成因孔隙水压力造成的水力劈裂。

2.6.2.2 厚壁空心圆柱体试件水力劈裂试验

西安理工大学曾进行过沥青混凝土心墙的水力劈裂试验研究,试验装置如图 2-61 所示。其中,试件直径 150 mm、高 250 mm,并分为三部分,上层为 100 mm 厚的沥青混凝土;中间层设厚 80 mm 的沥青混凝土,中心有直径 40 mm 的圆柱体砂腔,用来模拟心墙过渡料;底层为 70 mm 厚沥青混凝土。试件顶部和底部与设备顶盖通过工业胶水黏结,侧面与缸筒内壁设置一层透水油光纸,以使试件不与缸壁黏结,限制试件只能发生竖向位移。有压水通过底部的压力管进入砂腔,设备顶部可以通过螺栓改变不同的拉、压应力状态,可以进行轴向无位移、承拉、承压的试验。

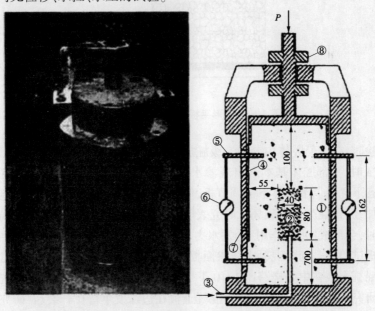

①沥青混凝土试件;②天然砂(<2.16 mm);③压力水管;④1 mm 厚浊光纸;
⑤位移基准棒;⑥位移测量计;⑦出水孔;⑧位移调整螺栓

图 2-61 厚壁空心圆柱体试件试验装置 (单位:mm)

与茅坪溪三轴试验不同,该试验最大的特点是,用厚壁钢套筒限制了圆柱试件外表面的径向位移,可使砂腔所在试件中部的外表面($r=b=75$ mm)环向应力为压应力,内表面($r=a=20$ mm)环向拉应力也远小于无约束圆柱试件内表面的拉应力,从而消除了由内水压力作用造成的环向受拉破坏,使得试验更接近心墙受力实际。但由于试验装置中的砂腔拐角使得该处剪切应变大于该试验所关注的轴向张应变,并导致了拐角处的剪切破坏,所以其研究与实际心墙的张拉水力劈裂仍有距离。

2.6.2.3　圆形平板试件水力劈裂试验

河海大学通过试验研究了沥青混凝土心墙结构局部出现了拉伸破坏裂缝时,是否会诱发水力劈裂。该试验将沥青混凝土板置于中间区域,该区域位于上下两腔体之间,并通过法兰盘止水。上部腔体内可施加水压力,模拟实际工况下上游的水荷载;下部圆形腔体底部带有可进行竖向位移调节的底板,并在底板与沥青混凝土板之间的腔体内填充砂砾石过渡料模拟大坝实际情况,如图 2-62 所示。试验开始时,水压力通过逐级加压装置施加于上腔体中,观察下部腔体是否漏水同时记录渗水量,判定是否发生了水力劈裂。

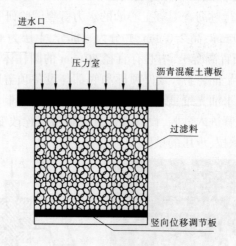

图 2-62　圆形平板试件水力劈裂试验

进行试验时,在上部腔体内分为 5 级施加水压力,每级为 0.2 MPa,并稳压 45 min,当达到 1.0 MPa 时,下部腔体基本未出现渗水,沥青混凝土未发生水力劈裂破坏。随后在该水压力状态下逐渐调节腔体下部调节板,使沥青混凝土板发生向下的竖向变形,直到渗水量急速增加,沥青混凝土板破坏。研究表明,当沥青混凝土心墙结构发生局部拉伸破坏并出现裂缝时,会形成"水楔作用"诱发水力劈裂发生。

上述圆板试验就是沥青混凝土防渗面板工程中常用的圆盘试验。而圆盘试验的目的是检验沥青混凝土板在中心挠跨比 1/10 下是否漏水,以此检验板的柔性和抗渗性。如果用这一方法研究水力劈裂,也是在沥青混凝土板在边缘发生弯拉开裂后,研究压力水与裂缝的水楔作用情况。由于在试验过程中,板的弯拉和水力劈裂作用可能同时发生,如何解释最终漏水时的试验结果,仍值得探讨。

2.6.2.4　水力劈裂模型试验

中国水利水电科学研究院结合某工程进行了剪胀后沥青混凝土水力劈裂模型试验,以研究沥青混凝土中孔隙水压力的形成及演变规律,进而研究不同孔隙率沥青混凝土的水力劈裂特性。

水力劈裂模型方案如图 2-63 所示。模型内填筑 $\phi48 \times 40$ cm 沥青混凝土柱,外套厚壁钢筒,在竖向中间段设置高 25 cm 的缺陷区,并填充孔隙率 3.5% 的沥青混凝土,缺陷区上下各设 7.5 cm 高的正常碾压的沥青混凝土(孔隙率<2%)。沥青混凝土柱中心设 12 mm 直径注水管,可按要求的水压力向缺陷区注水,并可测量注水体积,钢筒管壁内侧粘贴塑性止水腻子以防接触渗漏。模型试件上下表面采用胶粘剂粘于钢板上,可通过千斤顶对试件施加要求的拉力,钢板上设百分表控制位移。

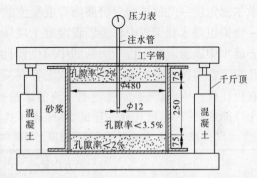

图 2-63　试验模型照片及断面图　（单位:mm）

模型制作时,首先在钢筒内壁涂刷底胶,并粘贴 1 cm 厚的塑性止水腻子以实现侧边止水,并防止沥青混凝土与侧边钢筒黏结 。先在下部成型 7.5 cm 厚的密实沥青混凝土;然后成型中间 25 cm 厚 3.5% 孔隙率的沥青混凝土,并埋入注水管,再成型上部 7.5 cm 厚密实沥青混凝土;最后将试件上下表面黏结于上下钢板上,以用千斤顶施加拉力。注水管外接可分辨 0.1 mL 的量管,用于量测进入注水管的水量,注水管可施加水压力。

大模型水力劈裂试验结果表明,孔隙率 3.5% 的沥青混凝土在 5~13 m 水头作用下,历经 50.6 h 未发生水力劈裂;但当继续保持该水压力并施加 0.06 MPa 的竖向拉应力时,3.5% 孔隙率沥青混凝土历经 81 h 出现了开裂破坏。这一结果说明,针对实际工程中沥青混凝土可能因剪胀导致孔隙率增至 3.5% 的部位,进行水力劈裂论证是必要的。

2.6.3　沥青混凝土自愈性能

由于沥青混凝土常温下是黏弹性材料,并为非冲蚀性材料。沥青混凝土产生裂缝后,在自重和外荷载的作用下有一定的自愈能力,主要有以下三方面原因:①沥青混凝土材料本身的自我愈合作用,在沥青材料内部,受到裂缝表面能如范德华力等影响,微裂缝的上下两个界面会逐步接触并形成湿润,导致微裂缝的自我愈合,微裂缝表面界面分子不断运动、扩散并重新排列组合,导致沥青混凝土强度、刚度、稳定性等能力得到恢复。②沥青混凝土产生的裂缝在外荷载和自重作用下趋于闭合,渗流量逐渐减小。③沥青混凝土产生裂缝后,形成集中渗流,在渗流力作用下,上游过渡料中的细小颗粒被冲蚀,流入沥青混凝土裂缝中,形成的渗淤结构逐渐堵塞裂缝,减小了渗透量。对于沥青混凝土自愈能力的评价主要以渗透性的减少为依据,一般认为当渗透系数小于 1×10^{-7} cm/s 时,沥青混凝土裂缝基本愈合,当渗透系数小于 1×10^{-8} cm/s 或更小时,沥青混凝土裂缝完全愈合。

2.7　典型工程沥青混凝土性能统计分析

对于所有的水利工程沥青混凝土室内试验而言,马歇尔稳定度—流值试验是最基础、最重要的试验,是沥青混凝土在配合比优选中最主要的试验,也是优选沥青的初步试验,沥青混凝土的马歇尔稳定度—流值反映了沥青的抵抗承载能力和变形能力,能够较为明显地反映出沥青混凝土中所含结构沥青和自由沥青的多少。在公路沥青混凝土中,常采用马歇尔稳定度—流值试验对公路沥青混凝土的高温力学稳定性能进行评定,马歇尔稳定度—流值也是水利工程中作为沥青混凝土现场检测的主要判断依据,在碾压式沥青混凝土心墙坝中沥青混凝土位于大坝的中间位置且两侧受到过渡料和坝壳料的挤压,而马歇尔稳定度在模拟沥青混凝土在碾压式沥青混凝土心墙坝的受力情况时有一定的差异,但存在可比性。因此,马歇尔稳定度—流值试验被我国水利工程界广泛地应用于对沥青混凝土性能的评价,对已建或在建的 20 座碾压式沥青混凝土心墙坝进行统计,见表 2-14。

表 2-14　常规碾压式沥青混凝土马歇尔稳定度—流值试验结果统计

序号	工程项目	沥青用量（%）	稳定度（kN）		流值（0.1 mm）	
			40 ℃	60 ℃	40 ℃	60 ℃
1	巴木墩水库	6.7	9.26	6.62	49.9	62.6
2	石门水库	6.4	11.58	9.09	42.2	61.8
3	八大石水库	6.9	9.31	6.65	56.4	71.2
4	五一水库	6.4	10.50	8.18	48.2	72.5
5	齐古水库	6.7	9.01	6.38	50.2	78.5
6	沙尔托海水库	6.4	10.79	7.83	33.0	66.4
7	乔拉布拉水库	6.6	10.10	6.62	57.7	69.2
8	大石门水库	6.7	8.88	7.18	47.4	64.9
9	吉尔格勒德水库	6.6	7.60	5.30	55.6	95.7
10	吉尔格勒德水库(冬)	6.9	6.74	—	56.4	—
11	尼雅水库	6.6	9.88	7.18	46.6	65.4
12	头道白杨沟水库	6.4	9.68	7.67	46.7	57.3
13	喀英德布拉克水库	6.3	10.44	6.73	40.1	61.5
14	阿拉沟水库	6.3	7.78	6.10	54.2	72.2
15	碧流河水库	6.6	9.69	6.73	50.1	88.1
16	二道白杨沟水库	6.4	14.06	6.44	65.3	60.9

续表 2-14

序号	工程项目	沥青用量（%）	稳定度（kN）		流值（0.1 mm）	
			40 ℃	60 ℃	40 ℃	60 ℃
17	二塘沟水库	7.0	10.29	7.26	60.1	73.9
18	特吾勒水库	6.3	8.47	6.03	42.8	61.2
19	沙尔托海水库	6.3	7.21	5.00	53.6	55.7
20	红山下水库	6.4	9.92	6.18	53.5	62.6
	最大值	7.00	14.06	9.09	65.30	95.70
	最小值	6.30	6.74	5.00	33.00	55.70
	平均值	6.55	9.56	6.80	50.50	68.50
	标准差	0.213	1.600	0.941	7.342	9.951
	方差	0.045	2.559	0.886	53.900	99.021
	$\bar{x} - 2s$	6.12	6.36	4.92	35.82	48.60
	$\bar{x} - 3s$	5.91	4.76	3.98	28.47	38.65
	离散系数 C_v	0.032 6	0.167 3	0.138 4	0.145 4	0.145 3

由统计结果可以看出碾压式沥青混凝土心墙的沥青用量离散系数为 0.032 6，较小，40 ℃的稳定度普遍比 60 ℃大，离散系数也较大；40 ℃的流值普遍比 60 ℃小，离散系数也较小。沥青混凝土的平均沥青用量为 6.6%，40 ℃下稳定度平均为 9.56 kN，流值平均为 5.05 mm；60 ℃下稳定度平均为 6.80 kN，流值平均为 6.85 mm。

表 2-15 统计的是 22 个碾压式沥青混凝土心墙坝的力学性能试验结果。可以看出，沥青混凝土的拉伸强度最大值为 1.45 MPa，所对应的应变值为 2.81%；拉伸强度的最小值为 0.45 MPa，所对应的应变值为 0.73%；拉伸强度平均值为 0.69 MPa，所对应的应变值为 1.71%；拉伸强度的离散系数为 0.392 2，所对应应变的离散系数为 0.323%。沥青混凝土的压缩强度最大值为 4.14 MPa，所对应的应变值为 7.62%；压缩强度的最小值为 2.10 MPa，所对应的应变值为 3.84%；压缩强度平均值为 3.08 MPa，所对应的应变值为 5.63%；压缩强度的离散系数为 0.204 6，所对应应变的离散系数为 0.192 0。沥青混凝土的弯曲强度最大值为 2.03 MPa，所对应的应变值为 5.46%，弯曲挠度最大值为 9.12 mm；弯曲强度最小值为 0.52 MPa，所对应的应变值为 1.57%，弯曲挠度最小值为 2.73 mm；弯曲强度平均值为 1.40 MPa，所对应的应变值为 3.37%；弯曲挠度平均值为 5.28 mm；弯曲强度离散系数为 0.274 8，应变离散系数为 0.291，弯曲挠度离散系数为 0.246。沥青混凝土的最大黏聚力为 0.62 MPa，最大内摩擦角为 30.30°；最小黏聚力为 0.24 MPa，最小内摩擦角为 22.64°；平均黏聚力为 0.44 MPa，平均内摩擦角为 27.58°，黏聚力的离散系数为 0.151 5，内摩擦角的离散系数为 0.059。

根据 22 个碾压式沥青混凝土心墙坝在原材料、配合比参数和试验温度不同的条件下得到的力学性能指标，经统计分析力学性能离散系数不大。对于一些中小型工程，可参考此统计结果拟定沥青混凝土基础配合比。

表 2-15　常规碾压式沥青混凝土力学性能对比

工程名称	坝高 (m)	油石比 (%)	填料用量 (%)	密度 (kg/cm³)	孔隙率 (%)	拉伸 强度 (MPa)	拉伸 对应应变 (%)	压缩 强度 (MPa)	压缩 对应应变 (%)	小梁弯曲 强度 (MPa)	小梁弯曲 对应应变 (%)	小梁弯曲 挠度 (mm)	小梁弯曲 挠跨比 (%)	抗剪强度 黏聚力 (MPa)	抗剪强度 摩擦角 (°)
巴木墩水库	128.0	6.7	12	2.45	1.12	0.46	2.81	3.05	5.77	1.49	2.931	4.78	2.40	0.326	26.6
石门水库	81.5	6.4	11	2.42	1.10	1.45	1.12	3.39	4.51	1.58	2.706	5.24	2.6	0.465	29.0
八大石水库	115.7	6.9	13	2.442	1.0	0.59	1.6	2.82	4.04	1.22	3.49	5.67	2.83	0.439	27.2
五一水库	102.5	6.7	12	2.447	0.9	0.82	1.20	2.41	6.41	1.44	3.058	5.17	2.6	0.418	27.8
齐古水库	50.0	6.7	11	2.39	1.97	0.68	2.59	2.62	7.22	1.24	3.52	5.85	2.93	0.403	26.8
沙尔托海水库	62.88	6.4	10	2.42	0.68	0.48	2.06	3.78	4.97	1.65	3.654	6.15	3.08	0.380	28.4
乔拉布拉水库	81.5	6.6	11	2.467	1.09	0.47	1.50	3.64	4.97	1.98	2.568	4.19	2.10	0.616	28.2
大石门水库	128.8	6.7	11	2.42	1.25	0.60	1.87	2.79	4.74	1.475	2.590	4.23	2.16	0.469	26.7
吉尔格勒德水库	101.0	6.9	13	2.42	1.18	0.45	1.51	3.63	5.28	0.52	5.464	9.12	4.56	0.457	28.2
尼雅水库	131.8	6.6	13	2.41	1.25	0.72	1.73	2.51	5.50	2.03	2.590	4.23	2.16	0.469	25.7
头道白杨沟水库	79.8	6.4	13	2.43	0.9	0.67	2.05	2.97	5.79	1.86	3.07	4.97	2.47	0.418	27.8
喀英德布拉克水库	59.6	6.3	11	2.47	0.56			2.66	5.53	1.42	3.78	6.29	3.14	0.444	28.7
阿拉沟水库	105.26	6.6	14	2.422	0.48			2.31	6.51	1.22	3.47	5.64	2.82	0.430	25.0
二道白杨沟水库	81.62	6.4	10	2.427	0.83			3.11	4.88	1.11	1.711	2.84	1.42	0.468	28.2

续表 2-15

工程名称	坝高 (m)	油石比 (%)	填料用量 (%)	密度 (kg/cm³)	孔隙率 (%)	拉伸		压缩		小梁弯曲				抗剪强度	
						强度 (MPa)	对应应变 (%)	强度 (MPa)	对应应变 (%)	强度 (MPa)	对应应变 (%)	挠度 (mm)	挠跨比 (%)	黏聚力 (MPa)	摩擦角 (°)
二塘沟水库	64.8	7.0	13.5	2.363	1.21			2.10	6.30	0.90	3.72	5.96	2.98	0.438	27.8
库什塔依水电站	91.1	6.8	12.2	2.408	1.85	1.04	1.47	3.80	3.84	2.00	3.65	6.09	3.04	0.46	22.64
乌苏市特吾勒水库	65.01	6.3	10	2.42	0.95			4.14	6.99	1.49	3.08	5.13	3.32	0.43	30.3
阿克肖水库	57.5	6.5	11	2.449	1.32	0.56	0.73	2.44	4.04	0.81	1.57	2.73	1.36	0.25	28.1
碧流河水库	49	6.6	13	2.40	0.90			2.41	6.41	1.44	5.17	5.17	2.60	0.44	27.6
特吾勒水库	65.01	6.3	10	2.41	1.10			4.14	6.99	1.49	5.13	5.13	3.32	0.48	29.8
沙尔托海水库	62.88	6.3	11	2.41	1.40	0.92	1.05	3.86	7.62	1.04	3.83	6.31	3.20	0.46	28.6
下坂地水库	78	7.2	13	2.37	2.21			3.89	4.84	2.23	2.20	3.60	1.80	0.32	26.1
最大值		7.00	14.00	2.47	1.97	1.45	2.81	4.14	7.62	2.03	5.46	9.12	4.56	0.62	30.30
最小值		6.30	10.00	2.36	0.48	0.45	0.73	2.10	3.84	0.52	1.57	2.73	1.36	0.25	22.64
平均值 $\bar{x}$		6.58	11.70	2.42	1.10	0.69	1.71	3.08	5.63	1.40	3.37	5.28	2.72	0.44	27.58
标准差 s		0.211	1.242	0.024	0.352	0.271	0.553	0.629	1.081	0.385	0.980	1.302	0.677	0.066	1.632
方差 s^2		0.045	1.543	0.001	0.124	0.074	0.305	0.396	1.170	0.148	0.961	1.694	0.459	0.004	2.665
$\bar{x} - 2s$		6.15	9.22	2.37	0.39	0.15	0.61	1.82	3.47	0.63	1.41	2.68	1.36	0.30	24.31
$\bar{x} - 3s$		5.94	7.97	2.35	0.04	-0.12	0.05	1.19	2.39	0.25	0.43	1.38	0.69	0.24	22.68
离散系数 C_v		0.032	0.106	0.010	0.320	0.392 2	0.323	0.204 6	0.192 0	0.274 8	0.291	0.246	0.249	0.151 5	0.059

第3章　沥青混凝土原材料及配合比设计

3.1　原材料及技术性能

3.1.1　沥青

3.1.1.1　沥青分类

按照来源不同,沥青分为地沥青和焦油沥青两大类。地沥青又分为天然沥青和石油沥青两种。

天然沥青是地下石油在自然条件下经过长时间阳光等地球物理因素作用所形成的,如中美洲的天然沥青湖、克拉玛依的沥青矿等。特立尼达岛上的沥青湖面积约为 0.4 km²,估计湖深为 90 m,估计储量为 100 万~1 500 万 t。

石油沥青是石油提炼后的产品,是市场上供应量最大和应用最广泛的沥青。石油沥青按生产方法可分为直馏沥青、氧化沥青、裂化沥青、溶剂沥青、调和沥青五种,常用的为前两种。

焦油沥青(又称柏油)是对从干馏各类有机燃料,如煤、木材等所得的焦油再进行加工得到的沥青,如炼焦得到煤焦油,对煤焦油再进行深加工就得到煤沥青。煤沥青可分为高温、中温和低温煤焦油沥青,软煤沥青和硬煤沥青。因焦油沥青受热时能分解出有毒物质,所以目前直接应用较少。

沥青是由复杂的碳氢化合物及碳氢化合物与氧、氮、硫的衍生物所组成的混合物。在常温下呈固体、半固体和液体状态,颜色为褐色或黑褐色。不溶于水,可溶于二硫化碳、三氯乙烯等有机溶剂。在沥青混凝土中,沥青起胶结料作用。

3.1.1.2　石油沥青技术指标及性能

1. 针入度

沥青的针入度是沥青三大指标之一,它是沥青试样在规定温度条件下,附加一定荷重的标准针,在规定的时间内垂直贯入沥青试样中的深度。单位以 1/10 mm 表示,针入度测定条件见表 3-1。

表 3-1　针入度测定条件

温度(℃)	荷重(g)	时间(s)	温度(℃)	荷重(g)	时间(s)
0	200	60	25	100	5
4	200	60	46.1	50	5

我国通常采用的试验条件为:标准针质量为 100 g,试验温度为 25 ℃,贯入时间

为 5 s。图 3-1 给出了针入度测定示意。

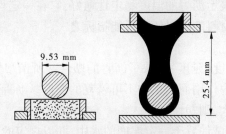

图 3-1 针入度测定示意

黏度是指沥青在外力作用下,沥青颗粒间产生相互移动时的抵抗变形的能力,针入度是衡量沥青黏度的指标之一,反映沥青在一定温度条件下的条件黏度,简称等温黏度。针入度愈大,黏度则愈小,沥青就愈软;反之,针入度小,则黏度大,沥青愈硬。我国黏稠石油沥青中的道路沥青、普通沥青及建筑沥青的等级,就是按针入度值来划分的,因此也称针入度级沥青。沥青针入度,是工程上选用沥青材料的主要性能指标之一。

2. 软化点

沥青是一种高分子非晶态物质。它没有明显的熔点,它从固态转变为液态,两者之间有很大的温度间隔,因此选择在黏塑态时的一种条件温度为软化点。

我国现行的石油沥青就是用环球法测定的温度作为软化点,其测定装置如图 3-2 所示。在沥青试样上安置好钢球[直径 9.53 mm,质量(3.5±0.05) g]后,将试样放置在装有水或甘油的烧杯中,以(5±0.5)℃的速度升温,沥青随温度的升高逐步软化缓慢下垂流动,当下垂到 25.4 mm(1 英寸)时,杯中水或甘油的瞬时温度即为该沥青的软化点,以℃表示。软化点是测定沥青材料达到规定条件黏度时的温度,即等黏温度。软化点作为三大指标之一,即可反映沥青的感温特性,又是黏度特性的一种表征,也是评价沥青高温稳定性的指标。

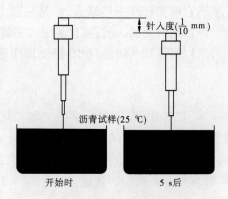

图 3-2 软化点测定示意

可以认为沥青软化点是等黏温度,而沥青针入度则是等温黏度,都是沥青黏度的不同表示形式。一般来说,同一种原油所得的沥青针入度可与软化点进行换算。但不同原油所得的沥青,即使具有相同的针入度,软化点却可以相差很远,因此我国沥青技术标准把两者均列入控制项目。

沥青软化点愈高,则表示沥青的温度稳定性愈好,它在一定程度上反映了沥青的感温性能,是工程上选用沥青材料的主要依据性能指标之一。

3. 延伸度

一般认为沥青的延伸度(延度)反映了沥青的塑性。所谓塑性,就是指沥青在一定温度条件下,承受一定的外力作用而产生的不可恢复的变形。沥青适应变形能力的大小,以延伸度来表示,延伸度愈大,则塑性愈好。

延度的测试是将沥青试件置于一定温度的水中,并以规定的速度拉伸,其断裂时的长度就定义为该沥青的延度,以 cm 计,如图 3-3 所示。如无特殊说明,通常是指温度为 25 ℃、拉伸速度为(5±0.25)cm/s 条件下的延度。

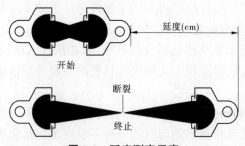

开始

断裂

终止

图 3-3　延度测定示意

对于延伸度,各国存在着一定的分歧,主要认为沥青延伸度与沥青混凝土的技术特性之间的相关性并不十分明显。但最近对有关工程资料的统计表明,4 ℃低温延伸度和公路路面质量的关系十分密切。低延伸度的沥青所铺道路早期易出现拥包、开裂等现象。

沥青延伸度也是选用沥青材料的主要根据之一。

一般来说,选用黏稠石油沥青都比较关心沥青的针入度、软化点和延伸度,即所谓沥青三大指标。这三项指标可以基本上反映沥青性质,它们之间有着相互联系。这三项试验是较为古老的试验方法,虽然它确实存在一些缺点,但是它已由前人做了大量工作,积累了极为丰富的资料,并为世界各国所公认,是目前世界上大多数国家评价沥青性能和分类的主要指标。因此,在今后工程实践和科研活动中,仍要使用这些古老方法,以便相互比较。

4. 溶解度

沥青中不溶于有机溶剂(苯、二硫化碳、四氯化碳或三氯乙烯等)的有害杂质含量过多,会降低其技术性能。通常,除特殊研究目的外,均不作沥青化学组分分析,沥青溶解度是指试样在规定溶剂中可溶物的含量,以质量百分数表示。检验沥青的溶解度,旨在确定沥青含有的高分子碳质及矿物质等有害杂质的含量。

5. 蒸发损失与针入度比

蒸发损失是表示沥青气候稳定性即耐久性指标。沥青在加热和使用过程中,由于发生氧化、缩聚等作用,使得轻质油分挥发,黏度和软化点提高,针入度减小,延伸度也随之降低。此时沥青的性质将发生变化,以致影响工程质量。沥青蒸发损失,是沥青试样在规定温度条件下,经过规定的时间后,其损失质量占原试样质量的百分率,非经注明,沥青试

样为 50 g,放入直径为 55 mm、高度为 35 mm 的盛样皿内,制成试样厚为 21 mm,加热时间
为 5 h,加热温度,石油沥青为 163 ℃。但是这项试验有时也会出现不是减量而是增量的
情况,这是由于氧化所增加的质量超过了轻质成分的挥发量。蒸发损失后的残留物可进
行针入度试验,蒸发损失后试样的针入度与原针入度之比乘上 100,即为残留物针入度占
原针入度的百分数,称为蒸发后针入度比(%)。

6. 闪点与燃点

沥青混凝土采用热法施工时,对于沥青材料必须加热。加热至一定温度时,致使沥青
中的轻质油分挥发,并与周围空气形成混合气体,当这种混合气体达到一定浓度和温度
时,遇火就能闪光;若是继续升温,油分蒸气饱和度继续增加,遇火就发生燃烧。测定沥青
闪点及燃点的目的,就是控制施工时沥青极限加热温度,避免发生燃烧,甚至造成火灾。
闪点与燃点的测定方法为:将沥青试样放入标准杯中,以(4±1)℃/min 速度升温,加热到
它的蒸气与空气的混合气体接触火焰发生闪光的最低温度,称为开口杯法闪点;继续加热
到它的蒸气能被接触的火焰点着并燃烧不少于 5 s 时的最低温度,称为开口杯法燃点。

7. 密度

沥青材料的密度是指在 25 ℃下单位体积试样所具有的质量,以 ρ_{25} 表示。

8. 水分

当沥青中含有水分时,沥青加热就会使水分蒸发而形成泡沫。随着温度升高,泡沫逐
渐增加,结果使沥青从脱水锅中溢出,可能因此而引起火灾;而用慢火加热脱水,水分蒸发
就慢,往往造成停工待料。因此,我国旧标准中,黏稠沥青与液体沥青对含水量均有限制。
沥青含水量用试样内含有的水分占试样质量的百分率表示。在黏稠沥青中,此项试验是
用一种挥发性的溶剂(脱水甲苯、二甲苯等)与试样一同蒸馏,使水分随同溶剂蒸出,以测
定沥青试样中的含水量。如是液体沥青,则直接抽提测定含水量。但是,由于沥青在生产
过程中不易掺入水分,大多数的水分是在沥青运输过程中掺入的,而这部分水分在施工中
又进行了脱水处理,对工程质量并不存在影响。因此,世界各国沥青标准中,多数国家对
水分不作为控制项目。

9. 脆点

沥青材料随着温度的降低,由黏—塑性状态逐渐转变为弹—脆性状态,因而表现为塑
性逐渐减少,脆性逐渐增加。沥青在低温时的变形性能是水工沥青的一个极为重要的指
标。目前,除进行低温延伸度试验外,较多地采用产生条件脆裂时的温度,即所谓“脆点”
来表示。多年来许多研究者致力于沥青脆点的确定方法,但是至今还没有找到一个公认
的满意的试验方法。由于试验方法的不同,相同的一种沥青可以得到非常不同的结果,为
取得一致条件下的可比性,目前世界各国多采用 A·弗拉斯建议的方法(简称弗氏法)。

世界各国道路沥青规范中,苏联、罗马尼亚、德国、西班牙、比利时等国将脆点列入了
沥青控制项目中。

10. 热老化性能

用蒸发损失试验来反映沥青热老化性能。由于该试验方法拟定的试验条件是试样处
于静止状态下加热,制成的试件也较厚(约 21 mm),加热时只有表面一层沥青能接触热
空气而老化,这就与实际施工情况有很大出入。为此,目前世界各国多采用薄膜烘箱试

验,按照美国 ASTM D1754—78 的规定,通常测定加热损失,以及残渣的黏度、针入度、延度、软化点、脆点等项目,将其与原值对比,以观测沥青的耐久性。

旋转薄膜烘箱的试验条件更接近于实际施工,将该项试验列入道路沥青控制项目的除美国外,还有中国、日本和西班牙等国。

11. 针入度指数

为了利用常规的沥青试验方法所取得的试验成果来研究沥青的流变特性,荷兰普费教授和他的同事们提出,利用沥青针入度与软化点来表征沥青的感温性和胶体结构的所谓针入度指数($P.I.$)的经验数据。

$$P.I. = \frac{30}{1 + 50A} - 10 \tag{3-1}$$

$$A = (\lg P_2 - \lg P_1)/(T_2 - T_1) \tag{3-2}$$

式中　P_1、P_2——温度 T_1、T_2 时的针入度。

感温性 A 值愈大,则针入度指数 $P.I.$ 值愈小,沥青的黏度随温度的变化程度愈大,感温性愈高,温度稳定性也愈差。感温性 A 值愈小,则针入度指数 $P.I.$ 值愈大,表明沥青稠度和硬度受温度的影响愈小,温度稳定性愈好。常用的道路石油沥青的 $P.I.$ 值一般为 $-2.6 \sim +8$,属溶胶—凝胶型沥青或凝胶型沥青。

按针入度指数可以将沥青划分为三种胶体状态,即:针入度指数 $P.I. < -2$ 者为溶胶;针入度指数 $P.I. = -2 \sim +2$ 为溶凝胶;针入度指数 $P.I. > +2$ 者为凝胶。

3.1.1.3　沥青的选择

沥青材料的品种和标号选择除要考虑工程类别、当地气温、运用条件和施工要求外,更要考虑沥青混凝土的结构性能要求。

我国沥青品种和质量近 20 年已有很大的提高和发展,原道路沥青质量标准已不再使用。《公路沥青路面施工技术规范》(JTG F40—2004)中废除了"重交通道路沥青"和"中、轻交通道路沥青"这两个名称,修改后都称为"道路石油沥青",并制定了相应的道路沥青技术要求,这是当前技术水平较高的沥青质量标准,被生产厂家和公路工程建设普遍采用,取得了良好的效果。

《土石坝沥青混凝土面板和心墙设计规范》(SL 501—2010)提出了水工沥青混凝土的沥青技术要求,该标准是依据已建工程经验和参考 JTG F40—2004 标准中提出的"道路石油沥青技术要求"中 A 级道路石油沥青(50 号～100 号)技术指标制定的,该标准取消了《土石坝沥青混凝土面板和心墙设计规范》(SL 501—2010)中对水工沥青的 4 ℃延度的技术要求,见表 3-2。这对心墙沥青混凝土是不必要的。这里需要注意的是,延度指标提得太高有可能会影响其他指标。众所周知,A 级道路石油沥青技术要求全面,其高低温综合性能优良,可以用于各种等级的道路修建,适用于任何场合和层次,也易于与国外沥青标准接轨。实践也证明,其用于心墙沥青混凝土很适应。《水工沥青混凝土施工规范》(SL 514—2013)也采用了这个技术标准,而且对 90 号、70 号沥青的软化点指标、延度指标采用了高值。同时,由于水工用沥青标准的修改与沥青常规生产一致,使供货便利,价格适宜。

表 3-2　沥青技术要求

序号	指标		计量 单位	SL 514—2013		JTG F40—2004	
				90	70	90A	70A
1	针入度(25 ℃)		0.1 mm	80~100	60~80	80~100	60~80
2	延度(15 ℃)		cm	≥100		≥100	
3	延度(10 ℃)		cm	≥45	≥25	≥45	≥25
4	软化点		℃	≥45	≥46	≥45	≥46
5	溶解度		%	≥99.5	≥99.5	≥99.5	≥99.5
6	含蜡量		%	≤2.2		≤2.2	
7	闪点		℃	≥245	≥260	≥245	≥260
8	薄膜加热后	质量变化	%	≤±0.8		≤±0.8	
		残留针入度比(25 ℃)	%	≥57	≥61	≥57	≥61
		残留延度(15 ℃)	cm	≥20	≥15	≥20	≥15
		残留延度(10 ℃)	cm	≥8	≥6	≥8	≥6
9	密度(15 ℃)		g/cm³	实测	实测	实测	实测

各石化生产厂家生产的沥青质量是有差异的,其中主要原因之一源于原料,即原油矿产不一样,克拉玛依石化公司以优质的低蜡环烷基稠油为原料生产道路石油沥青,其产品性能优越,能够很好地满足规范要求。克拉玛依石化是中国石油确认的西北地区沥青生产基地。在美国 SHRP 公路战略研究计划中,先后对世界 200 多种沥青进行了测定,评选出同时满足高低性能的只有十几种,其中就有克拉玛依石化公司生产的道路沥青。2000年全国公路交通系统研究部门将国产七种品牌重交通道路沥青(相当于 B 级沥青)送往美国实验室检测,克拉玛依石化公司生产的重交通道路沥青,使见识过 200 多种道路沥青的美国人惊呼没有见过这样的沥青,是世界上最好的沥青。日本人测试后的结论是:这是世界上少见的,难得的好沥青。新疆已建成的碾压式沥青混凝土心墙坝大多采用 70 号或90 号(A 级)道路石油沥青,且工程建设获得成功,质量得到保证。

3.1.2　骨料

3.1.2.1　骨料的特性和作用

水工沥青混凝土的骨料,应由质地坚固、性质稳定的岩石制成;骨料应洁净,表面不应因污染而使黏附性降低;骨料应具有合适的粒形、粒度和级配;骨料表面与沥青应有一定的黏附能力。

骨料颗粒质地坚固,形成的骨架结构才能经受一定的外力作用。但沥青防渗墙不同于道路工程,既没有车轮那样的集中荷载,也不经受道路上那样的冲击、磨损作用,因此并不要求骨料有过高的强度。但在施工中,摊铺机、振动碾等机械要在其上运行并实施作业,骨料的坚固性应足以承受这些荷载的作用而不致颗粒破碎。

制备沥青混合料时,骨料要进行烘干、加热,骨料的性质应能保持稳定。虽然骨料加热温度一般不超过200 ℃,但天然岩石的组成、构造极其复杂,应考虑到加热过程不致对骨料带来不利影响。

骨料骨架结构的特性,除骨料颗粒的质地外,还可用骨料的密实度(或空隙率)及内摩擦力等指标来表征。骨料的密实度对沥青混凝土的性质有着重要的影响。骨料密实度愈小,即空隙率愈大,沥青用量也愈大,而自由沥青的含量增多,沥青混凝土的塑性则急剧增大,热稳定性将显著降低。应合理选择骨料的级配以增大骨料的密实度。

骨料的内摩擦力随粒径的增大而提高,采用棱角尖锐的碎石,特别是采用坚实岩石破碎的人工砂,能有效地提高内摩擦力。骨料的内摩擦力随沥青用量的增加,尤其是自由沥青数量的增大而减小。

骨料针片状颗粒的存在可以降低骨料的密实度和骨料相互嵌挤的程度,因此粗骨料应有合适的粒形。

沥青与矿料表面的黏附力,取决于界面上所发生的物理化学作用,也影响沥青混凝土的性质。由于大多数矿物,如氧化物、硅酸盐(滑石、石棉除外)、云母、石英等,均属亲水性的,因此在潮湿状态下它们的表面不能被沥青所润湿。在干燥高温下,沥青可以润湿矿料表面并裹覆成膜,如果沥青与矿料之间仅有分子力的作用,就只存在物理吸附,其黏附力较小。当沥青与矿料表面形成新的化合物时,就产生了化学吸附,如果新生成的化合物又是难溶的,由于化学键的出现,沥青与矿料之间不仅有较大的黏附力,而且抗水能力也将大为改善。酸性岩石(SiO_2含量大于65%的岩石)与沥青主要是物理吸附作用,故黏附性较差。碳酸盐或碱性岩石可以与沥青中的表面活性物质(酸性胶质或其他表面活性掺料)产生化学吸附,因此能较好地相互黏附。因此,水工沥青混凝土的矿料,最好采用碳酸盐或碱性岩石制成。

采用多孔矿料时,由于沥青渗入孔隙内部,使黏附性得到显著改善,但应注意到矿料孔隙对沥青选择性吸附的影响,微孔结构的矿料具有极大的吸附势能,在矿料表面吸附着沥青质,微孔中吸收胶质,而油分则渗入微孔的深处。选择性吸附的结果将大大改变沥青的性质,使其强度、热稳定性等提高,塑性降低,从而表现出硬化的倾向。对粗孔结构的矿料,由于吸附势能低,沥青主要是向粗孔内部渗透,选择性吸附的影响甚小,虽然要增加沥青用量,但对其性质没有明显的影响。

3.1.2.2　粗骨料技术要求

粗骨料是指粒径大于2.36 mm的矿料。常用的有各种碎石、砾石、破碎砾石、破碎矿渣等。但应优先选用能与沥青黏结良好的碱性岩石,一般沉积岩石中石灰岩、白云岩等多为碱性岩石,与石油沥青黏附性较好。

用于拌制水工沥青混凝土的粗骨料与沥青的黏附性等级,一般不应低于4级,否则将不能直接选用。黏附性不良的骨料,可在骨料中掺入如消石灰、水泥等各种抗剥离剂进行改性,以提高沥青与矿料的黏附性,满足水稳定性的要求。

对粗骨料的技术要求,取决于沥青混合料的类别、用途。一般要求清洁、坚硬、耐久、均匀,要清除灰尘、脏物、黏土和其他物质。粗骨料表面要求粗糙、多棱角,形状应近于正方体,针片状颗粒含量应受到限制,在加热过程中质地不变化。粗骨料的级配应保证与其他材料拌和时,能使混合料达到最大密实度的要求。《土石坝沥青混凝土面板和心墙设计规范》(SL 501—2010)中粗骨料应满足表 3-3 的技术要求。

表 3-3　粗骨料技术要求

序号	项目	单位	指标	说明
1	表观密度	g/cm^3	≥2.6	
2	与沥青黏附性	级	≥4	水煮法
3	针片状颗粒含量	%	≤25	颗粒最大、最小尺寸比大 3
4	压碎值	%	<30	压力值 400 kN
5	吸水率	%	≤2	
6	含泥量	%	≤0.5	
7	耐久性	%	≤2	硫酸钠干湿循环 5 次的质量损失

3.1.2.3　细骨料技术要求

细骨料是指粒径为 2.36~0.075 mm 的矿料。一般可采用河砂、山砂、海砂、人工砂,或天然和人工的混合砂。

细骨料要求清洁、坚硬、耐久,不能被黏土、粉砂和其他有害物质包裹,也不能含有黏土块、淤泥、炭块等。不因加热而引起性质变化,不得使用风化砂。

细骨料可以通过颗粒嵌挤增加混合料的稳定性,同时填充粗骨料的空隙。

细骨料的级配,应保证与其他矿物材料拌和后的混合料具有最大密实度。当砂中含有大于 2.36 mm 的石块、砂粒时,必须过筛将其筛除。

细骨料与沥青的黏附性,可通过水稳定等级试验评价,一般不得低于 6 级。

《土石坝沥青混凝土面板和心墙设计规范》(SL 501—2010)中细骨料应满足表 3-4 的技术要求。

表 3-4　细骨料技术要求

序号	项目	单位	指标	说明
1	表观密度	g/cm^3	≥2.55	
2	水稳定等级	级	≥6	碳酸钠溶液煮沸 1 min
3	耐久性	%	≤15	硫酸钠干湿循环 5 次的质量损失
4	有机质及泥土含量	%	≤2	

细骨料采用天然砂或掺入部分天然砂都必须做沥青混凝土耐水性(耐久性试验)。通过试验才能确定天然砂的掺量。

3.1.3　填料

3.1.3.1　填料的特性和作用

为了改善沥青混凝土的和易性、抗分离性和施工密实性,在沥青混凝土配合比设计时必须使用适量的粒径小于 0.075 mm 的矿料组分(如石灰岩粉、水泥、滑石粉、粉煤灰等),

使其与沥青共同组成沥青胶结料(通常所说的沥青胶浆相),填充骨料的空隙并将沥青混凝土混合料黏结成整体。由于填料的颗粒较小,表面积巨大(占沥青混凝土矿料总表面积的 90%~95%),它与沥青黏附性的好坏将直接影响沥青混凝土的质量与耐久性。因此,工程上多使用石灰岩、白云岩或其他碳酸盐岩石作为加工填料的母岩。

在沥青中掺入填料的主要作用是使原来容积状的沥青变为薄膜状的沥青,随着填料浓度的增大,填料表面形成的沥青膜的厚度减薄,沥青胶结料的黏度和强度随之提高,从而使骨料颗粒之间的黏结力增强。在一定的填料浓度下,沥青混凝土将获得最大的强度。填料的颗粒愈细,表面积愈大,它对沥青胶结料和沥青混凝土的影响也就愈大,所以细度是填料最重要的技术指标之一。一般情况下,沥青混凝土填料的比表面积为 2 500~5 000 cm^2/g,比水泥的比表面积略大一些(水泥的比表面积一般为 2 500~3 500 cm^2/g),有些资料认为沥青混凝土填料的最佳比表面积应为 4 000~5 000 cm^2/g。但过高的细度要求不仅会使填料的加工费用显著增加,而且还容易使过细的填料颗粒聚集成团而不易分散,反而有损于沥青混凝土的耐久性。

为了有效地控制防渗沥青混凝土的孔隙率,在沥青混凝土配合比设计时就需要选定性能良好的沥青混凝土混合料配合比,在沥青用量较小的情况下,应采用良好的骨料级配和填料级配,追求矿料级配的空隙率最小,在骨料级配选定的情况下,也需要填料具有良好的颗粒级配。当填料用量较多时,沥青混凝土内部能够形成许多细小的封闭孔隙;填料用量少时,则多形成连通的开口孔隙。因此,填料用量影响着沥青混凝土的结构和性质,是配合比设计的重要参数之一。由于目前对填料级配还缺乏比较实用可靠的检测方法,现场施工的填料级配又难以控制,国内对矿料级配的研究主要停留在粗、细骨料方面,关于填料颗粒的合理级配组成,以及施工中填料级配的控制等研究很少,至今还没有成熟的经验,因此现行施工规范只对填料细度进行了具体规定。

3.1.3.2　填料的选择及技术要求

用作填料的矿粉种类很多,如天然岩石加工成的石灰岩粉、白云岩粉、大理石粉等;用工业废料加工成的磨细矿渣、粉煤灰、燃料炉渣粉等,亦可采用工业产品如水泥、滑石粉等。

在我国沥青混凝土防渗墙工程中,采用的矿粉主要有以下几种。

(1)石灰岩粉、白云岩粉。碳酸盐岩石加工的矿粉质量,黏附性好,这类岩石的强度不高,粉磨加工较为容易,成本也较低,因此石灰岩粉、白云岩粉是我国沥青混凝土防渗墙工程中应用最多的矿粉种类。由于小型水泥工业的普遍发展,为矿粉的粉磨加工提供了有利条件,一般可以就近解决。从过去的施工经验来看,在使用中,矿粉存在的主要问题是细度不够,质量不稳定。因为矿粉加工需要价格较贵的球磨机设备,工程上需用的矿粉量又不太多,所以通常都是委托附近的水泥厂加工。对水泥厂来说,这只是一个临时性的加工任务,如果工艺上不严加控制,矿粉质量就难以保证。因此,在委托加工时,应明确提出矿粉的质量要求,并认真执行产品验收制度。

(2)水泥。工地缺乏委托加工条件时,采用水泥替代矿粉使用,可能更为经济合理。水泥不需要再加工即可直接使用,施工较为方便。例如,江西上犹水电站混凝土坝沥青砂浆防渗层,采用火山灰水泥为矿粉;浙江湖南镇水电站混凝土坝采用硅酸盐水泥为矿粉,配制沥青砂浆修建上游混凝土坝面防渗层。

（3）滑石粉。滑石粉是憎水性材料,与沥青黏附性好,颗粒很细,在 0.075 mm 筛上的总通过率可达 100%,滑石粉有较稳定的质量,所以是一种很好的矿质材料。由于滑石粉的价格较高,所以工程上未被大量使用。采用滑石粉配制封闭层沥青胶,由于滑石粉在沥青中能均匀分散而又不易沉淀,故可使涂层均匀,质量提高。国内有些工程的封闭层用滑石粉作填料取得了很好的效果。

（4）其他矿粉材料试验经论证后如能满足规范的要求,也可选作填料。

《土石坝沥青混凝土面板和心墙设计规范》(SL 501—2010)中填料应满足表 3-5 技术要求。

表 3-5　填料的技术要求

序号	项目		单位	指标	说明
1	表观密度		g/cm³	≥2.5	
2	亲水系数			≤1.0	煤油与水沉淀法
3	含水率		%	≤0.5	
4	细度	<0.6 mm	%	100	
		<0.15 mm		>90	
		<0.075 mm		>85	

3.1.4　改性剂

添加剂又称为掺料或改性剂,是以小剂量掺入沥青混凝土中的一些特殊的材料。掺料的目的是改善沥青混凝土的某些技术性质,使之满足工程的要求,掺料在沥青混凝土中虽然用量很少,但在技术经济上影响甚大,故应慎重加以选择。

为了改善沥青与矿料的黏附性,提高矿料对水的抗剥离能力,可掺入醚胺类化合物、咪唑类和胺类化合物、环烷酸金属皂类化合物,以及消石灰、水泥等无机矿质掺料;为了提高沥青混凝土的低温抗裂能力,可掺入各种天然橡胶、再生橡胶或各种合成聚合物,如氯丁橡胶、丁基橡胶、丁苯橡胶、丁腈橡胶或其他热塑性树脂等添加剂;为了提高沥青的黏度,加速吹氧过程的氧化速度,可掺入 $FeCl_3$ 和 P_2O_5 作催化剂;为了提高沥青混凝土的热稳定性,可掺入石棉等掺料。此外,还有用于提高沥青抗老化能力的添加剂,用于改善沥青胶体性质的添加剂等。沥青的掺料种类繁多,功能各异,新的品种不断被开发应用,国际上各种专利产品日益增多。从发展的趋势看,掺料或添加剂的开发与研究,已成为沥青生产和使用双方共同关心的问题。

国内对掺料的研究工作做得还不多,有些成果还没能达到实用的程度。沥青的组成极其复杂,同一种掺料用于不同的沥青,效果不尽相同,甚至出现较大的差异,所以实际效果只有通过试验检验,最佳的掺量也要经试验确定。有一些掺料,尤其是有机掺料,一般价格较高,经济因素也须考虑。现介绍国内工程上常用的几种掺料和作用效果。

3.1.4.1　消石灰和水泥

当采用酸性骨料时,应掺用抗剥离剂,以改善酸性骨料与沥青的黏附性。消石灰和水泥都是国内外广泛应用的抗剥离剂,对消石灰和水泥的抗剥离效果,国内已进行过许多室内和现场试验。试验结果表明,掺用1%~3%的消石灰或水泥,对改善酸性骨料沥青混凝土的水稳定性,确有良好的作用。

3.1.4.2　胺类抗剥落剂

胺类抗剥落剂一般为胺类阳离子型表面活性剂。将其加入沥青后可改善沥青性能,加强沥青混凝土的黏性,减少水对沥青混凝土的侵害,提高工程质量。

1962年,美国科学家Mathwes将阳离子表面活性剂作为抗剥落剂,发现其在沥青与骨料的黏附性方面起到了一定的作用。但此时还没有得到人们足够的重视,也没有深入了解其性能原理。1964年,Mathwes通过大量试验研究后,总结了胺类阳离子表面活性剂作为抗剥落剂的相关情况。加入此类抗剥落剂后,沥青与骨料的黏附性增强,抵抗水侵蚀的作用也明显提高。但随着时间的流逝,或在长期高温条件的影响之下,沥青混合料性能急剧下降,水损害更容易发生。

3.1.4.3　非胺类抗剥落剂

随即更多的专家开始转向对非胺类抗剥落剂的研究与使用。此类抗剥落剂中添加物多样,合成种类也更加丰富。随着试验的不断进行,研究的不断深入,此类抗剥落剂的作用机制也逐渐被人们所熟知。通过不断的测试与改良,脂肪酸二胺化合物或脂肪酸盐、脂肪酸氨基二胺作为两种新的表面活性剂用于抗剥落剂中。科研人员进行大量的试验与研究以此来提高新产品的热稳定性,最终找到了较好的解决办法。将物质中的活性胺用硅烷基原子团进行代替,新型产品的热稳定性提高明显,在温度较高时进行存储与使用也是没有问题的。通常骨料中都含有硅酸盐类成分,表面上存在Si—OH键,这是一种亲水的极性基团,其与沥青的黏附性不佳。添加该类抗剥落剂后,硅烷基团与骨料表面的亲水基团发生如下反应Si—OH+Si—OH=Si—O—Si+H_2O。Si—O—Si即在骨料表面新形成的硅氧膜,使骨料与沥青的黏附性提高。

高分子类抗剥落剂是目前市场上流通最多的一种抗剥落剂,在很多国家及地区都有研发和使用。但抗剥落剂的发展在我国经历了较为长久的一个过程。从20世纪90年代起抗剥落剂的研究、宣传、实际使用等才在我国开始进行。目前,在江苏、重庆、北京等各大科研院所研制了多种抗剥落剂且投入规模化生产。由于高分子类抗剥落剂本身与沥青相融性较好,在实际工程使用中较为简单。主要采用以下几种方法:一是按照抗剥落剂的用量加入确定体积的沥青罐,搅拌均匀后进行使用;二是在沥青脱桶器中加入,在沥青泵入储存罐时使二者均匀混合;三是测量出沥青管道中沥青的流量,按照比例加入沥青之中。总而言之,既要确保沥青与抗剥落剂均匀混合,还要在添加过程中明确抗剥落剂的具体用量。因为抗剥落剂的掺量较少会使改善沥青性能的效果不明显,无法增强沥青混合料的整体性能;掺量过多,也会导致浸渍骨料,降低沥青与骨料的黏附性。同时,过量的抗剥落剂也会对沥青造成负面影响,导致沥青混合料的整体性能降低。因此,找到各种类型抗剥落剂的最佳掺量需要进行试验验证。

3.1.4.4　橡胶

为了改善沥青材料的低温抗裂性和提高高温的热稳定性,常在沥青混合料中掺入少量橡胶来进行改性。

所用橡胶材料有天然橡胶、合成橡胶(丁苯橡胶、氯丁橡胶)及再生橡胶等。按其状态又可分为粉末橡胶、液体橡胶(乳剂型、溶剂型)、固体橡胶。若要预先将橡胶掺和,溶解到沥青中去,以上三种状态都可用;如要在拌和时掺入,则多用液状橡胶。

在沥青中掺入橡胶时,由于沥青的性能和橡胶性质的不同,橡胶的作用也不相同。到目前为止,其机制尚不能从理论上充分加以阐明。有的认为是橡胶吸收沥青中的软沥青质发生溶胀;还有的认为是由于橡胶在沥青中溶解泡胀,增加了沥青的黏度,减少了沥青的感温性。沥青中掺入橡胶以后,一般均显示出下列性能:黏度增加,针入度降低,软化点上升,感温性下降,脆点下降,韧性及黏附性增加。

掺橡胶的沥青,与直馏沥青、半氧化沥青及氧化沥青相比较,其力学性能的特点为:稠度有所改善,脆点降低。因而,可以提高低温抗裂性,还可以提高高温下的热稳定性。但在沥青中掺橡胶的成本较高。

沥青和橡胶之间相溶性一般较差,因此工艺性能较差,也即必须具有较高的拌和及碾压温度,否则沥青混合料难以压密实。

辽宁省水利科学研究所与沈阳橡胶四厂协作,采用丁基胶、天然胶、顺丁胶,按一定比例与沥青、矿质填料、增塑剂、防老化剂等掺配,在辊炼机上辊炼,压制成混凝土面板坝嵌缝材料,是一种能确保高温 60 ℃不流淌,低温-40 ℃不开裂,并有一定柔性的橡胶沥青改性材料。

3.1.4.5　树脂

在沥青中掺入各种树脂,例如聚乙烯、聚醋酸乙烯树脂、环氧树脂等,比掺橡胶方法简单一些,因为沥青与树脂的相溶性较好。因此,将沥青加热到130~160 ℃,直接掺入树脂,利用搅拌方法可使其均匀分散混合。沥青的性能随着树脂的种类与掺量的不同,其性质变化较大。在沥青中掺入树脂后,脆点降低,延伸度变小,黏度变高,感温性降低,热稳定性变好。

3.2　沥青混合料的组成结构及类型

沥青混合料是一种复杂的多种成分的材料,其结构概念同样也是极其复杂的。因为这种材料的各种不同特点的概念,都与结构概念联系在一起。这些特点是:矿物颗粒的大小及其不同粒径的分布;颗粒的相互位置;沥青在沥青混合料中的特征和矿物颗粒上沥青层的性质;空隙量及其分布;闭合空隙量与连通空隙量的比值等。沥青混合料结构这个综合性的术语,是这种材料单一结构和相互联系结构的概念的总和。其中,包括沥青结构、矿物骨架结构及沥青—矿粉分散系统结构等。上述每种单一结构中的每种性质,都对沥青混合料的性质产生很大的影响。

随着混合料组成结构研究的深入,对沥青混合料的组成结构有下列两种互相对立的理论。

3.2.1　表面理论

按传统理解,沥青混合料是由粗骨料、细骨料和填料经人工组配成密实的级配矿质骨架,此矿质骨架由稠度较稀的沥青混合料分布其表面,而将它们胶结成为一个具有强度的整体,强调沥青的裹覆作用。这种理论认识如图 3-4 所示。

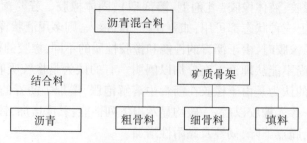

图 3-4　表面理论(强调沥青的裹覆作用)

3.2.2　胶浆理论

近代某些研究从胶浆理论出发,认为沥青混合料是一种多级空间网状胶凝结构的分散系。它是以粗骨料为分散相而分散在沥青砂浆的介质中的一种粗分散系;同样,砂浆是以细骨料为分散相而分散在沥青胶浆介质中的一种细分散系;而沥青胶浆又是以填料为分散相而分散在高稠度的沥青介质中的一种微分散系。这种理论认识如图 3-5 所示。

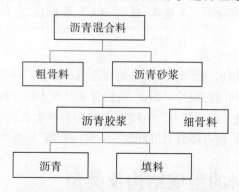

图 3-5　胶浆理论(强调沥青胶浆的作用)

这 3 级分散系以沥青胶浆(沥青矿粉系统)最为重要,典型的沥青混合料的弹-黏-塑性主要取决于起黏结料作用的沥青—矿粉系统的结构特点。这种多级空间网状胶凝结构的特点是,结构单元(固体颗粒)通过液相的薄层(沥青)而黏结在一起。胶凝结构的强度取决于结构单元产生的分子力。胶凝结构具有力学破坏后结构触变性复原自发可逆的特点。

对于胶凝结构,固体颗粒之间沥青薄膜的厚度起着很大的作用。相互作用的分子力随沥青薄膜厚度的减小而增大,因而系统的黏稠度增大,结构就变得更加坚固。此外,分散介质(液相)本身的性质对于胶凝结构的性质亦有很大的影响。可以认为,沥青混合料的弹性和黏塑性的性质主要取决于沥青的性质、黏结矿物颗粒的沥青薄膜的厚度,以及矿物材料与结合料相互作用的特性。

沥青混合料的结构取决于下列因素:矿物骨架结构、沥青结构、矿物材料与沥青相互作用的特点、沥青混合料密实度及孔隙结构的特点。

矿物骨架结构是指沥青混合料成分中矿物颗粒在空间的分布情况。由于矿物骨架本身承受大部分的内力,因此骨架应由相当坚固的颗粒所组成,并且是密实的。沥青混合料的强度,在一定程度上也取决于内摩阻力的大小,而内摩阻力又取决于矿物颗粒的形状、大小及表面特性等。

沥青混合料中沥青的分布特点,以及矿物颗粒上形成的沥青层的构造综合可理解为沥青混合料中的沥青结构。为使沥青能在沥青混合料中起到自己应有的作用,应均匀地分布到矿物材料中,并尽可能完全包裹矿物颗粒。矿物颗粒表面上的结构沥青膜厚度,以及填充颗粒间空隙的自由沥青的数量,具有重要的作用。自由沥青和矿物颗粒表面所吸附沥青的性质,对于沥青混合料的结构产生影响。沥青混合料中的沥青性质,取决于原来沥青的性质、沥青与矿料的比值,以及沥青与矿料相互作用的特点。

综上所述可以认为:沥青混合料是由矿质骨架和沥青胶结物所构成的、具有空间网络结构的一种多相分散体系。沥青混合料的力学强度,主要由矿质颗粒之间的内摩阻力和嵌挤力,以及沥青胶结料及其与矿料之间的黏结力所构成。

矿料级配不同,沥青混凝土性能也不一样,图 3-6 给出了不同类型矿料级配曲线。可以看出,一个好的矿料组成应该使结构孔隙率最小,能够形成足够的结构沥青所需裹覆的表面积。保证矿料间处于紧密状态并为矿料和沥青间的相互作用创造良好的条件,使沥青混合料最大限度发挥结构效应。形成的结构具有强度较高、渗透性小、耐久性好、变形能力强的特征。

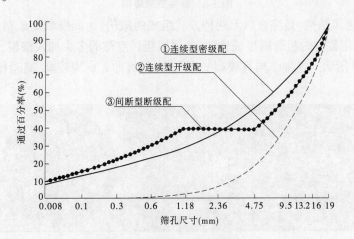

图 3-6　不同类型矿料级配曲线

从级配角度分析,沥青混合料的结构类型一般分为以下三种:

(1)悬浮密实结构:由连续级配矿质混合料组成的密实混合料,由于材料从大到小连续存在,并且各有一定数量,实际上同一档较大颗粒都被较小一档颗粒挤开,大颗粒以悬浮状态处于较小颗粒之中,为连续型密级配矿料组成结构,如图 3-7 所示。这种结构通常按最佳级配原理进行设计,黏聚力较高,内摩擦角较小,密实性和耐久性好。受沥青材料的性质和物理状态的影响较大,高温稳定性较差。

(2)骨架空隙结构:较粗石料彼此紧密相接,较细粒料的数量较少,不足以充分填充空隙,为连续型开级配矿料组成结构,如图 3-8 所示。因此,混合料的空隙较大,石料能够充分形成骨架。在这种结构中,粗骨料之间的内摩阻力起着重要作用,黏聚力相对较低,

图 3-7   悬浮密实结构

密实性和耐久性差。结构强度受沥青的性质和物理状态的影响较小,结构高温稳定性较好。

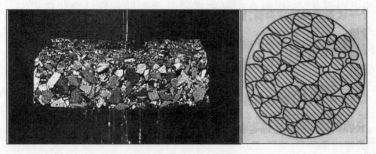

图 3-8   骨架空隙结构

(3)骨架密实结构:是综合以上两种方式组成的结构,为间断级配矿料组成结构。混合料中既有一定数量的粗骨料形成骨架,又根据粗料空隙的多少加入细料,形成较高的密实度,如图 3-9 所示。这种结构有较高的密实度,材料的 c、φ 均较高,高温稳定性好,施工和易性较差。

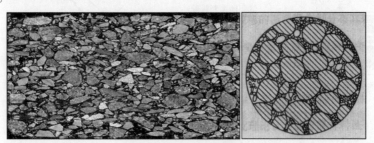

图 3-9   骨架密实结构

水工沥青混凝土防渗结构除作为透水结构层外,都采用了连续的、密实型的级配,心墙沥青混凝土均采用密实级配结构。

3.3   沥青混合料级配类型

沥青混凝土心墙坝中用到的沥青混凝土类型较多,按材料级配组成和沥青用量的高低一般可分为:沥青乳剂(冷底子油)、沥青马琦脂、沥青砂浆、浇筑式沥青混凝土、碾压沥青混凝土等。

3.3.1　沥青乳剂

土石坝沥青混凝土防渗体经常会遇到与刚性建筑物的黏结、新老施工缝的黏结、沥青混凝土表面裂缝缺陷的修复等,需要用黏结性强、变形性能好的黏结剂。

传统的沥青乳剂又叫冷底子油,一般是用脱水沥青在 100 ℃左右和汽油按 3:7 或 4:6 的比例进行稀释,涂刷到表面干燥的建筑物表面,用量为 0.15~0.20 kg/m²。采用溶剂比例较大的目的是使稀释沥青容易进入底层微裂隙中,由于汽油强烈的挥发性,沥青就黏附到建筑物表面,形成牢固的沥青膜,有效提高了沥青混凝土与混凝土结构的黏结性。

沥青乳剂制作过程复杂,工程中也经常用乳化沥青替代,但宜用阳离子型乳化沥青,乳化沥青需要一段时间的破乳过程,一般需要 3 天时间建筑物表面才能干燥,可能会影响施工进度。当乳化沥青中沥青微粒液相失稳而产生凝聚后,喷涂困难,不宜均匀。在使用中应注意检测乳化沥青的品质是否满足技术要求,见表 3-6。

表 3-6　阳离子乳化沥青的技术要求

序号	项目		单位	品种和技术指标		
				PC-1	PC-2	PC-3
1	破乳速度		—	快裂	慢裂	快裂或中裂
2	筛上残留物(1.18 mm 筛)		%	≤0.1		
3	黏度	恩格拉黏度计 E25	—	2~10	1~6	1~6
		道路标准黏度计 C25.3	s	10~25	8~20	8~20
4	蒸发残留物	残留物含量	%	≥50		
		溶解度	%	≥97.5		
		针入度(25 ℃)	0.1 mm	50~200	50~300	45~150
		延度(15 ℃)	cm	≥40		
5	与粗骨料的黏附性,裹覆面积占总面积		—	≥2/3		
6	常温储存稳定性	1 天	%	≤1		
		5 天	%	≤5		

注:PC 为喷洒型阳离子乳化沥青。

3.3.2　沥青玛瑞脂

沥青玛瑞脂是由沥青和填料(矿粉)按一定比例在高温下配制而成的胶凝材料,也称为沥青胶。有时也会掺入一些石棉粉、橡胶粉等增塑剂以改善其塑性。沥青玛瑞脂在心墙沥青混凝土中主要是不同建筑物间连接的接缝处理,起到填缝防渗的作用。为适应建筑物间变形和防渗要求,沥青玛瑞脂沥青用量较高、塑性大、变形能力强、防渗性好,渗透系数一般均小于 1×10⁻⁹ cm/s。沥青玛瑞脂中沥青与填料的质量比一般为 3:7 或 1:2,可在沥青混凝土拌和楼机械拌和,也可以单独人工拌制,温度宜控制在 170~180 ℃。待连接部位的混凝土表面涂刷的稀释沥青干燥后,采用涂刷机或橡胶刮板将沥青玛瑞脂均匀涂刷到建筑物表面,沥青玛瑞脂厚度为 1~2 mm,涂量一般以 2.5~3.5 kg/m² 为宜。

3.3.3 沥青砂浆

沥青砂浆是由沥青、填料(矿粉)和细骨料按一定比例在高温下配制而成的沥青混合料,也称为砂浆沥青玛瑞脂。由于沥青砂浆属于结构物间接缝的胶结过渡材料,多用于渗漏处理的关键部位,必须保证其耐久性和抗渗性。考虑河砂一般是非碱性材料,工程建设中多采用人工砂。但由于河砂具有级配较好、施工和易性较佳、在运行中变形能力好的优点,经常和人工砂混合使用。

沥青砂浆配合比工程中多采用沥青:矿粉:细骨料=1:2:2(2.5),一般采用机械拌和,出机口温度 160~170 ℃。待连接部位的混凝土表面涂刷的稀释沥青干燥后,采用橡胶刮板将沥青砂浆均匀摊铺到建筑物表面,沥青砂浆厚度 1~2 cm,表面应无鼓包、无流淌且平整光滑。

3.3.4 浇筑式沥青混凝土

浇筑式沥青混凝土是将温度在 140~160 ℃的沥青混合料浇筑到模板形成的墙体浇筑仓内,利用热态拌和物的流动性使其在仓内自流平,在浇筑过程中不产生离析现象,不需要对沥青混合料进行碾压或振捣,且在流平及自然冷却的过程中,凭借自身重量实现密实的沥青混凝土。其冷凝固化后具有良好的稳定性及耐久性能,可达到设计规定的性能指标,属富沥青混凝土。浇筑式沥青混凝土作为水工防渗材料有以下特点:

(1)防渗性能好。浇筑式沥青混凝土的渗透系数一般在 10^{-9} cm/s 以下,属于不透水材料。

(2)适应变形能力较强。浇筑式沥青混凝土因含有较多的自由沥青,所以具有良好的柔性,可以适应坝体及地基等的不均匀沉降。如果心墙产生裂隙,在水流冲刷的条件下,沥青心墙与土质心墙相比较而言,沥青心墙裂隙不会继续扩大,甚至在一定的情况下会自愈。

(3)对组成材料要求较低。一般来讲,浇筑式沥青混凝土由于沥青用量较大,便于浇筑成型,对骨料级配的要求不如碾压式沥青混凝土严格。

(4)施工机械简单。浇筑式沥青混凝土心墙施工,不需要专门的摊铺和碾压设备。

(5)受环境气候影响小。由于浇筑式沥青混凝土施工方便易行,对环境气候的依赖性较弱,甚至可以在冬季施工。

在国内外,浇筑式沥青混凝土的发展较为缓慢。在 20 世纪 80 年代,苏联在西伯利亚地区相继修建 Telmamskaya、Boguchanskaya 等浇筑式沥青混凝土心墙坝。Telmamskaya 坝浇筑式沥青混凝土心墙高 140 m,坝顶长 1 100 m,坝址区冬长夏短,多年平均气温在 -5~6.3 ℃,负温期长达 200 天,最低气温为 -55 ℃。Boguchanskaya 堆石坝,沥青混凝土心墙呈弯曲形布置,坝高 79.0 m,坝顶长 186.0 m。该坝址多年平均气温为 -3.2 ℃,年冰冻期为 112 天。可见,以上两坝址气候条件都比较恶劣。我国于 20 世纪 70 年代才逐渐开始修建浇筑式沥青混凝土心墙土石坝。我国第一座浇筑式沥青混凝土心墙土石坝是位于吉林省安图县的白河沥青混凝土心墙土石坝。从此之后,我国相继建设了如辽宁的郭台子水库、北京市平谷县的杨家台水库、黑龙江省的库尔滨水电站、黑龙江省的西沟、吉林省的聚宝电站、黑龙江省的富地营子水库和山口电站等浇筑式沥青混凝土心墙土石坝。随着新疆水利事业的快速发展,浇筑式沥青混凝土心墙坝的应用也越来越多。新疆规划内的定居兴牧水利工程共有 27 项,其中水库 25 座,应用浇筑式沥青混凝土防渗心墙的 10 座。

3.3.5　碾压式沥青混凝土

碾压式沥青混凝土心墙的沥青用量通常在 6.5%~8.0%,是浇筑式沥青混凝土心墙的沥青用量 9%~13% 的 2/3。与浇筑式沥青混凝土心墙的施工工艺相比,唯一不同的是最终压实是用振动碾压实。

在碾压式沥青混凝土心墙方面,始于 1949 年葡萄牙建成了 Vale de Caio 沥青混凝土心墙坝,1962 年第一座采用机械压实的沥青混凝土心墙坝在德国建成,此后在世界范围内建成近 100 座沥青混凝土心墙坝,其中绝大部分为碾压式沥青混凝土坝。挪威 1997 年在建的 Storglomvatn 沥青混凝土心墙坝高达 125 m,我国已建成发电的四川冶勒沥青混凝土心墙坝高 123 m,茅坪溪工程坝高 104 m。近年来,先后又建起了下坂地、库什塔依、阿拉沟等百米级的碾压式沥青混凝土心墙,这些工程的成功兴建,在某种意义上促进了新疆沥青混凝土心墙坝的发展。

尽管工程实践中碾压式沥青混凝土坝得到了迅速的发展,但在材料研究、设计理论方面远落后于工程实践,致使沥青混凝土心墙坝的设计与施工仍处于经验阶段,远不能满足工程实际的需要,这制约着该坝型的发展。为满足工程建设特别是高坝建设的需要,当前亟待开展碾压式沥青混凝土心墙坝关键技术研究。

3.4　碾压式沥青混凝土配合比设计方法

心墙沥青混凝土配合比设计的任务是确定粗骨料、细骨料、矿粉和沥青相互配合的比例,使之既能满足沥青混凝土的技术要求,又符合经济的原则。沥青混凝土配合比设计的依据是根据具体的水工结构的特点所确定的技术要求,如抗渗性、稳定性、抗裂性和耐久性的技术控制指标。配合比设计一般采用试验法,在合理选择原材料后,通过室内配合比试验进行优化及通过现场铺筑试验进行调整,最终确定沥青混凝土的配合比。

心墙沥青混合料的配合比设计包括:目标(基础)配合比设计、生产(施工)配合比调整与生产(施工)配合比现场验证。各阶段的目标和内容如下:

(1)目标配合比设计。这是依据确定的沥青混凝土的技术要求,首先进行原材料的试验,在选择合适的原材料后,实验室进行一系列的配比组合,开展相应的试验,然后优选出能满足各项技术要求的配合比,作为标准配合比。标准配合比是根据试验所用的原材料经过室内试验选定的配合比。试验所用的原材料即使是在施工现场抽取的,经室内加工处理,剔除了各级骨料的超逊径,其级配不可能与现场原材料完全一致。

(2)生产(施工)配合比设计。这是在目标配合比设计成果的基础上,根据现场二次筛分系统、计量系统的精度情况对骨料、填料、沥青用量等进行适当调整,确保拌和后的沥青混凝土混合料的各组分含量尽量靠近基础配合比,通过对热拌混合料的配合比和性能进行检验,确定能否满足设计规定的要求,形成施工配合比。

（3）生产（施工）配合比现场验证。这是根据确定的施工配合比进行沥青混合料的制备，按拟定的施工工艺进行沥青拌和料的运输、摊铺和碾压，现场取样检测沥青混凝土的性能指标满足规范和设计要求后，表明室内所确定的沥青混凝土配合比是合适的。所拟定的施工工艺流程就可用以指导现场施工。

3.4.1 心墙沥青混凝土技术要求

根据《土石坝沥青混凝土面板和心墙设计规范》（SL 501—2010）规定，并参考国内一些沥青混凝土心墙坝工程的经验，碾压式沥青混凝土心墙中沥青混凝土主要技术性能指标见表3-7。

表 3-7 碾压式沥青混凝土的主要技术指标

序号	项目	单位	指标	备注
1	孔隙率	%	≤2	马歇尔试件
			≤3	芯样
2	渗透系数	cm/s	≤1×10⁻⁸	20 ℃
3	马歇尔稳定度	kN	≥7.0	40 ℃
			≥5.0	60 ℃
4	马歇尔流值	0.1 mm	30~80	40 ℃
			40~100	60 ℃
5	水稳定系数	—	≥0.90	60 ℃
6	弯曲强度	kPa	≥400	工程区年平均气温
7	弯曲应变	%	≥1	工程区年平均气温
8	内摩擦角	(°)	≥25	工程区年平均气温
9	黏结力	kPa	≥300	工程区年平均气温

注：表中序号3~4项是工程类比参考值，6~9项试验温度为工程区年平均气温。

3.4.2 心墙沥青混凝土基础配合比设计

心墙沥青混凝土基础配合比设计与试验旨在确定矿料标准级配，即确定各级矿料、填料和沥青用量。

3.4.2.1 矿料标准级配的选择

良好的矿料级配，应该使矿料的孔隙率最小，又具有结构沥青能充分裹覆骨料的表面积，以保证矿料颗粒之间处于最紧密的状态，并为矿料与沥青之间交互作用创造良好条件，从而依此配制的沥青混凝土能最大限度地发挥其结构强度的效能，综合技术性能优良。为了达到上述目的，选择一个矿料标准级配（曲线）作为矿料合成的目标（控制标准）是势在必行的。工程中选择矿料标准级配的方法常有以下三种：

（1）从有关技术标准、规范的级配标准中选取。

（2）按经验公式计算出标准级配（曲线）。

（3）借鉴已建成的工程所使用的矿料级配。

矿料合成级配工程中一般采用骨料级配理论计算标准级配。

（1）骨料最大粒径。

　　骨料最大粒径对沥青混凝土的施工特性和力学性能都有影响。粒径过大,施工中在振动碾作用下,骨料易分离,大骨料下沉,细骨料及沥青浆料上浮,沥青混凝土表面泛油严重,构筑物因骨料分离产生结构分层现象;粒径过小,沥青混凝土的强度降低,变形增大。

　　理论计算及大量工程实践证明,沥青混凝土的骨料最大粒径 D_{max} 取 19 mm 较适宜,也为目前所通用。《土石坝沥青混凝土面板和心墙设计规范》(SL 501—2010)规定,碾压式沥青混凝土粗骨料最大粒径不宜大于 19 mm。新疆近期建成的阿拉沟水库工程、大石门水库工程等心墙沥青混凝土骨料最大粒径均采用了 19 mm。

　　(2)矿料的标准级配。

　　《土石坝沥青混凝土面板和心墙设计规范》(SL 501—2010)和《水工沥青混凝土施工规范》(SL 514—2013)两个标准中都推荐水工沥青混凝土的矿料级配设计,可采用丁朴荣教授提出的公式计算获得。丁氏级配公式基于泰波公式,只不过是将填料(骨料小于0.075 mm 粒级部分)用量先单独确定。因为填料用量不仅是矿料中的组成部分,而且还是沥青混凝土配合比中的重要参数,它的取值会影响沥青混凝土多项技术性质的变化,应予以格外的重视。

　　丁氏级配公式为

$$P_i = F + (100 - F) \frac{d_i^n - d_{0.075}^n}{D_{max}^n - d_{0.075}^n} \tag{3-3}$$

式中　P_i ——孔径为 d_i 筛的通过率(%);

　　　　F ——粒径小于 0.075 mm 的填料用量(%);

　　　　D_{max} ——矿料最大粒径,mm;

　　　　d_i ——某一筛孔尺寸,mm;

　　　　$d_{0.075}$——填料最大粒径 0.075 mm;

　　　　n ——级配指数。

　　由式(3-3)可知,矿料的最大粒径和填料用量已定的前提下,矿料的级配是由级配指数 n 决定的。此时选择矿料标准级配就成为选定级配指数,矿料级配指数是沥青混凝土配合比参数之一。

　　级配指数可确定矿料的颗粒级配,其值的大小取决于沥青矿料中粗、细骨料含量的比例。级配指数数值越小,矿料中细颗粒的含量越多;反之,相反。

　　近年来,国内碾压式沥青混凝土心墙材料的矿料级配指数多为 0.38~0.42,《土石坝沥青混凝土面板和心墙设计规范》(SL 501—2010)中推荐级配指数的范围为 0.35~0.44,根据工程实际,一般在此范围内选择 3 个水平值。

3.4.2.2　填料用量的选择

　　为了计算矿料的标准级配及配制满足相应技术性能要求的沥青混凝土的需要,应选取适宜的填料(矿粉)用量(以填料质量占矿料总质量的百分率表示)。

　　填料不仅可以在矿料中起填充密实作用,而且对沥青混凝土的力学性能、流变性能以及感温性能等产生重要的影响作用。填料的细度及颗粒级配决定填料比表面积的大小和填充孔隙率的大小,进而影响到所配制的沥青混凝土的性能,应予以控制。

　　沥青混凝土中沥青的存在形式有两种:一部分沥青裹覆于矿料颗粒的表面,与矿料产生交互作用(主要是化学吸附作用),形成一层吸附溶化膜,即结构沥青;另一部分沥青是在结构沥青层之外未与矿料发生交互作用的自由沥青。沥青混凝土的黏结力主要取决于结构沥青所占的比例以及矿料颗粒之间的距离。当矿料颗粒间的距离很近,并由黏度增大的结构沥青相互黏结时,沥青混凝土就具有较高的黏结力。自由沥青主要是充填矿料间的孔隙,其与矿料颗粒的黏结力较低。矿料颗粒表面形成的沥青膜越薄,结构沥青所占比例越大,矿料颗粒黏结越牢固,可形成较高的整体强度。在沥青混凝土中保持一定的填料数量,对减薄沥青膜的厚度、增加结构沥青的比例起着决定性的作用,因为填料的表面积通常占到矿料总表面积的90%以上。此外,填料还有提高沥青胶浆的黏度,提高沥青混凝土的热稳定性及沥青混凝土的低温抗裂性等作用。所以,当填料品质已控制的情况下,填料用量会直接影响到沥青混凝土的强度性能、变形性能、耐久性及施工和易性。确定最佳的填料用量也是沥青混凝土配合比设计的一个技术关键。

国内外工程经验认为,为了使沥青混凝土获得较低的孔隙率和较好的技术性质,填料用量和沥青用量应进行互补调整,即沥青用量改变时,也相应改变填料用量,二者之间存在一定的最佳比例关系,一般认为填料浓度(填料用量 F 与沥青用量 B 之比)即 $m=F/B$ 在 1.9 左右,沥青混凝土的孔隙率可达到1%以下。

《土石坝沥青混凝土面板和心墙设计规范》(SL 501—2010)中推荐的碾压式沥青混凝土心墙材料的填料用量范围为10%~16%;根据工程实际情况,并借鉴碾压式沥青混凝土配合比使用的经验,一般在此范围内选择3个水平值。

3.4.2.3　沥青用量的选择

心墙沥青混凝土材料不仅有强度的要求,而且有适应变形的性能(在一定温度和荷载作用下不易开裂的塑性)的要求。因此,在水工沥青混凝土结构中还应保持一定自由沥青的数量。沥青用量的问题,确切地讲是自由沥青量最合适的问题。沥青混凝土配合比设计的重要内容之一就是确定最适宜的沥青用量,使沥青既能充分裹覆矿料颗粒,又不致有过多的自由沥青。

沥青混凝土中的沥青数量可用两种形式表示,即沥青用量(B)和沥青含量(b)。沥青用量(或称油石比)是指沥青质量与矿料总质量的比率,即:

$$沥青用量 B = \frac{沥青质量}{矿料总质量} \times 100\%$$

沥青含量是指沥青质量占沥青混凝土总质量的比率,即:

$$沥青含量 b = \frac{沥青质量}{沥青混凝土总质量} \times 100\%$$

两量之间的关系为:

$$沥青含量 b = \frac{沥青质量(\%)}{100 + 沥青用量(\%)} \times 100\%$$

$$沥青用量 B = \frac{沥青含量(\%)}{100 - 沥青含量(\%)} \times 100\%$$

由于使用沥青用量这个参数在计算和实用上比较方便,因此应用较广泛。实际上,在沥青混凝土配合比设计试验时,是先根据经验拟定几个沥青用量来试配沥青混凝土,继而进行相关的试验测定其技术性能,分析试验结果,确定最佳沥青用量。

《土石坝沥青混凝土面板和心墙设计规范》(SL 501—2010)中推荐,碾压式沥青混凝土心墙中的沥青占沥青混凝土总质量(沥青含量)的 6.0%～7.5%。新疆境内的几座碾压式沥青混凝土心墙的沥青用量见表 3-8。

表 3-8　新疆境内的几座碾压式沥青混凝土心墙的沥青用量

工程名称	大石门	阿拉沟	下坂地	开普太希	克孜加尔
沥青用量(%)	6.7/7.0	6.6/7.0	7.5	7.0	6.9

下坂地因其心墙坐落在深厚覆盖层上,为增加沥青混凝土心墙的柔性以适应地基的较大变形,因而选用了较大的沥青用量,采用了规范推荐的上限值。

可根据工程实际,一般在此范围内选择 4～5 个水平值进行优选。

3.4.2.4　基础配合比试验方案

选择沥青混凝土配合比的三个参数,即矿料级配指数、填料用量和油石比(沥青用量),依据不同水平分别进行试验。为减少试验组数,亦可采用正交或均匀正交试验方案。在沥青混凝土初步配合比选定试验中,可以把试件密度、试件孔隙率、劈裂抗拉强度、稳定度和流值作为考核指标。

马歇尔试验是沥青混凝土配合比设计及沥青混凝土施工质量控制最重要的试验项目,在公路工程中,密级配热拌沥青混凝土采用马歇尔试验方法进行配合比设计,并且明确规定了密级配沥青混凝土马歇尔试件的体积特征参数、稳定度与流值试验结果应达到的技术标准。沥青混凝土心墙是土石坝中的防渗体,是嵌入坝体中的一个薄壁柔性结构。对心墙沥青混凝土材料的基本要求首先是满足抗渗性,压实后的沥青混凝土的孔隙率小于3%,其渗透系数小于 $1×10^{-8}$ cm/s;其次是应具有一定的强度和良好的适应变形的能力(柔性),以保证心墙与坝壳料之间作用力传递均匀、变形协调,并具有抵御剪切破坏、渗透破坏的能力。虽然在沥青混凝土心墙结构和安全计算中并不使用马歇尔试验测定的技术指标,然而这些指标仍不失为沥青混凝土的物性指标,并影响到沥青混凝土的其他的力学性能指标,特别是其受沥青混凝土的配合比影响的敏感性很强。例如,沥青用量的变化,使稳定度、流值随即发生变化。加之,马歇尔试验简捷易行,在水工沥青混凝土配合比设计和施工日常控制中采用马歇尔试验方法是可行的和有效的。

沥青混凝土配合比试验中,粗骨料一般分成三级,即 2.36～4.75 mm、4.75～9.5 mm、9.5～19 mm,根据试验使用的矿质材料级配情况进行级配设计计算,确定试验中各组成分的质量配合比,按各试验组配合比试配沥青混凝土进行相关试验。

3.4.2.5　基础配合比的确定

根据初选的配合比,按照马歇尔试件成型方法制成马歇尔试件,测定试件的密度、孔隙率、劈裂抗拉强度、马歇尔稳定度和流值,每个配合比制作 6 个试件。对沥青混凝土试验方案的马歇尔试验结果,以孔隙率、稳定度、流值、劈裂抗拉强度为考核指标分别进行级差分析和方差分析,亦可采用其他统计分析方法,分析各因素对考核指标的影响程度。综合试验结果的分析,一般可初步选择稳定度较高、流值较大、劈裂抗拉强度高的配合比2～3组,对初选的配合比进行相关力学性能及耐久性能试验(压缩、水稳、渗透、小梁弯曲、拉伸、三轴等),进一步优选出基础配合比1~2组。

3.4.3　施工配合比调整

通过以上室内检验合格的基础配合比,还要在施工现场准确地再现,并达到预期的设计要求,必须结合工地的实际条件加以有效的实施。现场配合比试验调整是一个非常重要的环节。

现场试验的目的是对室内沥青混凝土基础配合比进行验证,掌握沥青混凝土的材料制备、储存、拌和、运输、铺筑、碾压及检测等一套完整的工艺流程,取得并确定各种有关的施工工艺参数,以指导沥青混凝土心墙的施工。

现场试验的主要内容及任务如下:

(1)检验、调整、确定沥青混凝土的施工配合比。

(2)检验沥青混凝土拌和系统等设备运行性能。

(3)检验沥青混凝土摊铺设备运行性能。

(4)试验、选定各种摊铺碾压参数,如温度、铺层厚度、摊铺速度、碾压方式、碾压遍数等;试验热、冷接缝的施工方法;试验沥青混凝土与钢筋混凝土或基岩接头部位的施工方法。

(5)落实劳动组合,进一步培养施工人员。

(6)测定材料消耗、生产效率、经济成本等。

现场配合比试验一般在心墙铺筑场外进行,在有一定的经验和有成功把握的情况下,可在心墙上进行。现场配合比调整工作包括现场条件的调查研究和现场铺筑试验。

(1)现场条件的调查研究。

基础配合比是经过室内试验选定的,是根据试验所用的原材料确定的配合比。试验所用的原材料即使是在施工现场抽取的,经过实验室加工处理后,其规格也不可能与现场原材料完全一致。例如,实验室可对矿料仔细进行筛分分级,如上所述,将粗骨料分为19~9.5 mm、9.5~4.75 mm、4.75~2.36 mm 三级,而现场由于技术经济条件的限制,骨料不可能分级过多,超径和逊径也在所难免。试验用材料与现场原材料总是或多或少地存在差异,事先应充分调查了解,并应根据现场施工条件,采取措施,使标准配合比得以在现场正确实施。

(2)现场铺筑试验。

现场铺筑试验的目的是检验标准配合比,在现场施工条件下,沥青混凝土能否达到设计规定的要求。必要时,需进行调整,以确定施工配合比。

首先应做好现场原材料的抽样检查。沥青主要检查三大指标,矿料主要检查其级配组成,按标准配合比确定各种材料的配料比例。同时,还要根据室内试验结果,选出 2 组可供现场试铺的配合比备用。其次将标准配合比经过现场实地摊铺、碾压后,检查其技术指标能否达到要求,如达不到预计的要求,再将备用的配合比进行试铺。室内试验的试件为静压压实成型,现场用振动碾压实,实际的压实效果必须通过铺筑试验才能判断。现场铺筑质量主要检查孔隙率和渗透系数这两项指标,配合比的误差则通过沥青抽提试验加以检查。最后根据试铺试验结果确定施工配合比,既有室内试验的依据,又有现场实践的数据,可以确保工程质量。

3.5　典型工程基础配合比设计实例

3.5.1　原材料及技术性能

根据《土石坝沥青混凝土面板和心墙设计规范》(SL 501—2010)规定,并参考国内一些沥青混凝土心墙坝工程的经验,初步拟定尼雅水库碾压式沥青混凝土心墙中沥青混凝土主要技术性能指标,列于表 3-9 中。

表 3-9　碾压式沥青混凝土的主要技术指标

序号	项目	单位	指标	备注
1	孔隙率	%	≤2	马歇尔试件
			≤3	芯样
2	渗透系数	cm/s	$\leqslant 1 \times 10^{-8}$	20 ℃
3	马歇尔稳定度	kN	≥7.0	40 ℃
			≥5.0	60 ℃
4	马歇尔流值	0.1 mm	30~80	40 ℃
			40~100	60 ℃
5	水稳定系数	—	≥0.90	60 ℃
6	弯曲强度	kPa	≥400	11.1 ℃
7	弯曲应变	%	≥1	11.1 ℃
8	内摩擦角	(°)	≥25	11.1 ℃
9	黏结力	kPa	≥300	11.1 ℃

注:表中序号 3~4 项是工程类比参考值,6~9 项试验温度为工程区年平均气温。

本次试验中使用的沥青混凝土原材料包括:

由设计单位选定送至实验室的中国石油克拉玛依石化公司生产的 70 号(A 级)道路石油沥青,技术性能见表 3-10。

表 3-10　沥青样品的技术性能

项目	单位	质量指标		出厂检验结果	样品检测结果
		JTG F40-2004 70 号(A 级)	SL 501—2010 70 号(A 级)		
针入度(25 ℃,100 g,5 s)	0.1 mm	60~80	60~80	72	69
延度(5 cm/min,10 ℃)	cm	≥20	≥20	125	>100
软化点(环球法)	℃	≥46	≥46	47.7	49.0

碱性粗骨料选择距工地约 300 km 的于田县碱性骨料场,由地质勘察单位取样送至实验室,实验室破碎经筛分后得到粒径为 2.36~4.75 mm、4.75~9.5 mm、9.5~19 mm 的试验用料。对碱性骨料进行破碎后观察岩石表面,岩性单一,颜色呈灰色,其断面如图 3-10 所示。

图 3-10　大理岩化微晶灰岩断面

新疆地矿局对岩石矿物鉴定结果如下:该岩石定名为大理岩化微晶灰岩。岩石中矿物绝大部分为方解石,见微量石英和少量金属矿物。方解石呈他形粒状,粒径较小,较难区分其颗粒间界限,应为微晶方解石,呈集合体紧密镶嵌状分布;石英呈他形粒状,呈单晶粒状分布于方解石集合体中;金属矿物为半自形—他形粒状,呈单晶粒状或细条带状分布。岩石大理岩化,后期生成的方解石为半自形—他形粒状,呈细脉状穿插分布或呈集合体团块状分布。

由岩相法结果并根据《水工沥青混凝土施工规范》(SL 514—2013)中 2.0.5 条中明示该样石为碱性骨料。进一步对样石的 SiO_2 含量进行检测,其结果列于表 3-11 中,并对其酸碱性进行判定(SiO_2 含量大于 65% 为酸性石料,SiO_2 含量小于 52% 为碱性石料,SiO_2 含量在 52%~65% 范围内为中性石料)。

表 3-11　样石中 SiO_2 含量

定名	大理岩化微晶灰岩
SiO_2 含量(%)	1.06
酸碱性	碱性

经对样石的 SiO_2 含量进行检测可知该样石也为碱性岩石。

测定岩石的化学成分,对岩石中的 SiO_2 含量、CaO 含量、MgO 含量、FeO 含量进行测定,碱度模数 M 为:

$$M = (CaO + MgO + FeO)/SiO_2$$

当 $M<0.6$ 时,为酸性岩石;当 $M=0.6~1.0$ 时,为中性岩石;当 $M>1.0$ 时,为碱性岩石。

由表 3-12 可知,该样石 $M=52.08$,根据碱度模数法判定为碱性岩石。

表 3-12　样石化学成分含量

定名	大理岩化微晶灰岩
SiO_2 含量(%)	1.06
CaO 含量(%)	49.00
MgO 含量(%)	6.10
FeO 含量(%)	0.10
M	52.08
酸碱性	碱性

采用岩相法进行初步鉴定可知,该骨料为碱性骨料,进一步通过 SiO_2 含量法和碱度模数法判定也为碱性骨料,综合以上三种方法最终判定该骨料为碱性骨料。

本工程碾压式沥青混凝土的骨料最大粒径 D_{max} 取 19 mm。实验室经筛分加工,各种粒级的颗粒级配检测列于表 3-13 中,9.5~19 mm 级配曲线如图 3-11 所示。

表 3-13　粗骨料的颗粒级配

粗骨料粒径(mm)	筛孔尺寸(mm)							
	19	16	13.2	9.5	4.75	2.36	1.18	0.6
	通过量百分率(%)							
9.5~19	100.0	89.6	59.5	7.5	4.5	0	0	0
4.75~9.5	100.0	100.0	100.0	100.0	0	0	0	0
2.36~4.75	100.0	100.0	100.0	100.0	100.0	0	0	0

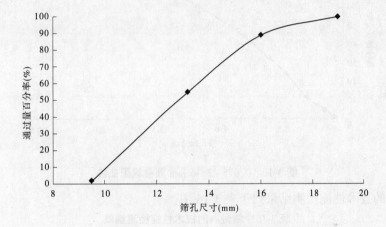

图 3-11　9.5~19 mm 颗粒级配曲线

粗骨料的技术性能检测结果见表 3-14。

表 3-14　粗骨料的技术性能检测结果

项目	单位	要求指标	2.36~4.75 mm	4.75~9.5 mm	9.5~19 mm
表观密度	g/cm³	≥2.6	2.7	2.7	2.71
与沥青黏附性	级	≥4	—	—	5
针片状颗粒含量	%	≤25	—	13.2	
压碎值	%	≤30	—	—	8.5
吸水率	%	≤2.0	0.7	0.5	0.4
含泥量	%	≤0.5	0.4	0.3	0.1
耐久性	%	≤12	1.0		

注:表中所列要求指标是《土石坝沥青混凝土面板和心墙设计规范》(SL 501—2010)中的规定值。

经检测:粗骨料质地坚硬、新鲜,加热过程中未出现开裂、分解等不良现象;骨料为碱性骨料,与沥青黏附性一般;各项性能指标均满足规范要求,可以作为尼雅水库沥青混凝土心墙用粗骨料。

碱性细骨料粒径为 0.075~2.36 mm 的人工砂,经实验室筛分剔除超径及逊径(石粉)后供试验使用。人工砂经筛分检测结果列于表 3-15 中,级配曲线如图 3-12 所示。

表 3-15　细骨料的颗粒级配

细骨料种类	筛孔尺寸(mm)						
	4.75	2.36	1.18	0.6	0.3	0.15	0.075
	通过量百分率(%)						
人工砂	100	100	61.4	33.4	11.9	5.1	1.0

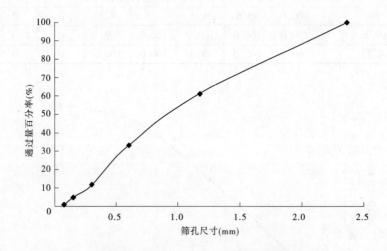

图 3-12　0.075~2.36 mm 颗粒级配曲线

细骨料的技术性能检测结果列于表 3-16 中。

表 3-16　细骨料的技术性能检测结果

项目	单位	要求指标	人工砂
表观密度	g/cm^3	≥2.55	2.68
吸水率	%	≤2.0	0.12
水稳定等级	级	≥6	10
耐久性	%	≤15	1.96
有机质含量		浅于标准色	浅于标准色
含泥量(石粉)	%	≤2	1.0

注:1. 表中所列要求指标是按《土石坝沥青混凝土面板和心墙设计规范》(SL 501—2010)中的规定值。
　　2. 表中石粉含量是经实验室冲洗加工后的实测值。

由检测结果可以看出,试验用细骨料级配良好,各项技术指标均满足沥青混凝土细骨料的技术要求,可以作为尼雅水库心墙沥青混凝土细骨料。需要特别注意的是,根据现场细骨料实际级配中的石粉含量,施工配合比应进行填料用量的调整。

填料为磨细加工的大理岩粉,粒径小于 0.075 mm,剔除超径供试验使用。填料也称矿粉,本工程填料由实验室经破碎—粉磨—筛分制得,填料技术性能要求及检测结果列于表 3-17 中。

表 3-17　填料技术性能要求及检测结果

项目		要求指标	实测
表观密度(g/cm³)		≥2.5	2.85
亲水系数		≤1.0	0.79
含水率		≤0.5	0.39
细度(%)	<0.6 mm	100	100.00
	<0.15 mm	>90	100.00
	<0.075 mm	>85	100.00

注:表中所列要求指标是《土石坝沥青混凝土面板和心墙设计规范》(SL 501—2010)中的规定值。

从检验结果可以看出,填料质量满足规范要求,可作为尼雅水库心墙用沥青混凝土填料。

3.5.2　基础配合比的初步选择

3.5.2.1　配合比参数选择

根据本工程的实际情况,借鉴近年来新疆多个工程碾压式沥青混凝土配合比使用的经验,初步选择级配指数分别为 0.36、0.39、0.42 三个水平值,填料用量分别为 11%、13%、15% 三个水平值,沥青用量分别为 6.3%、6.6%、6.9%、7.2% 四个水平值。

3.5.2.2　试验方案确定

试验采用正交设计试验方案,按 $L_9(3^4)$ +3 正交表安排 12 个试验组,沥青混凝土配合比试验方案见表 3-18。在沥青混凝土初步配合比初选试验中,以试件密度、孔隙率、劈裂抗拉强度、稳定度和流值为考核指标进行。

表 3-18　沥青混凝土配合比试验方案

编号	最大粒径(mm)	油石比(%)	填料用量(%)	级配指数	空列
1	19	6.3	11	0.36	2
2	19	6.3	13	0.42	1
3	19	6.3	15	0.39	3
4	19	6.6	11	0.42	3
5	19	6.6	13	0.39	2
6	19	6.6	15	0.36	1
7	19	6.9	11	0.39	1
8	19	6.9	13	0.36	3
9	19	6.9	15	0.42	2
10	19	7.2	11	0.36	2
11	19	7.2	13	0.42	1
12	19	7.2	15	0.39	3

试验中各组成分的质量配合比见表 3-19 ~ 表 3-30,矿料级配合成曲线如图 3-13 ~ 图 3-24 所示。按各试验组配合比试配沥青混凝土进行相关试验。

表 3-19　1 号矿料级配($n=0.36$,填料用量 11%、沥青用量 6.3%)

矿质材料种类			小石	细石		砂	矿粉	矿料级配	
粒级(mm)			9.5~19	4.75~9.5	2.36~4.75	0.075~2.36	<0.075	合成值	设计值
合成百分比			26	16	10	37	11		
通过量百分率(%)	筛孔尺寸(mm)	19	100	100	100	100	100	100	100
		16	89.61	100	100	100	100	97.40	93.82
		13.2	59.52	100	100	100	100	89.88	87.34
		9.5	7.48	100	100	100	100	76.87	77.24
		4.75	4.54	0	100	100	100	60.13	59.51
		2.36	0.02	0	0	100	100	44.01	45.58
		1.18	0	0	0	61.41	100	31.26	34.84
		0.6	0	0	0	33.41	100	22.03	26.65
		0.3	0	0	0	11.86	100	14.91	20.09
		0.15	0	0	0	5.14	100	12.70	14.98
		0.075	0	0	0	0.98	100	11.32	11.00

表 3-20　2 号矿料级配($n=0.42$,填料用量 13%、沥青用量 6.3%)

矿质材料种类			小石	细石		砂	矿粉	矿料级配	
粒级(mm)			9.5~19	4.75~9.5	2.36~4.75	0.075~2.36	<0.075	合成值	设计值
合成百分比			28	16	11	32	13		
通过量百分率(%)	筛孔尺寸(mm)	19	100	100	100	100	100	100	100
		16	89.61	100	100	100	100	97.30	93.28
		13.2	59.52	100	100	100	100	89.47	86.32
		9.5	7.48	100	100	100	100	75.94	75.64
		4.75	4.54	0	100	100	100	59.18	57.44
		2.36	0.02	0	0	100	100	43.01	43.72
		1.18	0	0	0	61.41	100	31.42	33.58
		0.6	0	0	0	33.41	100	23.02	26.16
		0.3	0	0	0	11.86	100	16.56	20.45
		0.15	0	0	0	5.14	100	14.54	16.19
		0.075	0	0	0	0.98	100	13.29	13.00

表 3-21　3 号矿料级配($n = 0.39$,填料用量 15%、沥青用量 6.3%)

矿质材料种类			小石	细石		砂	矿粉	矿料级配	
粒级(mm)			9.5~19	4.75~9.5	2.36~4.75	0.075~2.36	<0.075	合成值	设计值
合成百分比			26	15	10	34	15		
通过量百分率(%)	筛孔尺寸(mm)	19	100	100	100	100	100	100	100
		16	89.61	100	100	100	100	97.40	93.77
		13.2	59.52	100	100	100	100	89.88	87.27
		9.5	7.48	100	100	100	100	76.87	77.24
		4.75	4.54	0	100	100	100	60.13	59.87
		2.36	0.02	0	0	100	100	45.01	46.50
		1.18	0	0	0	61.41	100	33.42	36.41
		0.6	0	0	0	33.41	100	25.02	28.87
		0.3	0	0	0	11.86	100	18.56	22.96
		0.15	0	0	0	5.14	100	16.54	18.45
		0.075	0	0	0	0.98	100	15.29	15.00

表 3-22　4 号矿料级配($n = 0.42$,填料用量 11%、沥青用量 6.6%)

矿质材料种类			小石	细石		砂	矿粉	矿料级配	
粒级(mm)			9.5~19	4.75~9.5	2.36~4.75	0.075~2.36	<0.075	合成值	设计值
合成百分比			29	16	11	33	11		
通过量百分率(%)	筛孔尺寸(mm)	19	100	100	100	100	100	100	100
		16	89.61	100	100	100	100	97.19	93.13
		13.2	59.52	100	100	100	100	89.07	86.01
		9.5	7.48	100	100	100	100	75.02	75.08
		4.75	4.54	0	100	100	100	57.23	56.46
		2.36	0.02	0	0	100	100	41.01	42.43
		1.18	0	0	0	61.41	100	29.42	32.05
		0.6	0	0	0	33.41	100	21.02	24.46
		0.3	0	0	0	11.86	100	14.56	18.62
		0.15	0	0	0	5.14	100	12.54	14.26
		0.075	0	0	0	0.98	100	11.29	11.00

表 3-23　5 号矿料级配($n=0.39$,填料用量 13%、沥青用量 6.6%)

矿质材料种类			小石	细石		砂	矿粉	矿料级配	
粒级(mm)			9.5~19	4.75~9.5	2.36~4.75	0.075~2.36	<0.075	合成值	设计值
合成百分比			27	16	10	34	13		
通过量百分率(%)	筛孔尺寸(mm)	19	100	100	100	100	100	100	100
		16	89.61	100	100	100	100	97.40	93.62
		13.2	59.52	100	100	100	100	89.88	86.98
		9.5	7.48	100	100	100	100	76.87	76.70
		4.75	4.54	0	100	100	100	60.13	58.92
		2.36	0.02	0	0	100	100	44.01	45.25
		1.18	0	0	0	61.41	100	32.04	34.92
		0.6	0	0	0	33.41	100	23.36	27.20
		0.3	0	0	0	11.86	100	16.68	21.15
		0.15	0	0	0	5.14	100	14.59	16.53
		0.075	0	0	0	0.98	100	13.30	13.00

表 3-24　6 号矿料级配($n=0.36$,填料用量 15%、沥青用量 6.6%)

矿质材料种类			小石	细石		砂	矿粉	矿料级配	
粒级(mm)			9.5~19	4.75~9.5	2.36~4.75	0.075~2.36	<0.075	合成值	设计值
合成百分比			25	15	10	35	15		
通过量百分率(%)	筛孔尺寸(mm)	19	100	100	100	100	100	100	100
		16	89.61	100	100	100	100	97.51	94.10
		13.2	59.52	100	100	100	100	90.28	87.91
		9.5	7.48	100	100	100	100	77.79	78.27
		4.75	4.54	0	100	100	100	62.09	61.33
		2.36	0.02	0	0	100	100	47.01	48.03
		1.18	0	0	0	61.41	100	34.65	37.77
		0.6	0	0	0	33.41	100	25.69	29.95
		0.3	0	0	0	11.86	100	18.80	23.69
		0.15	0	0	0	5.14	100	16.64	18.80
		0.075	0	0	0	0.98	100	15.31	15.00

表 3-25　7 号矿料级配(n=0.39,填料用量 11%、沥青用量 6.9%)

矿质材料种类			小石	细石		砂	矿粉	矿料级配	
粒级(mm)			9.5~19	4.75~9.5	2.36~4.75	0.075~2.36	<0.075	合成值	设计值
合成百分比			27	16	11	35	11		
通过量百分率(%)	筛孔尺寸(mm)	19	100	100	100	100	100	100	100
		16	89.61	100	100	100	100	97.30	93.48
		13.2	59.52	100	100	100	100	89.47	86.68
		9.5	7.48	100	100	100	100	75.94	76.17
		4.75	4.54	0	100	100	100	59.18	57.98
		2.36	0.02	0	0	100	100	43.01	43.99
		1.18	0	0	0	61.41	100	30.65	33.42
		0.6	0	0	0	33.41	100	21.69	25.53
		0.3	0	0	0	11.86	100	14.80	19.33
		0.15	0	0	0	5.14	100	12.64	14.61
		0.075	0	0	0	0.98	100	11.31	11.00

表 3-26　8 号矿料级配(n=0.36,填料用量 13%、沥青用量 6.9%)

矿质材料种类			小石	细石		砂	矿粉	矿料级配	
粒级(mm)			9.5~19	4.75~9.5	2.36~4.75	0.075~2.36	<0.075	合成值	设计值
合成百分比			25	15	10	37	13		
通过量百分率(%)	筛孔尺寸(mm)	19	100	100	100	100	100	100	100
		16	89.61	100	100	100	100	97.30	93.96
		13.2	59.52	100	100	100	100	89.47	87.62
		9.5	7.48	100	100	100	100	75.94	77.75
		4.75	4.54	0	100	砂	100	59.18	60.42
		2.36	0.02	0	0	100	100	43.01	46.81
		1.18	0	0	0	61.41	100	31.42	36.31
		0.6	0	0	0	33.41	100	23.02	28.30
		0.3	0	0	0	11.86	100	16.56	21.89
		0.15	0	0	0	5.14	100	14.54	16.89
		0.075	0	0	0	0.98	100	13.29	13.00

表 3-27　9 号矿料级配($n=0.42$,填料用量 15%、沥青用量 6.9%)

矿质材料种类		小石	细石		砂	矿粉	矿料级配	
粒级(mm)		9.5~19	4.75~9.5	2.36~4.75	0.075~2.36	<0.075	合成值	设计值
合成百分比		26	16	11	32	15		
通过量百分率(%)	筛孔尺寸(mm)							
	19	100	100	100	100	100	100	100
	16	89.61	100	100	100	100	97.30	93.44
	13.2	59.52	100	100	100	100	89.47	86.64
	9.5	7.48	100	100	100	100	75.94	76.20
	4.75	4.54	0	100	100	100	59.18	58.42
	2.36	0.02	0	0	100	100	44.01	45.02
	1.18	0	0	0	61.41	100	32.81	35.11
	0.6	0	0	0	33.41	100	24.69	27.86
	0.3	0	0	0	11.86	100	18.44	22.28
	0.15	0	0	0	5.14	100	16.49	18.11
	0.075	0	0	0	0.98	100	15.28	15.00

表 3-28　10 号矿料级配($n=0.36$,填料用量 11%、沥青用量 7.2%)

矿质材料种类		小石	细石		砂	矿粉	矿料级配	
粒级(mm)		9.5~19	4.75~9.5	2.36~4.75	0.075~2.36	<0.075	合成值	设计值
合成百分比		28	16	11	32	13		
通过量百分率(%)	筛孔尺寸(mm)							
	19	100	100	100	100	100	100	100
	16	89.61	100	100	100	100	97.30	93.82
	13.2	59.52	100	100	100	100	89.47	87.34
	9.5	7.48	100	100	100	100	75.94	77.24
	4.75	4.54	0	100	100	100	59.18	59.51
	2.36	0.02	0	0	100	100	48.01	45.58
	1.18	0	0	0	61.41	100	33.72	34.84
	0.6	0	0	0	33.41	100	23.36	26.65
	0.3	0	0	0	11.86	100	15.39	20.09
	0.15	0	0	0	5.14	100	12.90	14.98
	0.075	0	0	0	0.98	100	11.36	11.00

表 3-29　11 号矿料级配（$n=0.42$,矿粉掺量 13%、油石比 7.2%）

矿质材料种类		小石	细石		砂	矿粉	矿料级配	
粒级（mm）		9.5~19	4.75~9.5	2.36~4.75	0.075~2.36	<0.075	合成值	设计值
合成百分比		28	16	11	32	13		
通过量百分率（%）	筛孔尺寸（mm）19	100	100	100	100	100	100	100
	16	89.61	100	100	100	100	97.09	93.28
	13.2	59.52	100	100	100	100	88.66	86.32
	9.5	7.48	100	100	100	100	74.09	75.64
	4.75	4.54	0	100	100	100	57.27	57.44
	2.36	0.02	0	0	100	100	45.01	43.72
	1.18	0	0	0	61.41	100	32.65	33.58
	0.6	0	0	0	33.41	100	23.69	26.16
	0.3	0	0	0	11.86	100	16.80	20.45
	0.15	0	0	0	5.14	100	14.64	16.19
	0.075	0	0	0	0.98	100	13.31	13.00

表 3-30　12 号矿料级配（$n=0.39$,填料用量 15%、沥青用量 7.2%）

矿质材料种类		小石	细石		砂	矿粉	矿料级配	
粒级（mm）		9.5~19	4.75~9.5	2.36~4.75	0.075~2.36	<0.075	合成值	设计值
合成百分比		25	16	14	30	15		
通过量百分率（%）	筛孔尺寸（mm）19	100	100	100	100	100	100	100
	16	89.61	100	100	100	100	97.40	93.77
	13.2	59.52	100	100	100	100	89.88	87.27
	9.5	7.48	100	100	100	100	76.87	77.24
	4.75	4.54	0	100	100	100	60.13	59.87
	2.36	0	0	0	100	100	45.01	46.50
	1.18	0	0	0	61.41	100	33.42	36.41
	0.6	0	0	0	33.41	100	25.02	28.87
	0.3	0	0	0	11.86	100	18.56	22.96
	0.15	0	0	0	5.14	100	16.54	18.45
	0.075	0	0	0	0.98	100	15.29	15.00

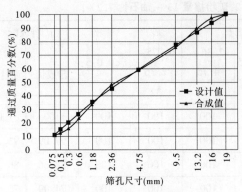

图 3-13　1 号矿料级配合成曲线

（$n=0.36$,填料用量 11%、沥青用量 6.3%）

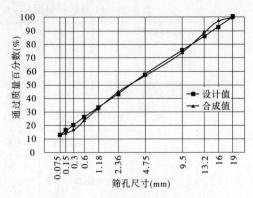

图 3-14　2 号矿料级配合成曲线

（$n=0.42$,填料用量 13%、沥青用量 6.3%）

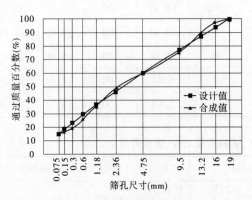

图 3-15　3 号矿料级配合成曲线

（$n=0.39$,填料用量 15%、沥青用量 6.3%）

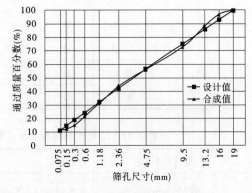

图 3-16　4 号矿料级配合成曲线

（$n=0.42$,填料用量 11%、沥青用量 6.6%）

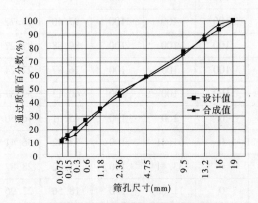

图 3-17　5 号矿料级配合成曲线

（$n=0.39$,填料用量 13%、沥青用量 6.6%）

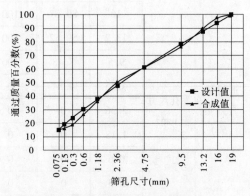

图 3-18　6 号矿料级配合成曲线

（$n=0.36$,填料用量 15%、沥青用量 6.6%）

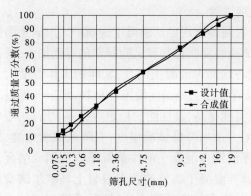

图 3-19　7 号矿料级配合成曲线

（$n = 0.39$,填料用量 11%、沥青用量 6.9%）

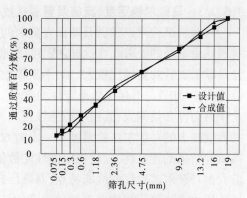

图 3-20　8 号矿料级配合成曲线

（$n = 0.36$,填料用量 13%、沥青用量 6.9%）

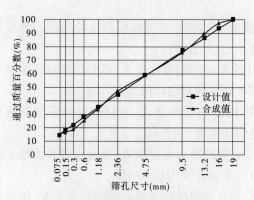

图 3-21　9 号矿料级配合成曲线

（$n = 0.42$,填料用量 15%、沥青用量 6.9%）

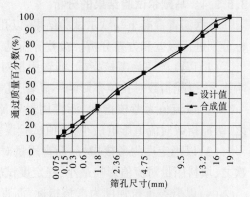

图 3-22　10 号矿料级配合成曲线

（$n = 0.36$,填料用量 11%、沥青用量 7.2%）

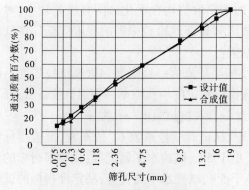

图 3-23　11 号矿料级配合成曲线

（$n = 0.42$,填料用量 13%、沥青用量 7.2%）

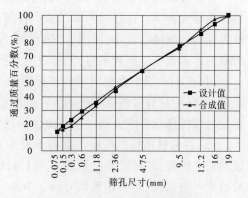

图 3-24　12 号矿料级配合成曲线

（$n = 0.39$,填料用量 15%、沥青用量 7.2%）

3.5.2.3 马歇尔稳定度、流值及劈裂抗拉强度试验

马歇尔试验对以黏稠石油沥青配制的沥青混凝土规定试验温度为60 ℃,以满足路面材料热稳定性的要求。在这样的温度下,使试验温度的控制和试验操作的难度加大,往往使马歇尔试验的变异性较大。对于新疆地区心墙沥青混凝土而言,常年的工作温度大多稳定在8~10 ℃,不存在热稳定性的要求。沥青混凝土是温度敏感性材料,水工沥青混凝土中的沥青含量偏大,其温度敏感性更大,即温度越高,其性能的稳定性越差。所以,心墙沥青混凝土的马歇尔试验温度不一定为60 ℃。适当降低试验温度,对降低试验难度、提高试验结果的重复性,以较稳定的性能数值评价沥青混凝土的性能都是有利的。结合当前我国马歇尔试验仪的性能特点,对碾压式沥青混凝土心墙的沥青混凝土马歇尔试验温度采用40 ℃,经工程实践获得较满意的结果。根据初选的配合比,按照马歇尔试件成型方法制成马歇尔试件,测定试件的密度、孔隙率、劈裂抗拉强度、马歇尔稳定度和流值,每个配合比6个试件,试验结果见表3-31。

3.5.2.4 马歇尔试验结果的分析

根据沥青混凝土马歇尔试验结果,以孔隙率、稳定度、流值和劈裂抗拉强度为考核指标分别进行级差和方差分析。极差分析见表3-32,可以看出:

(1)以孔隙率为考核指标,沥青用量对孔隙率的影响程度最大,填料用量对孔隙率影响次之,级配指数对孔隙率影响不显著,孔隙率试验误差估计值为0.04%。

(2)以流值为考核指标,沥青用量对流值的影响程度最大,填料用量对流值影响次之,级配指数对流值影响最小,流值试验误差估计值为0.55 mm。

(3)以稳定度为考核指标,沥青用量对稳定度的影响程度最大,级配指数对流值影响次之,填料用量对流值影响最小,稳定度试验误差估计值为0.39 kN。

(4)以劈裂抗拉强度为考核指标,沥青用量对劈裂抗拉强度的影响程度最大,填料用量对流值影响次之,级配指数对流值影响最小。劈裂抗拉强度试验误差估计值为0.01 MPa。

方差分析结果见表3-33。由表可以看出,填料用量对孔隙率、流值、稳定度三个考核指标无较大影响。这是因为本试验中各因素的水平取值均在优化区间且级差较小,对考核指标的影响幅度较小,还因为试验误差导致因素显著性检验中影响程度降低。在试验所取的因素水平范围内来看,仍有以下分析结果:

(1)矿料的级配指数对考核指标影响大小顺序是流值→稳定度→劈裂抗拉强度→孔隙率;填料用量对考核指标影响大小顺序是流值→稳定度→孔隙率→劈裂抗拉强度;沥青用量对考核指标影响大小顺序是流值→稳定度→劈裂抗拉强度→孔隙率。

(2)各考核指标的试验误差列于表3-34中,从试验变差系数 C_V 值来看,流值指标的试验精度较高,其试验变差系数 $C_V=1.41\%$,小于5%,试验水平属优等;孔隙率指标的试验精度一般,其试验变差系数 $C_V=2.76\%$,小于5%,试验水平属优等;稳定度指标的试验精度较高,其试验变差系数 $C_V=4.30\%$,小于5%,试验水平属优等;劈裂抗拉强度指标的试验精度较高,其试验变差系数 $C_V=0.66\%$,小于5%,试验水平属优等。

表 3-31　沥青混凝土试验用配合比及试验结果

试件组编号	级配指数	填料用量（%）	沥青用量（%）	实测密度值	最大理论密度值	孔隙率（%）	流值（0.1 mm）	稳定度（kN）	劈裂抗拉强度（MPa）	沥青体积百分率（%）	矿料间隙率（%）	饱和度（%）
1	0.36	11	6.3	2.42	2.458	1.53	47.03	9.23	0.88	13.46	15.19	88.60
2	0.42	13	6.3	2.42	2.462	1.54	50.10	9.59	0.86	14.58	16.19	90.11
3	0.39	15	6.3	2.41	2.449	1.47	50.30	9.97	0.93	13.99	15.45	90.59
4	0.42	11	6.6	2.42	2.453	1.30	49.80	10.17	1.09	14.57	15.91	91.59
5	0.39	13	6.6	2.41	2.443	1.30	52.00	10.06	1.10	13.97	15.33	91.13
6	0.36	15	6.6	2.41	2.448	1.41	54.33	9.20	1.06	13.44	14.90	90.25
7	0.39	11	6.9	2.40	2.437	1.35	51.80	9.29	1.01	13.93	15.35	90.72
8	0.36	13	6.9	2.40	2.435	1.30	55.23	9.04	0.95	13.39	14.74	90.85
9	0.42	15	6.9	2.40	2.437	1.42	57.47	8.40	0.92	14.46	15.90	90.98
10	0.36	11	7.2	2.40	2.437	1.13	57.47	8.40	0.74	14.46	15.90	90.98
11	0.42	13	7.2	2.40	2.430	1.15	65.33	8.03	0.71	14.46	15.61	92.69
12	0.39	15	7.2	2.39	2.421	1.21	68.43	7.82	0.67	14.40	15.65	92.00

表 3-32　$L_9(3^4)+3$ 试验方案、试验结果和级差分析

试验号	油石比(%) 1	填料用量(%) 2	级配指数 3	空列 4	孔隙率(%)	流值(0.1 mm)	稳定度(kN)	劈裂抗拉强度(MPa)
1	6.3	11	0.36	2	1.53	47.03	9.23	0.88
2	6.3	13	0.42	1	1.54	50.10	9.59	0.86
3	6.3	15	0.39	3	1.47	50.30	9.97	0.93
4	6.6	11	0.42	3	1.30	49.80	10.17	1.09
5	6.6	13	0.39	2	1.30	52.00	10.06	1.10
6	6.6	15	0.36	1	1.41	54.33	9.20	1.06
7	6.9	11	0.39	1	1.35	51.80	9.29	1.01
8	6.9	13	0.36	3	1.30	55.23	9.04	0.95
9	6.9	15	0.42	2	1.42	57.47	8.40	0.92
10	7.2	11	0.36	2	1.13	64.23	7.75	0.74
11	7.2	13	0.42	1	1.15	65.33	8.03	0.71
12	7.2	15	0.39	3	1.21	68.43	7.82	0.67
				Σ	16.11	666.07	108.56	10.92
				$\bar{x}$	1.34	55.51	9.05	0.91
孔隙率(%)	K_1 4.45	5.31	5.37	5.44				
	K_2 4.01	5.28	5.33	5.38				
	K_3 4.07	5.53	5.41	5.29				
	K_4 3.49	—	—	—		试验误差估计值为(%) 0.04		
	K_1' 1.51	1.33	1.34	1.36				
	K_2' 1.34	1.32	1.33	1.34				
	K_3' 1.36	1.38	1.35	1.32				
	K_4' 1.16	—	—	—				
	R 0.35	0.06	0.02	0.04				

续表 3-32

试验号	油石比 （%） 1	填料用量 （%） 2	级配指数 3	空列 4	试验结果		
					孔隙率 （%）	流值 （0.1 mm）	稳定度 （kN）
							劈裂抗 拉强度 （MPa）
流值 （0.1 mm）	K_1	147.43	212.87	220.83	221.57		
	K_2	156.13	222.67	222.53	220.73		
	K_3	164.50	230.53	222.70	223.77		
	K_4	198.00	—	—	—	试验误差 估计值为（mm） 0.55	
	K_1'	49.14	53.22	55.21	55.39		
	K_2'	52.04	55.67	55.63	55.18		
	K_3'	54.83	57.63	55.68	55.94		
	K_4'	66.00	—	—	—		
	R	16.86	4.42	0.47	0.55		
稳定度 （kN）	K_1	28.79	36.44	35.23	36.12		
	K_2	29.44	36.73	37.14	35.44		
	K_3	26.74	35.39	36.19	37.00		
	K_4	23.60	—	—	—	试验误差 估计值为（kN） 0.39	
	K_1'	9.60	9.11	8.81	9.03		
	K_2'	9.81	9.18	9.29	8.86		
	K_3'	8.91	8.85	9.05	9.25		
	K_4'	7.87	—	—	—		
	R	1.95	0.26	0.48	0.39		
劈裂抗 拉强度 （MPa）	K_1	2.67	3.73	3.63	3.65		
	K_2	3.25	3.62	3.71	3.65		
	K_3	2.88	3.57	3.58	3.63		
	K_4	2.12	—	—	—	试验误差 估计值为 （MPa） 0.01	
	K_1'	0.89	0.93	0.91	0.91		
	K_2'	1.08	0.90	0.93	0.91		
	K_3'	0.96	0.89	0.90	0.91		
	K_4'	0.71	—	—	—		
	R	0.38	0.04	0.03	0.01		

表 3-33　试验结果方差分析

	方差来源	变动平方和 S	自由度 v	方差 V	F	显著性	临界值
流值	油石比	489.085	2	244.542	398.29	非常显著	$F_{0.01}(2,2)=99.0$
	填料用量	39.170	2	19.585	31.90	显著	$F_{0.05}(2,2)=19.0$
	级配指数	0.534	2	0.267	0.43	不显著	$F_{0.10}(2,2)=9.0$
	误差	1.228	2	0.614			
	总和	530.02	8				
	试验误差 = 0.78(0.1 mm) 试验成果的离差系数 = 1.41%						
稳定度	方差来源	变动平方和 S	自由度 v	方差 V	F	显著性	临界值
	油石比	6.909	2	3.454	22.68	显著	$F_{0.01}(2,2)=99.0$
	填料用量	0.249	2	0.124	0.82	不显著	$F_{0.05}(2,2)=19.0$
	级配指数	0.459	2	0.230	1.51	不显著	$F_{0.10}(2,2)=9.0$
	误差	0.305	2	0.152			
	总和	7.92	8				
	试验误差 = 0.39 kN 试验成果的离差系数 = 4.30%						
孔隙率	方差来源	变动平方和 S	自由度 v	方差 V	F	显著性	临界值
	油石比	0.184	2	0.092	67.26	显著	$F_{0.01}(2,2)=99.0$
	填料用量	0.009	2	0.005	3.30	不显著	$F_{0.05}(2,2)=19.0$
	级配指数	0.001	2	0.000	0.26	不显著	$F_{0.10}(2,2)=9.0$
	误差	0.003	2	0.001			
	总和	0.20	8				
	试验误差 = 0.04% 试验成果的离差系数 = 2.76%						
劈裂抗拉强度	方差来源	变动平方和 S	自由度 v	方差 V	F	显著性	临界值
	油石比	0.222	2	0.111	3 071.88	影响显著	$F_{0.01}(2,2)=99.0$
	填料用量	0.003	2	0.002	45.71	显著	$F_{0.05}(2,2)=19.0$
	级配指数	0.002	2	0.000 9	25.62	显著	$F_{0.10}(2,2)=9.0$
	误差	0.000 07	2	0.000			
	总和	0.23	8				
	试验误差 = 0.01 MPa 试验成果的离差系数 = 0.66%						

表 3-34　试验误差

考核指标	试验误差	试验变差系数 C_V(%)
孔隙率(%)	0.04	2.76
流值(0.1 mm)	0.78	1.41
稳定度(kN)	0.39	4.30
劈裂抗拉强度(MPa)	0.01	0.66

3.5.2.5　配合比复演

综合以上试验结果,结合设计单位对坝体填筑分区设计思想,在大坝高程 2 631.00 m 以下选择稳定度较高、劈裂抗拉强度较大的 5 号配合比,配合比设计参数为:级配指数为 0.39、沥青用量为 6.6%、填料用量为 13%;在大坝高程 2 631.00 m 以上材料选择油量较大、适应变形能力更好的 8 号配合比,配合比设计参数为:级配指数为 0.36、沥青用量为 6.9%、填料含量为 13%。在最终确定优选配合比之前,要进行上述两组配合比的复演。沥青混凝土复演试验结果见表 3-35。

表 3-35　沥青混凝土复演试验结果

试验组号	级配指数	填料含量(%)	沥青用量(%)	实测密度平均值(g/cm³)	实测密度最大值(g/cm³)	稳定度(kN)	流值(0.1 mm)	备注
5 号	0.39	13	6.6	2.41	2.443	9.88	46.6	40 ℃
				2.41	2.443	7.18	65.4	60 ℃
8 号	0.36	13	6.9	2.40	2.435	9.52	52.7	40 ℃
				2.40	2.435	6.89	68.5	60 ℃

3.5.3　基础配合比的性能试验

3.5.3.1　单轴压缩试验

对初选的两个沥青混凝土配合比进行单轴压缩试验,结果见表 3-36,5 号、8 号配合比沥青混凝土压缩应力—应变关系曲线如图 3-25 所示。

表 3-36　　沥青混凝土压缩试验成果

配比	试件编号	密度（g/cm³）	孔隙率（%）	最大抗压强度 σ_{max}（MPa）	最大抗压强度时的应变 $\varepsilon_{\sigma max}$（%）	受压变形模量（MPa）
5号	YS1	2.41	1.24	2.54	5.49	73.36
	YS2	2.41	1.28	2.50	5.53	70.62
	YS3	2.41	1.23	2.49	5.49	82.76
平均值		2.41	1.25	2.51	5.50	75.58
8号	YS1	2.40	1.12	2.31	5.89	79.29
	YS2	2.40	1.13	2.25	5.92	78.18
	YS3	2.40	1.14	2.25	5.88	76.08
平均值		2.40	1.13	2.27	5.90	77.85

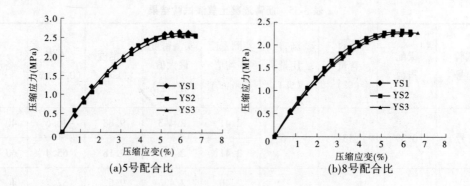

(a)5号配合比　　　　　　　　(b)8号配合比

图 3-25　　沥青混凝土压缩应力—应变关系曲线（11.1 ℃）

3.5.3.2　水稳定性试验

沥青混凝土水稳定性试验结果见表 3-37,5 号、8 号配合比沥青混凝土水稳定性试验应力—应变曲线如图 3-26、图 3-27 所示,可以看出水稳定系数均满足设计要求。

3.5.3.3　小梁弯曲试验

沥青混凝土小梁弯曲试验结果见表 3-38,小梁弯曲试验应力—应变曲线如图 3-28 所示。

表 3-37　沥青混凝土水稳定性试验成果

配比编号	试件编号		密度（g/cm³）	孔隙率（%）	最大抗压强度 σ_{max}（MPa）	σ_{max}（MPa）平均值	水稳定系数 K_w
5号	浸水	SZ1	2.41	1.20	1.17	1.16	0.95
		SZ2	2.41	1.18	1.16		
		SZ3	2.41	1.24	1.15		
	未浸水	KQ1	2.41	1.16	1.20	1.22	
		KQ2	2.42	1.24	1.22		
		KQ3	2.41	1.23	1.24		
8号	浸水	SZ1	2.40	1.20	1.08	1.06	0.95
		SZ2	2.41	1.18	1.05		
		SZ3	2.40	1.18	1.05		
	未浸水	KQ1	2.40	1.16	1.12	1.12	
		KQ2	2.40	1.22	1.11		
		KQ3	2.40	1.21	1.13		

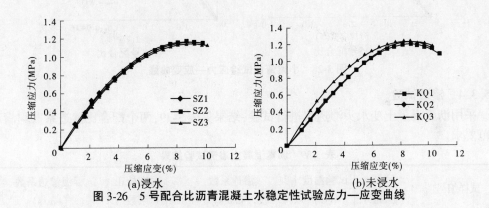

(a)浸水　　　　　　　　　　　　(b)未浸水
图 3-26　5 号配合比沥青混凝土水稳定性试验应力—应变曲线

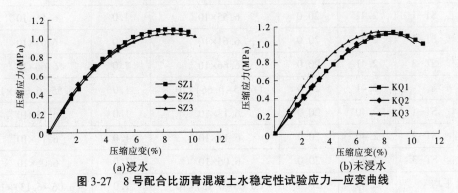

(a)浸水　　　　　　　　　　　　(b)未浸水
图 3-27　8 号配合比沥青混凝土水稳定性试验应力—应变曲线

表 3-38　沥青混凝土小梁弯曲试验结果

配比编号	试件编号	密度（g/cm³）	最大荷载（N）	抗弯强度（MPa）	最大荷载时挠度（mm）	最大弯拉伸应变（%）	挠跨比（%）
5 号	WQ1	2.41	371	1.99	4.63	2.772	2.32
	WQ2	2.41	382	2.06	4.16	2.487	2.08
	WQ3	2.42	384	2.05	4.18	2.511	2.09
平均值		2.41	379	2.03	4.32	2.590	2.16
8 号	WQ1	2.40	303	1.62	5.09	3.043	2.55
	WQ2	2.40	313	1.73	4.62	2.733	2.31
	WQ3	2.40	319	1.70	4.69	2.815	2.35
平均值		2.40	312	1.68	4.80	2.864	2.40

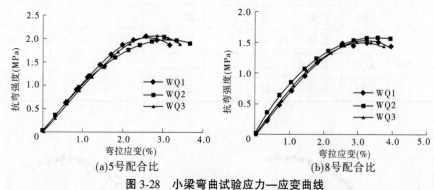

(a)5号配合比　　(b)8号配合比

图 3-28　小梁弯曲试验应力—应变曲线

3.5.3.4　渗透试验

采用沥青混凝土变水头渗透仪进行试验,结果见表3-39,两个配合比渗透系数均满足规范要求。

表 3-39　沥青混凝土渗透试验结果

试样编号		密度（g/cm³）	试验温度（℃）	渗透系数（cm/s）	温度校正系数	标温渗透系数（cm/s）
5 号	ST-1	2.41	20.0	6.55×10⁻⁹	1.0	6.55×10⁻⁹
	ST-2	2.41	20.0	6.61×10⁻⁹	1.0	6.61×10⁻⁹
	ST-3	2.41	20.0	6.66×10⁻⁹	1.0	6.66×10⁻⁹
平均		2.41	20.0	(6.55~6.66)×10⁻⁹	1.0	(6.55~6.66)×10⁻⁹
8 号	ST-1	2.40	20.0	6.13×10⁻⁹	1.0	6.13×10⁻⁹
	ST-2	2.40	20.0	6.11×10⁻⁹	1.0	6.11×10⁻⁹
	ST-3	2.40	20.0	6.06×10⁻⁹	1.0	6.06×10⁻⁹
平均		2.40	20.0	(6.06~6.13)×10⁻⁹	1.0	(6.06~6.13)×10⁻⁹

3.5.3.5 直接拉伸试验

直接拉伸试验结果见表 3-40,轴向拉伸试验应力—应变曲线如图 3-29 所示。

表 3-40 直接拉伸试验结果

试样编号		密度 （g/cm³）	孔隙率 （%）	抗拉强度 （MPa）	抗拉强度对应的 拉伸应变(%)
5 号	LS-1	2.41	1.29	0.44	1.52
	LS-2	2.41	1.37	0.46	1.43
	LS-3	2.41	1.23	0.45	1.58
平均值		2.41	1.30	0.45	1.51
8 号	LS-1	2.40	1.18	0.40	1.82
	LS-2	2.40	1.26	0.41	1.84
	LS-3	2.41	1.16	0.41	1.86
平均值		2.40	1.20	0.41	1.84

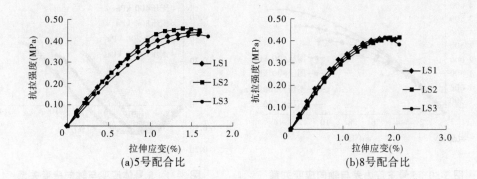

图 3-29 轴向拉伸试验应力—应变曲线

3.5.3.6 静三轴试验

试验在三轴仪上进行,整个试验过程保持室温恒定在(11.1±0.5)℃。轴向力采用荷重传感器量测,轴向变形采用伺服电机控制,体积变形由体变缸量测。将制备好的试件在 11.1 ℃下恒温 4 h 以上。每种配比的沥青混凝土分别进行 0.4 MPa、0.8 MPa、1.2 MPa、1.6 MPa 四个围压的三轴试验,每个围压做 3 个试件,试验结果取其平均值,沥青混凝土静三轴试验结果见表 3-41。沥青混凝土材料的主应力差 $(\sigma_1 - \sigma_3)$ 与轴向应变 ε_1 及体应变 ε_v 与 ε_1 之间关系试验结果分别如图 3-30~图 3-33 所示。

表 3-41　　沥青混凝土静三轴试验结果

配比	围压 σ_3（MPa）	密度（g/cm³）	最大偏应力 $(\sigma_1-\sigma_3)_f$（MPa）	最大偏应力时对应的轴向应变 ε_{1max}（%）	最大压缩体应变 ε_v（%）	最大压缩应变时的应力 $(\sigma_1-\sigma_3)$（MPa）	最大压缩体应变时的轴应变 ε_1（%）
5 号	0.4	2.40	2.125	7.778	-0.083 4	1.201	2.698
	0.8	2.41	2.770	9.790	-0.095 5	1.432	3.058
	1.2	2.41	3.340	12.364	-0.108 5	1.569	3.355
	1.6	2.41	3.851	14.049	-0.120 9	1.763	3.760
8 号	0.4	2.40	2.240	6.931	-0.082 0	1.166	2.542
	0.8	2.40	2.864	9.226	-0.090 7	1.370	2.865
	1.2	2.40	3.436	12.067	-0.101 6	1.806	3.850
	1.6	2.40	3.974	14.767	-0.126 2	2.128	4.496

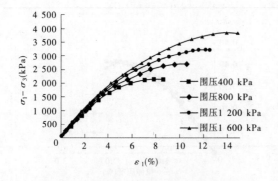

图 3-30　5 号主应力差与轴向应变关系

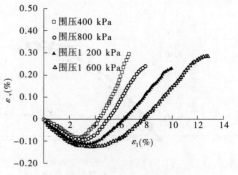

图 3-31　5 号体应变与轴向应变关系

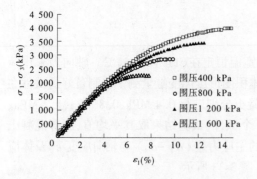

图 3-32　8 号主应力差与轴向应变关系

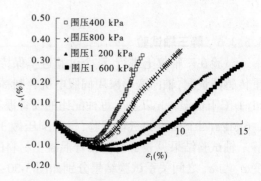

图 3-33　8 号体应变与轴向应变关系

按照 E-μ 双曲线模型将试验整理出模型参数模量系数 K、模量指数 n、破坏比 R_f、黏聚力 c、摩擦角 φ 及非线性系数 G、F、D，静三轴试验 E-μ 模型试验参数见表 3-42，E-B 模型试验参数见表 3-43。

表 3-42　E-μ 模型试验参数

配比编号	密度 (g/cm^3)	模量指数 n	模量系数 K	破坏比 R_f	黏聚力 $c(MPa)$	摩擦角 φ (°)	非线性系数		
							G	F	D
5 号	2.41	0.10	537	0.54	0.469	25.7	0.51	0.04	0.43
8 号	2.40	0.09	489	0.50	0.526	25.2	0.50	0.03	0.42

表 3-43　E-B 模型试验参数

配比编号	密度 (g/cm^3)	模量指数 n_{ur}	模量系数 K_{ur}	$\Delta\varphi$ (°)	黏聚力 $c(MPa)$	摩擦角 φ_0(°)	破坏比 R_f	体积变形参数	
								K_b	m
5 号	2.41	0.10	537	22.0	0.469	59.5	0.54	1 862	0.24
8 号	2.40	0.09	489	22.9	0.526	60.8	0.50	1 737	0.21

3.5.3.7　动力特性试验

对推荐的 5 号配合比及 8 号配合比进行动模量和阻尼比试验，提供动模量及阻尼比随动应变的变化规律。为了测试不同固结比、不同围压条件下的动模量、阻尼比的变化规律，本次试验对两个配合比（5 号配合比 $B=6.6\%$、8 号配合比 $B=6.9\%$）成型的沥青混凝土试件进行动力特性试验。根据工程经验，每个配合比下总共进行了 3 个固结比 ($K_c=1.5$、$K_c=1.8$、$K_c=2.1$)、3 个围压 ($\sigma_3=0.2$ MPa、$\sigma_3=0.6$ MPa、$\sigma_3=1.0$ MPa) 条件下的动力试验。动三轴试验结果见表 3-44 所示，不同条件下的阻尼比见表 3-45。

图 3-34～图 3-57 分别给出了 5 号和 8 号配合比在不同固结比条件下沥青混凝土在动模量与阻尼比试验中的 σ_d—ε_d 关系曲线、E_{dmax}/p_a—σ_m/p_a 关系曲线、G_d/G_{dmax}—γ_d 关系曲线和 λ—γ_d 关系曲线。

表 3-44　动三轴试验结果

配比	固结比 K_c	围压 σ_3 (MPa)	试验常数 $a \times 10^{-4}$ (MPa^{-1})	试验常数 b (MPa^{-1})	最大动模量 E_{dmax} (MPa)	最大动应力 σ_{dmax} (MPa)	模量系数 K	模量指数 n	最大动剪模量 G_{dmax} (MPa)	参考应变 $\gamma_r \times 10^{-3}$
5号配合比	1.5	0.2	15.33	0.172	652	10.41	4 784	0.36	242	11.97
		0.6	10.56	0.201	947	4.98			352	7.08
		1.0	8.55	0.233	1 170	4.30			435	4.94
	1.8	0.2	13.77	0.402	726	2.49	5 289	0.35	270	4.61
		0.6	9.20	0.331	1 087	3.03			404	3.74
		1.0	7.93	0.268	1 261	3.73			469	3.98
	2.1	0.2	12.32	0.506	812	1.98	5 636	0.36	302	3.27
		0.6	8.29	0.427	1 207	2.34			449	2.61
		1.0	6.87	0.310	1 456	3.23			541	2.98
8号配合比	1.5	0.2	15.60	0.429	641	2.33	4 711	0.37	238	4.89
		0.6	10.36	0.352	966	2.84			359	3.96
		1.0	8.68	0.336	1 152	2.98			428	3.48
	1.8	0.2	14.17	0.509	706	1.96	5 015	0.37	262	3.75
		0.6	9.45	0.427	1 058	2.34			393	2.98
		1.0	7.84	0.307	1 275	3.25			474	3.43
	2.1	0.2	13.50	0.341	741	2.93	5 285	0.34	275	5.33
		0.6	9.12	0.345	1 097	2.90			408	3.55
		1.0	7.84	0.296	1 275	3.37			474	3.56

注：表中模量系数 K、模量指数 n 采用式(2-105)求得。

表 3-45　不同条件下的阻尼比

配比	固结比 K_c	围压 σ_3(MPa)	阻尼比 λ_{dmax}(%)	平均阻尼比 λ_{dmax}(%)
5 号配合比	1.5	0.2	20.3	18.6
		0.6	19.6	
		1.0	17.8	
	1.8	0.2	19.2	
		0.6	18.0	
		1.0	18.9	
	2.1	0.2	18.0	
		0.6	18.9	
		1.0	16.5	
8 号配合比	1.5	0.2	19.1	19.5
		0.6	18.8	
		1.0	18.8	
	1.8	0.2	20.2	
		0.6	19.2	
		1.0	19.9	
	2.1	0.2	20.7	
		0.6	18.3	
		1.0	20.3	

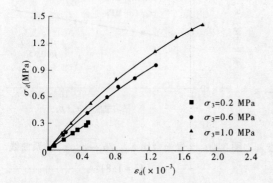 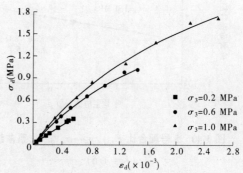

图 3-34　5 号配合比 σ_d—ε_d 关系曲线($K_c=1.5$)　图 3-35　5 号配合比 σ_d—ε_d 关系曲线($K_c=1.8$)

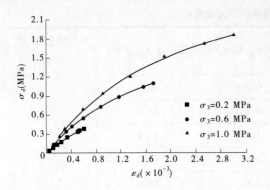

图 3-36　5 号配合比 σ_d—ε_d 关系曲线($K_c = 2.1$)

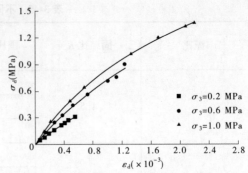

图 3-37　8 号配合比 σ_d—ε_d 关系曲线($K_c = 1.5$)

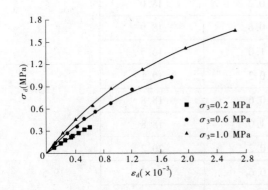

图 3-38　8 号配合比 σ_d—ε_d 关系曲线($K_c = 1.8$)

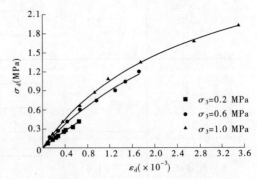

图 3-39　8 号配合比 σ_d—ε_d 关系曲线($K_c = 2.1$)

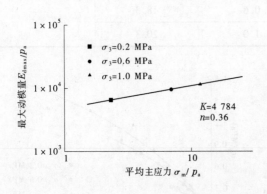

图 3-40　5 号配合比 E_{dmax}/p_a—σ_m/p_a 关系曲线
($K_c = 1.5$)

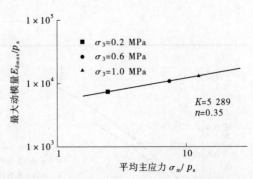

图 3-41　5 号配合比 E_{dmax}/p_a—σ_m/p_a 关系曲线
($K_c = 1.8$)

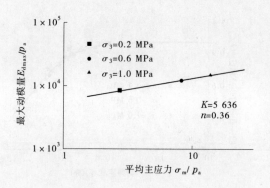

图 3-42　5 号配合比 E_{dmax}/p_a—σ_m/p_a 关系曲线
（$K_c = 2.1$）

图 3-43　8 号配合比 E_{dmax}/p_a—σ_m/p_a 关系曲线
（$K_c = 1.5$）

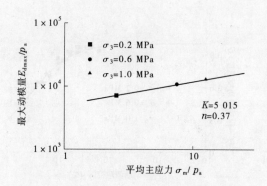
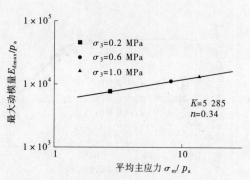

图 3-44　8 号配合比 E_{dmax}/p_a—σ_m/p_a 关系曲线
（$K_c = 1.8$）

图 3-45　8 号配合比 E_{dmax}/p_a—σ_m/p_a 关系曲线
（$K_c = 2.1$）

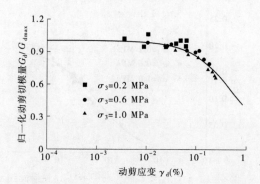
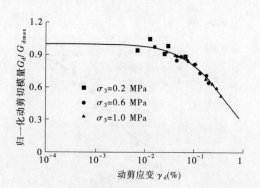

图 3-46　5 号配合比 G_d/G_{dmax}—γ_d 关系曲线
（$K_c = 1.5$）

图 3-47　5 号配合比 G_d/G_{dmax}—γ_d 关系曲线
（$K_c = 1.8$）

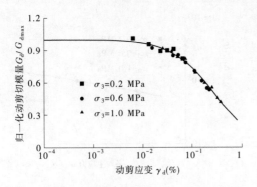

图 3-48　5 号配合比 G_d/G_{dmax} — γ_d 关系曲线
（$K_c = 2.1$）

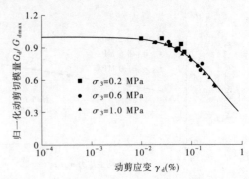

图 3-49　8 号配合比 G_d/G_{dmax} — γ_d 关系曲线
（$K_c = 1.5$）

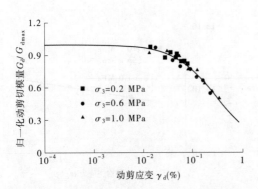

图 3-50　8 号配合比 G_d/G_{dmax} — γ_d 关系曲线
（$K_c = 1.8$）

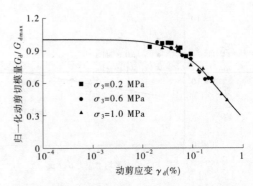

图 3-51　8 号配合比 G_d/G_{dmax} — γ_d 关系曲线
（$K_c = 2.1$）

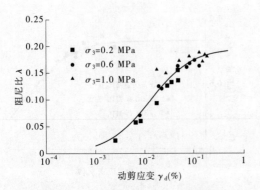

图 3-52　5 号配合比 λ — γ_d 关系曲线
（$K_c = 1.5$）

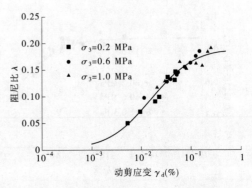

图 3-53　5 号配合比 λ — γ_d 关系曲线
（$K_c = 1.8$）

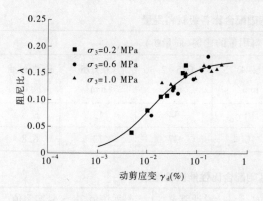

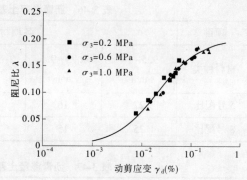

图 3-54 5 号配合比 $\lambda - \gamma_d$ 关系曲线($K_c = 2.1$)   图 3-55 8 号配合比 $\lambda - \gamma_d$ 关系曲线($K_c = 1.5$)

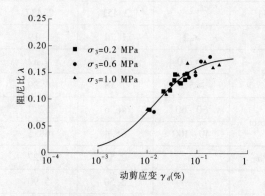

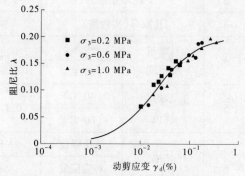

图 3-56 8 号配合比 $\lambda - \gamma_d$ 关系曲线($K_c = 1.8$)   图 3-57 8 号配合比 $\lambda - \gamma_d$ 关系曲线($K_c = 2.1$)

3.5.4 基础配合比确定

该水库的碱性骨料经岩相命名及 SiO_2 含量测定,为碱性骨料。粗骨料质地坚硬、新鲜,加热过程中未出现开裂、分解等不良现象;各项性能指标均满足规范要求,可作为水库沥青混凝土心墙用粗骨料。细骨料级配良好,各项技术指标均满足沥青混凝土细骨料的技术要求,可以作为心墙沥青混凝土的细骨料。

从水库防渗、变形、抗震、强度、施工、耐久性和经济性等考虑,推荐的沥青混凝土基础配合比是 5 号配合比:骨料最大粒径 19 mm、级配指数为 0.39、沥青用量为 6.5%、填料用量 13% 的配合比;8 号配合比:级配指数为 0.36、沥青用量为 6.8%、填料用量为 13% 的配合比。沥青混凝土基础配合比各级材料用量见表 3-46,沥青混凝土基础配合比性能试验结果表 3-47。

推荐的两个沥青混凝土基础配合比各项物理、力学性能及防渗性能均满足《土石坝沥青混凝土面板和心墙设计规范》(SL 501—2010)的要求,与同类工程对比各项性能均在合理范围内,可作为该水库沥青混凝土的基础配合比。

表 3-46　沥青混凝土基础配合比各级材料用量

项目	各项材料用量的比例(质量%)					
材料种类	9.5~19 mm	4.75~9.5 mm	2.36~4.75 mm	0.075~2.36 mm	<0.075 mm	道路石油沥青
5 号配比	27	16	10	34	13	6.5
8 号配比	25	15	10	37	13	6.8

表 3-47　沥青混凝土基础配合比性能试验结果

序号	项目		单位	设计要求	5 号实测值	8 号实测值
1	密度		g/cm³	—	2.41	2.40
2	最大密度		g/cm³	—	2.451	2.437
3	孔隙率(实验室)		%	≤2	1.24	1.19
4	马歇尔稳定度	(40 ℃)	kN	≥7.0	9.88	9.52
		(60 ℃)		≥5.0	7.18	6.89
5	马歇尔流值	(40 ℃)	0.1 mm	30~60	46.6	52.7
		(60 ℃)		40~100	65.4	68.5
6	压缩(11.1 ℃)	抗压强度	MPa	—	2.51	2.27
		对应应变	%	—	5.50	5.90
		变形模量	MPa	—	75.58	78.85
7	水稳定系数			≥0.90	0.95	0.95
8	轴向拉伸(11.1 ℃)	拉伸强度	MPa	—	0.45	0.41
		拉伸应变	%	—	1.51	1.84
9	渗透系数		cm/s	≤1×10⁻⁸	(6.55~6.66)×10⁻⁹	(6.06~6.13)×10⁻⁹
10	小梁弯曲(11.1 ℃)	抗弯强度	kPa	≥400	2 033	1 680
		最大荷载挠度	mm	—	4.32	4.80
		最大弯拉应变	%	≥1	2.590	2.864
		挠跨比	%	—	2.16	2.40
11	静三轴(11.1 ℃)	内摩擦角	(°)	≥25	25.7	25.2
		黏聚力	kPa	≥300	469	526
12	动三轴(11.1 ℃)	模量系数 K	—	—	5 236	5 028
		模量指数 n	—	—	0.36	0.36
		阻尼比	%	—	18.6	19.5

3.6 大粒径骨料心墙沥青混凝土配合比设计方法研究

3.6.1 研究背景

在心墙沥青混凝土配合比设计中,骨料的最大粒径一直沿用了道路交通工程中路面沥青混凝土设计思想,道路沥青混凝土面层铺筑较薄,一般厚度为 10~15 cm,骨料最大粒径一般选择在 16~19 mm(对应圆孔筛 20~25 mm)。此最大粒径用在沥青混凝土面板坝中是可行的,因此《土石坝沥青混凝土面板和心墙设计规范》(SL 501—2010)中推荐沥青混凝土最大粒径取 19 mm。对于沥青混凝土防渗心墙而言,一般宽度在 40 cm 以上,铺料厚度在 25~30 cm,如果能将心墙沥青混凝土骨料最大粒径提高至 37.5 mm(对应圆孔筛 50 mm),不仅可以有效地提高骨料的利用率,而且可较大地降低沥青用量,降低了沥青混凝土生产成本。将骨料粒径增大后,原有的骨料粒组分级及试验模具不再适用,相应的由于骨料粒径的增大,填料用量减少,矿料整体的比表面积减少,所需的沥青用量也随之减少,骨料级配发生了变化。因此,开展最大粒径 37.5 mm 的骨料分级技术、试验模具开发、最佳沥青用量确定、配合比设计等研究工作具有较大的工程应用价值。

3.6.2 骨料粒组划分及试验模具制作

3.6.2.1 粒组划分

碾压式沥青混凝土心墙中骨料最大粒径多采用 19 mm,粗骨料一般分为 2.36~4.75 mm,4.75~9.5 mm,9.5~19 mm 三个粒组,本次试验粒径增大到 37.5 mm,其中 19~37.5 mm 中还有 26.5 mm 和 31.5 mm 两个粒级。参考《公路沥青路面设计规范》(JTG D50—2017)以及《公路工程沥青及沥青混合料试验规程》(JTG E20—2011),同时考虑现场施工拌和的可操作性,不宜将粗骨料分级太多。因此,粗骨料分级应本着对沥青混凝土性能影响较大的粒级尽可能分细些,而影响小的粒级可以分粗些的原则进行,以便在沥青混凝土施工过程中对级配的偏差进行更好的控制。

对于 37.5 mm 粗粒径心墙碾压式沥青混凝土骨料分级方法,应符合以下分布规律:对沥青混凝土性能影响较大的两个粒组 2.36~4.75 mm、4.75~9.5 mm 仍作为单粒级考虑,对沥青混凝土性能影响较小的粒组依次分为 9.5~16 mm、16~26.5 mm、26.5~37.5 mm 三个粒组,中间级配做颗粒分析试验。通过上述 5 个粒级分组,能够有效控制沥青混凝土骨料的颗粒级配。

3.6.2.2 试验模具制作

由于本次研究粗骨料粒径的增大,常规沥青混凝土试验所使用的试验模具已经不能满足本次研究所使用的试验需求。根据《水工沥青混凝土试验规程》(DL/T 5362—2018)要求:成型后试件的最小尺寸不应小于骨料最大粒径的 3~5 倍,需要制作一套适合的试样模具。

(1)马歇尔试验与劈裂抗拉试验模具:ϕ152.4 mm×95.3 mm 圆柱形模具,或采用 200 mm×200 mm×200 mm 的方形模具成型,然后通过钻芯机和岩石切割机加工成 ϕ152.4

mm×95.3 mm 的试样。

（2）单轴压缩及水稳定性试验模具：ϕ152.4 mm×152.4 mm 圆柱形模具，或采用 200 mm×200 mm×200 mm 的方形模具成型，然后通过钻芯机和岩石切割机加工成 ϕ152.4 mm×152.4 mm 的试样。

（3）小梁弯曲及拉伸试验模具：参考最大粒径为 19 mm 沥青混凝土的试验试样尺寸，拉伸试验的试件尺寸为 400 mm×100 mm×100 mm（长×宽×高）的长方体模具，小梁弯曲试验的试件尺寸为 400 mm×100 mm×80 mm（长×宽×高）。

（4）静三轴试验模具：ϕ150 mm×300 mm 圆柱体模具。

为保证试验具有足够的刚度，确保试件在击实成型过程中不发生变形，试模采用高强度不锈钢材料制成，壁厚为 10 mm。在马歇尔试验与劈裂抗拉试验模具上部加工护环，使试件成型时所用试料全部击入试模中；对单轴压缩、水稳定性试验模具和静力三轴试验模具考虑击实成型后试样高度大，使用液压脱模机进行脱模会使试样在脱模过程中受到较大的压应力，从而影响试样的力学性质，所以本次采用对开模形式的模具，脱模时通过拆卸模具取出试样；同时，根据试模尺寸加工了了与之配套的击实锤。制作的试验模具如图 3-58~图 3-61 所示。

图 3-58　马歇尔与劈裂抗拉试验模具

图 3-59　单轴压缩及水稳试验模具

图 3-60　小梁弯曲及拉伸试验模具

图 3-61　静三轴试验模具

3.6.3　基础配合比的选择方法

3.6.3.1　配合比参数确定

国内碾压式沥青混凝土心墙材料的矿料级配指数多在 0.38~0.42，《土石坝沥青混凝土面板和心墙设计规范》(SL 501—2010)中推荐级配指数的范围为 0.35~0.44。根据研究实际,最大粒径增加后,大于 2.36 mm 粒径的颗粒将有所增加,将本次研究的级配指数的下限值控制在常规配合比上限值中,下限选择为 0.42,按照以往的规律向上取值,以 0.3 为梯度,初步选择级配指数为 0.42、0.45、0.48。

《土石坝沥青混凝土面板和心墙设计规范》(SL 501—2010)中推荐的碾压式沥青混凝土心墙材料的填料用量为 10%~16%。根据本工程的实际情况,借鉴近年来新疆多个工程碾压式沥青混凝土配合比使用的经验,级配指数增加,细骨料用量降低,填料用量也应适当降低,填料用量初定为 8%、10%、12%。

骨料最大粒径由 19 mm 增大到 37.5 mm 后,随着骨料粒径的增大,级配指数应适当增加,随着骨料的比表面积减小,沥青用量应适当降低,在水工沥青混凝土适宜的填料浓度下,填料用量也应适当降低。因此,以常规配合比的沥青用量为上限值,分别以 0.3% 的沥青用量为梯度降低,初步选择沥青用量为 5.2%、5.5%、5.8%、6.1%、6.4%。

3.6.3.2　试验方案

本次试验采用均匀设计试验方案,选择沥青混凝土配合比的三个参数,即矿料级配指数、填料用量和沥青用量为影响因素,每个因素取 3~5 个水平。参考《试验优化设计与分析》(任露泉,第 2 版),按 $U_{15}(15^8)$ 均匀表安排试验方案。在沥青混凝土初步配合比选定试验中,同样以试件密度、试件孔隙率、劈裂抗拉强度、稳定度和流值为考核指标,15 个试验组的沥青混凝土配合比参数列于表 3-48 中。

表 3-48　15 组配合比试验参数

编号	最大粒径(mm)	油石比(%)	填料用量(%)	级配指数	空列
1	42	5.8	8	0.42	3
2	42	6.4	10	0.42	5
3	42	5.5	12	0.42	2
4	42	6.4	8	0.42	5
5	42	5.5	8	0.42	2
6	42	6.1	10	0.45	4
7	42	5.5	12	0.45	2
8	42	6.1	8	0.45	4
9	42	5.2	10	0.45	1
10	42	6.1	10	0.45	4
11	42	5.2	12	0.48	1
12	42	5.8	8	0.48	3
13	42	5.2	10	0.48	1
14	42	5.8	12	0.48	3
15	42	6.4	12	0.48	5

3.6.3.3　基础配合比的选择

按照上述 15 组沥青混凝土配合比,制作大型马歇尔试件,成型方法采用大型击实法击实成型,击实锤 φ(149.4±0.1)mm 平圆形压实头及带手柄的导向棒组成,用机械将压实头提升至(457.2±2.5)mm 高度处,沿导向棒自由下落,大型击实锤质量(10 210±10)g,一组试件数量不少于 6 个,试件尺寸为 φ152.4 mm×95.3 mm 的圆柱体试件。试验结果见表 3-49,极差分析见表 3-50。

表 3-49　15 组配合比试验结果

试件组编号	级配指数	填料用量（%）	沥青用量（%）	实测密度值（g/cm³）	最大理论密度值（g/cm³）	空隙率（%）	流值（mm）	稳定度（kN）	劈裂抗拉强度（MPa）	沥青薄膜厚度（μm）
1	0.42	8.0%	5.8%	2.45	2.47	1.13	7.44	16.71	0.89	9.527
2	0.42	10.0%	6.4%	2.42	2.46	1.53	11.53	14.04	0.77	9.038
3	0.42	12.0%	5.5%	2.46	2.49	1.31	8.29	15.41	0.98	6.674
4	0.42	8.0%	6.4%	2.43	2.45	1.09	10.95	13.01	0.76	10.607
5	0.42	8.0%	5.5%	2.45	2.48	1.42	7.32	18.62	1.04	8.992
6	0.45	10.0%	6.1%	2.43	2.47	1.36	11.52	14.48	0.87	8.688
7	0.45	12.0%	5.5%	2.45	2.49	1.64	13.95	15.16	0.93	6.748
8	0.45	8.0%	6.1%	2.43	2.46	1.49	11.28	14.01	0.89	10.224
9	0.45	10.0%	5.2%	2.46	2.50	1.59	9.13	17.49	1.15	7.303
10	0.45	10.0%	6.1%	2.44	2.47	1.19	10.99	15.27	0.93	8.688
11	0.48	12.0%	5.2%	2.47	2.50	1.38	10.13	15.27	1.12	6.417
12	0.48	8.0%	5.8%	2.45	2.48	1.16	11.05	14.41	1.06	9.829
13	0.48	10.0%	5.2%	2.47	2.50	1.07	9.84	15.94	1.19	7.394
14	0.48	12.0%	5.8%	2.45	2.48	1.30	13.00	12.19	0.97	7.226
15	0.48	12.0%	6.4%	2.43	2.46	1.11	15.15	11.65	0.77	8.045

表 3-50　极差分析结果

试验号	油石比 （%） 1	填料用量 （%） 2	级配指数 3	空列 4	试验结果			
					孔隙率 （%）	流值 （0.1 mm）	稳定度 （kN）	劈裂抗 拉强度 （MPa）
1	5.8	8	0.42	3	1.13	7.44	16.71	0.89
2	6.4	10	0.42	5	1.53	11.53	14.04	0.77
3	5.5	12	0.42	2	1.31	8.29	15.41	0.98
4	6.4	8	0.42	5	1.09	10.95	13.01	0.76
5	5.5	8	0.42	2	1.42	7.32	18.62	1.04
6	6.1	10	0.45	4	1.36	11.52	14.48	0.87
7	5.5	12	0.45	2	1.64	13.95	15.16	0.93
8	6.1	8	0.45	4	1.49	11.28	14.01	0.89
9	5.2	10	0.45	1	1.59	9.13	17.49	1.15
10	6.1	10	0.45	4	1.19	10.99	15.27	0.93
11	5.2	12	0.48	1	1.38	10.13	15.27	1.12
12	5.8	8	0.48	3	1.16	11.05	14.41	1.06
13	5.2	10	0.48	1	1.07	9.84	15.94	1.19
14	5.8	12	0.48	3	1.30	13.00	12.19	0.97
15	6.4	12	0.48	5	1.11	15.15	11.65	0.77
				Σ	19.77	161.57	223.66	14.32
				$\overline{X}$	1.32	10.77	14.91	0.95
孔隙率 （%）	K_1	4.04	6.29	6.48	4.04	试验误差 估计值为（%） 0.26		
	K_2	4.37	6.74	7.27	4.37			
	K_3	3.48	6.74	6.02	3.59			
	K_4	4.15	—	—	4.04			
	K_5	3.73			3.73			
	K'_1	1.35	1.26	1.30	1.35			
	K'_2	1.46	1.35	1.45	1.46			
	K'_3	1.16	1.35	1.20	1.20			
	K'_4	1.38	—	—	1.35			
	K'_5	1.24			1.24			
	R	0.30	0.09	0.25	0.26			

续表 3-50

试验号		油石比（%）	填料用量（%）	级配指数	空列	试验结果			
		1	2	3	4	孔隙率（%）	流值（0.1 mm）	稳定度（kN）	劈裂抗拉强度（MPa）
流值（0.1 mm）	K_1	29.10	48.04	45.53	29.10				
	K_2	29.56	53.01	56.87	29.56				
	K_3	29.48	60.52	59.17	31.49				
	K_4	35.80	—	—	33.79				
	K_5	37.63			37.63	试验误差估计值为（mm）2.69			
	K_1'	9.70	9.61	9.11	9.70				
	K_2'	9.85	10.60	11.37	9.85				
	K_3'	9.83	12.10	11.83	10.50				
	K_4'	11.93	—	—	11.26				
	K_5'	12.54			12.54				
	R	2.69	2.50	2.73	2.69				
稳定度（kN）	K_1	48.70	76.76	77.79	48.70				
	K_2	49.19	77.22	76.41	49.19				
	K_3	46.39	69.68	69.46	43.31				
	K_4	40.68	—	—	43.76				
	K_5	38.70			38.70	试验误差估计值为（kN）3.50			
	K_1'	16.23	15.35	15.56	16.23				
	K_2'	16.40	15.44	15.28	16.40				
	K_3'	13.46	13.94	13.89	14.44				
	K_4'	13.56	—	—	14.59				
	K_5'	12.90			12.90				
	R	3.50	1.51	1.67	3.50				
劈裂抗拉强度（MPa）	K_1	3.46	4.64	4.44	3.46				
	K_2	2.95	4.91	4.77	2.95				
	K_3	2.88	4.77	5.11	2.92				
	K_4	2.73	—	—	2.69				
	K_5	2.30			2.30	试验误差估计值为（MPa）0.39			
	K_1'	1.15	1.55	1.48	1.15				
	K_2'	0.98	1.64	1.59	0.98				
	K_3'	0.96	1.59	1.70	0.97				
	K_4'	0.91	—	—	0.90				
	K_5'	0.77			0.77				
	R	0.39	0.09	0.22	0.39				

以孔隙率为考核指标，沥青用量对孔隙率的影响程度最大，级配指数对孔隙率影响次

之,填料用量对孔隙率影响不显著,孔隙率试验误差估计值为 0.26%;以流值为考核指标,沥青用量对流值的影响程度最大,级配指数对流值影响次之,填料用量对流值影响不显著,流值试验误差估计值为 2.69 mm;以稳定度为考核指标,沥青用量对稳定度的影响程度最大,级配指数对稳定度影响次之,沥青用量对稳定度影响不显著,稳定度试验误差估计值为 3.5 kN;以劈裂抗拉强度为考核指标,沥青用量对劈裂抗拉强度的影响程度最大,级配指数对劈裂抗拉强度影响次之,填料用量对劈裂抗拉强度影响不显著。劈裂抗拉强度试验误差值为 0.39 MPa。

　　从四个考核指标可以看出:大型马歇尔稳定度和流值的结果普遍大于常规心墙沥青混凝土的相应值。心墙沥青混凝土采用大型马歇尔试件进行试验,其稳定度、流值和劈裂抗拉强度都没有工程实践经验可以类比,需要寻找大型马歇尔试件(直径 152.4 mm×高 95.3 mm)和常规马歇尔试件(直径 101.6 mm×高 63.5 mm)稳定度、流值和劈裂抗拉强度的相互关系。考虑以最大粒径为 19 mm 的典型配合比分别制备常规马歇尔试件和大型马歇尔试件,并将所得试验数据进行对比分析,为骨料最大粒径 37.5 mm 的沥青混凝土配合比选择提供一些必要的参考依据。

　　依据近几年新疆建设的 8 座典型工程,统计它们的心墙沥青混凝土配合比设计参数,见表 3-51,骨料最大粒径均为 19 mm、平均级配指数 0.38、平均填料用量 12.5%、平均油石比 6.8%,作为本次试验使用的配合比。

表 3-51　新疆建设的典型工程设计配合比统计

序号	工程名称	骨料最大粒径（mm）	级配指数	填料用量（%）	油石比（%）
1	五一水库	19	0.36	12	6.7
		19	0.36	12	6.4
2	大石门水库	19	0.42	11	6.7
		19	0.39	13	7.0
3	吉尔格勒德水库	19	0.36	13	6.9
4	尼雅水库	19	0.39	13	6.6
		19	0.36	13	6.9
5	阿拉沟水库	19	0.38	14	6.6
6	奴尔水库	19	0.39	12	6.7
7	阿克肖水库	19	0.40	11	6.5
8	库什塔依水电站	19	0.38	14.4	8.0
平均值		19	0.38	12.5	6.8

　　按上述典型配合比分别成型大型和普通马歇尔试件各 9 个,其中对两组各 6 个试件进行马歇尔试验,浸水温度为 40 ℃;两组各 3 个试件进行劈裂抗拉强度试验,试验温度为 15 ℃。两组试件试验结果及统计分析见表 3-52。

表 3-52　两组试件试验结果及统计分析

试验组号	常规马歇尔试验			大型马歇尔试验		
	稳定度 (kN)	流值 (0.1 mm)	劈裂抗拉 强度(MPa)	稳定度 (kN)	流值 (0.1 mm)	劈裂抗拉 强度(MPa)
1	7.50	52.6	1.03	14.09	118.7	0.73
2	7.53	52.9	1.08	14.82	135.9	0.78
3	7.78	54.9	1.05	15.53	137.1	0.75
4	7.91	54.0	—	15.30	137.7	—
5	7.64	53.3	—	14.73	116.7	—
6	7.15	50.7	—	15.37	119.8	—
平均值 $\bar{x}$	7.58	53.1	1.05	14.97	127.7	0.75
标准差 s	0.263	1.42	0.025	0.536	10.20	0.025
$\bar{x}-2s$	7.05	50.3	1.00	13.90	107.3	0.70
$\bar{x}-3s$	6.79	48.8	0.97	13.36	97.1	0.67

通过对比两种试验的马歇尔稳定度、马歇尔流值和劈裂抗拉强度的试验结果,并进行统计分析。根据质量控制图的要求,以下警告线($\bar{x}-2s$)为控制标准,初步确定 37.5 mm 骨料的心墙沥青混凝土配合比优选标准如下:马歇尔稳定度宜大于 13.90 kN,劈裂抗拉强度宜大于 0.70 MPa,考虑材料要有较强的适应变形能力,马歇尔流值宜大于 107.3(0.1 mm),满足上述要求的配合比有 2 号、6(10)号、7 号、8 号、12 号配合比。

综合考虑配制的沥青混凝土沥青薄膜厚度,对初选的配合比进行进一步优选,15 组配合比沥青混合料沥青薄膜厚度计算见表 3-53。

由表 3-53 可以看出,2 号配合比(沥青用量为 6.4%,级配指数为 0.42,填料用量为 10%)、8 号配合比(沥青用量为 6.1%,级配指数为 0.45,填料用量为 8%)沥青薄膜厚度和 12 号配合比(沥青用量为 5.8%,级配指数为 0.48,填料用量为 8%)沥青薄膜厚度分别为 9.038 μm、10.224 μm 和 9.823 μm,形成了过多的自由沥青。因此,上述 15 组配合比(其中配合比 6 和配合比 10 相同,实际只有 14 组配合比)中可选择 6 号(沥青用量为 6.1%,级配指数为 0.45,填料用量为 10%)和 7 号(沥青用量为 5.5%,级配指数为 0.45,填料用量为 12%)为基础配合比。

表 3-53　15 组配合比沥青混合料沥青薄膜厚度计算

筛孔尺寸 (mm)	表面积系数	表观密度 (g/cm³)	各配合比矿料级配							
			1号	2号	3号	4号	5号	6号	7号	8号
42	0.004 1		100.00	100.00	100.00	100.00	100.00	100.00	100.00	100.00
31.5	0.004 1	2.71	96.80	96.87	96.94	96.80	96.80	96.71	96.78	96.64
26.5	0.004 1		85.54	85.85	86.16	85.54	85.54	85.11	85.45	84.78
19	0.004 1	2.71	75.60	76.13	76.66	75.60	75.60	75.01	75.57	74.46
16	0.004 1		70.69	71.32	71.96	70.69	70.69	70.02	70.69	69.36
13.2	0.004 1	2.70	63.31	64.11	64.91	63.31	63.31	62.64	63.47	61.81
9.5	0.004 1	2.70	57.23	58.16	59.09	57.23	57.23	56.57	57.53	55.60
4.75	0.004 1	2.70	42.39	43.65	44.90	42.39	42.39	41.98	43.72	40.69
2.36	0.008 2		31.68	33.17	34.65	31.68	31.68	31.49	33.02	29.97
1.18	0.016 4	2.68	24.14	25.79	27.44	24.14	24.14	24.65	26.33	22.98
0.6	0.028 7		18.87	20.63	22.39	18.87	18.87	19.86	21.64	18.08
0.3	0.061 4		11.97	13.88	15.80	11.97	11.97	13.60	15.52	11.68
0.15	0.122 9		9.22	11.20	13.17	9.22	9.22	11.11	13.09	9.13
0.075	0.327 7	2.85	8.33	10.33	12.32	8.33	8.33	10.30	12.30	8.31
理论最大密度 (g/cm³)			2.474	2.456	2.490	2.453	2.485	2.466	2.490	2.464
实测密度 (g/cm³)			2.446	2.418	2.457	2.427	2.450	2.433	2.449	2.427
沥青含量			0.058	0.064	0.055	0.064	0.055	0.061	0.055	0.061
有效沥青含量			0.057	0.063	0.054	0.063	0.054	0.060	0.054	0.060
比表面积 (m²/kg)			6.381	7.489	8.597	6.381	6.381	7.392	8.502	6.281
沥青薄膜厚度 (μm)			9.527	9.038	6.674	10.607	8.992	8.688	6.748	10.224

续表 3-53

筛孔尺寸 (mm)	表面积系数	表观密度 (g/cm³)	各配合比矿料级配						
			9 号	10 号	11 号	12 号	13 号	14 号	15 号
42	0.004 1		100.00	100.00	100.00	100.00	100.00	100.00	100.00
31.5	0.004 1	2.71	96.71	96.71	96.62	96.47	96.55	96.62	96.62
26.5	0.004 1		85.11	85.11	84.72	84.03	84.37	84.72	84.72
19	0.004 1	2.71	75.01	75.01	74.47	73.31	73.89	74.47	74.47
16	0.004 1		70.02	70.02	69.42	68.03	68.73	69.42	69.42
13.2	0.004 1	2.70	62.64	62.64	62.05	60.33	61.19	62.05	62.05
9.5	0.004 1		56.57	56.57	56.00	54.00	55.00	56.00	56.00
4.75	0.004 1	2.70	41.98	41.98	41.69	39.04	40.36	41.69	41.69
2.36	0.008 2	2.70	31.49	31.49	31.47	28.36	29.92	31.47	31.47
1.18	0.016 4		24.65	24.65	25.27	21.88	23.58	25.27	25.27
0.6	0.028 7	2.68	19.86	19.86	20.93	17.34	19.14	20.93	20.93
0.3	0.061 4		13.60	13.60	15.26	11.41	13.34	15.26	15.26
0.15	0.122 9		11.11	11.11	13.01	9.05	11.03	13.01	13.01
0.075	0.327 7	2.85	10.30	10.30	12.27	8.29	10.28	12.27	12.27
理论最大密度 (g/cm³)			2.498	2.466	2.501	2.475	2.500	2.479	2.458
实测密度 (g/cm³)			2.459	2.437	2.466	2.446	2.473	2.447	2.431
沥青含量			0.052	0.061	0.052	0.058	0.052	0.058	0.064
有效沥青含量			0.051	0.060	0.051	0.057	0.051	0.057	0.063
比表面积 (m²/kg)			7.392	7.392	8.412	6.188	7.300	8.412	8.412
沥青薄膜厚度 (μm)			7.303	8.688	6.417	9.823	7.394	7.226	8.045

为更进一步探寻大粒径沥青混凝土级配指数、沥青用量和填料用量对其马歇尔稳定度、流值及劈裂抗拉强度的影响规律,基于上述 15 组配合比的试验结果,利用新疆农业大学自行研发的复杂系统的投影寻踪回归无假定建模技术(PPR)进行建模分析。

PPR 无假定建模技术与传统的统计推断技术完全不同,传统的统计推断要求在分析数据前模型是已知的,即 CDA 建模方法。然而,在目前的实践中,通常是在数据分析后选择一个模型,即 EDA 建模方法。PPR 无假定建模技术正是这种全新的数学思维,事先不选择任何投影寻踪的经验分布函数形式去描述岭函数,而是直接用数值函数来描述投影得到的岭函数;同时,也不选择或者规定任何特定的投影寻踪算法,不对实际观测数据进行任何的人为假定、分割或者变换预备处理,不论数据分布是正态还是偏态,也不论其是白色量、灰色量、模糊量还是黑色系统,或是多元高维数据还是时间序列,都可以进行有效的处理和分析,是进行数据挖掘,探索潜在信息和客观规律的有效建模技术,并具有抗干扰性和跨学科通用的特点。计算方法如下:

设 y 是因变量,x 是 p 维自变量,PPR 模型为:

$$\hat{y} = E(y|x) = \bar{y} + \sum_{i=1}^{MU} \beta_i f_i(\alpha_i^T x) \tag{3-4}$$

式中 MU——数值函数最优个数;

β——数值函数的贡献权重系数;

f——数值函数,即数表;

$\alpha_i^T x$——i 方向的投影值,其中 $\alpha_i^T = (\alpha_{i1}, \alpha_{i2}, \cdots, \alpha_{ip})$;$\|\alpha_i\| = 1, i = 1,2,\cdots,MU$。

对本次试验中得到的 15 组数据进行 PPR 分析,反映投影灵敏度指标的光滑系数取0.50,投影方向初始值 $M=5$,最终投影方向取 $MU=3$。模型参数为:$N,P,Q,M,MU = 15,3,1,4,3$。

对于稳定度的岭函数权重系数 $\beta = (1.0290, 0.3557, 0.3390)$,各个自变量的相对贡献权重为(按从大到小排序):沥青用量、级配指数、填料用量;投影方向 α_i 为:

$$\begin{pmatrix} \alpha_1 \\ \alpha_2 \\ \alpha_3 \end{pmatrix} = \begin{pmatrix} -0.0587 & -0.1289 & -0.9899 \\ -0.0926 & -0.2203 & 0.9710 \\ -0.0383 & 0.7413 & -0.6701 \end{pmatrix}$$

对于流值的岭函数权重系数 $\beta = (0.9749, 0.2749, 0.5505)$,各个自变量的相对贡献权重为(按从大到小排序):沥青用量、级配指数、填料用量;投影方向 α_i 为:

$$\begin{pmatrix} \alpha_1 \\ \alpha_2 \\ \alpha_3 \end{pmatrix} = \begin{pmatrix} 0.0483 & 0.1260 & 0.9909 \\ -0.2690 & 0.6985 & 0.6632 \\ 0.1778 & -0.2069 & -0.9621 \end{pmatrix}$$

对于劈裂抗拉强度的岭函数权重系数 $\beta = (0.9503, 0.1927, 0.1914)$,各个自变量的相对贡献权重为(按从大到小排序):沥青用量、级配指数、填料用量;投影方向 α_i 为:

$$\begin{pmatrix} \alpha_1 \\ \alpha_2 \\ \alpha_3 \end{pmatrix} = \begin{pmatrix} 0.0660 & -0.0668 & -0.9956 \\ -0.1884 & 0.2116 & 0.9590 \\ 0.0758 & -0.1982 & -0.9772 \end{pmatrix}$$

投影寻踪回归分析结果与试验数据对照见表 3-54。

表 3-54　投影寻踪回归分析结果与试验数据对照

序号	级配指数	填料用量（%）	沥青用量（%）	流值（mm）			稳定度（kN）			劈裂抗拉强度（MPa）		
				y	$\overset{|}{y}$	δ（%）	y	$\overset{|}{y}$	δ（%）	y	$\overset{|}{y}$	δ（%）
1	0.42	8	5.8	7.44	8.23	10.7	16.71	16.64	-0.4	0.89	0.93	4.8
2	0.42	10	6.4	11.53	11.10	-3.7	14.04	14.00	-0.3	0.77	0.76	-0.9
3	0.42	12	5.5	8.29	9.87	19.1	15.41	15.97	3.7	0.98	0.96	-1.7
4	0.42	8	6.4	10.95	9.97	-9.0	13.01	13.74	5.6	0.76	0.78	2.7
5	0.42	8	5.5	7.32	7.31	-0.2	18.62	18.17	-2.4	1.04	1.01	-2.5
6	0.45	10	6.1	11.52	11.52	0	14.48	14.30	-1.3	0.87	0.87	-0.3
7	0.45	12	5.5	13.95	11.22	-19.6	15.16	14.83	-2.2	0.93	0.98	5.4
8	0.45	8	6.1	11.28	10.90	-3.4	14.01	14.23	1.6	0.89	0.9	1.0
9	0.45	10	5.2	9.13	8.46	-7.3	17.49	17.54	0.3	1.15	1.13	-1.9
10	0.45	10	6.1	10.99	11.52	4.8	15.27	14.30	-6.4	0.93	0.86	-7.2
11	0.48	12	5.2	10.13	10.91	7.8	15.27	14.61	-4.3	1.12	1.13	1.3
12	0.48	8	5.8	11.05	11.19	1.3	14.41	14.63	1.6	1.06	1.06	0
13	0.48	10	5.2	9.84	9.81	-0.3	15.94	16.25	2.0	1.19	1.2	0.5
14	0.48	12	5.8	13.00	13.17	1.3	12.19	12.98	6.5	0.97	0.95	-1.8
15	0.48	12	6.4	15.15	14.90	-1.7	11.65	11.44	-1.8	0.77	0.79	2.1

注：表中 y 未实测值，$\overset{|}{y}$ 为仿真值。

由表 3-54 可以看出，均匀试验数据进行 PPR 无假定非参数建模（$S = 0.5$，$M = 5$，$MU = 3$）得出的仿真值误差 δ 的最大值小于 20%，说明仿真所选参数较为合理，能准确反映出试验数据的客观规律。采用投影寻踪回归模型对其余 31 组数据进行仿真计算，仿真结果如表 3-55 所示。

表 3-55　沥青混合料考核指标仿真结果

试验序号	级配指数	填料用量	沥青用量	稳定度（kN）	流值（mm）	劈裂强度（MPa）	沥青薄膜厚度（μm）
16	0.42	0.08	0.052	18.15	7.69	1.12	8.460
17	0.42	0.08	0.061	15.14	9.11	0.86	10.065
18	0.42	0.10	0.052	18.54	7.55	1.07	7.208
19	0.42	0.10	0.055	17.58	8.34	0.99	7.661
20	0.42	0.10	0.058	16.35	9.33	0.91	8.117
21	0.42	0.10	0.061	15.12	10.32	0.84	8.576

续表 3-55

试验序号	级配指数	填料用量	沥青用量	稳定度 （kN）	流值 （mm）	劈裂强度 （MPa）	沥青薄膜厚度 （μm）
22	0.42	0.12	0.052	16.97	8.88	1.03	6.279
23	0.42	0.12	0.058	15.06	10.69	0.89	7.071
24	0.42	0.12	0.061	14.19	11.62	0.81	7.471
25	0.42	0.12	0.064	13.24	12.95	0.77	7.873
26	0.45	0.08	0.052	17.79	8.33	1.17	8.593
27	0.45	0.08	0.055	17.07	8.68	1.09	9.133
28	0.45	0.08	0.058	15.68	9.79	0.99	9.677
29	0.45	0.08	0.064	13.04	11.68	0.81	10.775
30	0.45	0.10	0.055	16.40	9.63	1.03	7.762
31	0.45	0.10	0.058	15.32	10.74	0.94	8.224
32	0.45	0.10	0.064	13.19	12.32	0.79	9.156
33	0.45	0.12	0.052	15.78	10.08	1.07	6.349
34	0.45	0.12	0.058	14.03	12.08	0.91	7.150
35	0.45	0.12	0.061	13.25	12.87	0.84	7.554
36	0.45	0.12	0.064	12.38	13.70	0.78	7.961
37	0.48	0.08	0.052	17.09	8.45	1.19	8.723
38	0.48	0.08	0.055	15.88	9.90	1.14	9.272
39	0.48	0.08	0.061	13.43	12.29	0.96	10.379
40	0.48	0.08	0.064	12.33	13.19	0.87	10.938
41	0.48	0.10	0.055	15.20	10.94	1.09	7.859
42	0.48	0.10	0.058	14.26	12.06	1.00	8.327
43	0.48	0.10	0.061	13.41	12.97	0.91	8.797
44	0.48	0.10	0.064	12.31	13.81	0.82	9.271
45	0.48	0.12	0.055	13.74	12.16	1.04	6.820
46	0.48	0.12	0.061	12.23	14.10	0.87	7.634

利用实测的 14 组配合比和 PPR 投影寻踪仿真的 31 组配合比数据，绘制不同沥青用量、级配指数和填料用量条件下的流值、劈裂抗拉强度、稳定度的等值线，如图 3-62~图 3-64 所示。

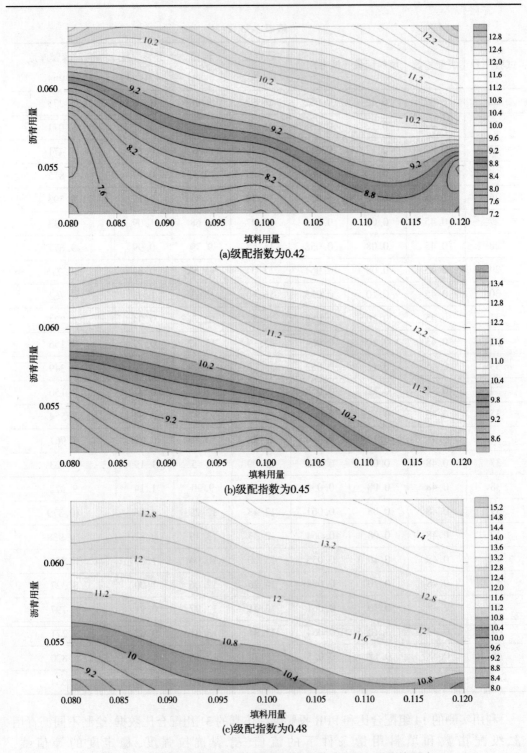

(a)级配指数为0.42

(b)级配指数为0.45

(c)级配指数为0.48

图 3-62　不同级配指数、填料用量与沥青用量对马歇尔流值的影响

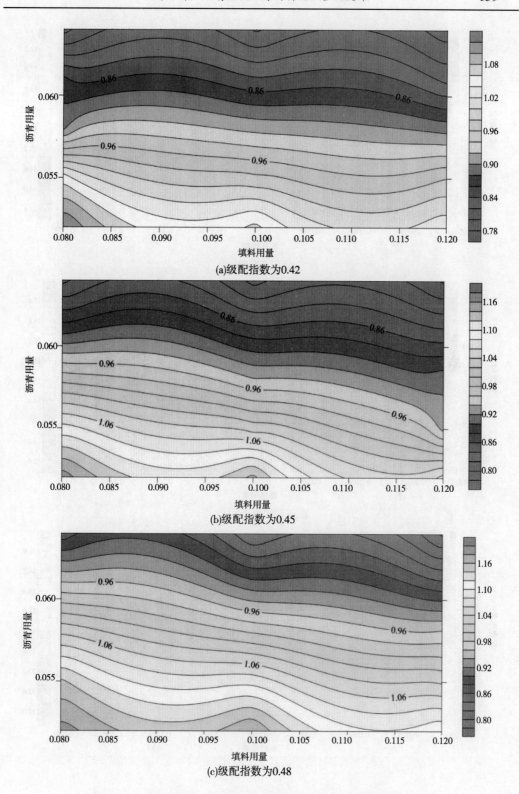

(a)级配指数为0.42

(b)级配指数为0.45

(c)级配指数为0.48

图 3-63　不同级配指数、填料用量与沥青用量对劈裂抗拉强度的影响

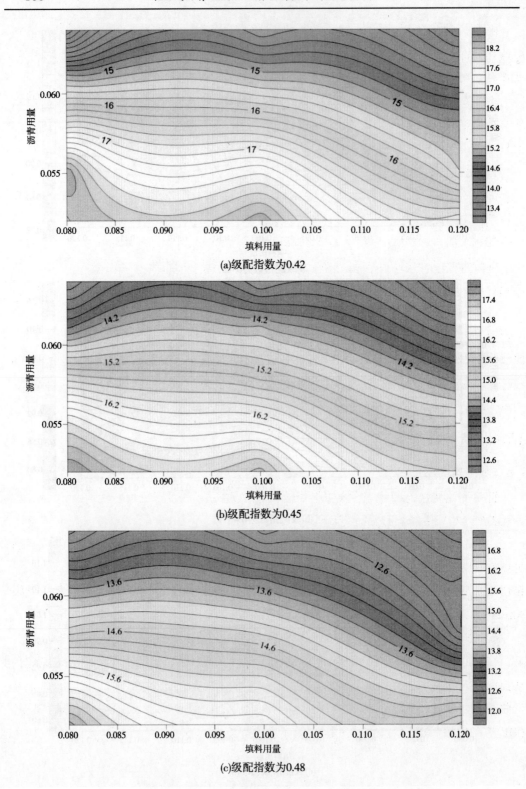

(a)级配指数为0.42

(b)级配指数为0.45

(c)级配指数为0.48

图 3-64　不同级配指数、填料用量与沥青用量对马歇尔稳定度的影响

由图 3-62 可以看出,随着级配指数的增加,流值有增大的趋势;级配指数一定,填料用量和沥青用量增加时,流值随之增大。其原因是级配指数增大,矿料的比表面积减小,沥青混合料中的沥青胶浆所占比例增大,沥青混凝土的流动性增大,柔性增强。

由图 3-63 可以看出,随着级配指数的增大,沥青混凝土的劈裂抗拉强度随之增大;级配指数一定时,随着填料用量和沥青用量的增加,劈裂抗拉强度均出现减小的趋势。级配指数越大,粗骨料越多,骨料间的咬合力增强,导致劈裂抗拉强度增加;填料和沥青用量越多,沥青混合料中的沥青胶浆比例增大,使劈裂抗拉强度减小。

由图 3-64 可以看出,随着级配指数的增大,沥青混凝土的稳定度呈现减小的规律;级配指数一定时,随着填料用量和沥青用量的增加,稳定度随之减小。说明级配指数增大,矿料的比表面积减小,沥青混合料中的沥青胶浆所占比例增大,沥青混凝土的稳定度减小。综合投影寻踪回归分析结果及计算的沥青薄膜厚度,可增加 23 号、41 号配合比为初选配合比。

综合对比试验结果,在满足心墙沥青混凝土强度和变形的前提下,初步优选出了四组配合比。分别为 6 号配合比(级配指数 0.45,填料用量 10%,沥青用量 6.1%);7 号配合比(级配指数 0.45,填料用量 12%,沥青用量 5.5%);以及 PPR 回归分析得出的 23 号配合比(级配指数 0.42,填料用量 12%,沥青用量 5.8%);41 号配合比(级配指数 0.48,填料用量 10%,沥青用量 5.5%)。

3.6.4　大粒径骨料沥青混凝土的性能

3.6.4.1　基础配合比确定

针对上述初选的四组配合比,进一步通过小梁弯曲试验进行对比分析,最终确定骨料最大粒径 37.5 mm 碾压式沥青混凝土的基础配合比。

(1)试件成型:将沥青混合料制备成板状试件,用马歇尔标准锤击实,击实次数以满足试件孔隙率的要求为准,试件成型冷却至常温后方可脱模,测定试件密度,计算孔隙率,将切割好的试件放入恒温箱等待试验;试件尺寸 400 mm×100 mm×80 mm,支点标距 300 mm。

(2)试验温度:采用工程区多年平均温度 16.5 ℃;试验加载速率 1.0 mm/min。

(3)试验方法:将恒温箱温度调节到规定的试验温度,试件恒温不小于 4 h,试验在自动控温系统的沥青混凝土综合试验机上进行,利用位移及荷重传感器采集试验数据,小梁弯曲试验如图 3-65 所示。弯曲强度、弯曲应变及挠跨比依据《水工沥青混凝土试验规程》(DL/T 5362—2018)9.13 方法进行整理,试验结果见表 3-56。

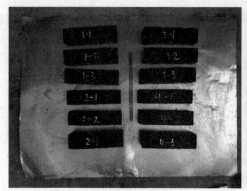

(a)小梁弯曲试件　　　　　　　　(b)小梁弯曲试验加载

图 3-65　小梁弯曲试验

表 3-56　初选配合比的小梁弯曲试验结果

配比编号	试件编号	密度（g/cm³）	最大荷载（N）	抗弯强度（MPa）	最大荷载时挠度（mm）	最大弯拉应变（%）	挠跨比（%）
6 号	WQ1	2.43	1 167	0.60	13.44	9.132	4.48
	WQ2	2.43	1 198	0.62	14.99	10.130	5.00
	WQ3	2.44	1 175	0.61	14.16	9.555	4.72
	平均值	2.43	1 180	0.61	14.20	9.606	4.73
7 号	WQ1	2.45	1 375	0.70	13.33	9.235	4.44
	WQ2	2.45	1 373	0.72	14.17	9.682	4.72
	WQ3	2.45	1 407	0.72	13.35	9.078	4.45
	平均值	2.45	1 385	0.71	13.62	9.332	4.54
23 号	WQ1	2.43	1 272	0.65	10.83	7.504	3.61
	WQ2	2.44	1 179	0.63	13.33	8.992	4.44
	WQ3	2.43	1 206	0.64	11.67	7.861	3.89
	平均值	2.43	1 219	0.64	11.94	8.119	3.98
41 号	WQ1	2.43	1 381	0.70	14.16	9.660	4.72
	WQ2	2.44	1 360	0.69	12.24	8.353	4.08
	WQ3	2.42	1 272	0.64	11.67	7.987	3.89
	平均值	2.43	1 338	0.68	12.69	8.666	4.23

6 号配合比弯曲强度为 0.61 MPa，7 号配合比弯曲强度为 0.71 MPa，23 号配合比弯曲强度为 0.64 MPa，41 号配合比弯曲强度为 0.68 MP，抗弯强度从大到小排序为：7 号、41 号、23 号、6 号。综合考虑骨料粒径增大至 37.5mm 沥青混凝土的强度和变形性能，选

定 7 号配合比为推荐的最优配合比(油石比 5.5%,填料用量 12%,级配指数 0.45),并对选定的配合比进行其他试验,全面分析其各项性能。

3.6.4.2　沥青混凝土性能试验

1. 压缩试验

室内用击实方法成型直径为 152.4 mm,高度为 150 mm 的试件,试件分两层单面击实,每层击实后高度约为 75 mm,击实次数以满足试件孔隙率的要求为准,试件成型冷却至常温后方可脱模;用卡尺量取试件尺寸,并检查其外观,对试件外观尺寸最高位置与最低位置高度差不得超过 2 mm。试件在常温下放置需超过 24 h,分别置于温度为(10.0±0.5)℃和(16.5±0.5)℃的控温室中恒温不少于 4 h。7 号配合比压缩试验结果见表 3-57。

表 3-57　7 号配合比压缩试验结果

配比	试件编号	密度 (g/cm³)	孔隙率 (%)	最大抗压强度 σ_{max}(MPa)		最大抗压强度时的 应变 $\varepsilon_{\sigma max}$(%)		受压变形模量 (MPa)	
				10.0 ℃	16.5 ℃	10.0 ℃	16.5 ℃	10.0 ℃	16.5 ℃
7 号	YS1	2.45	1.3	1.88	1.40	6.46	7.02	46.60	35.74
	YS2	2.45	1.3	1.92	1.47	5.99	7.19	54.16	33.82
	YS3	2.45	1.3	1.86	1.42	6.46	7.02	50.18	33.02
平均值		2.45	1.3	1.89	1.43	6.30	7.07	50.31	34.19

2. 水稳定性试验

试件成型同压缩试验,7 号配合比水稳定性试验结果见表 3-58。

表 3-58　7 号配合比水稳定性试验结果

试件编号		密度 (g/cm³)	孔隙率 (%)	最大抗压强度 σ_{max}(MPa)	σ_{max} 平均值 (MPa)	平均水稳定 系数 K_w
浸水	SZ1	2.45	1.20	1.24	1.24	
	SZ2	2.45	1.18	1.24		
	SZ3	2.44	1.28	1.24		0.93
不浸水	KQ1	2.44	1.46	1.33	1.33	
	KQ2	2.45	1.24	1.34		
	KQ3	2.45	1.23	1.31		

3. 轴向拉伸试验

拉伸试验在自动控温万能材料试验机(UTM-5105)上进行,制备大粒径沥青混凝土抗拉试件两组(每组 3 个),试件尺寸为 100 mm×100 mm×400 mm。试件分别置于(10.0±0.5)℃和(16.5±0.5)℃的环境中恒温 4 h 后进行。拉伸试验如图 3-66 所示,7 号配合比拉伸试验结果见表 3-59。

(a)拉伸试验前　　　　　　　　　　　　　　(b)拉伸试验后

图 3-66　拉伸试验

表 3-59　7 号配合比拉伸试验结果

试样编号	密度（g/cm³）	孔隙率（%）	试验温度 10 ℃		试验温度 16.5 ℃	
			抗拉强度（MPa）	抗拉强度对应的拉应变（%）	抗拉强度（MPa）	抗拉强度对应的拉应变（%）
LS-1	2.45	1.29	0.75	1.47	0.52	1.65
LS-2	2.44	1.37	0.77	1.39	0.52	1.83
LS-3	2.45	1.23	0.74	1.59	0.55	1.77
平均值	2.45	1.30	0.75	1.48	0.53	1.75

4. 弯曲试验

对 7 号配合比补充 10.0 ℃下的小梁弯曲试验,结果列于表 3-60 中。

表 3-60　7 号配合比沥青混凝土小梁弯曲试验结果(10 ℃)

配比编号	试件编号	密度（g/km³）	最大荷载（N）	抗弯强度（MPa）	最大荷载时挠度（mm）	最大弯拉应变（%）	挠跨比（%）
7 号	WQ1	2.44	374	1.87	4.14	2.516	2.07
	WQ2	2.43	375	1.88	4.23	2.577	2.12
	WQ3	2.44	363	1.80	4.41	2.687	2.21
平均值		2.44	371	1.85	4.26	2.594	2.13

5. 渗透试验

试验制备大粒径沥青混凝土马歇尔试件,通过钻芯取样得到直径为 101 mm 的马歇尔试样,切割成型后的沥青混凝土渗透试验尺寸为 ϕ101 mm×63.5 mm。7 号配合比渗透试验结果见表 3-61。

表 3-61　7 号配合比渗透试验结果

试样编号	密度 （g/km³）	试验温度 （℃）	渗透系数 （×10⁻⁹）	温度校正系数（℃）	标温渗透系数 （×10⁻⁹）
ST1	2.45	20.0	3.55	1.0	3.55
ST2	2.45	20.0	3.61	1.0	3.61
ST3	2.45	20.0	3.66	1.0	3.66
平均	2.45	20.0	3.55~3.66	1.0	3.55~3.66

6. 静三轴试验

试验在 WYS-2000 大型多功能三轴试验机(见图 3-67)上进行。该仪器主要技术参数:最大轴向静荷载 2 000 kN,精度±0.1 kN;最大轴向动荷载 1 000 kN,精度±0.1 kN;最大周围压力 5.0 MPa,精度±0.1 kPa;最大反压力 2.0 MPa,精度±0.1 kPa;轴向加载最大行程 400 mm,精度±0.001 mm;动荷载频率 0.01~10 Hz;动荷载波形有正弦波、三角波、矩形波、锯齿波及随机波,设备的试样直径尺寸有 300 mm 和 150 mm 两种。试验采用直径 ϕ150 mm×高 300 mm 的沥青混凝土圆柱形试件进行。对试验结果进行整理,结果见表 3-62、表 3-63。

图 3-67　WYS-2000 大型多功能三轴试验机

表 3-62　　Duncan-Chang E-μ 模型参数(线性)

温度(℃)	c(kPa)	φ(°)	R_f	K	n	F	G	D
16.5	312.9	30.7	0.757	472.1	0.11	0.02	0.48	0.53

表 3-63　　Duncan-Chang E-B 模型参数(非线性)

温度(℃)	φ_0(°)	$\Delta\varphi$(°)	R_f	K	n	K_b	m
16.5	56.6	18.7	0.757	472.1	0.11	1 858	0.18

3.6.5　沥青混凝土性能对比分析

由于国内外对增大水工沥青混凝土粗骨料最大粒径的研究极少,为更准确地分析粗骨料粒径增大后力学性能指标的变化规律,结合近几年国内既有粗骨料粒径为 19 mm 的 8 个典型工程,与最大粒径为 37.5 mm 的沥青混凝土进行了压缩强度、拉伸强度、弯曲强度、抗剪强度的对比分析。本研究与既有工程基本情况见表 3-64。

可以看出,随着骨料粒径的增大,沥青混凝土试件的密度有所增加,试件孔隙率无较大差异,均满足规范要求的小于 3% 的要求;拉伸和小梁弯曲试验结果处于中间水平,这是因为沥青混凝土的拉伸强度主要依靠骨料间的黏附作用,骨料粒径的增大不会对拉伸强度产生较大影响。由单轴压缩和水稳定性试验结果可以看出,试验温度对抗压强度影响较大,骨料粒径增大至 37.5 mm 以后,单轴压缩试验温度为 16.5 ℃,压缩强度较低,在 10 ℃ 的试验温度下较其他工程居于偏低水平,抗压强度存在一定的尺寸效应。由三轴试验结果可以看出,骨料最大粒径的增大,并不会对骨料之间的黏结产生较大影响,但内摩擦角明显增大,本次三轴试验温度为 16.5 ℃,相比其他典型工程试验温度高,但内摩擦角仍处于较高水平,仅低于奴尔水库中采用的 4.7 ℃(温度较低)试验结果,说明骨料最大粒径增大后,对沥青混凝土抗剪强度提高作用较明显。

水工沥青混凝土防渗心墙的厚度一般都不少于 40 cm,基座附近的沥青混凝土心墙厚度可达 1~2 m,粗骨料最大粒径仍然限制在 19 mm 显然不太适宜,且随着大坝建设高度越来越高,对心墙沥青混凝土的性能也提出了更高的要求,适当增大心墙沥青混凝土粗骨料最大粒径对提高心墙沥青混凝土的强度,满足工程建设的需要也是势在必行的。

表 3-64　沥青混凝土力学性能指标对比

工程名称	密度 (g/cm³)	孔隙率 (%)	试验温度 (℃)	拉伸试验		压缩试验		小梁弯曲试验				水稳定性试验			三轴试验	
				抗拉强度 (MPa)	对应应变 (%)	抗压强度 (MPa)	对应应变 (%)	抗弯强度 (MPa)	对应应变 (%)	挠度 (mm)	挠跨比 (%)	抗压强度 (MPa) 20 ℃	抗压强度 (MPa) 60 ℃	水稳定性系数 k_w	c (MPa)	φ (°)
五一水库	2.447	0.9	10.0	0.82	1.20	2.41	6.41	1.44	3.058	5.17	2.60	1.40	1.35	0.97	0.418	27.8
大石门水库	2.42	1.25	10.5	0.47	1.50	2.79	4.74	1.48	2.590	4.23	2.16	1.69	1.62	0.96	0.469	26.7
吉尔格勒德水库	2.41	1.13	10.5	0.42	1.79	2.56	5.90	1.34	2.864	4.80	2.16	1.43	1.33	0.93	0.374	27.0
	2.42	1.18	6.7	0.60	1.87	3.63	5.28	0.52	5.464	9.12	4.56	1.00	0.98	0.98	0.457	28.2
尼雅水库	2.41	1.25	11.1	0.45	1.51	2.51	5.50	2.03	2.590	4.23	2.16	1.22	1.16	0.95	0.469	25.7
	2.40	1.13	11.1	0.41	1.84	2.27	5.90	1.68	2.864	4.80	2.40	1.12	1.06	0.95	0.526	25.2
阿拉沟水库	2.422	0.48	10.5	—	—	2.31	6.51	1.22	3.470	5.64	2.82	1.11	1.18	1.06	0.43	25.0
奴尔水库	2.460	1.22	4.7	1.01	1.29	3.90	4.70	2.69	2.653	4.40	2.20	—	—	—	0.421	31.8
阿克肖水库	2.449	1.32	7.0	0.56	0.73	2.44	4.04	0.81	1.570	2.73	1.36	1.96	1.81	0.92	0.25	28.1
库什塔依水电站	2.408	1.85	7.3	1.04	1.47	3.80	3.84	2.00	3.650	6.09	3.04	2.09	1.96	0.94	0.46	26.4
	2.391	1.00	7.3	0.85	1.61	2.66	6.24	1.41	4.370	7.29	3.64	1.44	1.32	0.92	0.30	25.4
本项目	2.45	1.64	10.0	0.75	1.48	1.89	6.30	1.85	2.594	4.26	2.13	1.33	1.24	0.93	—	—
			16.5	0.53	1.75	1.43	7.07	0.77	3.921	6.52	3.26	—	—	—	0.313	30.7

第 4 章　砾石骨料在沥青混凝土
心墙坝中的应用研究

沥青混凝土心墙坝具有结构简单、防渗性能好、施工方便快捷、适应变形能力强等特点,具有较强的抗冲蚀能力和抗老化能力,在新疆寒冷地区得到广泛应用。尽管在工程实践中心墙沥青混凝土得到迅速发展,但在其材料研究、设计理论方面还显得不够完善。尤其在进行沥青混凝土配合比设计时,为保证骨料与沥青的黏附性及心墙的防渗安全可靠性,沥青混凝土骨料一般选用碱性岩石破碎的碎石。人工破碎岩石成本高、环境污染严重且资源有限,根据地质学的计算,自然界中碳酸盐岩类的分布仅占 0.25%。然而,在我国西北地区尤其是新疆地区,天然砾石骨料分布范围广、可就地取材、节省工程造价,沥青混凝土使用天然砾石骨料配制也就势在必行。室内外试验成果表明,消石灰、硅酸盐水泥、聚酰胺等用作防剥离剂,在适当剂量下,对提高酸性骨料与沥青的黏附性能均有效果,消石灰是目前工程上广泛应用的防剥离剂。酸性骨料经过适当处理后,沥青混凝土的长期水稳定性是有保证的。

4.1　砾石骨料的工程应用情况

国外沥青混凝土防渗墙工程已有采用酸性骨料的实例。据统计,挪威是修建沥青混凝土心墙坝较多的国家之一,大约有 15 座,且坝高方面在世界上也居于前列,使用酸性骨料或天然砂砾石建造沥青混凝土心墙坝,约占总数的 54%。

西达尔杰恩坝:碾压式沥青混凝土心墙坝,坝高 32 m,1978~1981 年建设。使用天然砾石作骨料,填料占矿质材料的 12.5%,其中 6.5% 来自骨料,另掺 6% 的石灰石粉。

斯泰格湖坝:碾压式沥青混凝土心墙坝,坝高 52 m,1986~1990 年建设。通常认为碱值 $C>0.7~0.8$ 者,评判为碱性骨料。该工程使用花岗片麻碎石作骨料,其碱值为 0.54~0.57,属酸性骨料。填料占矿质材料的 12%,其中 5%~7% 来自骨料,另掺 5%~7% 的石灰石粉。

斯图湖:碾压式沥青混凝土心墙坝,坝高 90 m,1981~1987 年建设。使用片麻碎石作骨料,其碱值约为 0.62,属酸性骨料。填料占矿质材料的 12%,其中 4%~5% 来自骨料,另掺 7%~8% 的石灰石粉。

斯图格洛湖:碾压式沥青混凝土心墙坝,坝高 125 m,1992 年建设。工程使用天然砂砾石作骨料。设计时,填料占矿质材料的 13%,其中 6.5% 来自骨料,另掺 6.5% 的石灰石粉。在实施过程中,骨料采用卵石、碎石各 50%。

我国使用天然砂砾石和酸性骨料的工程也不少。如甘肃党河水库:坝高 74 m,一期于 1973 年建成,二期于 1994 年完工。使用天然砂砾石作为骨料,其最大粒径为 25 mm,多年运行未出现工程异常。

国内外水工沥青混凝土工程骨料与沥青使用统计见表 4-1。

表 4-1　国内外水工沥青混凝土工程骨料与沥青使用统计

工程名称	坝高 (m)	骨料	填料	沥青
日本武利碾压式沥青混凝土心墙坝	25	碎石 天然砂	石灰石粉	80~100 号沥青
苏联博古恰斯卡亚水电站浇筑式沥青混凝土心墙坝	79	玄武岩碎石	粉煤灰	BND40/60 号道路沥青
吉林白河水电站浇筑式沥青混凝土心墙坝	24.5	玄武岩碎石 天然砂	石灰石粉	兰州 10 号沥青
辽宁碧流河水库碾压式沥青混凝土心墙坝	49	石灰石碎石 天然砂	石灰石粉	100 甲道路沥青
香港高岛水库碾压式沥青混凝土心墙坝	105	流纹岩骨料 天然砂	水泥	—
浙江牛头山水库沥青混凝土斜墙坝	49.3	碱性岩石破碎料	碱性岩石石粉	60 甲与 60 乙
挪威西达尔杰恩碾压式沥青混凝土心墙坝	32	天然砾石骨料	石灰石粉	B65
挪威斯图湖碾压式沥青混凝土心墙坝	90	片麻岩碎石	石灰石粉	B60
挪威斯泰格湖碾压式沥青混凝土心墙坝	52	花岗片麻岩碎石	石灰石粉	B60
挪威斯图格洛湖碾压式沥青混凝土心墙坝	125	天然砾石骨料	石灰石粉	—
浙江天荒坪抽水蓄能电站碾压式沥青混凝土面板	—	石灰岩碎石 天然砂	石灰石粉	沙特阿拉伯 B80、B45 沥青
三峡茅坪溪防护沥青混凝土心墙坝	—	灰岩碎石 天然砂	灰岩粉	克拉玛依沥青 中海 36-1 牌号沥青

香港高岛水库:分东西两坝,坝高分别为 105 m 和 90 m,1973~1977 年建设。采用了酸性的流纹岩作骨料,使用水泥作填料,运行至今良好。

总体上看,采用酸性骨料或天然砂砾石作骨料的工程运行工况均未有异常情况的报道。由于水工沥青混凝土中沥青含量高于公路沥青混凝土,渗透系数很小,水分进入混凝土内部的可能性也较小,再加上合理地选择矿粉种类和用量,以及采用抗剥离剂或其他增强骨料黏附性的措施后,应当说使用酸性骨料和天然砂砾石作心墙混凝土的骨料是可以的。

我国西北地区天然砂砾石资源丰富,却缺乏适用于加工沥青混凝土骨料的碱性岩石,从而提出在水工沥青混凝土中如何有效地利用砂砾石骨料问题。砂砾石用作沥青混凝土骨料存在两方面问题:一是卵石粒形圆滑,内摩擦力小,沥青混凝土强度较低;二是卵石的岩性复杂,由多种不同的矿物岩石组成,其中也有酸性岩石且表面光滑,因此与沥青黏附性较差。为了提高内摩擦力,并使骨料颗粒具有较粗糙的表面,有效的方法就是将卵石轧成碎石。卵石原有的表面随破碎粒度的减小而相对减少,为了使轧成的碎石具有较大的新的粗糙表面,《水工碾压式沥青混凝土施工规范》(DL/T 5363—2006)要求用于轧制的卵石粒径应大于骨料最大粒径的 3 倍以上。为提高卵石的黏附性能,可选用合适的防剥离剂,以提高其长期水稳定性能。

沥青混凝土防渗墙主要承受水压力的作用,对强度的要求没有沥青混凝土路面那样高,水工沥青混凝土的沥青用量较大,与道路沥青混凝土相比较,骨料内摩擦力的影响也相对要小一些。这些条件为水工沥青混凝土直接采用砂砾石作骨料提供了可能,国内的工程实践在这方面也已取得了一些经验。如甘肃党河水库沥青混凝土心墙采用的骨料就是当地的砂卵石,骨料最大粒径 25 mm,混凝土内摩擦角为 20° 左右;青海湟海渠沥青混凝土衬砌也是采用当地卵石作骨料,卵石为酸性石英砾石,质地坚硬,为了提高黏附性,掺入聚酰胺(沥青质量的 2/10 000)和消石灰(矿粉质量的 2%)。由于目前对砾石骨料沥青混凝土的特性还缺乏深入的研究,工程经验也还不多。因此,当采用卵石骨料时,首先应认真做好试验工作,在技术上采取有效措施,以保证工程质量。

砾石骨料渐渐被应用到沥青混凝土心墙坝中,坝高也在不断提高,新疆地区近年来也建设了很多以砾石为骨料的碾压式沥青混凝土心墙坝。2012 年开始修建的乌苏市特吾勒水库最大坝高 65.0 m,总库容 623 万 m³;迪那河五一水库位于新疆巴音郭楞蒙古自治州轮台县,其围堰工程心墙沥青混凝土采用了天然砾石骨料,拦河坝最大坝高达到了102.5 m,总库容 0.995 亿 m³;精河县沙尔托海水库最大坝高 62.8 m,总库容 998 万 m³,呼图壁县齐古水库最大坝高 50.0 m,总库容 2 057.0 万 m³;吉木萨尔水溪沟水库最大坝高 55.3 m,总库容 738.5 万 m³。这些水库均采用了天然砾石作为心墙沥青混凝土的骨料,运行情况良好。此外,还有一些工程的心墙沥青混凝土采用了破碎砾石骨料,如:青河县喀英德布拉克水库最大坝高 59.6 m,总库容 5 234 万 m³;策勒县努尔水库最大坝高80.0 m,总库容 0.68 亿 m³;若羌河水库最大坝高 77.5 m,总库容 1 776 万 m³;兵团第九师乔拉布拉水库最大坝高 81.5 m,总库容 450 万 m³。表 4-2 列出了新疆近几年使用砾石做骨料的碾压式沥青混凝土心墙坝,表 4-3 列出了使用砾石做骨料的浇筑式沥青混凝土心墙坝。

表 4-2　使用砾石做骨料的碾压式沥青混凝土心墙坝

已建	水库名称	骨料种类	填料种类
1	五一(围堰)	天然砾石	普硅水泥 白云岩粉
2	奴尔	破碎砾石	石粉+抗剥落剂
3	特吾勒	天然砾石	普硅水泥
4	沙尔托海	天然砾石	普硅水泥
5	喀英德布拉克	破碎砾石	普硅水泥

续表 4-2

已建	水库名称	骨料种类	填料种类
6	齐古	天然砾石	普硅水泥
7	乔拉不拉(兵团)	破碎砾石	普硅水泥
8	若羌河	破碎砾石	石粉+抗剥落剂
9	白杨河	天然砾石	普硅水泥
10	红山下	天然砾石	普硅水泥

表 4-3　使用砾石做骨料的浇筑式沥青混凝土心墙坝

在建	水库名称	骨料种类	填料种类
1	小锡伯提(兵团)	破碎砾石	普硅水泥
2	麦海因	天然砾石	普硅水泥
3	东塔勒德	天然砾石	普硅水泥
4	阿勒腾也木勒	天然砾石	普硅水泥
5	也拉曼	天然砾石	普硅水泥
6	强罕	天然砾石	普硅水泥

4.2　砾石骨料的酸碱性判定方法

天然砾石骨料岩性复杂,往往由多种岩性颗粒组成。实际工作中,还发现采用某一种方法来判定天然砾石骨料的酸碱性往往不够准确、全面。因此,对沥青混凝土用天然砾石骨料酸碱性的判定方法,应予以重视。

4.2.1　骨料的酸碱性判定方法

天然砾石骨料判定方法有多种,选择合适的方法对砾石骨料进行酸碱性评价极为关键。目前工程中主要有岩相法、SiO_2 含量法、碱度模数法、碱值法四种方法。

4.2.1.1　岩相法

岩相法来自《水工混凝土试验规程》(DL/T 5150—2017)中的骨料碱活性检验(岩相法),目的是鉴定所用骨料(包括砂、石)的种类和成分,从而确定碱活性骨料的种类和数量。方法是先对初步选用的骨料的岩石颗粒,制成薄片,在偏光显微镜下鉴定矿物组成、结构等,再参考已有的标准确定岩石的名称;然后计算碱活性矿物含量,判定是否属于碱活性骨料。同理,该方法应用到砾石骨料酸碱性评价上是可行的。通过岩相鉴定,可知道岩石名称、结构构造和矿物成分,根据岩石的名称来判定骨料的酸碱性。比如石灰岩、白云岩、大理岩等碳酸岩类岩石为碱性岩石,而花岗岩、片麻岩、凝灰岩及石英岩为酸性岩石。应用此种方法判定结果简单快捷,但岩相法只能给予常见岩石酸碱性的判定,且其判定结果不准确,在实际应用中仅作为初步判断。

4.2.1.2　SiO₂ 含量法

首先对岩石进行化学成分检测,测定岩石中的 SiO₂ 含量,然后根据《土石坝沥青混凝土面板和心墙设计规范》(SL 501—2010)中的方法进行判定:岩石中的 SiO₂ 含量小于45% 为超基性岩石,在 45%~52% 为碱性岩石,在 52%~65% 为中性岩石,大于 65% 为酸性岩石[实际上述标准源于《岩石分类和命名方案　火成岩岩石分类和命名方案》(GB/T 17412.1—1998)]。通过测出的 SiO₂ 含量及已有的判定标准就可以判定天然砾石骨料的酸碱性。

4.2.1.3　碱度模数法

碱度模数法的测定方法与 SiO₂ 含量法基本相同。首先测定岩石的化学成分,对岩石中的 SiO₂ 含量、CaO 含量、MgO 含量、FeO 含量进行测定,碱度模数 M 为:

$$M = (CaO + MgO + FeO)/SiO_2 \tag{4-1}$$

当 $M<0.6$ 时,为酸性岩石;当 $M=0.6~1.0$ 时,为中性岩石;当 $M>1.0$ 时,为碱性岩石。

但是碱度模数法存在一定问题,对于公式当中应该使用 FeO 还是使用 Fe_2O_3 不够明确,在已有的期刊中提到碱度模数法时用了规范当中的 FeO,但在做岩石化学成分分析时却没有测定 FeO 的含量,而测定的是 Fe_2O_3 的含量。到底应该使用哪一种化学成分才准确,我们致函询问《水工碾压式沥青混凝土施工规范》(DL/T 5363—2006)归口单位,但没有得到明确答复。而在《水工沥青混凝土施工规范》(SL 514—2013)中未提及用来评价骨料酸碱性的碱度模数法,可见碱度模数法计算公式中的化学成分还不十分确定。另外,对比 SiO₂ 含量法和碱度模数法的公式,也可以分析出两种方法之间的矛盾。例如,当 SiO₂ 含量为 64% 时,依据 SiO₂ 含量法进行判定该骨料为中性岩石,而按照碱度模数法进行计算,其 M 值最大仅为 0.56,属于酸性岩石。再如当 SiO₂ 含量为 51% 时,依据 SiO₂ 含量法判定为该岩石为碱性岩石,但按照碱度模数法来进行,判定结果又是中性岩石。因此,这两种方法判定结果还有一定的差异。

4.2.1.4　碱值法

首先配制硫酸标准溶液,测定硫酸标准溶液的氢离子浓度 N_0,然后取待测骨料试样的石粉(粒径<0.075 mm)(2±0.000 2)g,与 100 mL 硫酸标准溶液一起置于 250 mL 圆底烧瓶中,放入 130 ℃油浴锅中回流煮沸 30 min,冷却至室温后测定上层清液的氢离子浓度 N_1。再称取(2±0.000 2)g 分析纯碳酸钙粉末,置于另一圆底烧瓶中,进行同样的操作,测定其反应后的上层清液的氢离子浓度 N_2。骨料的碱值 Ca 为:

$$Ca = (N_0 - N_1)/(N_0 - N_2) \tag{4-2}$$

式中　Ca——骨料的碱值;

　　　N_0——硫酸标准溶液的氢离子浓度;

　　　N_1——骨料与硫酸反应后的清液的氢离子浓度;

　　　N_2——碳酸钙与硫酸反应后的清液的氢离子浓度。

碱值试验的原理实际是中和反应,通过岩石中的碱性物质与硫酸标准溶液中的 H⁺ 进行反应,以消耗 H⁺ 的多少来判定岩石的酸碱性。岩石中所含碱性物质越多,消耗的 H⁺ 就越多,对应的 N_1 就越小,碱值越大。碱值试验方法测定结果较为准确、可靠。碱值试验装置及碱值测定仪器如图 4-1、图 4-2 所示。

图 4-1　碱值试验装置

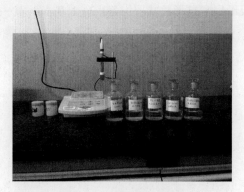

图 4-2　碱值测定仪器

碱值试验适用于所有骨料,但以碱值来判定骨料的酸碱性规范中尚没有明确的标准。已有研究认为碱值大于 0.80 时,骨料与沥青的黏附性良好;碱值为 0.70~0.80 时,骨料与沥青的黏附性为合格;碱值小于 0.70 时,骨料与沥青的黏附性较差。

4.2.2　砾石骨料酸碱性判定实例分析

以新疆某水库工程沥青混凝土心墙所用天然砾石骨料为研究对象,应用岩相法和 SiO_2 含量法对有代表性的天然砾石骨料进行了酸碱性判定,试验所选用岩石根据岩石岩性进行分拣后,选有代表性的岩石送检。岩石的分拣由两名人员同时进行,每人每次取样 10 kg,连续取样两次,取平均值作为最终分拣结果。

4.2.2.1　岩相法与 SiO_2 含量法鉴定结果

各代表性样石的百分含量、岩相鉴定结果及 SiO_2 含量测定结果列于表 4-4,岩样照片如图 4-3 所示,岩石切片如图 4-4 所示。

表 4-4　岩相定名及 SiO_2 含量

代表性样石编号	1#	2#	3#	4#	5#
在骨料中的含量（%）	27.8	24.4	30.2	7.7	8.1
岩相定名	灰白色变质中细粒花岗岩	浅灰色石英霏细斑岩	浅灰色石英霏细斑岩	浅肉红色中粒斜长花岗岩	灰绿色斜长绿帘阳起石岩
SiO_2 含量（%）	71.32	69.28	82.52	60.82	46.38
酸碱性	酸性	酸性	酸性	中性	碱性

各样石岩相定名及所含矿物鉴定如下:

1# 样石岩相定名为灰白色变质中细粒花岗岩,其原石是花岗岩,由斜长石、钾长石、石英、黑云母组成,后期经变质作用,大部分变质重结晶。斜长石大量呈他形粒状,少量残留半自形板状,粒径为 0.3~3.6 mm,可见聚片双晶,普遍中轻度绢云母化、绿帘石化、高岭土化,含量 20%;钾长石呈他形粒状,粒径 0.3~1.8 mm,具条纹结构,为条纹长石,轻微泥化,含量 60%;石英呈他形粒状,粒径 0.2~0.8 mm,波状消光,分布不均匀,含量 20%;黑云母呈半自形片状,片径 0.2~1.0 mm,黄—褐色,多色性显著,含量很少。

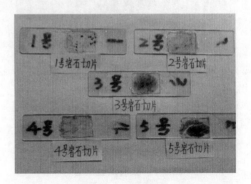

图 4-3　岩石岩样　　　　　　　　　　图 4-4　岩石切片

2#样石岩相定名为浅灰色石英霏细斑岩,其由 35%的斑晶和 65%的基质组成。斑晶的矿物组成是:斜长石,呈半自形板状,粒径(0.2~2.0)mm×1.2 mm,可见聚片双晶,普遍中轻度绢云母化、高岭土化,含量 20%;钾长石,呈半自形粒状,粒径 0.3~4.8 mm,具条纹结构,轻度泥化,含量 5%;石英,呈粒状、熔蚀港湾状,粒径 0.4~0.9 mm,波状消光,含量 10%;黑云母,呈片状,片径 0.2~0.9 mm,均绿泥石化、绿帘石化,含量很少。基质具霏细结构,由霏细状长英质集合体组成,粒径< 0.03 mm。

3#样石岩相定名为浅灰色石英霏细斑岩,其由 27%的斑晶和 73%的基质组成。斑晶的矿物组成是:斜长石,呈半自形板状,粒径(0.2~1.7)mm×0.5 mm,可见聚片双晶,普遍中强度绢云母化、高岭土化,部分仅残留形态,含量 25%;石英,呈粒状,粒径 0.4~1.8 mm,波状消光,含量很少;黑云母,呈片状,片径 0.2~1.0 mm,均绿泥石化,含量 2%。基质具霏细结构,由霏细状长英质集合体组成,粒径< 0.03 mm,轻度绿泥石化。

4#样石为浅肉红色中粒斜长花岗岩,其由斜长石、石英、少量白云母组成。斜长石呈半自形板状,粒径 1.6 mm×0.8 mm~5.2 mm×4.5 mm,聚片双晶发育,普遍中轻度绢云母化、高岭土化,含量 75%;石英呈他形粒状,粒径 0.3~1.8 mm,波状消光,多呈集合体不均匀分布,含量 25%;白云母呈半自形片状,片径 0.2~0.7 mm,无色,零星分布,含量很少。

5#样石为灰绿色斜长绿帘阳起石岩,其由变质矿物斜长石、阳起石、绿帘石组成。斜长石呈他形粒状,少量残留半自形板状,粒径 0.2~1.2 mm,可见聚片双晶,轻度泥化,不均匀分布,含量 20%;阳起石呈长柱状,粒径 0.3~1.3 mm,淡绿色,具有闪石式节理,杂乱分布,含量 50%;绿帘石呈粒状,粒径 0.1~0.8 mm,淡黄色,干涉色不均匀,含量 30%。

由岩相鉴定结果可见,1#~4#样石是火成岩(岩浆岩),而 5#样石是火成岩经变质作用后形成的变质岩。根据《水工沥青混凝土施工规范》(SL 514—2013)中 2.0.5 条中明示 1#~4#样石应为酸性骨料。为了更准确地判断各种骨料的酸碱性,尚需进行粗骨料化学成分检测。

由 SiO_2 含量测定结果可知,1#样石灰白色变质中细粒花岗岩,SiO_2 含量为 71.32%,为酸性岩石;2#样石浅灰色石英霏细斑岩,SiO_2 含量为 69.28%,为酸性岩石;3#样石浅灰色石英霏细斑岩,SiO_2 含量为 82.52%,为酸性岩石;4# 样石浅肉红色中细粒斜长花岗岩,SiO_2 含量为 60.82%,为中性岩石;5# 样石灰绿色斜长绿帘阳起石岩,SiO_2 含量为 46.38%,为碱性岩石。可见在天然砾石骨料中各种岩石共同存在。这就有一个新的问题。如何对天然砾石骨料进行酸碱性评价? 规范中没有说明。本研究提出以各岩石在骨料中所占质量百分比为权重,计算 SiO_2 含量的加权平均值来判定天然砾石骨料的酸碱性。SiO_2 含量加权平均值为:

$$SiO_2 \text{ 含量} = (P_1 Q_1 + P_2 Q_2 + \cdots + P_n Q_n) / (P_1 + P_2 + \cdots + P_n) \qquad (4\text{-}3)$$

式中　P_1、P_2、$\cdots$、P_n——各样石的百分含量(%);

　　　Q_1、Q_2、$\cdots$、Q_n——各样石的 SiO_2 含量(%)。

试验所测的五种代表性的样石含量占粗骨料总质量的 98.2%,总的岩石 SiO_2 含量 = 71.38%,因此,该工程所用天然砾石骨料应为酸性骨料。

岩石中的 SiO_2 含量超过一定限度后,配制的沥青混凝土很难满足水稳定性要求。SiO_2 含量法仅适用于火成岩或由火成岩变质形成的变质岩,例如花岗岩属于火成岩,由花岗岩变质而形成的片麻岩属于火成岩变质岩,可以采用 SiO_2 含量法进行酸碱性的评价。对于沉积岩和由沉积岩变质而形成的变质岩则不能采用 SiO_2 含量法进行酸碱性的判定。

对于以上介绍的两种方法,在进行骨料酸碱性的判定时,已经出现了矛盾的地方,由岩相鉴定定名的 4# 样石定名为浅肉红色中粒斜长花岗岩,根据岩相法判定该岩石为酸性岩石,但根据 SiO_2 含量法判定该岩石为中性岩石。同一种岩石选择不同的判定方法得出了不同的判定结果。建议采用岩相法和 SiO_2 含量法进行骨料酸碱性的判定时,应以 SiO_2 含量法判定结果作为最终结果。

4.2.2.2　碱值试验结果分析

分别对水泥及 4 种不同岩石的石粉进行了碱值试验,结果列于表 4-5。碱值试验中所用水泥为新疆天山水泥 P·O42.5 普通硅酸盐水泥,石灰岩、白云岩、粉砂岩与花岗岩均为新疆某工程骨料。各岩石的石粉分别为球磨机粉磨后过 0.075 mm 筛得到。水泥及各岩石制备的石粉试样如图 4-5 所示。

表 4-5　水泥与各岩石粉碱值测定结果

岩石名称	硫酸标准溶液 H^+ 浓度(mol/L)	$CaCO_3$ 粉末碱值溶液 H^+ 浓度(mol/L)	相应碱值溶液 H^+ 浓度(mol/L)	碱值
水泥	4.02	0.17	0.01	1.04
石灰岩	4.02	0.17	0.35	0.95
白云岩	4.02	0.17	0.78	0.84
粉砂岩	4.02	0.17	2.54	0.38
花岗岩	4.02	0.17	3.30	0.21

可以看出,水泥碱值最大为 1.04,水泥与沥青的黏附性最好。石灰岩碱值为 0.95,白云岩碱值为 0.84,均大于 0.80,说明石灰岩、白云岩与沥青的黏附性良好。粉砂岩碱值为

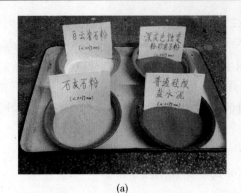 

(a)　　　　　　　　　　　　　　　　　(b)

图 4-5　碱值试验试样

0.38,花岗岩碱值仅为 0.21,远小于 0.70,表明粉砂岩、花岗岩与沥青的黏附性较差。若采用粉砂岩与花岗岩配制沥青混凝土需采取增强沥青与骨料黏附性的措施,并经试验论证。

现有的几种试验方法存在适用条件:岩相法适用于常见岩石的酸碱性判定;SiO_2 含量法适用于火成岩或由火成岩变质的变质岩;碱度模数法存在一定的争议,不建议采用;而碱值法适用于所有的天然砾石骨料和其他各类岩石。以上所介绍的四种方法在实际应用中,可先采用岩相法进行初步鉴定,同时确定砾石骨料的岩石类别。再通过 SiO_2 含量法或碱值法进行验证。SiO_2 含量法适用范围有限,有一定的局限性。应用碱值法判定天然砾石骨料的酸碱性可操作性强,重复性好,且适用于所有骨料,试验原理较可靠,建议在实际工程应用中采用碱值法作为判定砾石骨料酸碱性的主要方法。

4.3　砾石骨料与沥青黏附性试验研究

4.3.1　骨料与沥青黏附理论

沥青作为一种黏合剂,在沥青混凝土中首要作用是将各粒径骨料和填料结合成一个密实的整体。理想状态下,如果没有水分的进入,是不会产生剥离问题的。但由于心墙沥青混凝土工作环境的特殊性,长期浸泡于水中,可能发生沥青胶浆的剥离现象,最终沥青混凝土丧失黏聚性。造成沥青胶浆剥离的首要条件是水和荷载,水的特殊性在于比沥青更容易浸润骨料的表面,降低沥青与骨料的接触面积,造成黏附性下降,荷载的存在则在结构中产生动水压力,对沥青胶浆的剥落起到了推波助澜的作用。已有的黏附性机制有以下几种:

(1)力学理论。

力学理论认为,沥青与骨料之间主要受到的是分子间作用力。从微观角度看,骨料表面是粗糙不平的,且存在不同方向、尺度的裂缝并带有大量孔隙。沥青与骨料接触后,增大了沥青与骨料的接触面积,二者之间产生了更强的黏结力。高温拌和时,熔融状的沥青深入微裂隙中并完全裹覆凹凸不平的表面,随着温度的降低慢慢硬化,产生了一种锚固咬合作用,骨料与沥青黏附性因此提高。该理论在选择天然砾石骨料与破碎砾石骨料时也得到了应用。但二者之间的黏附作用是一个复杂的过程,仅考虑分子间作用力显然是片面的。

(2)化学理论。

化学理论是目前工程人员对采用砾石骨料持谨慎态度的主要原因。该理论认为沥青与骨料接触后会在骨料界面发生化学反应,生成的化学产物有利于二者的结合。从化学角度分析,沥青属于酸性材料,而骨料的酸碱性差异较大,当选用石灰岩等碱性骨料时,二者之间会发生酸碱中和反应形成化学键,砾石骨料表面缺少碱性物质,与沥青之间形成的化学键也就很少,因而黏附性就较差。大量的工程实例与试验数据也证实了化学理论中碱性骨料更好的观点,但这一复杂的过程生成的化学产物还无法确定,所以该理论尚需进一步研究。

(3)分子定向理论。

在骨料与沥青发生黏附作用时,两者的活性物质具有不同的电性,会形成独立的力场,两者之间的极性分子在力场的作用下发生定向吸附,在界面一层层由内而外紧密排列形成致密的表面吸附层,随着吸附层的变厚,吸引力也越大。该理论结合了力学理论和化学吸附法,丰富了黏附理论,推进了对黏附性的解释。

(4)静电理论。

静电理论是将沥青与骨料黏附作用形成的整体当作电容器,两者互相接触会形成由静电吸引的上垫层,进而产生静电引力。沥青膜的剥落可认为是这种静电力的平衡被打破,两者之间失去黏附力,导致两种物质分离。由于两种物质的组成成分具有复杂多样性,并且目前也无法直接测得这种静电力,所以无法应用于实践中,将来如果可以在计算机软件上建立结构模型,这将具有很大的意义。

(5)表面能理论。

表面能理论是认为沥青与骨料产生的黏附力是由沥青润湿骨料表面形成的,两者之间发生了能量交换,通常水比沥青的润湿能力更强,这是造成沥青膜剥落的主要原因。该理论中提高沥青的润湿能力可以改善两者之间的黏附性。

4.3.2　骨料与沥青黏附性试验方法

目前,骨料与沥青的黏附性测定方法在国际尚未完全统一。20 世纪中期,美国某工程兵团科学家马歇尔提出了著名的,也是研究沥青混凝土性质常用的马歇尔稳定度试验,用以评价压实状态下沥青混凝土的水稳定性,从侧面反映了沥青混凝土受到水的侵蚀时抵抗剥落的能力。到了 1956 年,Anderslandand Goetz 和 Texas 大学的 Kennedy Roberts 等首先使用了水煮法和超声波法评价沥青混凝土的抵抗水损害能力。20 世纪 80 年代以后 Lottmen 又对马歇尔试件进行了真空饱水处理,进行冻融劈裂试验来检测沥青混凝土在恶劣条件下的抵抗剥落性能。19 世纪末,美国学者提出了一个 SHRP 研究计划,该计划从定量的角度出发,使用搅动水净吸附法来研究骨料表面沥青的剥落情况。在水浸法的基础上,德国研究人员又发明了一种动态冲刷水煮试验,该试验是将骨料裹覆沥青后,置入装有蒸馏水的玻璃瓶中,再将玻璃瓶在恒温环境中旋转24 h,观测骨料表面沥青膜剥落面积。此外,研究人员还提出了一种半定量的测定黏附性的方法,此方法是每隔24 h进行一次固定的升温,以此确定骨料表面沥青膜剥离时的温度。

我国的此类试验起步相对较晚,目前工程界对骨料与沥青胶浆的黏附性评价依旧采用的是水煮法,水煮法一直存在主观性较强的缺点,规范中"微沸"一词的理解可能不尽相同,在不同海拔的地区沸点的温度也不尽相同。此外,研究人员对观察方法和浸煮时间也提出了异议。鉴此,又出现了一系列黏附性的评价方法,可分为两类,定性的评价法主要有粗骨料的水煮法、细骨料水浸法、动态冲刷水浸试验等;定量评价主要有SHRP净吸附法、光电比色法、溶液洗脱法等。

4.3.2.1　水煮法

《水工沥青混凝土试验规程》(DL/T 5362—2018)中的粗骨料黏附性等级的确定方法,即水煮法。水煮法适用于粒径大于13.2 mm的粗骨料,是将干净的粗骨料颗粒放在105 ℃烘箱中烘干,然后浸入已加热至135~150 ℃的热沥青中,浸润45 s,使骨料颗粒完全被沥青膜所裹覆,待骨料颗粒从沥青中取出,并冷却至室温后,浸入盛有煮沸水的大烧杯,使烧杯中的水保持"微沸"状态。浸煮3 min后,取出骨料观察颗粒表面沥青膜的裹覆情况,估计沥青膜的剥落程度,评定沥青与骨料的黏附性等级。沥青与骨料黏附性等级评定见表4-6。

表4-6　沥青与骨料黏附性等级评定

沸煮后骨料表面沥青膜剥落情况	黏附性等级
沥青膜完全保存,剥离面积百分率接近于0	5
沥青膜小部分被水移动,厚度不均匀,剥离面积百分率小于10%	4
沥青膜局部明显被水移动,基本保留在骨料表面,剥离面积百分率小于30%	3
沥青膜大部分被水移动,基本保留在骨料表面,剥离面积百分率大于30%	2
沥青膜完全被水移动,骨料基本裸露,沥青全浮于水面上	1

在实际中采用水煮法通过肉眼评定骨料黏附性,作为一种水敏感性的相对评价是有用的,但评定的结果往往因人而异。为了避免结果差异过大,规范中规定须由两名试验人员分别目测,评定剥离面积的百分率。为了便于确定黏附性等级,减少人为的随意性因素,可参照西安公路交通大学制作的评定标准图片,如图4-6所示。

4.3.2.2　光电比色法

光电比色法是将2.36~4.75 mm粒径的骨料200 g裹覆沥青后,在室温下放置24 h,称取100 g混合料置入200 mL(温度为60 ℃,浓度为0.01 g/L)的酚藏花红溶液中静置2 h,采用722型分光光度计测定溶液的吸光度变化,见图4-7,从而根据预先测定的吸光度与浓度标准曲线(见图4-8),可计算出沥青的剥落率,计算公式如下:

未经沥青胶浆拌和的骨料吸附量:

$$q = \frac{(C_0 - C_1)V}{m} \tag{4-4}$$

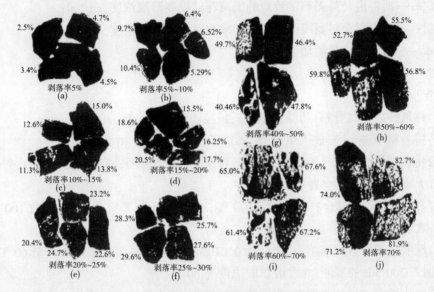

图 4-6 黏附性评定标准图片

图 4-7 722 型分光光度计

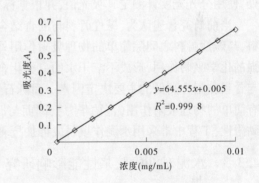

图 4-8 酚藏花红溶液标准曲线

沥青混合料剥落试验后的吸附量:

$$q' = \frac{(C'_0 - C'_1)V}{m'} \qquad (4-5)$$

骨料表面沥青胶浆剥落率:

$$S_t = \frac{q'}{q} \times 100\% \qquad (4-6)$$

式中 q——原骨料的吸附量,mg/g;

C_0——酚藏花红溶液起始溶液浓度,mg/ml;

C_1——骨料吸附后残余溶液浓度,mg/ml;

V——试验用酚藏花红溶液体积,ml;

m——骨料样品的质量,g;

q'——沥青混合料剥落试验后的吸附量,mg/g;

C_0'——沥青混合料剥离试验前的酚藏花红染料溶液浓度,mg/ml;

C_1'——沥青混合料剥离试验前的酚藏花红染料溶液浓度,mg/ml;

m'——混合料样品的质量大小,g;

S_t——剥落率(%)。

试验步骤如下:

(1)称取一定量的骨料,质量为 200 g,粒径为 2.36~4.75 mm;

(2)将骨料清洗干净,放入烘箱中,160 ℃环境下保温 4~6 h;

(3)将沥青加热至 160 ℃,在烘干的骨料中加入 4.5 g 沥青(准确至 0.1 g),并搅拌均匀,直到所有骨料表面完全裹覆沥青。

(4)在室温下,将混合料摊铺均匀,放置 24 h 以上,使其完全冷却,称取 100 g 的骨料,加入锥形瓶中。

(5)配制酚藏花红染料溶液,浓度为 0.010 mg/mL,并将溶液水浴加热至 60 ℃,在锥形瓶中加入 200 mL 的溶液,并水浴 2 h,温度为 60 ℃。

(6)取出盛有试样的锥形瓶,将溶液摇晃均匀,并量取 2 mL,冷却至室温,在 510 mm 处,使用分光光度计测定其吸光值,并根据标准曲线,读出相应的浓度值。

当前研究普遍认为,碱性骨料与沥青结合要优于酸性骨料。沥青是偏酸性的有机材料,与碱性骨料之间除简单的物理吸附作用外,还会在接触面发生酸碱化学反应,产生很强的化学吸附作用,形成不溶于水的皂类化合物,增强了沥青膜的抗水剥离能力,是沥青与骨料黏附力高低的主要决定因素。而砾石骨料一般偏酸性,与沥青接触时,两者之间仅有简单的物理吸附作用(范德华力),因而与沥青黏附性较差。为改善砾石骨料与沥青的黏附性,工程中常采用水泥作填料或掺加抗剥落剂的方法。

4.3.3　水泥对沥青胶浆性能影响研究

近代胶浆理论认为沥青混凝土是由骨料和沥青胶浆逐级填充的空间网状结构分散体系。沥青首先包裹填料构成沥青胶浆,然后沥青胶浆包裹细骨料形成沥青砂浆,最后沥青砂浆与沥青胶浆共同黏附粗骨料,构成沥青混凝土。在沥青混凝土中,作用最重要的就是沥青胶浆。沥青胶浆由沥青和填料组成,沥青选定以后,沥青与填料之间的交互作用很大程度上取决于填料的性质。沥青与填料的交互作用是一种化学吸附作用,它比二者之间的物理吸附(范德华力作用)要强得多。碱性填料(如石灰石粉)对沥青的吸附性强,酸性填料(如花岗岩石粉)对沥青的吸附性弱,从而影响沥青胶浆的物理、力学方面的诸多性能,进而影响沥青混凝土的相关性能。

4.3.3.1　试验方案

试验所用沥青胶浆的原材料包括沥青和填料,沥青为中国石油克拉玛依石化公司生产的 70A 级道路石油沥青,填料依次为花岗岩石粉、石灰石粉和水泥,石灰石粉和花岗岩石粉为试验人员通过在球磨机中粉磨不同时间过 0.075 mm 筛得到。水泥为新疆天山水泥厂生产的 P·O42.5 水泥,通过控制粉磨时间保证三种不同填料级配基本一致,在各粒径下的通过率见表 4-7。

表 4-7　填料级配数据

粒径 (mm)	花岗岩石粉 通过率(%)	石灰石粉 通过率(%)	水泥通过率 (%)	各填料通过率 最大差值(%)	差值占三者平均值 的百分比(%)
0.001	2.37	2.15	2.27	0.22	10
0.002	3.11	2.85	2.96	0.26	9
0.010	52.12	48.65	50.09	3.47	7
0.020	77.45	73.76	74.49	3.69	5
0.040	99.92	98.78	99.97	1.19	1
0.075	100.00	100.00	100.00	0.00	0

可以看出,三种不同填料在粒径为 0.001 mm 时差值所占百分比最大为 10%,因为在 0.001 mm 时三者的通过率平均值都较小,尽管差值很小,但所占的比重较大,因此百分比较大,其余差值百分比均在 10% 以内。花岗岩石粉的中值粒径为 9.56 μm,水泥的中值粒径为 10.67 μm,石灰石粉的中值粒径为 11.28 μm,总体看三种填料的级配曲线差别不大。花岗岩石粉的不均匀系数 $C_u = 5.7$,$C_c = 1.0$;水泥的不均匀系数 $C_u = 5.6$,$C_c = 1.1$;石灰石粉的不均匀系数 $C_u = 5.4$,$C_c = 1.2$,三种填料级配良好。

将填料与沥青按质量比配制沥青胶浆,在 (145±5) ℃ 恒温条件下搅拌均匀,立即倒入试模中,参照《水工沥青混凝土试验规程》(DL/T 5362—2018)沥青延度的试样准备步骤,将浇好的试样冷却 30 min,将高出试模的部分用热刮刀刮除。在试验温度下恒温 2 h 后进行拉伸试验。

选用 UL9(3⁴) 均匀正交表安排试验,选择三个影响因素为填料浓度、填料类型、试验温度。工程经验表明,碾压式水工沥青混凝土的填料浓度在 1.9 左右时,孔隙率可达到 1% 以下,故选择填料浓度为 1:1、2:1、3:1;填料类型为花岗岩石粉、石灰石粉、水泥;新疆地区沥青混凝土心墙常年工作温度在 8~10 ℃,故选择试验温度为 10 ℃、15 ℃、20 ℃。均匀正交试验设计试验组见表 4-8。

表 4-8　均匀正交试验设计试验组

试验组号	填料浓度	填料类型	试验温度(℃)	空列
1	1:1	花岗岩石粉	10	—
2	1:1	石灰石粉	20	—
3	1:1	水泥	15	—
4	2:1	花岗岩石粉	20	—
5	2:1	石灰石粉	15	—
6	2:1	水泥	10	—
7	3:1	花岗岩石粉	15	—
8	3:1	石灰石粉	10	—
9	3:1	水泥	20	—

4.3.3.2　试验结果分析

试样制备完成后,在相应试验温度下恒温 2 h,通过电子拉力机(最大量程为 1 000 N,精度为 1‰)测定试样的拉伸强度。每组试验 3 个试样,参照《水工沥青混凝土试验规程》(DL/T 5362—2018)中关于沥青混凝土拉伸试验结果取值规定,由于试验结果离散性较小,取平均值作为试验结果,并列于表 4-9。

表 4-9　均匀正交试验结果

试验组号	填料浓度	填料类型	试验温度(℃)	空列	试验结果(MPa)
1	1:1	花岗岩石粉	10	2	0.35
2	1:1	石灰石粉	20	1	0.05
3	1:1	水泥	15	3	0.13
4	2:1	花岗岩石粉	20	3	0.12
5	2:1	石灰石粉	15	2	0.48
6	2:1	水泥	10	1	1.13
7	3:1	花岗岩石粉	15	1	0.69
8	3:1	石灰石粉	10	3	1.51
9	3:1	水泥	20	2	0.81

极差分析法可以直观地判断出影响因素的主次,迅速筛选出最优组合。极差 R 的大小可以反映出因素对试验结果的影响程度,极差大表示该因素对试验结果的影响程度大,说明该因素为主要因素,极差小则表明该因素为次要因素,极差法分析结果列于表 4-10。方差分析可以从试验数据中获得更多的信息,得到数据分析的精度和得出结论的可靠程度及因素的显著性,方差分析结果列于表 4-11。

表 4-10　极差法分析结果

平均指标	填料浓度	填料类型	试验温度(℃)	空列
$\overline{K}_1$	0.18	0.39	1.00	0.62
$\overline{K}_2$	0.58	0.68	0.43	0.54
$\overline{K}_3$	0.99	0.69	0.32	0.59
R	0.82	0.30	0.68	0.08

表 4-11　方差法分析结果

方差来源	变动平方和 S	自由度 v	方差 V	F	显著性	临界值
填料浓度	1.025	2	0.513	116.23	＊＊	$F_{0.01}(2,2)=99.0$
试验温度	0.778	2	0.389	88.14	＊	$F_{0.10}(2,2)=9.0$
填料类型	0.178	2	0.089	20.19	＊	$F_{0.05}(2,2)=19.0$
试验误差(MPa)				0.07		
试验结果的离差系数(%)				11.34		

　　由极差分析结果可以看出,沥青胶浆抗拉强度影响因素的主次顺序为填料浓度→试验温度→填料类型。各因素下对应的平均指标($\overline{K_1}$、$\overline{K_2}$、$\overline{K_3}$)即为该因素不同水平下的抗拉强度的平均值,且有以下变化规律:沥青胶浆的抗拉强度随着填料浓度的增加而增大;当填料为水泥时,沥青胶浆的拉伸强度略大于石灰石粉的,而用水泥、石灰石粉配置的沥青胶浆的抗拉强度远大于用花岗岩石粉配制的沥青胶浆的。从试验温度看,拉伸强度随温度升高而降低。极差法分析试验误差为 0.08 MPa。

　　由方差法分析结果可以看出,填料浓度对沥青胶浆的抗拉强度有特别显著的影响,随填料浓度增大迅速增加;试验温度对抗拉强度有显著影响,随着试验温度的升高,拉伸强度有所降低;填料类型对沥青胶浆的抗拉强度也有显著性影响,但小于试验温度对抗拉强度的影响。方差法分析试验误差为 0.07 MPa,与极差分析结果一致。

　　现有的回归分析都是在正态假定的前提下进行的,但实际上大多数试验结果并非完全是正态的,加之回归函数的人为确定,就不可避免地由于自身局限性影响回归方程的精度。投影寻踪回归分析法(PPR)的优点是无须假定其数据分布类型,没有正态假定的前提,不需人为确定回归模型的限制。因此,采用 PPR 无假定建模能够有效地解决现有回归分析法的局限性,有效提高回归方程的精度。

　　设 y 是因变量,x 是 p 维自变量,PPR 模型为:

$$\hat{y} = E(y \mid x) = \overline{y} + \sum_{i=1}^{MU} \beta_i f_i(\alpha_i^T x) \tag{4-7}$$

式中　　MU——数值函数最优个数;

　　　　β——数值函数的贡献权重系数;

　　　　f——数值函数,即数表;

　　　　$\alpha_i^T x$——i 方向的投影值,其中,$\alpha_i^t = (\alpha_{i1}, \alpha_{i2}, \cdots, \alpha_{ip})$,$\parallel \alpha_i \parallel = 1$,$i = 1, 2, \cdots, MU$。

　　对表 4-9 中 9 组试验数据进行 PPR 分析,反映投影灵敏度指标的光滑系数 $SPAN = 0.50$,投影方向初始值 $M = 5$,最终投影方向取 $MU = 4$。模型参数为 $N, P, Q, M, MU = 9, 3, 1, 5, 3$。

　　对于沥青胶浆抗拉强度

$$\beta = (0.987\ 7, 0.099\ 5, 0.100\ 8)$$

$$\alpha = \begin{pmatrix} 0.926\ 2 & 0.339\ 7 & -0.163\ 4 \\ -0.706\ 8 & -0.694\ 5 & 0.134\ 7 \\ 0.248\ 9 & -0.899\ 2 & 0.085\ 6 \end{pmatrix}$$

　　PPR 模型回归分析结果见表 4-12。可以看出,所有的仿真值与实测值吻合较好,9 组试验组数据合格率为 100%,且相对误差最大仅为 -5.1%,说明 PPR 建模能够较好地反映填料浓度、试验温度、填料类型与沥青胶浆抗拉强度的关系。对于沥青胶浆抗拉强度,自变量的相对权值关系为:填料浓度 1.000 0、试验温度 0.863 5、填料类型 0.335 3,与极差法、方差法分析结果一致。

　　为进一步检验 PPR 建模的可靠性,又做了 9 组试验,并将实测值与 PPR 仿真值进行对比,检验的 9 组试验结果与 PPR 仿真值较为接近,最大相对误差仅为 8.3%,可以证明 PPR 建模的可靠性,检验结果见表 4-13。

表 4-12　PPR 模型回归分析结果

试验组号	实测值(MPa)	仿真值(MPa)	绝对误差(MPa)	相对误差(%)
1	0.350	0.358	0.008	2.2
2	0.050	0.047	−0.003	−5.1
3	0.130	0.126	−0.004	−3.4
4	0.120	0.120	0.000	0.0
5	0.480	0.491	0.011	2.2
6	1.130	1.134	0.004	0.4
7	0.690	0.690	0.000	0.0
8	1.510	1.509	−0.001	−0.1
9	0.810	0.796	−0.014	−1.8

表 4-13　PPR 建模检验结果

试验组号	填料浓度	填料类型	试验温度(℃)	试验结果(MPa)	拟合值(MPa)	相对误差(%)
1	2∶1	花岗岩石粉	10	0.680	0.691	1.6
2	2∶1	石灰石粉	10	0.930	0.944	1.5
3	2∶1	水泥	10	1.120	1.134	1.2
4	2∶1	花岗岩石粉	15	0.360	0.342	−5.3
5	2∶1	石灰石粉	15	0.470	0.491	4.3
6	2∶1	水泥	15	0.590	0.630	3.2
7	2∶1	花岗岩石粉	20	0.110	0.120	8.3
8	2∶1	石灰石粉	20	0.230	0.207	−6.3
9	2∶1	水泥	20	0.220	0.245	−2.0

　　为研究各因素在不同水平下对沥青胶浆抗拉强度的影响规律,又采用了 PPR 单因素仿真分析,并绘制各因素在不同水平下与抗拉强度关系曲线,如图 4-9 所示。

　　由图 4-9(a)可以看出,拉伸强度:花岗岩石粉配制的沥青胶浆<石灰石粉配制的沥青胶浆<水泥配制的沥青胶浆。因为水泥的碱性最强,花岗岩石粉的碱性最弱,而沥青与碱性矿料之间有更好的交互作用,不仅有物理吸附,还有化学吸附,且后者比前者要强得多;由图 4-9(b)可以看出,在一定温度下,不管填料类型如何,沥青胶浆拉伸强度均随填料浓度的增加而增大。随着填料的增加,填料有更大的比表面积与沥青产生交互作用,形成更多的结构沥青,使沥青胶浆的黏度增大,拉伸强度随之增大;图 4-9(c)表明,填料浓度相同时,不同填料配制的沥青胶浆拉伸强度随温度升高而降低,因为沥青胶浆是一种温度敏感性材料,随着温度的升高,沥青胶浆的黏度降低,流动性增强,拉伸强度降低。

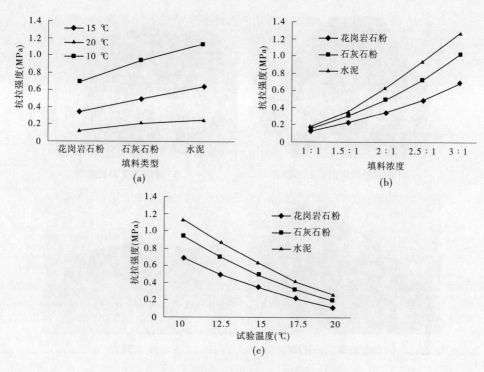

图 4-9　各因素在不同水平下的抗拉强度

4.3.4　水泥对砾石骨料黏附性的改善效果

4.3.4.1　试验设计

某工程砾石骨料为细砂岩、长玢岩和花岗岩,碱性骨料为大理岩,各岩石断面如图 4-10 所示,分别用水煮法和光电比色法进行黏附性试验。水煮过程除达到规范要求的 3 min 外,还适当延长了浸煮时间,直至沥青胶浆膜完全剥离,并每 6 min 观察骨料颗粒表面的沥青膜的剥落程度。为了得到更精确的试验结果,又采用光电比色法进行试验。光电比色法黏附指标可完全量化,不需要对砾石骨料进行分类,试验过程中人为因素影响较小,克服了水煮法分级较粗的缺点,是整体评价混合料黏附性较好的方法。

分别使用克拉玛依石化公司 70(A)道路石油沥青、大理岩粉沥青胶浆和水泥沥青胶浆对四种骨料进行裹覆,配置沥青胶浆的填料浓度为 1.8。

在《水工沥青混凝土施工规范》(SL 514—2013)中规定,拌制沥青混合料时,应先将骨料和填料干拌 15 s,再加入热沥青拌和。当研究以水泥为填料时,骨料界面化学性质是否发生变化,使骨料与沥青黏附性提高。试验添加了对照组分别为"表面经水泥处理"和"表面经大理岩粉处理"。处理方法是将骨料加热后与水泥或大理岩粉干拌 15 s,然后将水泥或大理岩粉筛除,再与沥青胶浆进行裹覆。

4.3.4.2　水煮法试验结果

水煮 3 min 可以看出,细砂岩、长玢岩和大理岩剥落面积均接近 0,黏附性等级可定为 5 级,花岗岩脱落面积接近 10%,可定为 4 级,如图 4-11 所示,均满足《土石坝沥青混凝土

(a) 蚀变凝灰岩屑长石细砂岩

(b) 碎裂蚀变闪长玢岩

(c) 蚀变细粒二长花岗岩

(d) 大理岩

图 4-10　四种岩石断面

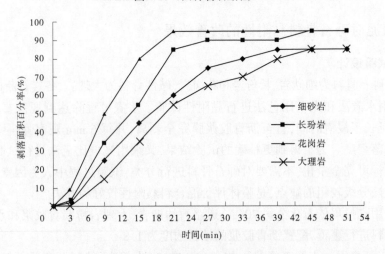

图 4-11　四种骨料与沥青裹覆结果

面板和心墙设计规范》（SL 501—2010）中规定黏附性 4 级的要求。随着时间的推移，各骨料表面的沥青剥落面积越来越大，当浸煮时间到 9 min 时，四种岩石表面沥青胶浆剥落面积均超过 10%，已不满足规范要求，黏附性的差异也开始显现。当浸煮时间到 45 min 时，各骨料表面沥青膜剥落面积达到最大值，花岗岩与长玢岩接近 100%，细砂岩与大理岩接近 80%。总体来看，大理岩在各时段表面沥青膜剥落的面积均小于其余三种岩石，这是因为砾石骨料较碱性骨料有更强的亲水性，当沥青混凝土浸泡在水中时，应当将其视作水—沥青—骨料三相共存体系，水与沥青对骨料的浸润是选择性竞争的过程，砾石骨料表面的沥青膜更容易受到水的侵蚀而剥落。由于水通过沥青膜接触到骨料表面需要一定时间,因此规范中的浸煮 3 min 并不能很好地区分出骨料黏附性等级。

将上述四种骨料分别与大理岩粉胶浆进行水煮法试验,可以看出水煮法 3 min 后各岩石剥落面积均为 0,如图 4-12 所示,黏附性等级可定为 5 级。当浸煮时间延长至 9 min 时,仅有花岗岩表面沥青胶浆膜剥落接近 5%,可定义为 5 级,长玢岩与细砂岩表面沥青膜开始剥落。随着时间的推移,各骨料的剥落面积区别越来越大,当浸煮时间延长至 42 min 时,各岩石表面沥青胶浆膜剥落面积趋于稳定。沥青胶浆膜剥落面积最大的为花岗岩,达到 35%,与未添加大理岩粉的纯沥青胶浆相比剥落面积降低了 65%,说明碱性填料可以大幅提高沥青胶浆与骨料的黏附性。因为大理岩粉属于碱性物质,掺入沥青拌和成胶浆后,一方面,使沥青胶浆碱值提高,与偏酸性的砾石骨料产生一定的化学吸附作用;另一方面,使沥青胶浆的结构发生变化,软化点、针入度提高,黏性增大,裹覆在骨料表面的沥青胶浆膜厚度也变大,薄膜剥落面积减小。

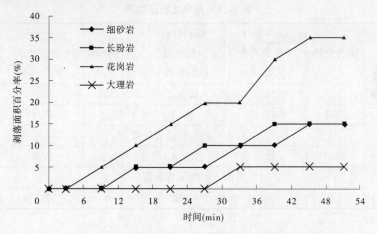

图 4-12　四种骨料与大理岩粉胶浆裹覆结果

如图 4-13 所示,经水泥胶浆裹覆后的四种骨料的黏附性有很大提高。花岗岩表面沥青胶浆在浸煮 39 min 开始脱落,到 54 min 时仅剥落了 5%,其余岩石均未产生脱落,表明使用水泥后骨料与沥青胶浆形成的结合体更加牢靠,不容易被水侵蚀而造成沥青胶浆膜的剥落。与碱性大理岩石粉比较,水泥的碱性更强,细度更高,比表面积更大,能更好地提升沥青胶浆的碱值,与骨料的黏附力也更强。

4.3.4.3　光电比色法试验结果

由水煮法试验结果可以看出,当采用水泥作填料时,可有效改善砾石骨料与沥青胶浆的黏附性。进一步采用光电比色法进行黏附性的定量分析,由表 4-14 可知,当骨料裹覆沥青时,砾石骨料表面沥青膜剥落面积比碱性骨料大 7.5%,表明碱性骨料与沥青黏附性优于砾石骨料,但是相差不大。砾石骨料表面经水泥处理后,沥青膜剥落面积降低了 14.6%;碱性骨料表面经水泥处理后,沥青膜剥落面积降低 12.1%,表明水泥可以改善骨料表面性状,从而提高骨料界面与沥青的黏附性。砾石骨料表面经大理岩粉处理后,沥青膜剥落面积达到 56.9%,改善效果不明显;碱性骨料表面经大理岩粉处理后,沥青膜剥落面积为 49.1%,也未有改善。

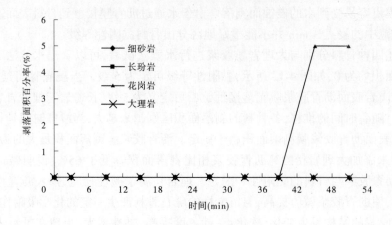

图 4-13　水泥胶浆裹覆结果

表 4-14　光电比色法结果

骨料类别	砾石骨料	砾石骨料（表面经水泥处理）	砾石骨料（表面经碱性石粉处理）	碱性骨料	碱性骨料（表面经水泥处理）	碱性骨料（表面经碱性石粉处理）
沥青						
剥落度 S_t(%)	56.7	42.1	56.9	49.2	37.1	49.1
掺入大理岩粉沥青胶浆						
剥落度 S_t(%)	29.8	20.4	29.5	21.2	17.5	20.4
掺入水泥沥青胶浆						
剥落度 S_t(%)	2.9	2.3	2.8	2.8	2.3	2.8

　　当骨料裹覆掺入大理岩粉的沥青胶浆时,砾石骨料表面沥青胶浆膜剥落面积比裹覆纯沥青时降低了 26.9%,碱性骨料降低了 28%,表明沥青混凝土中填料不仅起填充的作用,还有改变沥青胶浆性质,提高沥青与骨料黏附力的作用;当砾石骨料表面经水泥处理后,胶浆膜剥落面积降低了 9.4%;碱性骨料表面经水泥处理后,胶浆膜剥落面积仅降低3.7%;砾石骨料表面经大理岩粉处理后,沥青胶浆膜剥落面积为 29.5%,未有改善;碱性骨料表面经大理岩粉处理后,沥青胶浆膜剥落面积为 20.4%,也未有改善。表明大理岩粉对骨料表面的性质影响也较小。

　　当骨料裹覆掺入水泥的沥青胶浆时,砾石骨料与碱性骨料表面胶浆剥落面积均接近未剥落状态,砾石骨料与水泥沥青胶浆的黏附性已经达到了碱性骨料水平。表明水泥相较于碱性石粉,可以更大地提高砾石骨料与沥青胶浆的黏附性。

　　沥青与骨料黏附过程中,主要受到两方面分子作用力的影响。沥青中含有表面活性物质,如阴离子型的极性基因或阳离子型的极性化合物,当沥青与一些含有碱土金属氧化物的骨料接触时,由于分子力作用,会在骨料界面生成皂类化合物,该化合物可产生很强的化学吸附作用,因而沥青与碱性骨料的黏附性较强。当沥青与砾石骨料接触时,则不会形成化学吸附,分子间的作用力只有物理吸附(范德华力),而且是可逆的,这种物理的黏附力要小得多。水泥中含有大量的 Ca^{2+} 等盐类,会与沥青中的酸生成不溶于水的皂类化合物,砾石骨料经水泥处理后,骨料界面会产生一定数量的 Ca^{2+} 等盐类,使砾石骨料与沥青也形成一定的化学吸附,提高了砾石骨料与沥青的黏附。

在国内外已建成的沥青混凝土心墙坝中,采用砾石骨料时一般选择碱性石粉或水泥作填料,采用碱性骨料时一般选择该骨料破碎后的石粉作填料。研究结果表明,当砾石骨料经添加水泥的沥青胶浆裹覆后,胶浆膜的剥落面积仅为 2.8%,而碱性骨料经添加碱性石粉的沥青胶浆裹覆后,胶浆膜的剥落面积达到 21.2%。从黏附性的角度足以表明砾石骨料使用水泥作为填料后完全可以替代碱性骨料。主要原因在于沥青与填料混合以后,填料表面会与沥青发生一系列物理化学反应,形成一定厚度的扩散溶剂化膜。结构沥青与填料颗粒之间具有更强的交互作用,与填料颗粒表面越接近,则沥青的黏度越大,而自由沥青的黏度不会发生改变,在沥青混凝土中只起到黏结矿料的作用。水泥与碱性石粉相比,水泥具有更强的碱性与细度,产生的结构沥青更多,与骨料有更强的交互作用,使水泥沥青胶浆与骨料黏附性更好。

4.3.5 抗剥落剂对砾石骨料黏附性的改善效果

4.3.5.1 抗剥落剂掺量的确定

抗剥落剂选用江苏苏博特公司生产的润强 SA100 型非胺类液态沥青抗剥落剂,外观为棕褐色黏稠液体,pH≥7,凝固点≤0 ℃,可溶于沥青。选用库车 90A 级道路石油沥青,将沥青加热熔化后,1 份不做任何处理,其余 7 份分别加入沥青质量 1‰、2‰、3‰、4‰、5‰、6‰、7‰的抗剥落剂,搅拌均匀后分别裹覆砾石骨料,砾石骨料为新疆某工程弱蚀变中细粒花岗闪长岩破碎后筛取 2.36~4.75 mm 颗粒。采用光电比色法测定不同抗剥落剂掺量的沥青与骨料黏附性,结果如图 4-14 所示。

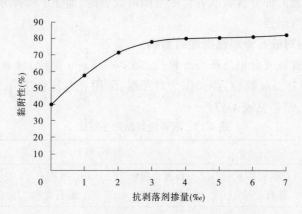

图 4-14 不同抗剥落剂掺量的沥青与骨料黏附性

可以看出,抗剥落剂掺量 0~3‰时黏附性明显由 39.5% 提升至 78%;掺量为 4‰~7‰时黏附性上升幅度不大。

4.3.5.2 抗剥落剂对沥青胶浆性能的影响

试验使用填料为花岗岩石粉、石灰石粉和水泥,级配见 4.3.3.1 节中表 4-7。在沥青中加入4‰的抗剥落剂,填料与沥青质量比按1.8∶1分别配置花岗岩粉沥青胶浆、石灰石粉沥青胶浆和水泥沥青胶浆,进行沥青胶浆针入度、软化点、抗拉强度试验,结果见表4-15和表4-16。

表 4-15　沥青胶浆针入度与软化点

抗剥落剂掺量	针入度(0.1 mm)			软化点(℃)		
(‰)	花岗岩粉	石灰石粉	水泥	花岗岩粉	石灰石粉	水泥
0	39.6	32.7	28.3	71.5	73.9	75.7
4	33.1	29.6	26.9	73.6	75.4	76.6

表 4-16　沥青胶浆抗拉强度与伸长量

抗剥落剂掺量	拉伸强度(MPa)			伸长量(mm)		
(‰)	花岗岩粉	石灰石粉	水泥	花岗岩粉	石灰石粉	水泥
0	0.68	0.92	1.11	47	62	71
4	0.89	1.04	1.16	58	68	74

表 4-15 可以看出,掺入抗剥落剂后沥青胶浆的针入度减小,软化点增大,沥青胶浆变硬。花岗岩粉胶浆受影响最大,针入度降低了 16.4%,软化点提高了 2.9%。水泥胶浆受影响最小,针入度降低了 4.9%,软化点提高了 1.2%。表 4-16 可以看出,填料碱值越大,拉伸强度与伸长量也就越大。加入抗剥落剂后,花岗岩粉胶浆受影响最大,拉伸强度提高了 30.9%,伸长量提高了 23.4%。抗剥落剂中的碱性基团与沥青中的羧基结合,同时碱性基团还可以与沥青的部分含氧或者含氮基团形成氢键,加强了沥青分子间的结合强度,使得沥青胶浆黏附性增强。

4.3.5.3　抗剥落剂对砾石骨料黏附性的影响

将上述三种沥青胶浆分别与砾石骨料(2.36~4.75 mm 颗粒)拌和,石灰石粉胶浆与碱性骨料(2.36~4.75 mm 颗粒)拌和作为对照组,采用光电比色法分析抗剥落剂对砾石骨料黏附性的影响,结果见表4-17。

表 4-17　沥青胶浆黏附性对比

抗剥落剂掺量	黏附率(%)			
(‰)	花岗岩粉+ 砾石骨料	石灰石粉+ 砾石骨料	水泥+ 砾石骨料	石灰石粉+ 碱性骨料
0	44.8	81.3	97.1	86
4	67.5	89.4	97.7	—

石灰石粉+碱性骨料是心墙沥青混凝土最常用的配合,工程实践也表明其黏附性是有保证的,其黏附率为86%,可以用此值作为评价标准。花岗岩粉+砾石骨料不加抗剥落剂时黏附率仅为44.8%,加入 4‰抗剥落剂后黏附率提高至 67.5%,提高效果显著,但仍

然低于评价标准。石灰石粉+砾石骨料不加抗剥落剂的黏附率为 81.3%,加入 4‰抗剥落剂后黏附率提高至 89.4%,黏附率满足标准要求。水泥+砾石骨料不加抗剥落剂时黏附率为 97.1%,黏附性很好,加入 4‰抗剥落剂后黏附率达到 97.7%,增加并不明显。可以看出,工程中采用水泥做填料可有效改善砾石骨料与沥青黏附性,若采用石灰石粉做填料,需加入一定量的抗剥落剂后才能保证砾石骨料与沥青的黏附性。

4.3.6　骨料界面与沥青胶浆黏附强度研究

评价骨料与沥青黏附性的试验方法大都是定性的,且单纯评价沥青与骨料的黏附性不能体现沥青混凝土多级空间网络结构中各分散相的交互作用。在沥青混凝土中,骨料界面最直接的黏附对象是沥青胶浆,以酸性骨料界面与沥青胶浆黏附强度作为标准,不但可以定量评价骨料黏附性的强弱,且可为研究骨料黏附性与沥青混凝土水稳定性的关系提供理论依据。

4.3.6.1　试验方案

试验原材料包括沥青、水泥、石灰石粉、花岗岩骨料。其中,沥青为克拉玛依 70A 石油沥青;水泥为新疆天山水泥厂生产的 P·O42.5 普通硅酸盐水泥;石灰石粉自行粉磨筛分后得到。填料技术性能指标分别列于表 4-18。

表 4-18　填料技术性能指标

项目	技术指标 (SL 514—2013)	石灰石粉	水泥
表观密度(g/cm³)	≥2.5	2.70	3.04
亲水系数	≤1.0	0.56	0.50
含水率(%)	≤0.5	0.10	0.05
<0.075 mm 含量(%)	>85	100	100
碱值	—	0.95	1.04

沥青胶浆:在(140±5)℃的恒温条件下搅拌均匀,按质量比分别配制填料浓度为 0.5、1.0、2.0、3.0 的沥青胶浆,以基质沥青为对照组,分别测定基质沥青、4 种不同浓度的沥青胶浆与花岗岩界面的黏附强度。

花岗岩试件:选取酸性较强的花岗岩砾石骨料,将大块砾石钻取成高度 50 mm、直径 50 mm 的圆柱体试件,将试件进行试验的一面抛光,洗净烘干后备用。

试件黏结与浸水:将花岗岩试件在(80±5)℃的烘箱中加热 4 h,将沥青胶浆放进(140±5)℃的烘箱中加热 2 h,在两块花岗岩试件抛光的界面上均匀涂抹沥青胶浆,在 12 kN 的压力下对接紧压 3 min,冷却后在 10 ℃条件下恒温 2 h,每个浓度沥青胶浆试件制备 3 组。同时,为研究酸性骨料界面与沥青胶浆在浸水后的黏附性能变化规律,参照沥青混凝土水稳定性试验方法,将粘好的试件放在 60 ℃的水中浸泡 48 h,再在 10 ℃条件下恒温 2 h。

4.3.6.2　试验结果分析

花岗岩石料界面与沥青胶浆的拉伸试验在电子拉力试验机(最大量程 100 kN,精度 1%)上进行。基质沥青及 4 种不同浓度的沥青胶浆与花岗岩石料的拉伸试验结果见表 4-19,破坏后沥青胶浆脱落面积百分比列于表 4-20,黏附强度变化曲线如图 4-15 所示,填料浓度为 2:1 的水泥沥青胶浆与花岗岩石料拉伸断面见图 4-16,浸水作用后的拉伸断面如图 4-17 所示,填料浓度为 0.5:1 的水泥沥青胶浆与花岗岩石料的拉伸断面如图 4-18 所示,浸水后拉伸断面如图 4-19 所示,填料浓度为 2:1 的石灰石粉沥青胶浆与花岗石料件拉伸断面如图 4-20 所示,浸水后的拉伸断面如图 4-21 所示。

表 4-19　黏附强度试验结果

水泥沥青胶浆浓度	黏附强度（MPa）	浸水 48 h 黏附强度（MPa）	石粉沥青胶浆浓度	黏附强度（MPa）	浸水 48 h 黏附强度（MPa）
0:1	0.61	0.29	0:1	0.61	0.29
0.5:1	0.76	0.65	0.5:1	0.71	0.55
1:1	1.05	0.97	1:1	0.84	0.73
2:1	1.14	1.03	2:1	0.98	0.82
3:1	1.15	1.06	3:1	1.05	0.87

表 4-20　破坏后沥青胶浆脱落面积百分比

胶浆类型	脱落面积百分比(%)
水泥沥青胶浆 2:1	6
水泥沥青胶浆 2:1 浸水 48 h	38
水泥沥青胶浆 0.5:1	55
水泥沥青胶浆 0.5:1 浸水 48 h	87
石灰石粉沥青胶浆 2:1	31
石灰石粉沥青胶浆 2:1 浸水 48 h	68

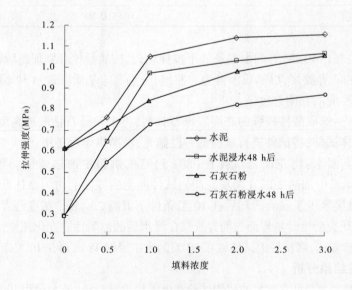

图 4-15　黏附强度变化曲线

图 4-16 水泥胶浆浓度 2∶1 拉伸断面

图 4-17 水泥胶浆浓 2∶1 浸水后拉伸断面

图 4-18 水泥胶浆浓度 0.5∶1 拉伸断面

图 4-19 水泥胶浆浓度 0.5∶1 浸水后拉伸断面

图 4-20 石灰石粉胶浆浓度 2∶1 拉伸断面

图 4-21 石灰石粉胶浆 2∶1 浸水后拉伸断面

由试验结果可以看出,水泥沥青胶浆与石料界面的黏附作用比石灰石粉沥青胶浆强。填料浓度为 0~1.0,黏附强度增长最快;填料浓度为 2.0~3.0,黏附强度增长速度缓慢。

试件浸水以后,虽然沥青胶浆与花岗岩石料界面的黏附强度均有所降低,但水泥胶浆与花岗岩试件界面黏附强度仍然较大,且其强度损失率也较小。同时,随着填料浓度的增加,沥青胶浆与石料界面的黏附强度损失率不断减小。

从剥落面积百分比分析,对比相同浓度、不同类型的沥青胶浆:水泥沥青胶浆浓度为 2.0 时,在浸水作用后剥落面积为 38%;而石灰石粉沥青胶浆浓度为 2.0 时,浸水作用后剥落面积达到 68%,表明水泥沥青胶浆比石灰石粉沥青胶浆有更强的抵抗水损害的能力。因此,在配制沥青混凝土时,采用水泥作为填料可有效改善沥青混凝土的水稳定性。对比相同类型、不同浓度的沥青胶浆:水泥沥青胶浆浓度为 2.0 时,浸水后的剥落面积为 38%,而胶浆浓度为 0.5 时,石料界面的剥落面积达到 87%,虽然填料浓度在 2.0 时界面黏附强度增长速度开始变缓,但可以看出,浓度越高,抵抗水损害的能力越强。

由于沥青混凝土之间的黏结除与沥青有关外,还取决于沥青与矿料的交互作用,即沥青中阴离子表面活性物质和矿料中重金属及碱土金属离子的分子力作用,由于分子力的作用,在沥青与石料接触面生成皂类化合物,使得二者之间黏结牢固,沥青与不同矿物组成的颗粒界面形成不同成分、不同厚度的吸附溶化膜,即结构沥青,从而沥青与不同石料之间的黏结力也就各不相同。前期试验表明,水泥的碱值大于石灰石粉,因此水泥沥青胶浆的内聚力和黏结力也强于石灰石粉沥青胶浆,与花岗岩石料界面的黏附强度也更大,抵抗水损害作用的能力更强。

4.4　砾石骨料的沥青混凝土水稳定性能

4.4.1　延长浸水时间的水稳定性试验

4.4.1.1　试验方案

试验中配制沥青混凝土试件所用的原材料包括沥青(克拉玛依石化公司生产的 70A 级道路石油沥青)和填料(石灰岩矿粉、水泥),石灰岩矿粉为实验室自行磨制,在球磨机中粉磨一定时间后筛分得到。水泥为新疆天山水泥厂生产的 P·O42.5 级水泥,水泥和石灰岩矿粉级配基本一致,级配曲线如图 4-22 所示。粗骨料为新疆地区典型天然砾石骨料,细骨料为天然砂。

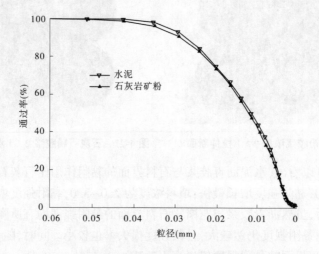

图 4-22　水泥与石灰岩矿粉级配曲线

浸水马歇尔稳定度试验用于检测沥青混凝土受到水损害作用时的水稳定性,以检验配合比设计的可行性。标准马歇尔试验方法,是将制备好的沥青混凝土试件放入到试验规定温度的恒温水槽中恒温 30~40 min,然后放到自动马歇尔试验仪上进行试验,测定试件的稳定度、流值等试验指标,浸水马歇尔试验中试件在水中恒温的时间为 48 h,其余步骤与标准马歇尔试验相同。

沥青混凝土水稳定性试验参照规范进行。

为研究不同试件孔隙率对沥青混凝土性能的影响,试验需制备不同孔隙率试件,因试件孔隙率较难控制,且试件的孔隙率与试件的击实次数有密切关系。在击实温度相同时,击实次数是影响试件孔隙率大小的关键因素。因此,试验需首先确定某一击实次数下所对应的孔隙率,以便有利于后续试验。为减小试件孔隙率由于装料不均匀造成的影响,在称量原材料时,每次只称取一个试件的标准用量,以减小由于装料不均匀造成的试件孔隙率离散性较大。采用 5 个水平的击实次数,每个击实水平次数下制备 6 个试件,测定试件的孔隙率。

4.4.1.2　试验结果分析

1.击实次数与孔隙率的关系

击实次数与孔隙率关系曲线如图 4-23 所示。从上述关系曲线可以看出:试件孔隙率随击实次数增加逐渐减小,当击实次数超过 50 次时,孔隙率基本趋于稳定。击实次数从 10 次到 50 次,孔隙率由 3.7%减小到 1.8%,从 50 次到 90 次,由 1.8%减小到 1.5%。这是由于初始状态下,沥青混合料较为松散,在较少的击实次数下,试件快速成型,孔隙率迅速下降,随着击实次数的增加,试件已趋于密实状态,孔隙率下降不明显。通过获得击实次数与试件孔隙率的关系,为后续试验制备不同孔隙率的试件提供依据。

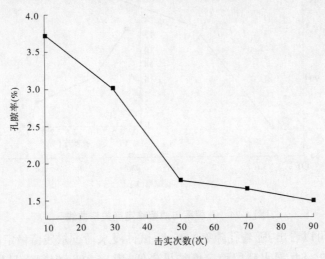

图 4-23　击实次数与孔隙率关系曲线

2.浸水马歇尔试验结果

试验中针对不同孔隙率试件进行了浸水马歇尔试验,以获得试件的马歇尔残留稳定度。试件制备过程中,采取了适当的劣化条件,最大孔隙率控制为 3.7%,超出了规范中≤3.0 的要求,以研究试件在较大孔隙率条件下,受到水损害作用时浸水残留强度的变化。试验结果分别列于表 4-21 和图 4-24 中。

表 4-21　不同孔隙率试件浸水残留稳定度试验结果

试验条件	孔隙率(%)	稳定度(kN)	浸水残留稳定度(%)
标准	3.70	5.35	86.9
浸水	3.72	4.65	
标准	2.98	6.00	93.5
浸水	3.01	5.61	
标准	1.77	5.58	96.8
浸水	1.75	5.40	
标准	1.65	5.70	99.8
浸水	1.63	5.69	
标准	1.49	5.46	100.0
浸水	1.45	5.46	

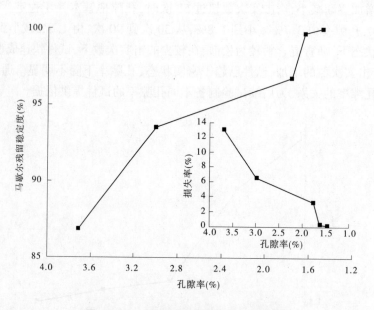

图 4-24　孔隙率与残留稳定度关系曲线

由试验结果可以看出：随着孔隙率的减小，试件浸水马歇尔残留稳定度逐渐增大。当试件孔隙率在 3.7% 时，浸水残留稳定度结果最低，为 86.9%，但仍满足规范不小于 75% 的要求。马歇尔残留稳定度的损失率随孔隙率的减小逐渐降低，孔隙率由 3.7% 减小到 3.0% 时，损失率由 13.1% 减小为 6.5%，约占总损失率的 50%。当试件孔隙率由 3.0% 减小到 1.7% 时，浸水残留稳定度损失由 6.5% 减小为 3.2%，但在该过程中孔隙率数值减小了 1.3%，浸水残留稳定度损失趋势较缓。与孔隙率从 1.7% 减小到 1.6% 时相比，浸水残留稳定度减小了 3.2%，衰减速度较快，与孔隙率从 3.7% 减小到 3.0% 时的衰减速率基本相同。因此，试件孔隙率应控制在规范不大于 3.0% 的要求，且试件的孔隙率越小越好。

3. 水稳定性试验结果

为研究不同填料对试件水稳定性能的影响,采用水泥和石灰岩矿粉两种不同的填料制备沥青混凝土试件,按照水稳定试验方法进行试验。在试验规程要求的常规试验条件下,较难体现出不同填料对试件水稳定性能的影响。因此,在试验规程基础上,适当提高了试验的劣化条件,将浸水时间由 48 h 延长至 240 h,试验结果列于表 4-22,水稳定系数随时间的变化曲线如图 4-25 所示。

表 4-22 水稳定系数试验结果

浸水时间 (h)	水泥填料			石灰岩矿粉填料		
	密度(g/cm^3)	孔隙率(%)	水稳定系数	密度(g/cm^3)	孔隙率(%)	水稳定系数
48	2.430	1.40	1.02	2.408	1.35	0.99
96	2.435	1.18	1.05	2.413	1.15	0.98
144	2.434	1.22	1.09	2.410	1.27	0.91
192	2.438	1.06	1.12	2.409	1.31	0.90
240	2.434	1.22	1.14	2.410	1.27	0.86

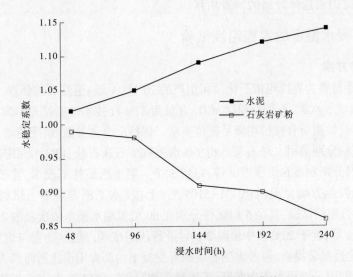

图 4-25 水稳定系数随时间的变化曲线

从上述试验结果可以看出:以水泥为填料制备的沥青混凝土试件,随浸水时间的增长,水稳定系数逐渐增大,且始终大于 1.0,当浸水时间由 48 h 延长至 240 h 时,水稳定系数由 1.02 增大到 1.14,增长约 11.4%。这是因为随着浸水时间的增长,水泥填料不断水化,产生水化硅酸钙和 $Ca(OH)_2$,与呈酸性的沥青产生交互作用,增强了骨料与沥青的黏附作用,沥青混凝土试件的水稳定性得到提高。以水泥为填料的沥青混凝土试件水稳定系数不会无限增大,应当存在阈值,后续应进一步延长试件的浸水时间,探究阈值范围。以石灰岩矿粉配制的沥青混凝土,水稳定系数随浸水时间的增长逐渐减小,当浸水时间达到 240 h 时,水稳定系数为 0.86,不满足规范的要求。石灰岩矿粉与水泥相比,改善骨料与沥青黏附作用的能力较弱,浸水时间越长,试件遭受的水损害作用越强,骨料与沥青胶浆之间的黏附得到破坏,在骨料界面相发生剥离,造成沥青混凝土试件的抗压强度减小,水稳定系数逐渐减小。

为研究沥青混凝土试件水稳定性随沥青用量的变化规律,试验采用 6.3%、6.9%、7.2%三种不同沥青用量制备沥青混凝土试件,进行水稳定性试验,试验结果见表 4-23。

表 4-23　不同沥青用量水稳定系数试验结果

沥青用量(%)	未浸水抗压强度(MPa)	浸水 850 h 抗压强度(MPa)	水稳定系数
6.3	1.39	1.40	1.01
6.9	1.24	1.21	0.98
7.2	0.99	1.00	1.01

从表 4-23 中的试验结果可以看出:不同沥青用量条件下,沥青混凝土试件的水稳定系数无较大变化,均维持在 1.0 左右,可见沥青用量对沥青混凝土的水稳定性能基本没有影响。因为水工沥青混凝土属富沥青混凝土,本身沥青用量偏高,增加沥青用量对试件内部的骨料与沥青之间的黏附作用影响较小。但考虑心墙沥青混凝土的强度及变形性能,在配合比设计时仍需选择合适的沥青用量。

4.4.2　提高浸水温度的水稳定性试验

4.4.2.1　试验方案

试验所用原材料为克拉玛依石化公司生产的 70 号(A 级)道路石油沥青,新疆屯河水泥厂生产的 P·O42.5 水泥、石灰石粉($CaCO_3$ 含量为 87%)(技术性能见表 4-24),新疆某工程天然砾石骨料,经检测所有材料均满足规范要求。保持配合比参数:级配指数、填料用量、沥青用量不变,填料分别采用 12%石灰石粉、6%水泥+6%石灰石粉、12%水泥配制沥青混凝土试件。不同填料分别制备 6 组压缩试件,每组 3 个。第 1 组试件不浸水,置于 20 ℃空气中48 h 后,在自动控温万能试验机(UTM-5105 型)上按《水工沥青混凝土试验规程》(DL/T 5362—2018)进行压缩试验,其余 5 组试件分别在 80 ℃恒温水槽中依次浸泡 75 h、225 h、375 h、750 h、1 500 h 后,置于 20 ℃水中恒温 2 h 后进行压缩试验。虽然沥青与填料混合后形成的胶浆的热稳定性显著提高,但考虑到心墙沥青混凝土的沥青用量比道路沥青混凝土大,为防止试件在 80 ℃下长期浸水产生变形,采用带孔筛网将试件包裹,使试验工作能正常进行。

表 4-24　填料的技术性能

项目	表观密度 (g/cm³)	亲水系数	含水率 (%)	细度(<0.075 mm) (%)
质量指标	≥2.50	≤1.0	≤0.5	>85
P·O42.5 水泥	3.08	0.78	0.1	99.8
石灰石粉	2.68	0.62	0.3	92.6

4.4.2.2　试验结果分析

1. 压缩应力应变特征

三种填料的沥青混凝土试件在空气中和不同浸水时间的压缩试验结果见表 4-25,沥青混凝土压缩应力—应变曲线随浸水时间的变化如图 4-26 所示。

表 4-25　沥青混凝土压缩试验结果

浸水时间 （h）	填料类型	密度 （g/cm³）	孔隙率 （%）	抗压强度 σ_{max}（MPa）
0（空气中）	12%石灰石粉	2.409	1.07	1.67
	6%水泥+6%石灰石粉	2.419	1.26	1.69
	12%水泥	2.421	1.26	1.62
75	12%石灰石粉	2.393	1.72	1.47
	6%水泥+6%石灰石粉	2.418	1.30	1.60
	12%水泥	2.423	1.18	1.53
225	12%石灰石粉	2.407	1.15	1.44
	6%水泥+6%石灰石粉	2.417	1.34	1.66
	12%水泥	2.418	1.38	1.54
375	12%石灰石粉	2.392	1.76	1.28
	6%水泥+6%石灰石粉	2.408	1.71	1.73
	12%水泥	2.416	1.46	1.59
750	12%石灰石粉	2.390	1.84	1.21
	6%水泥+6%石灰石粉	2.410	1.63	1.62
	12%水泥	2.414	1.55	1.53
1 500	12%石灰石粉	2.390	1.84	1.14
	6%水泥+6%石灰石粉	2.409	1.67	1.61
	12%水泥	2.415	1.51	1.52

由图 4-26 可以看出,未浸水时 3 种填料的沥青混凝土压缩应力—应变曲线均表现为弹塑性材料的破坏特征,分为三个阶段,即线性上升阶段、非线性上升阶段和峰值点以后的缓慢下降阶段;峰值强度几乎相等,对应的应变值均为 8%左右,且随着水泥掺量的增加,线性特征明显增强。随着浸水时间的增长,12%石灰石粉为填料的沥青混凝土压缩应力—应变曲线直线段斜率有减小的趋势,且峰值强度不断下降,破坏时的应变不断增大;6%水泥+6%石灰石粉为填料的沥青混凝土压缩应力—应变曲线形状基本相近,各曲线峰值强度变化不明显,破坏时的应变略有增大,材料的压缩性能变化不明显;12%水泥为填料的沥青混凝土压缩应力—应变曲线的线性特征相对明显,各曲线峰值强度变化不大,破坏时的应变不断增大,材料适应变形能力也有所增大。

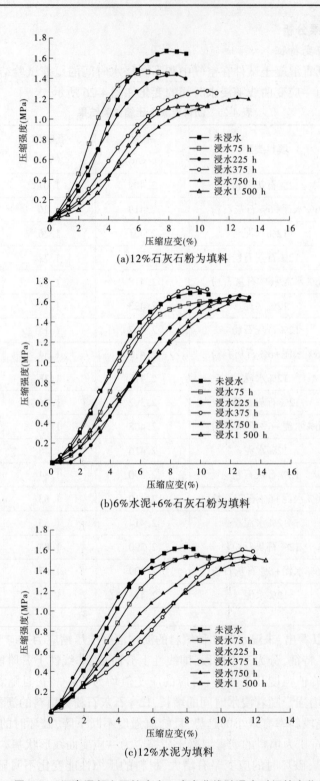

(a)12%石灰石粉为填料

(b)6%水泥+6%石灰石粉为填料

(c)12%水泥为填料

图 4-26　沥青混凝土压缩应力—应变曲线随浸水时间的变化

2. 水稳定系数变化规律

沥青混凝土的水稳定系数计算结果见表 4-26。

表 4-26　沥青混凝土的水稳定系数计算结果

浸水时间(h)	12%石灰石粉	6%水泥+6%石灰石粉	12%水泥
75	0.88	0.95	0.94
225	0.86	0.98	0.95
375	0.77	1.02	0.98
750	0.72	0.96	0.94
1 500	0.68	0.95	0.94

由表 4-26 可以看出,随着浸水时间的延长,采用 12%石灰石粉为填料的沥青混凝土水稳定系数逐渐减小,且水稳定性系数均小于 0.90,已不能满足规范 $K_W \geq 0.90$ 的要求。由于沥青混凝土长期在 80 ℃高温环境下,加速了水介质进入试件内部,沥青的极性小于水分子的,水分子与沥青混凝土中骨料的极性分子结合,使得沥青与骨料的黏附性减小,导致沥青与骨料快速剥离,沥青混凝土的水稳定系数不断减小。

采用 6%水泥+6%石灰石粉和 12%水泥为填料的沥青混凝土水稳定性系数 K_W 均大于 0.90,随着浸水时间的增加沥青混凝土水稳定性系数均呈先增大后减小的规律,在 80 ℃水中浸泡 375 h 后(相当于 20 ℃水中浸泡 5 年)水稳定性系数均达到最大,分别为 0.98 和 1.02,在 80 ℃水中浸泡 1 500 h 后(相当于 20 ℃水中浸泡 20 年)水稳定系数仍然满足规范要求。由于沥青混凝土试件长期在 80 ℃高温条件下加速了水分子、沥青、矿料之间的物理化学作用。一方面,水更容易进入沥青混凝土内部,加速部分水泥填料与水发生水化反应,水溶液呈现碱性,再与酸性的沥青发生化学反应,增强了沥青与骨料的黏附性;另一方面,随着一些难溶于水的水化产物的增多而填充孔隙,使得沥青混凝土更加密实。水分进入试件内部的多少直接影响到水化的速率与程度,随着浸水时间的增加,试件内部的水泥不断水化,以水泥为填料的沥青混凝土的水稳定系数有所增加;随着时间继续增加,水泥水化作用也逐渐减弱,同时水损害作用逐渐增强,水稳定系数又开始缓慢减小。可以看出,以水泥为填料对沥青混凝土的水稳定性有较好的改善作用。

由表 4-26 还可以看出:6%水泥+6%石灰石粉为填料的沥青混凝土试件的水稳定系数最大。由于石灰石粉后期具有较高的水化活性,加之 80 ℃的水热条件,石灰石粉中的 $CaCO_3$ 与水泥中的 C_3A 继续发生反应,即:$CaCO_3 + 3CaO \cdot Al_2O_3 + 12H_2O = 4CaO \cdot Al_2O_3 \cdot CO_2 \cdot 12H_2O$,生成的水化碳铝酸钙与其他水化产物相互搭接,结构更加密实,这样也改变了沥青混凝土的内部结构,促使沥青混凝土水稳定性的提高。以水泥和石灰石粉混合作为沥青混凝土的填料,更有利于心墙沥青混凝土的长期水稳定性。

4.5　砾石骨料破碎率对心墙沥青混凝土性能影响研究

通过前述研究有效解决了砾石骨料与沥青黏附性差的问题,并在多项工程实践中得到了应用。《土石坝沥青混凝土面板和心墙设计规范》(SL 501—2010)中也规定:当采用未经破碎的卵石骨料时,其用量不宜超过粗骨料用量的 50%,并经试验研究论证。天然砾石骨料表面较为光滑,磨圆度较高,如图 4-27 所示。破碎以后的粗骨料棱角丰富,表面粗糙,可增大沥青与粗骨料接触面积,同时也提高了沥青混凝土的内摩擦角,如图 4-28 所示。天然砾石能否直接用作心墙沥青混凝土骨料尚需进一步研究。

图 4-27　天然砾石骨料　　　　　　　　图 4-28　破碎砾石骨料

在无沥青胶浆的状态下,将沥青混凝土的骨料按照最优配合比的级配配制骨料混合料,经过击实以后内部的粗骨料相互接触,形成明显的嵌挤锁结结构。公路沥青混凝土一般希望得到较大的竖向抗压强度,在骨料的选择上倾向于破碎的粗骨料。公路沥青混凝土沥青用量一般为 4.0%左右,破碎的粗骨料在低沥青用量下,骨料与骨料之间是沥青薄层,破碎的骨料可形成持力骨架,在反复的竖向荷载作用下,粗骨料的嵌挤咬合结构承受了绝大部分力。而碾压式沥青混凝土的沥青用量一般在 6.0%~7.5%,其力学性能是骨料与沥青胶浆共同作用的结果,粗骨料的嵌挤咬合结构在沥青较多的心墙沥青混凝土中表现并不显著。深入研究破碎砾石骨料与天然砾石骨料在心墙沥青混凝土中性能差异,为天然砾石骨料在沥青混凝土心墙坝中的"高效利用、节能减排"提供理论依据。

4.5.1　砾石骨料破碎率对压缩性能的影响

4.5.1.1　材料及配合比

粗骨料为新疆某工程代表性天然砾石骨料,表面光滑,磨圆度好。经过颚式破碎机后得到破碎的粗骨料,这种骨料棱角突出,表面凹凸不平,并且有一定量的针片状。然后将破碎后的粗骨料和天然砾石各自掺半,得到三种破碎率 0、50%、100%的试验用粗骨料,试验中保证三种粗骨料的 9.5~19 mm 颗粒级配一致,级配曲线如图 4-29 所示。细骨料均为天然砂,试验所用的沥青为克拉玛依石化公司生产的 70 号(A 级)道路石油沥青,为保证沥青与骨料的黏附性,填料均采用 42.5 级普通硅酸盐水泥。

配合比设计参数选择为:级配指数为 0.39、沥青用量为 6.6%、填料含量为 12%。

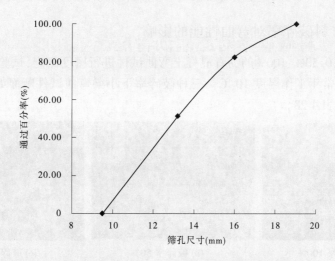

图 4-29　粗骨料 9.5~19 mm 颗粒级配曲线

4.5.1.2　单轴压缩试验结果

对破碎率为 0、50%、100% 的沥青混凝土抗压试件进行密度测定,每个破碎率下取 3 个试件进行单轴压缩试验,沥青混凝土压缩试验结果对比见表 4-27。

表 4-27　沥青混凝土压缩试验结果对比

破碎率 (%)	试件	密度 (g/cm³)	孔隙率 (%)	最大抗压强度 σ_{max}(MPa)	最大抗压强度时的应变 $\varepsilon_{\sigma max}$(%)	变形模量 (MPa)
100	1	2.45	1.05	2.37	5.60	100.00
	2	2.45	1.00	2.69	5.21	100.00
	3	2.45	1.07	2.51	5.62	104.21
	平均	2.45	1.04	2.52	5.48	101.40
50	1	2.46	0.98	1.77	5.93	82.54
	2	2.46	0.75	1.61	5.55	90.51
	3	2.46	0.64	1.91	6.11	84.72
	平均	2.46	0.79	1.76	5.86	85.92
0	1	2.46	0.97	1.56	5.82	63.65
	2	2.47	0.56	1.50	6.15	82.27
	3	2.47	0.56	1.67	6.31	71.91
	平均	2.47	0.70	1.58	6.09	72.61

可以看出,破碎率越高,沥青混凝土试件抗压强度和变形模量越大。粗骨料破碎率为 100% 时沥青混凝土抗压强度比天然砾石骨料高 0.94 MPa,粗骨料破碎率为 50% 时比天然砾石抗压强度高 0.18 MPa。破碎后的骨料表面有棱角,破碎骨料在成型的沥青混凝土试件中部分错动并嵌挤咬合,表现为较高的抗压强度。

4.5.2 砾石骨料破碎率对弯曲性能的影响

对破碎率为 0、50%、100% 的沥青混凝土弯曲试件进行密度测定,试验温度取新疆沥青混凝土心墙坝常年工作温度 10 ℃。三种破碎率下小梁弯曲试件断面如图 4-30 所示,弯曲试验结果见表 4-28。

(a) 破碎率 100%	(b) 破碎率 50%	(c) 破碎率 0

图 4-30 三种破碎率下小梁弯曲试件断面

表 4-28 沥青混凝土小梁弯曲试验结果对比

破碎率 (%)	试件 编号	密度 (g/cm³)	最大荷载 (N)	抗弯强度 (MPa)	最大荷载时挠度 (mm)	最大弯拉应变 (%)	挠跨比 (%)
100	1	2.45	350	1.18	4.33	2.51	2.50
	2	2.44	320	1.13	3.99	2.41	2.11
	3	2.45	320	1.10	3.99	2.42	2.50
	平均	2.45	330	1.14	4.10	2.45	2.37
50	1	2.45	300	1.11	5.24	3.48	2.80
	2	2.46	310	1.05	5.82	3.51	2.91
	3	2.46	290	0.96	5.13	3.62	2.70
	平均	2.46	300	1.04	5.40	3.54	2.80
0	1	2.47	260	1.09	6.28	3.47	3.14
	2	2.46	260	0.88	6.58	3.65	3.29
	3	2.46	290	0.85	6.00	3.52	3.00
	平均	2.46	270	0.94	6.29	3.55	3.14

由图 4-30 可以看出,心墙沥青混凝土由于沥青和填料用量较大,粗骨料基本是悬浮于沥青砂浆中,形成悬浮密实结构,粗骨料被沥青砂浆拨开,相互嵌挤咬合作用明显减弱,破碎率为 100% 的试件中粗骨料间偶有部分棱角相互接触。

由表 4-28 可以看出,破碎率越高,沥青混凝土试件抗弯强度越大,最大弯拉应变越小。粗骨料破碎率 100% 的沥青混凝土抗弯强度比天然砾石骨料高 0.2 MPa,粗骨料破碎率为 50% 时比天然砾石抗压强度高 0.1 MPa。沥青混凝土试件在弯曲变形过程中,粗骨料破碎增强了骨料的相互嵌挤和咬合作用,表现为较高的抗弯强度。

4.5.3　砾石骨料破碎率对拉伸性能的影响

对粗骨料破碎率为 0、50%、100% 的沥青混凝土拉伸试件进行密度测定,试验结果如表 4-29 所示。

表 4-29　沥青混凝土拉伸试验结果对比

破碎率（%）	试样编号	密度（g/cm³）	孔隙率（%）	抗拉强度（MPa）	抗拉强度对应的拉应变(%)
100	1	2.45	1.05	0.57	1.12
	2	2.45	1.05	0.56	0.97
	3	2.46	0.99	0.52	1.21
	平均	2.45	1.03	0.55	1.10
50	1	2.46	0.85	0.58	1.02
	2	2.46	0.76	0.56	0.86
	3	2.45	0.79	0.51	1.10
	平均	2.46	0.80	0.55	0.99
0	1	2.47	0.56	0.56	1.11
	2	2.46	0.97	0.58	1.32
	3	2.47	0.56	0.53	0.89
	平均	2.47	0.70	0.56	1.11

试验结果表明,天然砾石骨料配制的沥青混凝土抗拉强度和拉应变与破碎砾石骨料相当,抗拉强度值都很接近。主要原因是在拉伸过程中,沥青混凝土试件的破坏主要取决于沥青与骨料的黏附力,而天然砾石在长期沉积过程中,砂砾石表面形成了一层铁、铝和其他金属化合物,使天然砾石与沥青的黏附性大大改善。砾石骨料破碎后产生了新界面,这些新鲜界面与沥青黏附性取决于砾石骨料本身的酸碱性。实际工程中也发现有些骨料破碎后的新鲜界面与沥青黏附性有变差的现象。可以看出,粗骨料破碎率对沥青混凝土抗拉强度增加不明显。

4.5.4　砾石骨料破碎率对剪切性能的影响

对三种破碎率下的沥青混凝土分别进行 0.2 MPa、0.3 MPa、0.4 MPa、0.6 MPa 四个围压的三轴试验,其三轴试验参数如表 4-30 所示。

表 4-30　沥青混凝土 E-μ 模型静三轴试验参数

破碎率 (%)	模量系数 K	模量指数 n	内摩擦角 $\varphi(°)$	黏聚力 $c(kPa)$	破坏比 R_f	非线性系数		
						G	F	D
100	575	0.42	32.3	413.3	0.68	0.56	0.12	0.72
50	420	0.48	31.4	316.5	0.71	0.55	0.11	0.75
0	294	0.61	28.8	272.2	0.68	0.51	0.06	0.78

由表 4-30 可以看出,随着破碎率的增加,沥青混凝土摩擦角和黏聚力都有所增大。粗骨料破碎率为 100% 的沥青混凝土内摩擦角比天然砾石骨料高 3.5°,粗骨料破碎率为 50% 的沥青混凝土内摩擦角比天然砾石骨料高 2.6°。这是由于在沥青混凝土剪切变形过程中,部分破碎的粗骨料咬合嵌挤作用增强了,而磨圆度高的天然砾石表面光滑,骨料之间的咬合力相对较低。由于破碎后粗骨料比表面积增大,表面丰富的棱角很大程度上提高了沥青混凝土的黏聚力。

粗骨料破碎率分别为 0、50%、100% 的沥青混凝土在抗压、抗拉、抗弯和抗剪强度等力学性能上虽有一定差异,但在胶浆用量较多的心墙沥青混凝土中差别并不大。天然砾石骨料直接用作心墙沥青混凝土粗骨料,不仅可以改善沥青混合料的和易性,还可以提高沥青混凝土心墙的抗变形能力,力学性能均可满足规范要求,在沥青混凝土中低坝建设中可以广泛使用。

第 5 章　低温环境下心墙沥青混凝土的性能研究

5.1　低温环境下沥青混凝土施工存在的问题

碾压式沥青混凝土心墙的施工大多数是在常温气候下进行的,心墙在连续施工条件下,碾压结合层层面质量是有保证的。如为满足来年防洪度汛需要赶工期,或因工程所在地区地理位置处于常年低温,碾压式沥青混凝土心墙的施工需要在低温环境下进行。低温环境下沥青混凝土散热速度加快,基层沥青混合料碾压完成后,施工中断将使基层沥青混凝土温度下降明显,进行上层沥青混合料的铺筑时,基层沥青混凝土表面温度经常会低于《水工碾压式沥青混凝土施工规范》(DL/T 5362—2006)中 70 ℃ 的规定。即使在施工中采用一些保温措施,减小基层沥青混凝土温度损失,或采用红外线加热或喷灯烘烤等手段进行升温,实际应用中效果并不理想。当结合面温度低于规范温度时,能否保证沥青混凝土碾压结合层面有效结合,成为低温环境下心墙施工亟须解决的问题。

施工规范中规定基层沥青混凝土表面温度不宜低于 70 ℃ 是根据日本御所二期围堰、三峡、尼尔基、冶勒等工程的施工经验确定的,结合面温度控制要求见表 5-1;党河、碧流河及茅坪溪等工程施工经验是利用上层新铺沥青混合料(140 ℃)的热量,停滞 30 min 左右,可将下层 50 mm 处的沥青混凝土熔化,结合面温度可达 70 ℃ 以上。碧流河水库在结合面温度约为 70 ℃ 的条件下进行钻芯取样,肉眼观察不到结合面的存在。但缺乏结合面强度及渗透性能的试验成果,在低温环境下施工心墙结合面温度能否低于规范中 70 ℃ 的要求,适当降低基层沥青混凝土温度限制能否保证心墙结合面的质量仍然是工程技术人员关注的问题。

表 5-1　沥青混凝土结合面温度控制要求

工程名称	碧流河	三峡	冶勒	尼尔基	武力	八王子	御所
结合面温度(℃)	70	70~90	70~90	70~90	60~80	60~70	60 以上

新疆地区冬季气候具有低温、多雪、大风及昼夜温差大的特点,而且低温期的时间占全年的 45% 左右,所以低温环境施工中碾压式沥青混凝土结合层面问题就显得更为突出。研究低温气候条件下施工的心墙结合面温度控制要求,适当降低规范中要求的结合面温度对指导沥青混凝土心墙的施工具有重大意义;弄清上层热沥青混合料摊铺对基层沥青混凝土的升温效果,不同基层沥青混凝土温度下碾压结合面力学性能和结合区渗透

性能变化规律具有重要的实用价值。在保证低温环境下沥青混凝土施工质量的前提下，有效降低能耗，加快施工进度，使工程提前完工并发挥经济效益和社会效益。

　　针对上述问题，结合国内外的研究和实践成果，认为低温环境下沥青混凝土施工性能应包括以下两方面问题：一方面是研究当基层沥青混凝土表面温度低于规范要求时，碾压结合层面力学和渗透性能的变化规律；另一方面是探明上层沥青混合料入仓温度对碾压结合层面的升温效果及结合性能的影响。研究成果可为低温环境下沥青混凝土的温度控制和保证心墙碾压结合层面的施工质量提供指导。

5.2　基层沥青混凝土温度对层间结合质量的影响

　　沥青混凝土心墙在低温季节施工时经常会遇到施工中断情况，环境温度较低造成基层沥青混凝土温度下降较多，即使对心墙采取覆盖保温措施，表层温度也经常会低于规范中 70 ℃的要求。结合面温度过低，使心墙上下层结合不良而产生薄弱层，心墙的力学和防渗性能变差，结合质量得不到保证。结合阿拉沟水库低温施工，在调整的配合比基础上，室内通过制作不同结合面温度的沥青混凝土试件，对试件结合面进行了劈裂试验、抗剪断试验、小梁弯曲试验和拉伸试验，分析基层沥青混凝土温度低于规范要求时，碾压结合面力学性能的变化规律。

5.2.1　沥青混凝土结合区温度场的变化规律

5.2.1.1　室内结合区温度场量测

　　实验室结合区温度量测是在试件成型过程中进行的，试件采用上、下两层分层击实成型的方法，试模尺寸为 150 mm×150 mm×150 mm，每层厚度为 75 mm。为观测上层沥青混合料对温度较低的基层沥青混凝土的升温效果，依据《水工碾压式沥青混凝土施工规范》（DL/T 5363—2006）中规定的基层沥青混凝土表面温度下限值 70 ℃的要求，将基层沥青混凝土温度分别控制为－25 ℃、－10 ℃、0、10 ℃、30 ℃、50 ℃、70 ℃。基层沥青混凝土表面温度是指结合层面以下 10 mm 处的温度，在试件结合层面以下 10 mm、50 mm 处分别埋设温度传感器，并将基层成型好的试件放入低温冰箱中，结合层面以下 10 mm 温度降至上述温度并恒温 6 h，如图 5-1 所示。然后在上层浇入（160±2）℃的沥青混合料，并在结合层面以上 25 mm处埋设温度传感器，进行结合区的温度观测。待上层热料表面下 10 mm 处温度降至 140 ℃时，对上层沥青混合料进行击实。实验室环境温度维持在 8~10 ℃，上层热沥青混合料浇筑后每隔 1 min 分别记录结合层面以下 10 mm、50 mm 及以上 25 mm 处三个位置的温度，温度传感器的布置示意及上层混合料入模后各点温度测量如图 5-2、图 5-3 所示。

5.2.1.2　温度场量测结果及分析

　　按上述方法对结合区温度进行观测，结合层面下 10 mm 和 50 mm 处的最高温升和历时具体见表 5-2；上层热沥青混合料入模后不同基层温度的结合区温度变化过程如图 5-4所示。

图 5-1　基层沥青混凝土在低温冰箱中降温

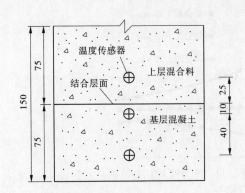

图 5-2　温度传感器的布置示意　（单位:mm）

图 5-3　上层混合料入模后各点温度测量

表 5-2　不同结合面温度温升值汇总

基层温度(℃)	上层热料入模后最高温升值(℃)			
	历时(min)	结合面下 10 mm	历时(min)	结合面下 50 mm
−25	85	37.1	133	25
−10	75	54.8	116	41
0	65	58.6	110	45
10	43	71.5	97	51
30	40	79.4	100	61
50	42	94.0	93	71
70	43	104.1	92	80

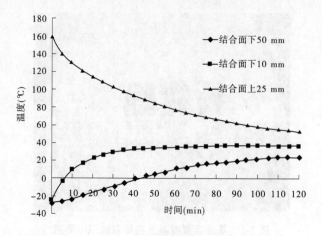

(a)基层温度-25 ℃

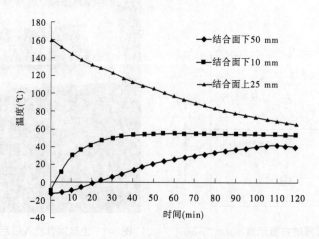

(b)基层温度-10 ℃

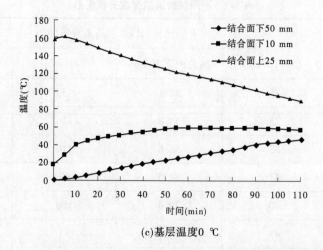

(c)基层温度0 ℃

图 5-4　上层热沥青混合料入模后不同基层温度的结合区温度变化过程

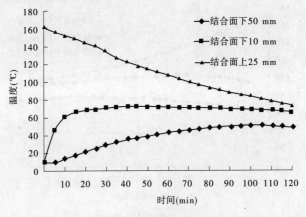

(d)基层温度10 ℃

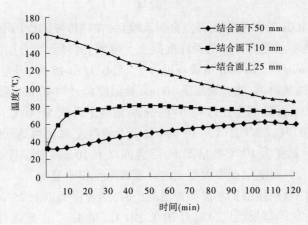

(e)基层温度30 ℃

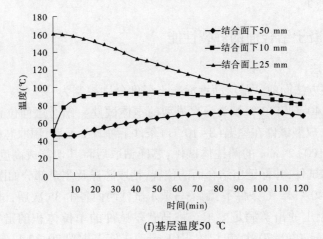

(f)基层温度50 ℃

续图 5-4

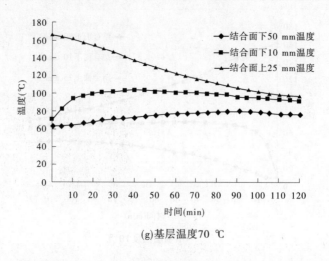

(g)基层温度70 ℃

续图 5-4

可以看出,当(160±2)℃上层沥青混合料入模后,在热传导的作用下基层沥青混凝土温度都有所上升;基层温度为 0 ℃的沥青混凝土上摊铺热料后,结合层面下 10 mm 和 50 mm 处温度经过 65 min 和 110 min 后最高可升至 58.6 ℃和 45 ℃;基层温度为 10 ℃、30 ℃的沥青混凝土摊铺热料后,结合层面下 10 mm 处温度经过约 40 min 后最高上升到 71.5 ℃、79.4 ℃,基层 50 mm 处温度经过约 100 min 后最高上升到 51.0 ℃、61.0 ℃。结果表明,基层温度为 30 ℃时,结合面以下 10 mm 处沥青混凝土温度可达到规范中不低于 70 ℃的要求,甚至基层温度为 10 ℃的情况下,结合面以下 10 mm 处温度也可达到 70 ℃以上。上层热沥青混合料对基层沥青混凝土的升温效果是很明显的。

当上层热沥青混合料接触到基层沥青混凝土时,结合层面以上 25 mm 处沥青混合料温度随时间逐渐降低,当基层温度分别为 70 ℃、50 ℃、30 ℃时,上层混合料温度下降较缓慢;但当基层温度分别为-25 ℃、-10 ℃、10 ℃时,上层混合料温度下降相对较快,可能影响结合区的压实效果。

5.2.2　沥青混凝土结合面的劈裂性能

5.2.2.1　试验方法

(1)试件成型方法同前。基层沥青混凝土温度分别控制为-25 ℃、-10 ℃、10 ℃、30 ℃、50 ℃、70 ℃、140 ℃(140 ℃视为一次成型的本体试件),结合层面位置示意及试件成型如图 5-5 所示。成型试件在室温(8～10 ℃)条件下静置 2 天后,用取芯机在结合层面位置处水平钻取 ϕ(100±2) mm 的圆柱体试件,芯样钻取后将其切割成高度为(63.5±1.3) mm 的标准马歇尔试件,并标记出结合面的位置,钻取芯样及剩余部分如图 5-6 所示。

(2)通常在 140～145 ℃条件下,制备马歇尔试件两面各击 35 次后,试件孔隙率≤2%就可认为沥青混凝土的击实满足要求。将马歇尔试件的单位体积的击实功[试件尺寸 ϕ100 mm×63.5 mm,共击 70 次,单位体积(1 cm³)击实需做功 20.32 J]作为一参考标准,则上述沥青混凝土试件(150 mm×150 mm×150 mm)达到密实时(孔隙率为 2%)所需的击实功为 9 347.2 J,经计算需击实 460 次,采用单面击实法。

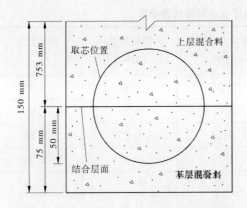

图 5-5　结合面位置示意及试件成型

图 5-6　钻取芯样及剩余部分

(3)试验方法参照《公路工程沥青及沥青混合料试验规程》(JTG E20—2011)中规定:
测定沥青混凝土的劈裂抗拉强度宜采用试验温度(15±0.5)℃,加载速率为 50 mm/min。
但评价沥青混凝土低温抗裂性能时,采用试验温度(-10±0.5)℃及加载速率 1.0 mm/min
较适宜,且试件在规定温度下需恒温不少于 6 h。对于沥青混凝土心墙而言,常年的工作
温度稳定在 10 ℃左右,因此本次试验采用慢速法,加载速率控制为 1.0 mm/min。试件置
于 10 ℃的环境下恒温 6 h 后进行劈裂试验。

5.2.2.2　试验结果及分析

对不同结合面温度的芯样进行密度测定,每个温度下取 3 个试件进行结合面的劈裂
抗拉强度试验,取平均值作为试验结果,见表 5-3。劈裂抗拉强度与不同基层温度的关系
曲线如图 5-7 所示,不同基层温度的芯样劈裂后形态如图 5-8 所示。

可以看出,未钻取芯样前试件结合面位置较明显,但通过观察钻取后芯样,取芯表面
均看不到结合面的存在,表明分层成型试件结合良好。通过表 5-3 可以得出:试件的密度
随结合面温度的降低有所下降。由于-25 ℃已低于沥青脆点,上层热料浇入后温度散失
较快,而且上层大颗粒骨料在击实成型时很难嵌入基层沥青混凝土中,因此试件在击实成
型时结合区密实度不易达到要求。

表 5-3　不同结合面温度试件劈裂试验结果

基层温度 （℃）	试件编号	试件密度 （g/cm³）	最大荷载值 （kN）	劈裂抗拉强度 （MPa）	劈裂位移 （mm）
-25	PL1	2.37	2.78	0.27	3.30
	PL2	2.36	3.65	0.36	3.51
	PL3	2.37	3.29	0.33	3.28
	平均值	2.37	3.24	0.32	3.36
-10	PL1	2.38	3.66	0.37	3.69
	PL2	2.38	3.70	0.36	3.35
	PL3	2.39	3.19	0.32	3.59
	平均值	2.38	3.52	0.35	3.54
10	PL1	2.38	3.92	0.38	3.77
	PL2	2.38	3.80	0.38	3.94
	PL3	2.39	3.75	0.37	3.71
	平均值	2.38	3.82	0.38	3.81
30	PL1	2.39	4.56	0.45	4.03
	PL2	2.38	4.00	0.40	4.45
	PL3	2.38	4.14	0.40	4.31
	平均值	2.39	4.23	0.42	4.26
50	PL1	2.38	4.40	0.44	4.64
	PL2	2.39	4.30	0.42	4.47
	PL3	2.38	4.57	0.44	4.31
	平均值	2.39	4.42	0.44	4.47
70	PL1	2.39	4.65	0.45	4.76
	PL2	2.39	4.71	0.47	4.14
	PL3	2.38	4.68	0.46	4.69
	平均值	2.39	4.68	0.46	4.53
140	PL1	2.40	4.76	0.47	4.63
	PL2	2.39	4.75	0.46	4.44
	PL3	2.39	4.86	0.48	4.76
	平均值	2.39	4.79	0.47	4.61

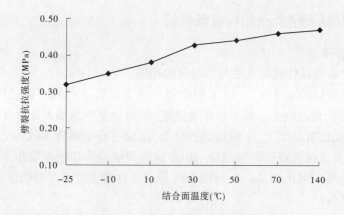

图 5-7　劈裂抗拉强度与不同基层温度的关系曲线

图 5-8　不同基层温度的芯样劈裂后形态

可以看出,基层沥青混凝土温度从-25 ℃到 30 ℃的试件劈裂抗拉强度上升较快,基层温度从 30 ℃到 140 ℃(本体)试件的劈裂抗拉强度上升缓慢。其中,基层温度为-25 ℃试件与本体相比劈裂抗拉强度下降了 31.9%,基层温度为 30 ℃试件与本体相比劈裂抗拉强度下降了 10.6%,基层温度为 50 ℃的试件与本体相比劈裂抗拉强度仅下降了 6.4%。随着基层沥青混凝土温度的降低,结合层面的劈裂抗拉强度有所下降,但基层温度在 30~50 ℃试件的劈裂抗拉强度变化并不明显。

通过劈裂试验后试件形态可以看出,基层沥青混凝土温度为 30 ℃、50 ℃、70 ℃、140 ℃(本体)的试件,破坏后结合面处裂纹不明显,而基层温度为-25 ℃、-10 ℃的试件,破坏后结合面处出现明显裂纹,且裂纹相对整齐,基层温度为 10 ℃的试件结合面处可见细小裂纹。由劈裂试验位移也可看出,结合面处变形随基层温度的增加而增大,基层温度越低的试件劈裂位移也越小。表明基层沥青混凝土温度过低时,上层热沥青混合料入模后,上下两层的结合质量不好,受力后表现出了脆性破坏的特征。

5.2.3 沥青混凝土结合面的抗剪断性能

5.2.3.1 试验方法

沥青混凝土剪切试件成型方法与劈裂试验相同。

分层击实成型后的试件在 8~10 ℃的室温环境下静置 2 d,同时标记好结合面位置,然后置于 10 ℃(沥青混凝土心墙工作环境温度)的恒温室中恒温 6 h 后开始试验。安装试件时,使结合面位置处于上、下剪切盒接缝处,试验过程中保持 30 kPa 的恒定正压力;剪切速率参照《土工试验规程》(SL 237—1999)(慢剪试验剪切速率应小于 0.02 mm/s),本次试验剪切速率采用 0.01 mm/s,每隔 20 s 记录试件的剪应力及剪切位移,当剪应力明显下降时停止试验。

5.2.3.2 试验结果及分析

剪切试验前对不同基层温度的试件进行密度测定,每个温度下 2 个试件,试验结果取平均值,见表 5-4,表中抗剪断强度为试件剪断时的最大剪应力,其所对应的位移为最大剪切位移。不同基层温度试件剪应力与剪切位移关系曲线如图 5-9 所示,试件剪断后断面形态如图 5-10 和图 5-11 所示。

表 5-4　不同基层温度试件剪切试验结果

基层温度(℃)	密度(g/cm³)	抗剪断强度(MPa)	最大剪切位移(mm)
-25	2.38	0.386	2.6
-10	2.39	0.390	3.0
10	2.39	0.415	3.2
30	2.39	0.419	3.8
50	2.39	0.428	4.2
70	2.40	0.434	4.4
140	2.40	0.456	4.4

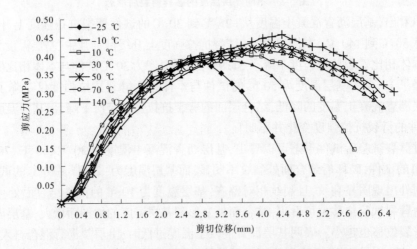

图 5-9　不同基层温度试件剪应力与剪切位移关系曲线

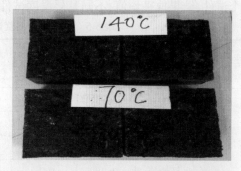

图 5-10　-25 ℃和 30 ℃试件剪断后断面形态　　　　图 5-11　70 ℃和 140 ℃试件剪断后断面形态

由表 5-4 可以看出,试件密度随基层沥青混凝土温度的降低而减小,表明基层温度越低试件越难密实。通过图 5-9 可以看出,试件抗剪断强度随基层温度的降低而呈下降趋势,基层温度为-25 ℃、-10 ℃的试件抗剪断强度峰值与本体相比分别下降了 15.4%、14.5%,下降较明显;基层温度为 10 ℃、30 ℃、50 ℃、70 ℃的试件抗剪断强度与本体相比分别下降了 9.0%、8.1%、6.1%、4.8%,下降值较小。基层温度为-25 ℃、-10 ℃、10 ℃的试件抗剪断强度到达峰值时的剪切位移较小,峰值过后抗剪断强度下降较快,表明基层温度过低时试件呈现脆性破坏;基层温度为 30 ℃、50 ℃、70 ℃、140 ℃的试件抗剪断强度到达峰值时的剪切位移相对较大,峰值过后抗剪断强度下降缓慢,表明试件随着基层温度的升高逐渐呈现延性破坏的特征。

从图 5-10 和图 5-11 剪断后断面形态可以看出,随着基层温度的升高断面逐渐变得粗糙。基层温度为-25 ℃试件结合情况最差,剪断后断面平整,断面处几乎看不到大颗粒骨料,而基层温度为 30 ℃的试件剪断后断面相对不平整,规范中要求基层温度为 70 ℃的试件断面形态与一次成型试件的断面很接近,断面较粗糙,并且可以很清楚地看到大颗粒骨料的存在。由于沥青的脆点在-10 ℃左右,基层沥青混凝土温度降至-25 ℃时已远低于沥青的脆点,过大的温差使上层沥青混合料的热量散失过快,在击实过程中不能使大颗粒骨料嵌入到下层沥青混凝土中,出现层间结合不良现象,而基层温度为 30 ℃以上的试件结合相对较好。

5.2.4　沥青混凝土结合面的抗弯性能

5.2.4.1　试验方法

结合面的小梁弯曲试件同样采用上、下两层分层成型的方法制备,试件采用一个 300 mm×150 mm×150 mm 的试模,每层厚度为 150 mm。基层沥青混凝土温度控制与上述劈裂试验相同,成型后将试件切割成尺寸为 250 mm×40 mm×35 mm 的标准小梁弯曲试件,使结合面位于切割后试件长度的 125 mm 处并做好标记。将切割好的试件置于 10 ℃的恒温水槽中恒温 6 h,试验在沥青混凝土综合试验机上进行,计算出不同基层温度试件的弯曲强度、弯曲应变及挠跨比。

5.2.4.2　试验结果及分析

弯曲试验前先进行密度及孔隙率的测定,按上述试验方法进行小梁试验,每个温度下

3 个试件,结果取平均值,不同基层温度试件的小梁弯曲试验结果见表 5-5。

表 5-5　不同基层温度试件的小梁弯曲试验结果

基层温度 （℃）	试件 编号	密度 （g/cm³）	最大荷载 （N）	抗弯强度 （MPa）	最大荷载时 挠度（mm）	最大弯拉 应变（%）	挠跨比 （%）
-25	WQ1	2.38	190	0.95	2.84	1.729	1.42
	WQ2	2.38	190	0.97	4.04	2.983	2.02
	WQ3	2.39	190	0.97	4.18	2.445	2.09
	平均值	2.38	190	0.96	3.69	2.386	1.84
-10	WQ1	2.39	210	1.06	4.75	2.850	2.38
	WQ2	2.39	200	1.10	4.95	2.999	2.48
	WQ3	2.38	190	0.93	5.06	3.107	2.53
	平均值	2.39	200	1.03	4.92	2.985	2.46
10	WQ1	2.38	210	1.15	4.87	2.966	2.44
	WQ2	2.40	230	1.25	5.10	3.034	2.55
	WQ3	2.39	220	1.06	5.24	3.199	2.62
	平均值	2.39	220	1.15	5.07	3.066	2.54
30	WQ1	2.39	220	1.15	4.89	2.925	2.45
	WQ2	2.39	240	1.26	5.88	3.477	2.94
	WQ3	2.40	230	1.22	5.49	3.335	2.75
	平均值	2.39	230	1.21	5.42	3.246	2.71
50	WQ1	2.40	240	1.17	4.91	3.016	2.46
	WQ2	2.39	230	1.23	5.61	3.403	2.81
	WQ3	2.39	230	1.25	5.86	3.520	2.93
	平均值	2.39	233	1.22	5.46	3.313	2.73
70	WQ1	2.39	250	1.28	6.13	3.724	3.07
	WQ2	2.39	250	1.30	6.18	3.777	3.09
	WQ3	2.40	230	1.14	4.88	2.951	2.44
	平均值	2.39	243	1.24	5.73	3.484	2.87
140	WQ1	2.39	240	1.20	5.61	3.450	2.81
	WQ2	2.40	240	1.32	6.55	3.941	3.28
	WQ3	2.41	250	1.28	5.41	3.227	2.71
	平均值	2.40	243	1.27	5.86	3.539	2.93

　　由表 5-5 可以看出,小梁弯曲试件的密度随结合面温度的下降而呈下降趋势。不同结合面温度的小梁弯曲试验应力应变曲线如图 5-12 所示,不同基层温度试件的抗弯强度和最大弯拉应变如图 5-13 所示。

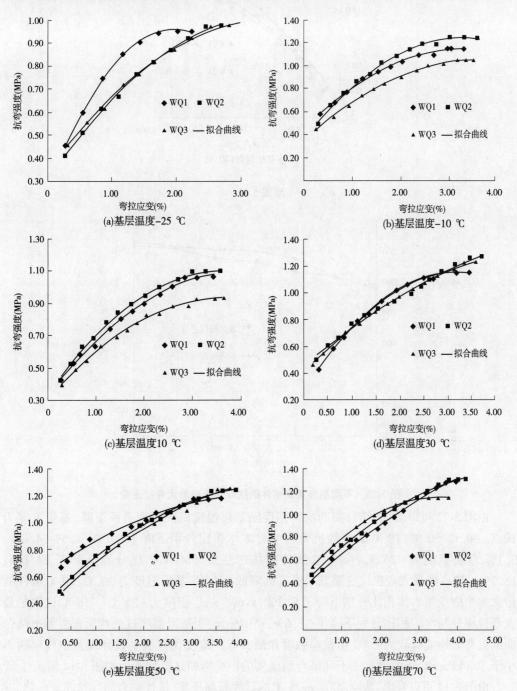

图 5-12　不同基层温度的小梁弯曲试验应力应变曲线

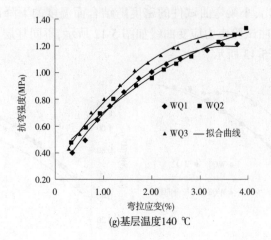

(g)基层温度140 ℃

续图 5-12

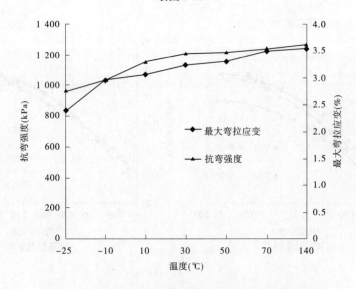

图 5-13　不同基层温度试件的抗弯强度和最大弯拉应变

由图 5-13 可以看出,结合面的抗弯强度随基层温度的降低而有所下降,基层温度为 10 ℃、30 ℃、50 ℃、70 ℃试件的抗弯强度与本体相比分别下降了 9.0%、4.5%、4.0%、2.1%,基层温度为-25 ℃、-10 ℃试件的抗弯强度与本体相比分别下降了 24.0%、18.7%。试件的最大弯拉应变随基层温度的降低而下降,基层温度为 30 ℃、70 ℃试件的最大弯拉应变与本体相比分别下降了 8.3%、1.6%,基层温度为-25 ℃、-10 ℃试件的最大弯拉应变与本体相比分别下降了 32.6%、15.7%,表明基层温度过低对沥青混凝土结合面的抗弯曲性能有较大影响,但抗弯强度和最大弯拉应变仍能满足设计规范中规定的不小于 400 kPa 和 1%的要求。不同结合面温度的小梁弯曲试验后断面如图 5-14 所示。

由图 5-14 可以看出,基层温度为-25 ℃的试件断面平整,试件结合面处是沥青砂浆,并没有大颗粒骨料嵌入下层沥青混凝土中,结合质量不好;而基层温度为 30 ℃、70 ℃、140 ℃的试件断面则相对较粗糙,且断面处很清晰地看到大颗粒骨料,结合质量相对较好。

(a) 基层温度 −25 ℃

(b) 基层温度 30 ℃

(c) 基层温度 70 ℃

(d) 基层温度 140 ℃

图 5-14　不同结合面温度的小梁弯曲试验后断面

5.2.5　沥青混凝土结合面的抗拉性能

5.2.5.1　试验方法

直接拉伸试件同样采用上、下两层分别成型的方法制备,试件采用一个 300 mm×150 mm×150 mm 的试模,每层厚度为 150 mm。由于在 5.2.2 中已经对不同基层温度的试件进行了劈裂抗拉试验,因此直接拉伸试验仅选择了几个典型温度进行,所选基层温度分别为−25 ℃、10 ℃、30 ℃、70 ℃、140 ℃。将成型后的试件切割成尺寸为 220 mm×40 mm×40 mm 的标准拉伸试件,结合面位于试件长度 110 mm 处并做好标记。

试验前,首先在拉伸试件中心线左右各 50 mm 处做好标记,用大力宝牌云石胶将试件两端粘于钢制夹头上,待云石胶硬化后将试件置于 10 ℃的恒温室中恒温 6 h(沥青混凝土心墙在运行期温度为 10 ℃左右)。依据《水工沥青混凝土试验规程》(DL/T 5362—

208)中拉伸速率按 1%/min(2.2 mm/min)应变速率控制,计算出试件的抗拉强度和拉应变。万能材料试验机及小变形的量测分别如图 5-15 和图 5-16 所示。

图 5-15　万能材料试验机

图 5-16　小变形的量测

5.2.5.2　试验结果及分析

先对试件进行密度测定后按上述方法进行试验,每个温度下 3 个试件,结果取平均值,不同基层温度试件拉伸试验结果汇总见表 5-6,不同基层温度下的结合面拉伸应力—应变关系如图 5-17 所示,不同基层温度的结合面抗拉强度及对应的拉应变如图 5-18 所示。

表 5-6　不同基层温度试件拉伸试验结果汇总

基层温度 (℃)	试件编号	试件密度 (g/cm³)	抗拉强度 (MPa)	抗拉强度对应的拉应变 (%)
−25	LS1	2.38	0.79	0.83
	LS2	2.38	0.90	0.28
	LS3	2.38	0.99	0.11
	平均值	2.38	0.89	0.41
10	LS1	2.38	1.13	1.24
	LS2	2.40	0.76	1.29
	LS3	2.39	0.82	0.84
	平均值	2.39	0.90	1.12
30	LS1	2.39	0.93	1.35
	LS2	2.39	0.87	1.64
	LS3	2.39	0.91	1.28
	平均值	2.39	0.90	1.42

续表 5-6

基层温度 （℃）	试件编号	试件密度 （g/cm³）	抗拉强度 （MPa）	抗拉强度对应的拉应变 （%）
70	LS1	2.40	0.95	1.66
	LS2	2.39	0.89	1.65
	LS3	2.40	1.00	1.59
	平均值	2.40	0.95	1.63
140	LS1	2.40	0.92	1.58
	LS2	2.41	1.01	1.52
	LS3	2.41	0.96	1.66
	平均值	2.41	0.96	1.59

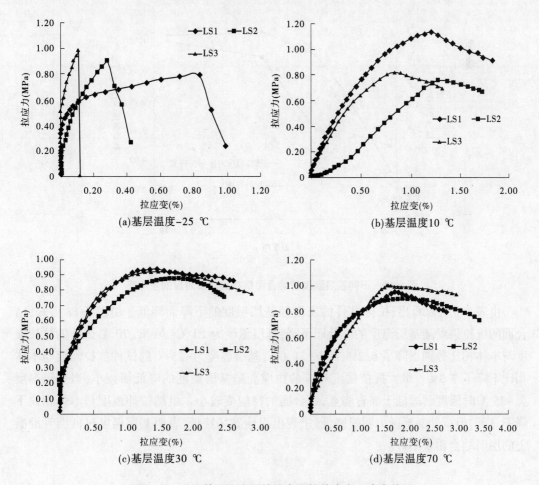

(a)基层温度−25 ℃　　　　　　　(b)基层温度10 ℃

(c)基层温度30 ℃　　　　　　　(d)基层温度70 ℃

图 5-17　不同基层温度下的结合面拉伸应力—应变关系

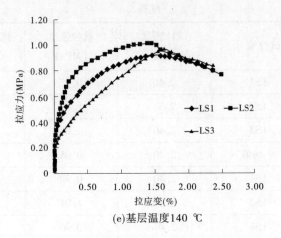

(e)基层温度140 ℃

续图 5-17

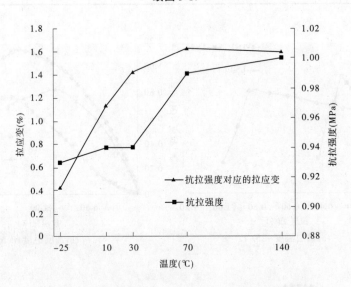

图 5-18　不同基层温度的结合面抗拉强度及对应的拉应变

　　由表 5-6 可以看出,拉伸试件的密度随基层温度的下降而降低。由图 5-17 可知,结合面的抗拉强度随基层温度的降低而下降,基层温度为 10 ℃、30 ℃、70 ℃试件的抗拉强度与本体相比分别下降了 6.2%、6.2%、1.0%,基层温度为 -25 ℃ 的试件抗拉强度与本体相比下降了 7.3%。最大抗拉强度对应的拉应变随基层温度的降低而减小,当基层温度为 -25 ℃ 时温度已远低于沥青脆点,结合面的拉应变较小。虽然拉伸强度与本体相比下降不显著,但试件变形能力明显降低,呈现出脆性破坏特征,表明基层温度过低沥青混凝土的层间结合质量不好。

5.3　上层沥青混合料温度对层面结合质量的影响

5.3.1　沥青混凝土结合面温度场的变化规律

低温环境下沥青混凝土心墙施工中,因施工机械故障以及工人施工效率的降低,容易导致沥青混合料温度在碾压过程中达不到施工规范的要求。拌和物入仓温度过低或基层沥青混凝土温度过低都会使沥青混凝土碾压层面结合不良,出现防渗薄弱区,影响施工质量。结合乌苏吉尔格勒德水库低温施工配合比,室内制备不同温度的上层沥青混合料与下层沥青混凝土试件分层击实成型,通过量测结合面的温度变化情况,分析上层沥青混合料温度对基层沥青混凝土升温效果的影响;对试件结合面进行劈裂试验、抗剪断试验、小梁弯曲试验和拉伸试验,分析上层沥青混合料温度对碾压结合层面力学性能的影响规律。

5.3.1.1　室内结合面温度场的量测

通过先成型基层沥青混凝土,待下降到试验温度后再击实上层热沥青混合料的方法。采取固定基层沥青混凝土温度为 50 ℃、70 ℃。先将 160 ℃的热沥青混合料倒入 150 mm×150 mm×150 mm 试模中进行击实,沥青混合料击实成型后表面处于试模的中间位置,在表面以下 10 mm 处插入温度传感器,观测沥青混凝土降温过程,待温度传感器的温度降至 50 ℃和 70 ℃时,在上层分别浇入 120 ℃、140 ℃、160 ℃的热沥青混合料并进行击实。上层热沥青混合料入模后,在结合层面以上 25 mm 处插入温度传感器,每隔 1 min 记录一次两个温度传感器的温度值,温度传感器布置示意及上层料入模后实际温度测量分别如图 5-19 和图 5-20 所示。

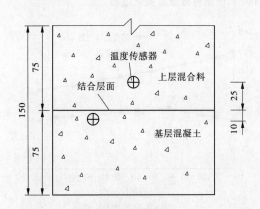

图 5-19　温度传感器布置示意　(单位:mm)　　　图 5-20　上层料入模后实际温度测量

5.3.1.2　室内结合面温度量测结果及分析

对成型的试件进行温度量测,上层沥青混合料降温过程及基层沥青混凝土的升温过程如图 5-21~图 5-23 所示。

可以看出,当上层不同温度的沥青混合料入模后,基层沥青混凝土温度在热传导作用下都会有所上升,上层热沥青混合料对基层沥青混凝土的加热效果是明显的。当基层沥

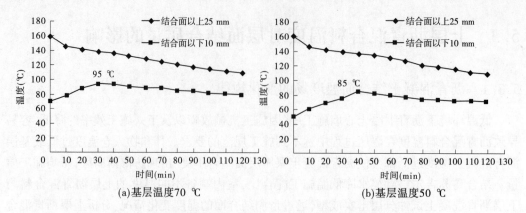

图 5-21　上层沥青混合料温度 160 ℃时结合区温度变化过程

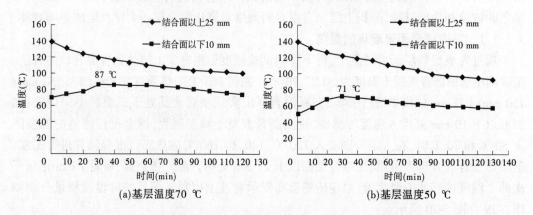

图 5-22　上层沥青混合料温度 140 ℃时结合区温度变化过程

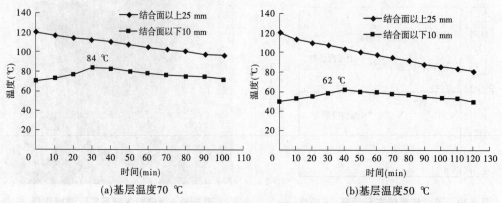

图 5-23　上层沥青混合料温度 120 ℃时结合区温度变化过程

青混凝土温度为 70 ℃时,160 ℃、140 ℃和 120 ℃的上层沥青混合料可将基层温度分别升至 95 ℃、87 ℃和 84 ℃;当基层沥青混凝土温度为 50 ℃时,160 ℃、140 ℃和 120 ℃的上层沥青混合料可将基层温度分别升至 85 ℃、71 ℃和 62 ℃。基层沥青混凝土温度为 50 ℃时,上层摊铺 140 ℃的热沥青混合料可将基层温度升高至规范的 70 ℃以上。现场施工时由于沥青混合料热容量加大,散热更缓慢,升温效果也会更好。

5.3.2　沥青混凝土结合层面劈裂性能

5.3.2.1　试件制备与试验方法

（1）基层沥青混凝土成型方法同前。待基层沥青混凝土温度降至 50 ℃时，将热沥青混合料倒入试模上半部再进行击实成型，如图 5-24 所示。分别将基层沥青混凝土温度控制为 50 ℃和 70 ℃，上层沥青混合料温度分别控制在 120 ℃、140 ℃、160 ℃，制备不同结合面的试件。制备好的试件在室温下冷却，将结合层面做好标记，用内径为 100 mm 的钻芯机沿结合层面方向钻取芯样，如图 5-25 所示。然后将钻取好的圆柱体试件切割成标准的马歇尔试件 3 个（见图 5-26），钻取芯样后试件内部如图 5-27 所示。

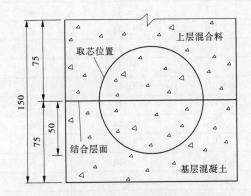

图 5-24　击实成型试件的示意图　（单位：mm）

图 5-25　试件的结合面位置标记

图 5-26　钻取后的芯样

图 5-27　钻取芯样后试件内部

（2）试验采用速率 1.0 mm/min，试验前将试件静置在 10 ℃的环境下恒温不少于 6 h，然后进行劈裂抗拉试验。

5.3.2.2　试验结果及分析

测试不同结合温度的试件密度，每个温度下取 3 个试件进行结合面的劈裂抗拉试验。不同上层沥青混合料温度下的结合面劈裂试验结果见表 5-7，上层沥青混合料温度与结合面劈裂抗拉强度的关系曲线如图 5-28 所示，结合面劈裂抗拉试验后的试件状态如图 5-29 所示。

表 5-7　不同上层沥青混合料温度下的结合面劈裂试验结果

基层温度 （℃）	上层料温度 （℃）	试件编号	密度 （g/cm³）	最大荷载值 （kN）	劈裂抗拉强度 （MPa）	劈裂位移 （mm）
	160	PL1	2.40	5.25	0.47	4.76
	160	PL2	2.40	5.41	0.46	4.36
	160	PL3	2.41	5.52	0.48	4.64
	平均值		2.40	5.40	0.47	4.59
	140	PL1	2.40	5.16	0.44	4.45
	140	PL2	2.41	5.01	0.44	4.53
	140	PL3	2.40	4.89	0.42	4.35
70	平均值		2.40	5.02	0.43	4.44
	120	PL1	2.40	4.76	0.41	4.25
	120	PL2	2.40	4.56	0.41	4.18
	120	PL3	2.40	4.77	0.42	4.36
	平均值		2.40	4.70	0.41	4.26
	160	PL1	2.41	5.04	0.45	4.62
	160	PL2	2.41	5.14	0.44	4.43
	160	PL3	2.41	4.97	0.43	4.48
	平均值		2.41	5.05	0.44	4.51
	140	PL1	2.40	4.84	0.42	4.21
	140	PL2	2.41	4.69	0.42	4.30
	140	PL3	2.40	4.86	0.42	4.15
50	平均值		2.40	4.80	0.42	4.22
	120	PL1	2.41	4.49	0.39	3.88
	120	PL2	2.41	4.63	0.40	3.79
	120	PL3	2.41	4.54	0.40	3.94
	平均值		2.41	4.55	0.40	3.87

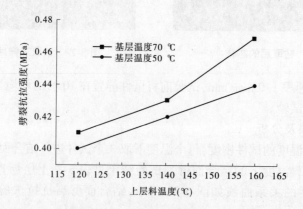

图 5-28　上层沥青混合料温度与结合面劈裂抗拉强度的关系曲线

试件在成型时已标明结合面位置，但钻取芯样后表面几乎看不到结合面，说明试件内

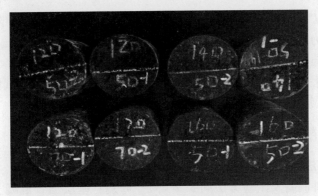

图 5-29　结合面劈裂抗拉试验后的试件状态

部结合质量较好。通过图 5-28 可以得出,基层沥青混凝土温度一定时,上层沥青混合料温度升高,结合面劈裂抗拉强度上升明显。基层沥青混凝土温度为 70 ℃时,上层混合料温度为 160 ℃的试件与本体(一次成型的试件)相比,劈裂抗拉强度仅下降了 2.6%;上层混合料温度为 140 ℃的试件与本体相比,劈裂抗拉强度下降了 9.5%;上层混合料温度为 120 ℃的试件与本体相比,劈裂抗拉强度下降了 13.8%。基层沥青混凝土温度为 50 ℃时,上层混合料温度分别为 160 ℃、140 ℃、120 ℃的试件,相比本体而言,劈裂抗拉强度分别下降了 8.4%、13.0%、17.7%。

通过图 5-29 结合面劈裂试验后试件破坏形态可以看出,基层沥青混凝土温度为 50 ℃时,上层沥青混合料温度为 120 ℃和 140 ℃的试件在结合面处产生了较大裂隙,而且破坏产生的裂隙相对整齐,但在上层混合料温度为 160 ℃的试件上,并没有发现较大裂隙。上层沥青混合料温度越高时,试件结合质量也越好。

5.3.3　沥青混凝土结合面剪切性能

5.3.3.1　试验方法

试件制备与试验方法同 5.2.3.1。分别将基层沥青混凝土温度控制在 50 ℃和 70 ℃,上层沥青混合料温度分别为 120 ℃、140 ℃、160 ℃制备 150 mm×150 mm×150 mm 的试件。

5.3.3.2　试验结果及分析

不同上层沥青混合料温度下的结合面抗剪断试验结果见表 5-8。

表 5-8　不同上层沥青混合料温度下的结合面抗剪断试验结果

基层温度 (℃)	上层料温度 (℃)	密度 (g/cm³)	抗剪断强度 (MPa)	最大剪切位移 (mm)
70	160	2.41	0.439	4.4
	140	2.40	0.419	3.8
	120	2.39	0.412	3.4
50	160	2.40	0.428	4.2
	140	2.40	0.396	3.2
	120	2.39	0.385	2.8

由表 5-8 可以看出,试件的抗剪断强度随着上层沥青混合料温度的降低而下降;基层沥青混凝土温度为 70 ℃时,上层沥青混合料温度分别为 160 ℃、140 ℃、120 ℃的试件,结合面抗剪断强度与本体相比,分别下降了 3.7%、8.1%、9.6%,下降值较小;基层沥青混凝土温度为 50 ℃,上层沥青混合料温度分别为 160 ℃、140 ℃、120 ℃的试件,结合面抗剪断强度与本体相比,分别下降了 6.1%、13.2%、15.6%,下降值较大。

5.3.4　沥青混凝土结合面抗弯性能

5.3.4.1　试验方法

小梁弯曲试件制备及试验方法同 5.2.4.1。分别将基层沥青混凝土温度控制在 50 ℃和 70 ℃,上层沥青混合料温度分别为 120 ℃、140 ℃、160 ℃,先制备 300 mm×150 mm×150 mm 的试件,切割后得到尺寸为 250 mm×40 mm×35 mm 小梁弯曲试件。

5.3.4.2　试验结果及分析

先进行小梁弯曲试件密度的测定,然后按照试验规范进行小梁弯曲试验。不同上层沥青混合料温度下的小梁弯曲试验结果见表 5-9;不同基层温度下试件抗弯强度与最大弯拉应变关系曲线如图 5-30 所示;小梁弯曲试验前后试件如图 5-31 和图 5-32 所示。

表 5-9　不同上层沥青混合料温度下的小梁弯曲试验结果

基层温度（℃）	上层料温度（℃）	试件编号	密度（g/cm³）	最大荷载（kN）	抗弯强度（MPa）	最大荷载时挠度（mm）	最大弯拉应变（%）	挠跨比（%）
70	160	WQ1	2.41	181	1.30	6.24	3.575	3.12
	160	WQ2	2.41	204	1.31	6.07	3.685	3.04
	160	WQ3	2.41	207	1.28	5.85	3.560	2.92
	平均值		2.41	197	1.30	6.05	3.607	3.03
	140	WQ1	2.40	183	1.16	5.39	3.308	2.69
	140	WQ2	2.42	179	1.27	5.50	3.241	2.75
	140	WQ3	2.41	179	1.14	5.51	3.347	2.75
	平均值		2.41	180	1.19	5.47	3.299	2.73
	120	WQ1	2.41	163	1.14	5.27	3.092	2.63
	120	WQ2	2.42	167	1.10	4.93	2.981	2.47
	120	WQ3	2.40	157	1.02	5.17	3.120	2.58
	平均值		2.41	162	1.09	5.12	3.064	2.56

续表 5-9

基层温度 （℃）	上层料温度 （℃）	试件 编号	密度 （g/cm³）	最大荷载 （kN）	抗弯强度 （MPa）	最大荷载时 挠度（mm）	最大弯拉 应变(%)	挠跨比 （%）
50	160	WQ1	2.40	183	1.21	5.56	3.350	2.78
	160	WQ2	2.42	194	1.31	5.92	3.532	2.96
	160	WQ3	2.41	187	1.18	5.59	3.448	2.80
	平均值		2.41	188	1.23	5.69	3.443	2.85
	140	WQ1	2.41	176	1.15	5.72	3.375	2.86
	140	WQ2	2.42	174	1.12	5.48	3.240	2.74
	140	WQ3	2.41	181	1.10	5.46	3.284	2.73
	平均值		2.41	177	1.12	5.55	3.300	2.78
	120	WQ1	2.42	170	1.07	5.07	3.085	2.53
	120	WQ2	2.41	165	0.97	4.62	2.941	2.31
	120	WQ3	2.41	160	1.00	4.98	3.045	2.49
	平均值		2.42	165	1.01	4.89	3.024	2.44

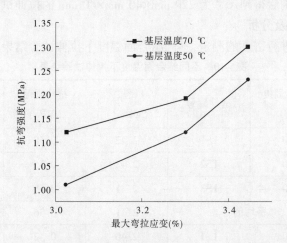

图 5-30 不同基层温度下试件抗弯强度和最大弯拉应变关系曲线

由图 5-30 可以看出，在相同基层温度下，随着拌和物入模温度的降低，试件的抗弯强度逐渐下降，上层沥青混合料温度对结合面的弯曲性能有较大影响。基层温度为 70 ℃ 的小梁弯曲试件，不同上层料温度试件的抗弯强度相较于本体试验值分别下降了 1.5%、9.9%、18.4%；上层混合料温度分别为 160 ℃、140 ℃、120 ℃，基层温度为 50 ℃ 的试件，

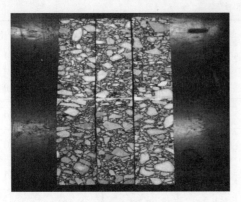

图 5-31　小梁弯曲试验前试件

图 5-32　小梁弯曲试验后试件

抗弯强度相较于本体试验值分别下降了 7.5%、15.7%、27.9%。随着上层沥青混合料温度的降低,相同基层温度下的小梁弯曲试件的最大弯拉应变也随之下降,基层温度为 70 ℃时,上层混合料温度为 160 ℃、140 ℃、120 ℃的试件,其最大弯拉应变较本体的试验值分别下降了 1.2%、8.8%、15.3%;基层温度为 50 ℃时,最大弯拉应变较本体试验值分别下降了 4.9%、9.2%、16.5%,下降比较明显。

5.3.5　沥青混凝土结合面抗拉性能

5.3.5.1　试验方法

轴向拉伸试件制备及试验方法同 5.2.5.1。分别将基层沥青混凝土温度控制在 50 ℃和 70 ℃,上层沥青混合料温度分别为 120 ℃、140 ℃、160 ℃,先制备 300 mm×150 mm×150 mm 的试件,切割后得到尺寸为 220 mm×40 mm×40 mm 的拉伸试件。

5.3.5.2　试验结果及分析

对拉伸试件先进行密度的测定,不同结合面温度下拉伸试验结果见表 5-10。

表 5-10　不同结合面温度下拉伸试验结果

基层温度 (℃)	上层料温度 (℃)	试件编号	密度 (g/cm³)	抗拉强度 (MPa)	抗拉强度对应的 拉应变(%)
70	160	LS1	2.42	0.58	1.61
	160	LS2	2.42	0.55	1.71
	160	LS3	2.41	0.55	1.66
	平均值		2.41	0.56	1.66
	140	LS1	2.40	0.52	1.58
	140	LS2	2.41	0.51	1.54
	140	LS3	2.41	0.51	1.49
	平均值		2.41	0.51	1.54

续表 5-10

基层温度 （℃）	上层料温度 （℃）	试件编号	密度 （g/cm³）	抗拉强度 （MPa）	抗拉强度对应的 拉应变（%）
70	120	LS1	2.40	0.46	1.41
	120	LS2	2.40	0.47	1.21
	120	LS3	2.41	0.47	1.29
	平均值		2.40	0.46	1.30
50	160	LS1	2.41	0.52	1.54
	160	LS2	2.41	0.53	1.48
	160	LS3	2.41	0.53	1.54
	平均值		2.41	0.53	1.52
	140	LS1	2.41	0.48	1.21
	140	LS2	2.44	0.48	1.38
	140	LS3	2.41	0.47	1.00
	平均值		2.42	0.48	1.20
	120	LS1	2.42	0.43	0.87
	120	LS2	2.41	0.41	1.03
	120	LS3	2.40	0.38	0.81
	平均值		2.41	0.41	0.90

由表 5-10 可以看出，相同基层温度下，拉伸试件的抗拉强度随上层沥青混合料温度的降低有所下降；基层温度为 70 ℃时，抗拉强度较本体试验值分别下降了 1.7%、8.5%、18.6%；基层温度为 50 ℃时，抗拉强度较本体试验值分别下降了 5.2%、9.3%、23.3%。最大抗拉强度对应的应变与抗拉强度存在相同的规律。上层混合料温度为 160 ℃、140 ℃的试件，抗拉强度较本体试验值下降不显著，且试件变形能力较好。当上层料温度为 120 ℃时，无论基层温度为 50 ℃还是 70 ℃，结合面的抗拉强度和应变与本体相比都有明显降低，上层沥青混合料温度较低时，结合面质量不好。

5.4　不同层间温度下沥青混凝土结合质量的现场试验

为了更好地了解基层温度对心墙沥青混凝土性能的影响，结合新疆哈密巴木墩水库，通过现场拌和沥青混凝土热料进行摊铺碾压，对现场的基层温度进行量测，分析拌和物温度对基层的加热效果。在现场进行碾压结合面的芯样钻取，通过对现场芯样进行密度、孔隙率测定和结合面处的抗剪断、拉伸和小梁弯曲试验，研究分析现场不同基层温度下沥青混凝土结合面的性能。

5.4.1　施工现场结合面温度量测与分析

5.4.1.1　施工现场结合面温度量测

　　施工现场一共对四种不同的基层温度进行了铺筑试验,先将热沥青混合料浇入试验区进行碾压,待基层沥青混凝土表面温度降为20 ℃、30 ℃、40 ℃、100 ℃后,将入仓温度为155 ℃左右的热沥青混合料摊铺到下层沥青混凝土上,厚度约为30 cm。试验时,在沥青混凝土结合面以下20 mm处埋设温度传感器,每隔一段时间记录温度。现场结合面温度量测部分照片如图5-33~图5-35所示。

图 5-33　现场碾压过渡料及现场摊铺上层热沥青混合料

图 5-34　基层温度传感器布置及现场温度的量测

图 5-35　基层温度为30 ℃的量测及下层热料进行帆布铺盖保温

5.4.1.2　量测结果与分析

　　对基层温度为20 ℃、30 ℃、40 ℃的沥青混凝土心墙表面以下20 mm处进行温度的测量,并且每次摊铺热料后,施工单位都用帆布覆盖心墙表面进行保温,心墙结合面以下

20 mm 处的温度变化曲线分别如图 5-36～图 5-38 所示。现场温度监测时,也将环境温度记录在内,主要是因为不同的环境温度对于沥青混凝土的温度散失有很大的影响。现场施工碾压环境温度和碾压温度见表 5-11。

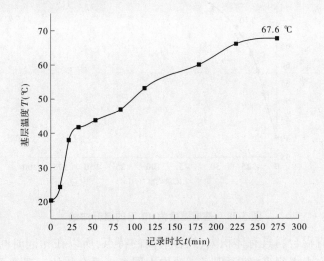

图 5-36　基层温度为 20 ℃的温升曲线

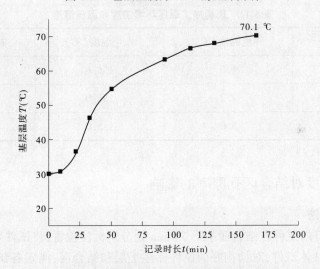

图 5-37　基层温度为 30 ℃的温升曲线

　　可以得出,当上层热沥青混合料入仓摊铺后,各基层温度在上层热料升温效应下都在升高。其中基层温度为 40 ℃的沥青混凝土,施工单位摊铺上层混合料共用时 35 min,摊铺完上层沥青混合料后,基层温度已经上升到规范要求的 70 ℃,历时 3 h 后,可使得基层温度最终上升到 84.5 ℃。基层温度为 30 ℃时,摊铺上层沥青混合料,历时 2.5 h 后,可使基层温度上升到 70.1 ℃。基层温度为 20 ℃时,沥青混凝土摊铺上层沥青混合料,历时 4.5 h 后,可使基层温度上升到 67.6 ℃。虽然环境温度对加热效果有一定的影响,但是由本次现场试验的数据可以发现,热沥青混凝土拌和物加热效果很好。基层温度为 30 ℃的沥青混凝土在经过一段时间后,已经可以升高到 70 ℃。现场摊铺试验和室内试验不同,

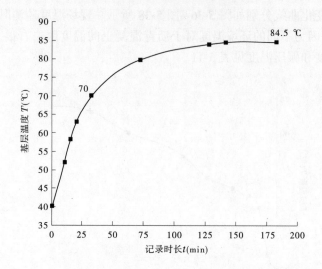

图 5-38　基层温度为 40 ℃ 的温升曲线

现场施工的热沥青混合料具有体积大、热容量高的特点,所以在相同时间内,现场沥青混合料的散热要比室内慢很多,使得现场试验中上层沥青混合料的升温效果更显著。

表 5-11　现场施工碾压环境温度和碾压温度

基层温度(℃)	环境温度(℃)	入仓温度(℃)	初碾温度(℃)
40	1.0	155.6	145.0
30	7.2	155.0	145.0
20	5.0	155.0	145.6

5.4.2　基层温度对结合区孔隙率的影响

5.4.2.1　试验方法

将现场钻取好的试件在结合面上下 75 mm 处分别标注位置,将试件切割成 3 个 φ 100 mm×50 mm 的圆柱体试件,对切割好的试件标注上层和结合区,测定各试件的密度,并计算出孔隙率。

5.4.2.2　试验结果及分析

不同结合面温度下试件各个区域的孔隙率试验结果见表 5-12。由表 5-12 可以看出,①结合面上层因为摊铺温度都是 150 ℃ 左右,所以孔隙率基本变化不大,随着基层温度的降低,孔隙率略有增大;②结合区的孔隙率随着基层温度的降低在逐渐增大。基层温度越低时,即使上层摊铺了 155 ℃ 的热沥青混凝土,热量散失过快,在碾压过程中上层热料还未能充分加热结合区,导致结合区沥青混合料的压实效果不好,孔隙率变大。

表 5-12　不同结合面温度下试件各个区域的孔隙率试验结果

基层温度(℃)	试件编号	结合面上层		结合区	
		密度(g/cm³)	孔隙率(%)	密度(g/cm³)	孔隙率(%)
20	SJ1	2.440	1.27	2.421	2.02
	SJ2	2.439	1.28	2.422	1.98
30	SJ1	2.440	1.26	2.426	1.82
	SJ2	2.440	1.26	2.425	1.87
40	SJ1	2.440	1.24	2.430	1.67
	SJ2	2.440	1.26	2.429	1.69
100	SJ1	2.440	1.25	2.439	1.28
	SJ2	2.441	1.23	2.439	1.28

5.4.3　沥青混凝土结合面的抗剪断性能

5.4.3.1　试验方法

现场试验场地每隔 50 cm 采用直径为 100 mm 的钻机钻取一个芯样,标识好结合面位置,切割成 φ100 mm×200 mm 的圆柱体试件,使得结合面位置处在正中间位置,试验前将试件先静置在 10 ℃的环境下恒温 6 h 以上,在中型直剪仪上进行抗剪断试验。保持 30 kPa 的恒定正压力,采用 0.01 mm/s 的剪切速率,每隔 20 s 记录一次剪应力和剪切位移,出现剪应力突然下降时,停止试验。现场芯样钻取及芯样结合面位置标识如图 5-39 所示,不同基层温度的抗剪断试件如图 5-40 所示。

图 5-39　现场芯样钻取及芯样结合面位置标识

5.4.3.2　试验结果及分析

试验前先对每个试件进行密度的测定,每个基层温度下 2 个试件,试验结果见表 5-13,表中抗剪断强度是试验终止时的最大剪应力,对应位移为最大剪切位移。

图 5-40　不同基层温度的抗剪断试件

表 5-13　各个结合面温度下剪切试件的试验结果

基层温度(℃)	密度(g/cm³)	抗剪断强度(MPa)	最大剪切位移(mm)
20	2.41	0.329	4.7
30	2.42	0.378	4.8
40	2.42	0.396	5.1
100(母材)	2.43	0.417	6.0

　　从表 5-13 中可以看出,当基层温度增大时,试件的密度有减小的趋势,表明基层温度越高,结合面越容易压实。试件抗剪断强度随着基层温度的升高呈现上升趋势,以基层温度为 100 ℃的试件为母材强度,基层温度为 20 ℃、30 ℃、40 ℃的沥青混凝土试件的抗剪断强度较母材分别下降了 21%、9%、5%,下降较明显。如果规定能够满足母材强度 90%的试件定义为层间结合质量良好,基层温度为 20 ℃的试件抗剪断强度不满足要求,基层温度为 30 ℃的试件基本能满足要求。基层温度过低,且在摊铺时没有进行加热,过低的温度使得上层沥青混合料温度散失过快,对基层沥青混凝土升温效果不好,导致结合层面碾压不密实,出现薄弱层,结合面处的抗剪断强度降低。

5.4.4　沥青混凝土结合面的抗拉性能

5.4.4.1　试验方法

　　将钻取的芯样切割成标准的直接拉伸试件,尺寸为 220 mm×40 mm×40 mm,切割时使结合面位置处在试件的中央,并画线标记。将试件用云石胶固定在夹具上,然后静置在 10 ℃的环境下不少于 6 h,将试件安装在自动控温万能试验机上,按照规范要求进行试验。本次试验采用的应变速率为 2.2 mm/min,根据试验数据计算出抗拉强度和拉应变。拉伸试验前后试件分别如图 5-41 和图 5-42 所示。

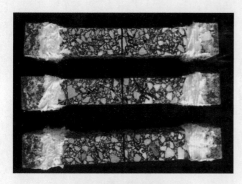

图 5-41　拉伸试验前试件

图 5-42　拉伸试验后试件

5.4.4.2　试验结果及分析

先对拉伸试件进行密度测定,不同基层温度下的拉伸试验结果见表 5-14,不同基层温度下结合面抗拉强度与拉应变关系曲线如图 5-43。

表 5-14　不同基层温度下的拉伸试验结果

基层温度 （℃）	试件编号	密度 （g/cm³）	抗拉强度 （MPa）	抗拉强度对应的 拉应变（%）
20	LS1	2.42	0.24	1.97
	LS2	2.41	0.22	1.58
	LS3	2.41	0.23	2.00
	平均值	2.41	0.23	1.85
30	LS1	2.42	0.27	1.75
	LS2	2.42	0.29	1.87
	LS3	2.41	0.28	2.04
	平均值	2.42	0.28	1.94
40	LS1	2.42	0.30	2.07
	LS2	2.42	0.31	1.96
	LS3	2.43	0.31	1.99
	平均值	2.42	0.31	2.01
100	LS1	2.43	0.31	2.17
	LS2	2.42	0.32	1.97
	LS3	2.43	0.31	1.90
	平均值	2.43	0.31	2.01

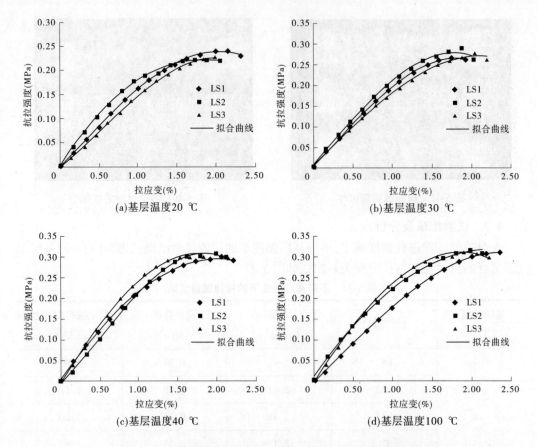

图 5-43　不同基层温度下结合面抗拉强度与拉应变关系曲线

通过表 5-14 可以看出,拉伸试件的密度随着基层温度的下降而降低,结合面的抗拉强度及对应的拉应变也随基层温度的下降而降低。以基层温度为 100 ℃的抗拉强度值作为母材强度,基层温度为 20 ℃、30 ℃、40 ℃试件的抗拉强度为母材强度的 74%、90%、100%,说明基层温度为 20 ℃的结合面质量不满足要求。

5.4.5　沥青混凝土结合面的弯曲性能

5.4.5.1　试验方案

将现场钻取的芯样切割成标准小梁弯曲试件,尺寸为 250 mm×40 mm×35 mm,使结合面位置处在试件的中央,并画线标记好。将小梁弯曲试件先静置在 20 ℃的环境下不少于 6 h,在万能试验机上进行试验,计算出试件的抗弯强度、弯拉应变和挠跨比,小梁弯曲试验前后试件分别如图 5-44、图 5-45 所示。

5.4.5.2　试验结果及分析

先对小梁弯曲试件进行密度测定,不同基层温度下结合面的小梁弯曲试验结果见表 5-15;弯曲应力—应变曲线如图 5-46 所示。

图 5-44　小梁弯曲试验前试件

图 5-45　小梁弯曲试验后试件

表 5-15　不同基层温度下结合面的小梁弯曲试验结果

基层温度 （℃）	试件 编号	密度 （g/cm³）	最大荷载 （kN）	抗弯强度 （MPa）	最大弯拉应变 （%）	挠跨比 （%）
20	WQ1	2.40	178	0.95	2.032	1.69
	WQ2	2.41	177	0.95	1.961	1.64
	WQ3	2.41	184	0.98	2.182	1.81
	平均值	2.41	180	0.96	2.058	1.71
30	WQ1	2.40	200	1.06	2.552	2.12
	WQ2	2.42	191	1.02	2.915	2.43
	WQ3	2.41	192	1.02	2.890	2.41
	平均值	2.41	194	1.03	2.786	2.32
40	WQ1	2.42	196	1.04	2.902	2.41
	WQ2	2.42	196	1.05	2.967	2.48
	WQ3	2.42	200	1.06	3.257	2.71
	平均值	2.42	197	1.05	3.042	2.53
100	WQ1	2.42	199	1.05	2.985	2.48
	WQ2	2.43	202	1.08	2.918	2.44
	WQ3	2.43	196	1.04	3.312	2.75
	平均值	2.43	199	1.06	3.072	2.56

　　由表 5-15 可以看出，小梁弯曲试件的密度和抗弯强度随着基层的温度下降而降低。同样以基层温度为 100 ℃的抗弯强度值作为母材强度，基层温度为 20 ℃、30 ℃、40 ℃试件的抗弯强度较母材相比分别下降了 10%、2%、1%。最大弯拉应变与母材相比分别下降

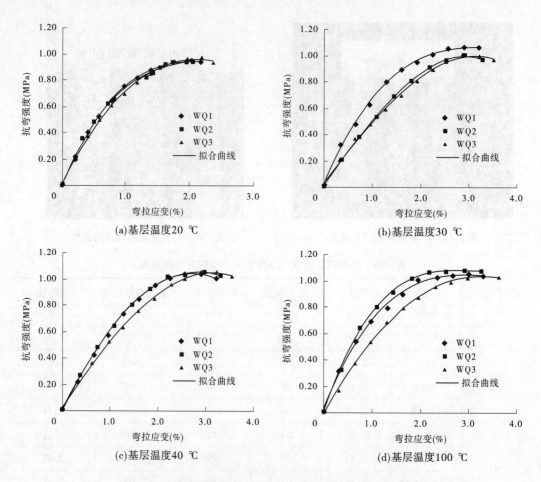

图 5-46　不同基层温度下结合面小梁弯曲应力—应变曲线

了 33%、9.3%、1%。虽然基层温度为 20 ℃的小梁弯曲试件,抗弯强度较母材只下降了 10%,但最大弯拉应变却下降了 33%。这表明当基层温度过低时,沥青混凝土结合面的弯曲变形性能受到较大影响。

5.5　基层温度对结合区渗透性能的影响

适当降低基层沥青混凝土温度下限值,从碾压结合面的力学性能分析是有保证的。前期研究表明,基层沥青混凝土温度越低,结合区孔隙率有增大的现象,由图 5-47 也可看出,基层温度较低时沥青混凝土结合区孔隙率变大。降低基层温度下限值后,沥青混凝土防渗性能如何? 本节主要研究基层沥青混凝土温度对结合区渗透性的影响。试验采用自主研发的试验方法,测定沥青混凝土在不同基层温度下结合区的渗透系数,进一步从防渗性能角度为降低基层温度下限值寻求理论依据,以提高沥青混凝土心墙在低温环境下的施工进度。

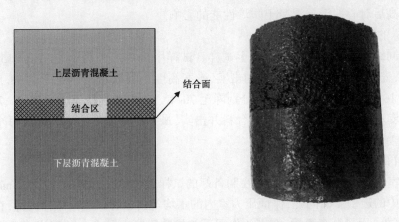

图 5-47　沥青混凝土结合区示意图及实物图

5.5.1　基层温度对结合区孔隙率的影响

为研究基层温度低于 70 ℃后结合区渗透性的变化规律,制备两组结合面温度分别为 70 ℃、60 ℃、50 ℃、40 ℃、30 ℃、20 ℃、10 ℃、0 ℃的沥青混凝土试样,一组测定沥青混凝土结合区的孔隙率,另一组测定沥青混凝土结合区的渗透系数,见表 5-16。

表 5-16　不同基层温度下沥青混凝土结合区的孔隙率

基层温度 (℃)	密度 (g/cm^3)	理论最大密度 (g/cm^3)	孔隙率 (%)
70	2.412	2.447	1.43
60	2.410	2.447	1.51
50	2.409	2.449	1.63
40	2.396	2.451	2.24
30	2.382	2.454	2.93
20	2.381	2.458	3.13
10	2.379	2.461	3.33
0	2.378	2.461	3.37

由表 5-16 可以看出,沥青混凝土基层温度低于 70 ℃后,随着基层温度的降低,试件密度不断减小、理论最大密度不断增大、孔隙率也随之增大。这是由于沥青混凝土为温度敏感性材料,在不同的温度下呈现出不同的性状。温度低于 70 ℃后基层沥青混凝土已逐渐具有一定抵抗变形的能力,进行上一层沥青混合料的碾压时,在激振力的作用下上层沥青混合料与下层沥青混凝土表面的骨料镶嵌不好,结合区的孔隙率随之增大。

5.5.2　结合区渗透系数试验方法

结合区渗透试验主要测定沥青混凝土的水平渗透系数,试验装置示意图见图 2-23。采用不同围压进行渗透系数的测定,研究其在不同水头的作用下渗透系数的变化规律,分析在水头升高后对心墙沥青混凝土防渗性能的影响。

（1）试样的制备。

制备不同结合面温度的沥青混凝土试样。试样中采用尺寸为ϕ 101 mm×150 mm 的圆柱形钢膜,先进行下层沥青混凝土的击实,击实高度为马歇尔试样的高度 63.5 mm,记录表层以下 10 mm 温度变化情况,待分别降至 70 ℃、60 ℃、50 ℃、40 ℃、30 ℃、20 ℃、10 ℃、0 ℃后,装入上层 160 ℃的沥青混合料并击实,最终试样高度为 125 mm,每个结合面温度制备两个试样。

（2）试样的处理。

试样在室温环境下稳定 24 h 后,在制备好的试样中心钻孔,钻孔直径为 2 mm。为解决渗透试验中的边壁渗漏问题,保证压力室内的水均匀由结合区流向试样内部,在试样表面(除结合区外)用热沥青裹覆,在围压作用下与橡胶膜紧密贴合。处理完成后量测结合面的高度 H、试样内孔半径 r、试样半径 R、试样高度 h_1。为保证结合区沥青混凝土充分饱和,将试样放入真空饱和装置中抽真空后放置 48 h。

（3）试验仪器。

试验采用沥青混凝土三轴仪,包括围压、反压系统、压力室、轴力控制系统、控温系统,如图 5-48 所示。该仪器可进行反压饱和、恒压差渗流,围压、反压最大量程为 2 MPa,体变精度可达±0.01 mL。采用恒压差控制渗流方式进行试验,温度采用室温(20±1)℃。

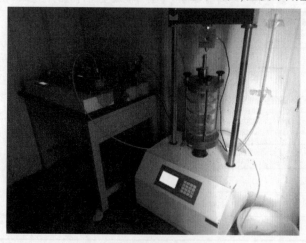

图 5-48　沥青混凝土三轴仪

（4）试验步骤。

将饱和后的试样按图 2-23 的方法进行安装,在中心孔内先装填 0.5~1 mm 均匀细砂并注水饱和,后向压力室内注水,将中心孔与外部量水管联通。为测定沥青混凝土在不同水头下结合面的渗透系数变化规律,围压加载采用逐级加载方式,围压设定值分别为 200 kPa、400 kPa、600 kPa、800 kPa、1 000 kPa。先施加周围压力,打开量水管的阀门使试样充分固结,4 h 后试样基本固结完成,开始进行结合区渗透系数的测试,记录量水管的排水量 q 和时间 T,逐级进行下一级围压的加载。最终可以得到不同基层温度的沥青混凝土结合区的渗透系数,以及不同围压下的渗透系数的变化规律。

5.5.3　不同基层温度下结合区的渗透系数

通过分析沥青混凝土在不同的水力梯度下渗透系数的变化规律,研究沥青混凝土在高水头作用下的渗流特性,论证基层温度降低后沥青混凝土心墙的防渗可靠性。

分析沥青混凝土结合区渗透试验结果,当渗透系数采用围压值为 200 kPa 时,基层温度与结合区渗透系数的关系如图 5-49 所示。

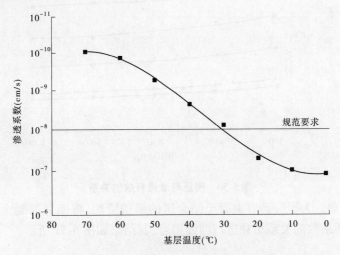

图 5-49　基层温度与结合区渗透系数的关系

沥青混凝土基层温度由 70 ℃降至 0 ℃过程中,结合区的渗透系数在逐渐增大。当基层温度高于 70 ℃时,沥青混凝土的渗透系数非常小,基本在 10^{-10} cm/s 的数量级;当基层温度由 60 ℃下降至 10 ℃时,渗透系数开始迅速增大,曲线斜率基本上是一个定值;基层温度低于 10 ℃以后,结合区的渗透系数又趋于平缓。在基层温度降低后,为保证沥青混凝土心墙防渗安全,若以规范中渗透系数 10^{-8} cm/s 为判定依据,当基层温度高于 30 ℃时,沥青混凝土的渗透系数均可小于 $1×10^{-8}$ cm/s。这说明在连续两层碾压过程中,沥青混凝土基层温度不低于 30 ℃,且上一层沥青混合料温度不低于 150 ℃时,沥青混凝土碾压结合层的防渗性能是有保证的。

5.5.4　不同围压下结合区的渗透系数

在进行不同基层温度的渗透试验中,均采用了不同围压进行了渗透系数的测定,试验结果如图 5-50 所示。

沥青混凝土结合区的渗透系数基本随着围压的增大而减小,但下降的幅度较小。试验中的围压代表渗流中的压力水头,渗透系数并不是一个定值,而是随着压力水头的增大而减小,已不满足达西渗透定律。

达西定律是法国学者达西根据砂土的试验结果提出的,对于密实的黏土由于渗流受薄膜水的阻碍,渗透速度与水力梯度并不是线性关系。而且当水力坡降小于起始水力坡降时,密实的黏土也不会发生渗流。当水力坡降达到起始水力梯度,克服薄膜水的阻力以

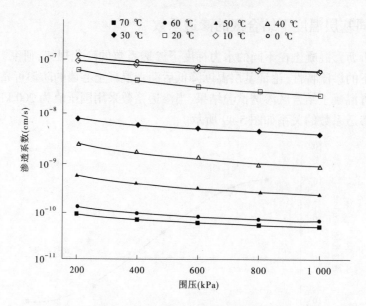

图 5-50　围压与渗透系数的关系

后,水才开始流动。为研究沥青混凝土结合区的渗透特性,将沥青混凝土基层温度为 70 ℃的水头与渗透系数的关系单独进行曲线拟合,其结果如图 5-51 所示。

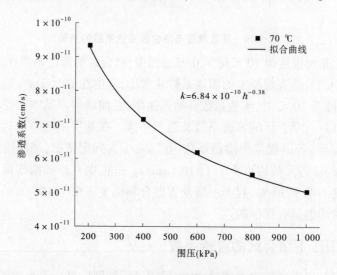

图 5-51　基层温度为 70 ℃围压与渗透系数的关系

沥青混凝土的渗透系数与压力水头基本呈幂函数的形式,拟合曲线公式为

$$k = 6.84 \times 10^{-10} h^{-0.38} \tag{5-1}$$

式中　h——压力水头,kPa;

　　　k——渗透系数,cm/s。

由于水平渗透试验中渗径 r 为定值,并且试样外部与大气相通,压力水头 h 即可代表水头差 Δh,经过变形得到式(5-2)。

$$k = a\left(\frac{\Delta h}{r}\right)^{-0.38} \tag{5-2}$$

其中,$\Delta h/r$ 即为水力坡降 i,得渗透系数与水力坡降的关系如式(5-3)所示,式中渗透系数 k 和水力坡降 i 均为变量。

$$k = ai^{-0.38} \tag{5-3}$$

由式(5-3)可以看出,沥青混凝土结合区的渗透流速与水力坡降已不呈线性关系,显示出为幂函数形式,进行转换得到式(5-4)。

$$v = ki^a \tag{5-4}$$

其中,指数 a 的值在一定范围内变化,并不是定值,最大值为 0.75,最小值为 0.45,这是因为影响沥青混凝土渗透流速的因素不唯一造成的。沥青混凝土的渗透流速 v 与水力坡降 i 呈幂函数关系,其中指数 a 为 0.45~0.75。

室内试验结果表明:当基层温度降低到-25 ℃时试件孔隙率已不能满足规范中小于 2% 的要求。劈裂抗拉强度、抗剪断强度、抗弯强度、最大弯拉应变均随基层温度降低而下降,基层温度为 30 ℃时与母材强度相比分别下降了 10.6%、8.1%、4.5%、8.3%,下降幅度较小,能够满足规范要求。从试验后试件断面可以看出,基层温度为-25 ℃的直接剪切及小梁弯曲试件试验后的断面较平整,试件呈脆性破坏,而基层温度为 30 ℃的试验后试件断面粗糙不平,层面有大颗粒骨料相互嵌入,试件呈延性破坏,层间结合情况较好。

上层热沥青混合料对基层沥青混凝土加热效果明显。当基层沥青混凝土温度为 70 ℃时,160 ℃、140 ℃和 120 ℃的上层沥青混合料可将基层温度分别升至 95 ℃、87 ℃和 84 ℃;当基层沥青混凝土温度为 50 ℃时,160 ℃、140 ℃和 120 ℃的上层沥青混合料可将基层温度分别升至 85 ℃、71 ℃和 62 ℃。基层温度为 70 ℃时,当上层入料温度为 160 ℃、140 ℃的试件,结合面力学指标均满足本体性能 90% 的要求。当结合面温度为 50 ℃时,上层料摊铺温度为 160 ℃,心墙沥青混凝土的结合面能够结合良好,结合面处的性能变化很小,沥青混凝土的施工质量能够得到保证。

现场试验结果表明,不同基层沥青混凝土温度条件下,摊铺 160 ℃的上层热料后,基层沥青混凝土温度均有不同程度的升高,热沥青混合料对下层沥青混凝土的加热效果很好。当结合面温度为 40 ℃时,现场摊铺完上层沥青混合料 35 min 后,结合面温度已经达到规范要求的 70 ℃,约 3 h 后基层沥青混凝土温度变化趋于稳定。随着基层温度的升高,结合面处的抗剪强度、拉伸强度与抗弯强度均有不同程度的提高,基层沥青混凝土温度为 20 ℃时,其各项力学强度指标较母材强度减小约 30%,基层沥青混凝土温度为 30 ℃时减小约 10%,基层沥青混凝土温度为 40 ℃时减小在 6% 以内。

综合上述试验结果,当基层沥青混凝土温度为 40 ℃时,其各项力学性能指标与母材强度基本一致,且结合面渗透性能满足规范要求。将基层温度由现行规范要求的 70 ℃降低到 40 ℃后,结合面强度和渗透性没有明显下降,碾压层面结合质量可以保证,为低温环境下碾压式沥青混凝土心墙的施工提供了理论依据。

第6章　高温环境下心墙沥青混凝土的性能研究

6.1　高温环境下沥青混凝土施工存在的问题

　　碾压式沥青混凝土心墙是沿坝轴线不分段分层摊铺碾压施工的,在心墙中不可避免地形成较多不连续的结合层面。在新疆石门水电站、大河沿水库、阿拉沟水库等工程的心墙施工中,高温环境给施工带来了一些难题。在高温环境下,心墙沥青混凝土连续两层铺筑时,基层沥青混凝土降温变得缓慢,达到规范规定的结合面温度上限值90 ℃需较长时间(一般6 h以上),一层沥青混凝土碾压结束后,需要等待较长时间才能进行上一层的摊铺和碾压,造成心墙沥青混凝土施工中断。在坝轴线较短时,这种施工不连续就更为突出,大大影响了心墙的施工速度。因此,在研究心墙沥青混凝土高温碾压的压实效果及侧胀变形规律时,提出在不影响施工质量的前提下,将基层沥青混凝土表面温度的上限值适当提高,对加快施工进度,保证高温环境下沥青混凝土心墙连续施工尤为重要。

　　新疆地处西北寒冷干旱地区,气候特点为高温、寒冷。在夏季6~8月,平均温度也在30 ℃左右,最高温度可达40 ℃。心墙沥青混凝土为热施工,初碾温度一般控制在130~145 ℃,碾压结束后温度仍然维持在120 ℃左右,施工规范规定"心墙沥青混凝土进行连续两层碾压时,结合面温度不宜高于90 ℃"。由于心墙沥青混凝土为大体积施工,高温环境下温度散失缓慢;并且心墙在施工中与过渡料同步碾压,高温环境下在碾压完成后两侧过渡料形如一层保温层减缓了心墙的降温,起到散热效果的部位仅为上表面(为结合面);虽然心墙会与外界环境产生热量交换,但环境温度高导致这种热量交换更为缓慢。五一水库施工中尝试了在心墙两侧过渡料洒水降温的方法,效果并不明显。

　　对于高温环境下沥青混凝土心墙施工的问题国内研究较少,规范仅根据两个工程进行了经验总结,一是四川冶勒沥青混凝土心墙坝(坝高124.5 m),二是四川金平水电站(坝高91.5 m)。冶勒在坝体上进行了结合面不高于90 ℃的多层碾压取得了成功,金平水电站则结合面温度在91~93 ℃进行连续碾压,现今坝体均运行良好。四川冶勒水电站沥青混凝土心墙进行了连续施工工艺的研究,其试验研究的目的主要是确定心墙沥青混凝土的初碾温度,试验采取基层沥青混凝土温度分别为70 ℃、90 ℃、110 ℃进行连续两层碾压。试验结果表明,基层沥青混凝土温度在110 ℃时碾压上一层后的孔隙率小于3%,但初碾温度在150~165 ℃会出现陷碾的问题。当初碾温度控制在145~160 ℃时,基层沥青混凝土温度在70 ℃和90 ℃时的孔隙率均小于3%,由于温度降至70 ℃以下等待时间较长,无法实现每日两层铺筑,故最终确定了基层温度为不大于90 ℃。

　　以上两个工程实例均表明,基层沥青混凝土温度为90 ℃时,上层沥青混合料可有效压实。从国内外对沥青混凝土材料上的力学特性研究来看,沥青混凝土为一种温度敏感性材料,在不同温度下表现出不同的力学特性,0 ℃以下时为弹脆性,高于 0 ℃时为黏弹性,随着温度的升高沥青的黏性降低,沥青混凝土的承载能力也随之降低;当温度高于沥青的软化点时,沥青作为胶凝材料失去了其黏结能力,此时沥青混凝土基本呈塑性状态。连续两层铺筑沥青混凝土心墙时,提高基层沥青混凝土温度后,将降低振动碾对上层沥青混合料的压实效果,心墙沥青混凝土也会产生较大的侧向变形。因此,进一步研究基层温度对连续两层沥青混凝土碾压后侧胀变形的影响规律,以保证高温气候环境下沥青混凝土快速施工和施工质量。

6.2　基层沥青混凝土温度对心墙侧胀变形的影响

6.2.1　室内沥青混凝土的侧胀变形规律

为研究高温情况下心墙沥青混凝土连续两层击实,上层以刚性约束成型,基层采用已成型的沥青混凝土试件,模型图如图 6-1 所示,实物图如图 6-2 所示。外层立方体模具为 250 mm×250 mm×250 mm 的钢膜,内部钢膜采用标准沥青混凝土压缩试验圆柱形模具 φ 101 mm×100 mm。

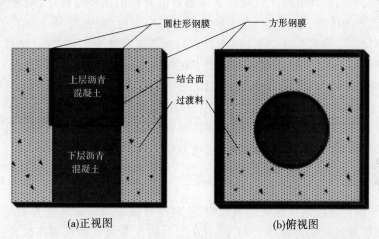

(a)正视图　　　　　　　　(b)俯视图

图 6-1　试验模型

基层成型好的沥青混凝土试件量测高度和上、下部直径后,装入立方体模具的中心下部,四周装填砂砾料(最大粒径 20 mm 级配料,按相对密度 D_r =0.85 控制),再将圆柱钢膜套放在基层沥青混凝土试件上部,采用同一标准在试模周围装填砂砾料,由于砂砾料填筑厚度较薄,对基层沥青混凝土约束与工程实际尚存在一定的差异。基层沥青混凝土温度分别设定为 90 ℃、100 ℃、110 ℃,为保证基层沥青混凝土达到相应的温度,将装好

图 6-2　室内试验实物

的模具放入电热恒温鼓风干燥箱内恒温 12 h。取出后,立刻将 160 ℃热沥青混合料装入圆柱试模内,并按规定的击实功击实成型。

待试模降至常温后,脱模测定基层沥青混凝土试件的高度及直径,计算出不同基层温度下击实前后沥青混凝土的变形,结果见表 6-1。

表 6-1　基层沥青混凝土试件的变形情况

基层温度 (℃)	项目	高度 (cm)	轴向应变 (%)	试件下部 (cm)	侧向应变 (%)	试件上部 (cm)	侧向应变 (%)
90	击实前	9.947	0.281	10.113	1.434	10.139	2.535
	击实后	9.919		10.258		10.396	
100	击实前	9.918	0.555	10.107	1.465	10.140	2.781
	击实后	9.863		10.245		10.422	
110	击实前	9.950	1.508	10.163	1.860	10.123	3.996
	击实后	9.800		10.352		10.528	

可以看出,基层沥青混凝土试件在上层沥青混合料的击实过程中,高度均再次减小,且随着基层温度的增加,轴向应变也不断增大。基层温度为 90 ℃和 100 ℃的试件,试件轴向应变相对较小,分别为 0.281%和 0.555%;当基层温度为 110 ℃时,试件轴向应变明显增大,达到了 1.508%。从基层沥青混凝土试件的侧胀量看,基层温度为 90 ℃和 100 ℃的试件侧向应变基本相同,基层温度为 110 ℃的试件侧向应变明显增大,且试件上部侧向应变明显比下部侧向应变大。说明温度较高的基层沥青混凝土在上部沥青混合料击实的过程中,发生了一定的侧向变形,在两侧砂砾料的约束下,试件上部和下部侧胀差别较大,呈现出沥青混凝土分层碾压所谓的"松塔效应"。

6.2.2　现场沥青混凝土的侧胀变形规律

为进一步研究高温碾压带来的侧胀问题,利用新疆大河沿水库沥青混凝土碾压试验段,进行了基层温度分别为 80 ℃、90 ℃、100 ℃、110 ℃的连续两层碾压试验,研究不同基层温度下沥青混凝土的侧胀变形规律,沥青混凝土现场施工配合比见表 6-2。

表 6-2　沥青混凝土现场施工配合比

项目	各项材料用量的比例(质量比,%)					
材料种类	9.5~19 (mm)	4.75~9.5 (mm)	2.36~4.75 (mm)	0.075~2.36 (mm)	<0.075 (mm)	沥青
配合比(%)	23	17	15	32	13	6.9

利用原沥青混凝土碾压试验场地选取 20 m 作为本次试验段,分别进行基层温度为 80 ℃、90 ℃(对照组)、100 ℃、110 ℃(试验组)的心墙沥青混凝土连续两层铺筑碾压。采用人工摊铺的方法,每层摊铺宽度 60 cm,摊铺层数 2 层,每层摊铺厚度为 30 cm,如

图 6-3、图 6-4 所示。先进行基层沥青混合料的摊铺,温度达到初碾温度 145 ℃时进行碾压,碾压完成后记录其降温过程,温度计插入心墙表面 10 mm 处,并记录环境温度,如图 6-5、图 6-6 所示。待基层沥青混凝土温度分别达到试验温度后进行上层沥青混合料的摊铺,上层沥青混合料的温度降至初碾温度时开始碾压。碾压流程采用过渡料静碾 2 遍→沥青混合料静碾 2 遍+动碾 8 遍→过渡料动碾 8 遍的方法。

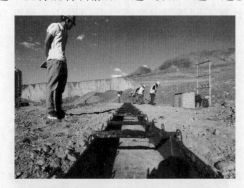

图 6-3　人工立模

图 6-4　人工摊铺

图 6-5　机械碾压式沥青混合料

图 6-6　沥青混凝土温度监测

现场心墙沥青混凝土的侧胀量采用如图 6-7 所示的测试方法,挖开两侧过渡料后,在每个试验温度下测量心墙某一断面的尺寸, $h_{上}$ 和 $h_{下}$ 是指心墙上游侧和下游侧沿高度每隔 5 cm 的测量值,得到心墙在不同高度下的宽度值,并计算某高度的相对侧胀量 R_i,计算公式如式(6-1)所示。为保证测量结果的准确性,在每个试验温度下分别测量 4 个断面。得到每个温度下心墙沥青混凝土在不同高度下的宽度,绘制心墙断面形状,计算心墙沥青混凝土在不同基层温度碾压后的相对侧胀量平均值 R,计算公式如式(6-2)所示。

$$R_i = \frac{H - h_{上} - h_{下} - H_{设}}{H_{设}} \times 100\% \tag{6-1}$$

$$R = \frac{\Delta A}{A} \times 100\% \tag{6-2}$$

式中　R_i——心墙某深度的相对侧胀量(%);

　　　H——两垂线基准宽度,cm;

　　　$h_{上}$——心墙上游距垂线的距离,cm;

$h_下$——心墙下游距垂线的距离,cm;

$H_设$——心墙设计宽度,cm;

R——心墙某层相对侧胀量(%);

ΔA——心墙侧胀部分面积,cm^2;

A——心墙设计断面面积,cm^2。

心墙沥青混凝土侧胀图片如图 6-8 所示。计算不同基层温度连续两层碾压心墙沥青混凝土侧胀变形结果见表 6-3。

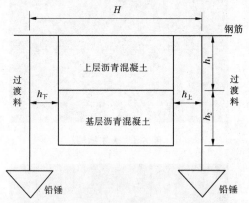

图 6-7　沥青侧胀测量方法示意

图 6-8　心墙沥青混凝土侧胀图片

表 6-3　心墙沥青混凝土侧胀变形结果

位置	高度(cm)	相对侧胀量(%)			
		基层温度 110 ℃	基层温度 100 ℃	基层温度 90 ℃	基层温度 80 ℃
上层	0	42.67	41.33	24.80	24.67
	5	42.50	41.33	24.63	24.67
	10	14.46	9.33	5.50	4.55
	15	0.54	3.17	1.50	4.21
	20	1.21	0.61	1.08	3.56
	25	2.25	0.67	1.03	1.33
基层	0	39.00	34.21	27.56	24.50
	5	23.25	17.88	9.96	10.43
	10	15.25	11.63	8.53	7.63
	15	16.38	11.54	9.53	8.20
	20	14.58	13.67	8.93	6.67
	25		8.80		6.50

由表 6-3 可以看出,心墙在不同高度下的相对侧胀量不同。在经过连续两层碾压后,

上层沥青混凝土和基层沥青混凝土存在一个相同特点:随着深度的增加,沥青混凝土的相对侧胀量逐渐减小。沥青混凝土在碾压过程中,上部沥青混凝土受到较大激振力产生侧胀变形,表现出"松塔效应",此现象在心墙施工中普遍存在。由于基层温度的差异,连续两层碾压过程中心墙相对侧胀量也存在差别,随着温度升高,基层沥青混凝土在同一深度的相对侧胀量不断增大。基层温度为 90 ℃时,最大相对侧胀量为 27.56%(心墙侧胀量为 16.5 cm);基层温度为 110 ℃时,最大相对侧胀量达到 39.0%(心墙侧胀量为 23.4 cm)。基层沥青混凝土温度在 80 ℃和 90 ℃时,上层料的碾压使基层高度比温度 100 ℃和 110 ℃的要高。产生这些现象的原因是:温度越高基层沥青混凝土越软,上层温度较高的沥青混合料对基层沥青混凝土再次加热升温,连续两层碾压时,基层沥青混凝土在上层沥青混合料的振动碾压过程中,产生二次侧胀变形,温度越高基层沥青混凝土二次侧胀量越大,碾压层高度也随之减小。

　　上述试验数据从不同深度反映心墙的侧胀情况,为直观反映心墙在不同基层温度连续两层碾压的侧胀变形,绘制不同基层温度下心墙碾压前后的断面形状,如图 6-9 所示;并通过式(6-2)计算得到心墙某层相对侧胀量,见表 6-4。

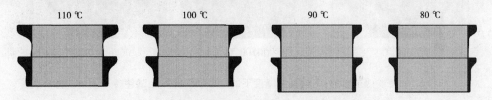

图 6-9　不同基层温度下心墙沥青混凝土侧胀变形

表 6-4　不同基层温度的心墙沥青混凝土某层相对侧胀量

位置	某层相对侧胀量(%)			
	基层温度 110 ℃	基层温度 100 ℃	基层温度 90 ℃	基层温度 80 ℃
上层	13.44	12.67	7.90	8.02
基层	19.01	16.12	11.34	10.08

　　图 6-9 中黑色区域为连续碾压两层的心墙侧胀部分。可明显看出心墙的相对侧胀量随着基层温度的升高而增大,基层高度也在不断减小。从表 6-4 中得出,沥青混凝土在连续两层碾压时,基层温度在 80 ℃和 90 ℃时上层和基层沥青混凝土相对侧胀量无较大差别,基层温度为 100 ℃和 110 ℃的相对侧胀量增大较多。心墙的侧胀量为超出设计部分的沥青混凝土用料,使心墙在高温连续碾压过程中用量增大。中国水电十五工程局在实际工程中发现,心墙沥青混凝土实际用量比设计用量普遍多了 10%~15%,这与作者的试验结果基本是吻合的,沥青混凝土碾压侧胀使施工单位有一定的经济损失,基层温度越高,侧胀量越大,损失也越大。基层温度为 100 ℃时,上层碾压使得基层相对侧胀量较 90 ℃时高了 4%左右;基层温度为 110 ℃时相对侧胀量更大,较 90 ℃时高了 8%左右。可以看出,从减小沥青混凝土碾压侧胀角度考虑,施工规范规定基层温度不宜高于 90 ℃也是合适的。

6.3 基层温度对上层沥青混凝土性能影响研究

6.3.1 基层温度对上层沥青混合料压实性影响

　　为研究基层温度对上层沥青混合料压实性的影响,分别测定基层温度为 90 ℃、100 ℃和 110 ℃室内成型的上层沥青混凝土试件的密度,并计算孔隙率。同时进行沥青混凝土单轴压缩试验,试验采用的加载速率为 1 mm/min。击实成型的上层沥青混凝土单轴压缩试件见图 6-10。

(a)90 ℃　　　　　　　　(b)100 ℃　　　　　　　　(c)110 ℃

图 6-10　不同基层温度下的上层沥青混凝土试件

　　由图 6-10 可以看出,在上层沥青混合料击实功相同的条件下,基层温度 90 ℃的试件外观孔隙相对较少,而基层温度为 110 ℃时外观孔隙较多。当基层温度高于 90 ℃时,基础相对较软,上层沥青混凝土试件击实效果明显下降。

　　孔隙率作为评价沥青混凝土压实性能的重要指标之一,试验规程中规定孔隙率小于3%的试件适用排水置换法,大于 3%的试件采用蜡封排水置换法。为准确测定沥青混凝土的孔隙率,基层温度 90 ℃和 100 ℃的上层试件采用了排水置换法,基层温度 110 ℃的上层试件采用蜡封排水置换法,试验结果见表 6-5。

表 6-5　上层沥青混凝土孔隙率及单轴压缩试验结果

试件编号	基层温度 (℃)	密度 (g/cm^3)	孔隙率 (%)	最大抗压强度 σ_{max}(MPa)	受压变形模量 E(MPa)
YS-11	89.8	2.416	1.15	2.21	58.94
YS-12	90.5	2.421	0.94	2.25	59.76
均值	90.1	2.419	1.04	2.23	59.35
YS-21	101.2	2.372	2.95	2.09	55.29
YS-22	100.5	2.375	2.82	2.16	56.37
均值	100.8	2.379	2.88	2.13	55.83
YS-31	109.5	2.352	3.76	1.85	45.58
YS-32	110.2	2.348	3.93	1.95	47.31
均值	109.8	2.350	3.85	1.90	46.45

由表 6-5 可知,基层温度为 90 ℃时,上层试件的孔隙率均值为 1.04%,满足施工规范中孔隙率小于 3%的要求;基层温度为 100 ℃时,孔隙率增加明显,但仍满足规范要求;基层温度为 110 ℃时,试件的孔隙率达到了 3.85%,超出规范要求较多。造成这样的结果是基层沥青混凝土的温度高,基础相对较软,在上部沥青混合料击实过程中表现出较大的可塑性。在这样的软基础上进行击实,一部分的击实功被基层沥青混凝土所吸收,剩余部分才用于当前层的击实,表现出基层温度越高,上层沥青混凝土孔隙率越大。同时,随着基层温度的升高,上层沥青混凝土抗压强度及变形模量逐渐减小。室内击实试验表明,当连续两层摊铺碾压心墙沥青混凝土时,基层温度越高,上层沥青混合料击实性越差,基层沥青混凝土温度控制在 100 ℃以下,上层沥青混合料的击实性是可以得到保证的。

由图 6-11 可以看出,上层沥青混凝土应力—应变特征均表现出应力应变软化型关系曲线,且基层温度不同,软化程度也不一样。前期应力—应变基本呈线性增长趋势,后逐渐向下弯曲,到达峰值后破坏。随着基层温度的升高,沥青混凝土应力—应变曲线的峰值降低,压缩应变逐渐增大。

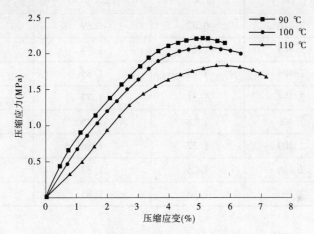

图 6-11　上层沥青混凝土的压缩应力—应变曲线

6.3.2　不同基层温度现场连续碾压对沥青混凝土性能的影响

由现场碾压试验结果可知,心墙沥青混凝土随基层温度的升高侧胀量逐渐增大。为进一步研究不同基层温度下连续碾压对沥青混凝土的性能影响规律,对现场碾压试验段的沥青混凝土心墙钻芯取样,分别进行上层和基层沥青混凝土密度、孔隙率和单轴压缩试验,评价其压实性能,并进行了碾压结合面的小梁弯曲和拉伸试验,评价连续碾压对结合面的力学性能的影响。现场不同基层温度的心墙沥青混凝土钻芯取样如图 6-12 所示。钻芯过程中发现,基层温度为 110 ℃的心墙沥青混凝土在结合面处易出现断裂,说明基层温度过高,碾压层面出现了结合不良问题。

6.3.2.1　沥青混凝土压实性能

将上述芯样进行切割分为上层、结合区、基层沥青混凝土试件,进行上层和基层沥青混凝土试件密度、孔隙率和压缩试验,结果见表 6-6。

图 6-12 沥青混凝土钻芯及芯样

表 6-6 上层和基层沥青混凝土性能试验结果

试件编号	密度 （g/cm³）	孔隙率 （%）	最大抗压强度 σ_{max}（MPa）	受压变形模量 E（MPa）
80 ℃-上	2.416	0.82	1.89	58.94
80 ℃-下	2.403	1.21	1.94	59.76
90 ℃-上	2.405	1.15	1.85	56.94
90 ℃-下	2.398	1.31	1.77	51.76
100 ℃-上	2.406	1.18	1.85	56.29
100 ℃-下	2.409	1.22	1.86	56.37
110 ℃-上	2.408	1.25	1.87	55.33
110 ℃-下	2.396	1.38	1.85	52.84

从现场碾压试验结果可以看出,基层温度由规范的 90 ℃升至 110 ℃时,上层和基层沥青混凝土的孔隙率和抗压强度均无较大区别。说明施工规范规定基层沥青混凝土温度不宜超过 90 ℃是合适的,并且尚有一定的提升空间。

6.3.2.2 碾压结合面的抗弯及抗拉性能

将包含碾压结合层面的试件进行小梁弯曲和拉伸试验,小梁弯曲试验结果见表 6-7,沥青混凝土结合面弯曲应力—应变曲线如图 6-13 所示。

表 6-7 沥青混凝土结合面小梁弯曲试验结果

试件编号	孔隙率 %	最大荷载 （N）	抗弯强度 （MPa）	最大荷载时挠度 （mm）	最大弯拉应变 （%）	挠跨比 （%）
80 ℃-1	0.82	274	1.47	6.64	3.99	3.32
80 ℃-2	1.21	276	1.47	6.48	3.89	3.24
90 ℃-1	1.15	244	1.30	5.71	4.33	2.86
90 ℃-2	1.31	241	1.28	5.83	3.50	2.92

续表 6-7

试件编号	孔隙率 %	最大荷载 （N）	抗弯强度 （MPa）	最大荷载时挠度 （mm）	最大弯拉应变 （%）	挠跨比 （%）
100 ℃ -1	1.28	233	1.32	6.82	4.05	3.41
100 ℃ -2	1.52	231	1.31	6.94	4.12	3.47
110 ℃ -1	1.55	151	0.79	5.48	3.27	2.74
110 ℃ -2	1.76	157	0.82	5.71	3.40	2.83

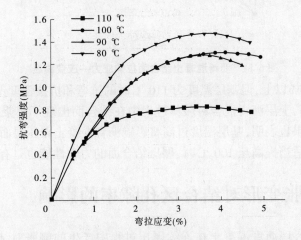

图 6-13　沥青混凝土结合面弯曲应力—应变曲线

拉伸试验结果见表 6-8,沥青混凝土结合面拉伸应力—应变曲线如图 6-14 所示。

表 6-8　沥青混凝土结合面拉伸试验结果

试件编号	密度 （g/cm³）	孔隙率 （%）	抗拉强度 （MPa）	抗拉强度对应的拉应变 （%）
80 ℃ -1	2.408	1.07	1.46	1.66
80 ℃ -2	2.404	1.23	1.48	1.65
90 ℃ -1	2.405	1.19	1.49	1.74
90 ℃ -2	2.402	1.31	1.47	1.71
100 ℃ -1	2.406	1.15	1.35	1.54
100 ℃ -2	2.398	1.48	1.32	1.68
110 ℃ -1	2.396	1.56	0.65	1.14
110 ℃ -2	2.392	1.73	0.61	1.11

由图 6-13、图 6-14 可以看出,随着基层温度升高,沥青混凝土碾压结合层面抗弯和抗拉强度均呈现下降趋势,基层温度为 100 ℃时的抗弯和抗拉强度均可达到对照组(基层

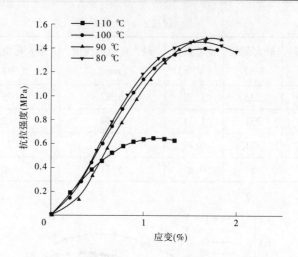

图 6-14　沥青混凝土结合面拉伸应力—应变曲线

温度为 90 ℃)的 90%以上,但基层温度为 110 ℃时的抗弯和抗拉强度仅为对照组的 50%
左右,基层温度越高,上层沥青混合料碾压过程中在结合面出现了泌浆层,造成结合面强
度的下降。试验结果也表明,基层温度过高将影响沥青混凝土碾压层面的结合质量,将基
层沥青混凝土温度适当提高至 100 ℃时,碾压结合面的力学性能也是有保证的。

6.4　心墙侧胀变形对结合区孔隙率的影响

　　为进一步研究心墙沥青混凝土在连续碾压过程中产生的侧胀对结合区孔隙率的影
响,在心墙沥青混凝土碾压结合区(结合面上下各取 20 mm 高)进行孔隙率的测定,分别
测定上部沥青混凝土 CT-1、结合区 CT-2、下部沥青混凝土 CT-3、心墙两侧侧胀区 CT-4
的孔隙率。心墙沥青混凝土测点位置示意如图 6-15 所示,沥青混凝土孔隙率测定试验结
果见表 6-9。

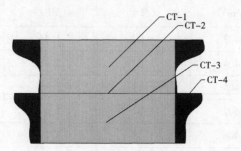

图 6-15　心墙沥青混凝土测点位置示意

　　由试验结果可以看出,不同基层温度下的上层和基层沥青混凝土孔隙率并无明显变
化,心墙沥青混凝土的压实性能基本不受影响。随着基层温度的升高,碾压结合区和侧胀
部位沥青混凝土的孔隙率均有所增加,基层温度为 110 ℃的沥青混凝土结合区孔隙率平
均达到 3.42%,说明高温连续两层碾压心墙沥青混凝土时,基层温度过高造成沥青混凝
土心墙的侧胀量增大,随之结合区孔隙率不断增大,将影响沥青混凝土防渗性能。

表 6-9　沥青混凝土孔隙率测定试验结果

结合面温度 （℃）	测点位置	密度 （g/cm³）	理论最大密度 （g/cm³）	孔隙率 （%）
80	CT-1	2.412	2.447	1.43
	CT-2	2.408	2.447	1.59
	CT-3	2.409	2.447	1.55
	CT-4	2.405	2.447	1.72
90	CT-1	2.405	2.447	1.72
	CT-2	2.401	2.447	1.88
	CT-3	2.407	2.447	1.63
	CT-4	2.408	2.447	1.59
100	CT-1	2.401	2.447	1.88
	CT-2	2.392	2.451	2.41
	CT-3	2.404	2.447	1.76
	CT-4	2.389	2.452	2.57
110	CT-1	2.401	2.447	1.88
	CT-2	2.374	2.458	3.42
	CT-3	2.405	2.446	1.68
	CT-4	2.377	2.456	3.22

　　现场和室内试验结果均表明,沥青混凝土碾压过程中会出现"松塔效应",基层沥青混凝土温度提高后,上层沥青混合料碾压将进一步增大沥青混凝土的侧胀变形。现场基层温度 110 ℃时,心墙最大侧胀量可达 40%,平均侧胀量接近 20%,在此基层温度下进行上层沥青混合料的碾压将造成沥青混凝土用量增大。从沥青混凝土的压实效果上看,基层温度在 100 ℃以下,可以保证上层沥青混合料的压实,且结合面的力学性能和防渗性能都是有保证的。将基层沥青混凝土温度控制在 100 ℃以下,可有效加快高温环境下的心墙施工速度,减少两层沥青混凝土施工中的等待时间。结合阿拉沟水库在高温季节心墙施工的现场温度监测资料,基层沥青混凝土温度由 90 ℃提高至 100 ℃后,施工等待时间可减少 2 h 左右,有效加快了施工进度。

　　应该说明的是,上述适当提高基层沥青混凝土温度只是解决高温环境下心墙施工的一个方法。为更好地解决高温环境下沥青混凝土心墙的连续施工问题,还应考虑其他施工措施,如在沥青混凝土拌和物上考虑适当降低出机口温度、延长摊铺碾压段长度、降低初碾温度等措施。降温措施上也可考虑心墙及过渡料填筑高程略高于坝壳料填筑高程的方法,利用风吹降温是有效的方法之一,这样既可保证沥青混凝土的施工质量,又在一定程度上减少了施工等待时间,加快了心墙施工进度。

第7章　心墙沥青混凝土施工防风技术研究

7.1　大风环境下沥青混凝土施工存在的问题

碾压式沥青混凝土心墙的施工大多数都是在正常气候条件下(非降雨降雪时段或日降雨降雪量宜小于5 mm、施工时风力宜小于4级、沥青混凝土心墙施工时气温宜在0 ℃以上)进行的。但有时为保证坝体来年汛期的度汛安全、大坝工期等要求,碾压式沥青混凝土心墙需要在特殊气候条件下进行施工。

大河沿水库位于新疆维吾尔自治区大河沿镇北部山区,大坝为碾压式沥青混凝土心墙坝。此工程地理位置特殊,地处"百里风区",年平均8级以上大风108天,最多达135天。沥青混凝土心墙的施工方法一般为热施工,在大风环境下施工时,对沥青混合料各施工环节采用如下保温和温控措施:沥青混合料采用带电加热板的保温罐储存,采用车斗四周及底板带保温板的自卸式运输车,各保温机械斗上架设保温篷布;心墙摊铺后覆盖防风帆布,压实后上层再加棉被保温;各施工环节温度均采用施工规范规定的上限值或适当提高最低下限值,特别针对初碾温度和终碾温度,采用初碾温度不宜低于140 ℃,终碾温度不宜低于120 ℃等。尽管采取了上述措施,还是会出现以下问题:风的表面降温作用强,严重影响沥青混合料入仓后温度均匀性。沥青混合料在运输过程中温度散失加快,入仓后的混合料几乎没有时间排气,碾压后沥青混凝土内部气孔明显增多,影响施工质量。同时,由于表面温度降低过快,在沥青混合料表面容易形成一个硬壳层,一方面,会影响当前层的碾压效果;另一方面,由于表层碾压质量不好还会影响与上一层的结合,结合区易形成薄弱面,影响沥青混凝土心墙的防渗安全可靠性。大风环境下空气易裹挟沙尘流动,心墙作业面受扬尘污染,影响施工进度和工程质量。

大风环境条件给碾压式沥青混凝土心墙的施工带来较大困难,也会影响施工质量。研究大风环境下心墙沥青混凝土施工防风技术,保证沥青混凝土心墙连续碾压施工具有重要的工程应用价值,可以降低消耗,增加有效施工天数,使工程提前完工并发挥经济效益和社会效益。

7.2　风速对沥青混凝土温度场影响规律研究

沥青混凝土的散热途径主要包括:材料自身中的热传递,以及沥青混凝土与过渡料和空气接触面的热交换。为了定量研究风速对沥青混合料温度影响,探明其对沥青混合料的影响方式,通过室内试验模拟不同风速下沥青混合料摊铺后的散热情况;考虑工程现场气象条件复杂多变,待环境风速相对稳定时,定性观测现场不同风级下沥青混合料的散热情况,并与室内模拟结果对比分析。

7.2.1　风速对沥青混合料的室内散热规律的影响

7.2.1.1　沥青混凝土材料

选用的沥青为中国石油克拉玛依石化公司生产的 70(A 级)道路石油沥青;粗骨料为人工破碎的天然砾石骨料,分为 9.5~19 mm、4.75~9.5 mm、2.36~4.75 mm 三种粒级;细骨料为砾石骨料破碎筛分后得到粒径 0.075~2.36 mm 的人工砂,填料为小于 0.075 mm 的石灰粉。

7.2.1.2　过渡料

过渡料作为坝壳料与心墙之间的连接,起到保护心墙的作用。根据《土工试验规程》(SL 237—1999)骨料最大粒径应为试样直径的 1/3~1/5。室内试验中,过渡料试模的最小直径为 50 mm,试验用过渡料最大粒径定为 10 mm。过渡料级配曲线如图 7-1 所示,5~10 mm 粒组占 22.48%,5 mm 以下的粒组占 77.52%。

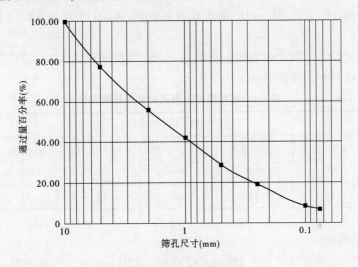

图 7-1　过渡料级配曲线

为确定过渡料的压实标准。根据《土工试验规程》(SL 237—1999)粗颗粒相对密度试验,采用上述级配,得到骨料的相对密度见表 7-1。过渡料填筑的设计标准为相对密度 $D_r \geqslant 0.85$,本试验填筑指标采用相对密度的下限值 0.85 控制。

表 7-1　砂砾料相对密度试验结果

项目	最小干密度 ρ_{dmix}(g/cm³)	最大干密度 ρ_{dmax}(g/cm³)	天然干密度 ρ_d(g/cm³)	相对密度 D_r
过渡料	1.73	2.23	2.14	0.85

7.2.1.3　试验配合比

根据沥青混凝土心墙的防渗性能和综合性能的要求,大河沿沥青混凝土心墙选择两种配合比作为各种性能试验的推荐配合比,见表 7-2。

表 7-2　推荐配合比(级配指数 0.39)

配合比种类	矿料级配											沥青用量(%)
	筛孔尺寸(mm)											
	19	16	13.2	9.5	4.75	2.36	1.18	0.6	0.3	0.15	0.075	
	通过量百分率(%)											
DHY-3	100	94	87	76	58	45	34	26	20	16	12	6.6
DHY-7	100	94	87	77	59	45	35	27	21	16	13	6.9

　　这两种配合比的沥青混凝土能满足心墙沥青混凝土对孔隙率的要求,同时具有较高的强度和较好的变形性能。沥青混凝土 DHY-7 号(油石比 6.9%)的综合性能,特别是变形性能优于沥青混凝土 DHY-3 号(油石比 6.6%)。因此,建议选用沥青混凝土 DHY-7 号(油石比 6.9%)作为试验配合比,沥青混凝土 DHY-3 号(油石比 6.6%)作为备用配合比。

　　试验配合比设计参数为矿料级配指数为 0.39,填料用料为 13%,沥青用量为 6.9%。沥青混凝土各项材料质量配合比见表 7-3。

表 7-3　沥青混凝土各项材料质量配合比

项目	各项材料用量的比例(质量比,%)					
材料种类	9.5~19 mm	4.75~9.5 mm	2.36~4.75 mm	0.075~2.36 mm	<0.075 mm	沥青
配合比(%)	23	18	14	32	13	6.9

7.2.1.4　试验方案

　　试验模具取内部空间尺寸为 250 mm×250 mm×250 mm 的立方体钢膜,在内部空间上方的中央位置预留 150 mm×150 mm×150 mm 空间,四周及底面分别铺设过渡料,过渡料采用同一压实标准填入钢膜周围压实,压实标准由上述过渡料相对密度 0.85 控制。试验模型如图 7-2 所示。

　　将拌和而成的沥青混合料倒入试模中,沥青混合料入仓后将表面摊铺平整。取两只热电偶温度传感器分别将探头插入沥青混合料表面以下 10 mm 处和表面以下 75 mm 处,热电偶温度传感器布置位置示意以及实际温度测量图分别如图 7-3 和图 7-4 所示。

　　设置风力为 0 级、3 级、4 级、5 级、6 级、7 级的 6 组风力条件。通过调整通风装置出风口距模具位置设置不同的风力条件,由模具正上方中心处的风速仪记录作业时的风速,经过多次实测数据整理得到各试验条件见表 7-4。其中,风力 0 级为通风装置不作业时沥青混合料的正常散热情况。本次试验由实际情况选定各级风速为:0、4.4 m/s、6.4 m/s、9.1 m/s、12.1 m/s、14.9 m/s。

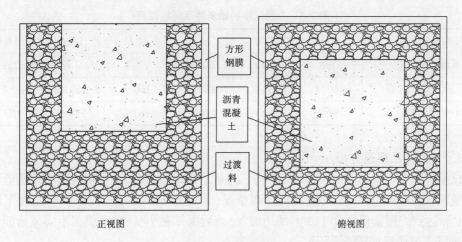

正视图　　　　　　　　　俯视图

图 7-2　试验模型

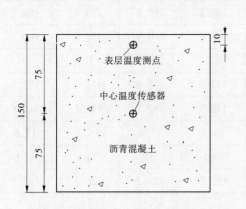

图 7-3　热电偶温度传感器布置位置示意　（单位：mm）

图 7-4　实际温度测量

表 7-4　风力-风速控制

试验设备：SFG4-2 通风机，TA8165 风速测定仪						
风力等级	0	3	4	5	6	7
风速（m/s）	0~0.2	3.4~5.4	5.5~7.9	8.0~10.7	10.8~13.8	13.9~17.1
距离（cm）	—	220~360	110~220	70~110	35~70	0~35

注：在室内无自然风情况下。

为控制初始温度对试验结果的影响，待传感器温度显示为（160±1）℃后，以不同风速条件对沥青混合料进行降温。每隔 1 min 分别记录传感器的温度值，作为沥青混合料平均表层温度和平均中心温度，表层温度降至施工规范要求的终碾最低温度 110 ℃时停止试验。将不同风速下沥青混合料散热试验所得数据进行整理，绘制不同风速沥青混合料降温曲线，研究风速对沥青混凝土温度影响规律。各组试验初始条件及环境温度见表 7-5。

表 7-5　各组试验初始条件及环境温度

风速(m/s)	0	4.4	6.4	9.1	12.1	14.9
环境温度(℃)	21±1	21±1	22±1	23±1	21±1	22±1
表层初始温度(℃)	160.4	160.7	160.2	160.8	159.8	159.9
中心初始温度(℃)	160.2	160.6	160.7	160.9	159.8	160.4

7.2.1.5　试验结果及分析

　　试验风速为 0、4.4 m/s、6.4 m/s、9.1 m/s、12.1 m/s、14.9 m/s,通过温度传感器实时数据监测,记录各风速下沥青混合料降温情况,表层温度接近施工规范初碾温度下限值 130 ℃ 和达到终碾最低温度 110 ℃ 的历时,记录数据见表 7-6。室内模拟不同风速沥青混合料表层降温曲线如图 7-5 所示。

表 7-6　不同风速沥青混合料室内降温特征数据

风速(m/s)	0	4.4	6.4	9.1	12.1	14.9
初始表层温度(℃)	160.4	160.7	160.2	160.8	159.8	159.9
中心初始温度(℃)	160.2	160.6	160.7	160.9	159.8	160.4
历时(min)	19	14	12	11	10	9
初碾表层温度下限值(℃)	130.6	130.9	132.0	131.8	131.7	132.5
相应中心温度(℃)	136.1	137.1	140.9	142.7	144.1	145.8
历时(min)	42.4	21.5	19.7	17.7	16.7	15.6
终碾表层温度下限值(℃)	110	110	110	110	110	110
相应中心温度(℃)	118.1	119.4	122.7	125.2	126.7	127.8

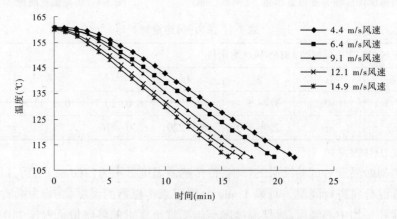

图 7-5　室内模拟不同风速沥青混合料表层降温曲线

　　结果表明,风速越大,沥青混合料表层温度降至施工规范初碾温度下限值 130 ℃ 所需时间越短,与无风自然降温情况下历时 19 min 对比,随着试验风速的增大,历时分别缩短了 5 min、7 min、8 min、9 min、10 min;沥青混合料表层温度达到终碾最低温度 110 ℃的时间也随风速增大而减小,无风自然降温情况下历时 42.4 min,随着试验风速的增大,表层由初始温度降至 110 ℃历时分别缩短了 20.9 min、22.7 min、24.7 min、25.7 min、26.8 min;沥青混合料的表层和中心温差随着降温过程增大,表层由初始温度降至初碾最低温度 130 ℃时,风速由小到大,沥青混合料表层和中心温差分别为 5.5 ℃、6.2 ℃、8.9 ℃、10.9 ℃、12.4 ℃、13.3 ℃,当表层温度降至 110 ℃时差异进一步增大,此时沥青混合料表层和中心温差分别为 8.1 ℃、9.4 ℃、12.7 ℃、15.2 ℃、16.7 ℃、17.8 ℃。试验中由于沥青混合料体积小,热容量小,表层散热速度相对加快,尚需结合现场观测沥青混合料在不同风速下的降温规律。

7.2.2　现场风速下沥青混合料的散热规律

7.2.2.1　风速测定与温度测量

现场试验选择了 5 个沥青混凝土心墙施工环境,观测现场风速下沥青混合料的散热规律。考虑自然风具有时空差异性,为保证现场风速数据的准确性,在心墙施工段中心和两端取 3 个点,每点距心墙边缘 2.36 m 垂直固定测风杆以布置 EN2 型风速测定仪,风速测定仪与心墙施工平面相对高度 1 m,并通过与计算机连接进行数据实时采集。3 处测点风速数据同步对比,总体差异较小的作为有效数据,取平均值。心墙施工段中心和两端处的平均大气温度作为环境温度,整理观测资料得到心墙沥青混凝土各施工环境分别见表 7-7~表 7-11。

表 7-7　沥青混凝土心墙施工环境一

层数:83	施工段中心测点:0+415		覆盖:无		风力 0 级	
时间(时:分)	13:58	14:20	14:48	15:15	15:38	16:00
风速(m/s)	0	0	0.2	0	0.1	0
环境温度(℃)	17.1	16.7	17.5	18.6	19.1	19

表 7-8　沥青混凝土心墙施工环境二

层数:75	施工段中心测点:0+400		覆盖:无		风力 2 级	
时间(时:分)	14:20	14:42	15:00	15:17	15:41	16:02
风速(m/s)	3.3	2.8	2.6	3	3.2	5.2
环境温度(℃)	17.4	17.6	18	17.6	17.8	18.2

表 7-9　沥青混凝土心墙施工环境三

层数:62	施工段中心测点:0+340		覆盖:无		风力 4 级	
时间(时:分)	13:45	13:05	13:22	14:40	15:04	15:20
风速(m/s)	6.7	7.8	8.4	7.1	7.7	6.4
环境温度(℃)	12.7	12.6	12.7	13.8	13.8	14.2

表 7-10　沥青混凝土心墙施工环境四

层数:71	施工段中心测点:0+418			覆盖:帆布	风力 4 级
时间(时:分)	12:35	13:15	13:52	14:30	15:14	15:48
风速(m/s)	7	7.8	7.4	6.7	7.7	9.4
环境温度(℃)	12.7	12.6	12.7	13.8	13.8	14.2

表 7-11　沥青混凝土心墙施工环境五

层数:56	施工段中心测点:0+265			覆盖:帆布+棉被	风力 6 级
时间(时:分)	20:40	21:37	22:42	23:30	0:14	0:56
风速(m/s)	10.9	12.7	11.6	13.3	14.2	13.4
环境温度(℃)	10.7	10.8	10.3	9.4	9.2	9.1

考虑心墙施工段单次铺筑距离较远、耗时较长,导致沥青混合料整体温度不均匀,为方便试验计算,在施工段中心心墙表面以下 10 mm 处埋设温度传感器,每 5 min 进行一次温度测量并记录。

7.2.2.2　测试结果与分析

由实测数据绘制现场风速下沥青混合料降温曲线,见图 7-6。现场沥青混合料入仓后在无覆盖情况下,由入仓温度 170 ℃降至终碾最低温度 110 ℃附近所需时间随风力等级的增大而减小,无风时沥青混合料降至终碾最低温度 110 ℃左右历时 122 min,与无风情况相比,风力 2 级时历时减少了 20 min,风力 4 级时历时减少了 27 min。这一结果和室内研究规律一致。将室内试验和现场试验结果进行对比,得到现场沥青混合料降至终碾最低温度 110 ℃用时远大于室内试验情况。主要原因是室内的热沥青混合料试样体积小、热容量低,此时沥青混合料与过渡料的热交换对散热性的影响较明显,最终导致沥青混合料温度损失过快;热沥青混合料现场施工体积大,且心墙经层层铺筑后热容量高,心墙经碾压后,表层封闭,内部孔隙减少,沥青混合料温度散失更不易。

沥青混合料入仓后由 170 ℃降至初碾最低温度 130 ℃时,无覆盖形式的结果可以看出,风力越大,沥青混合料降到初碾最低温度历时越短,无风时约 55 min,风力 2 级时约 45 min,风力 4 级时约 40 min。风力不大于 4 级情况下,心墙施工区至少有 40 min 摊铺混合料的时间,可提供一个合理的施工碾压段长度。若沥青混合料入仓后无覆盖且风力较大(大于 4 级),则心墙摊铺时段会进一步缩短,不利于现场连续施工。由增设心墙保温措施的试验结果看,现场风力 4 级时,沥青混合料摊铺后覆盖一层帆布降至初碾温度的时间为 45 min。说明心墙覆盖帆布可有效延长沥青混合料的散热过程,有利于大风气候条件下沥青混凝土心墙的碾压温度控制。风力增大到 6 级,心墙覆盖一层帆布和棉被后,沥青混合料降至初碾温度所需时间约为 47 min,此时心墙施工区风力条件更加恶劣,覆盖帆布和覆盖棉被均可有效延长沥青混合料的降温过程。

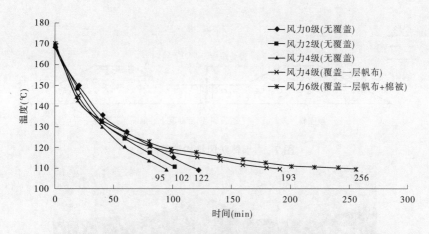

图 7-6 现场各试验段沥青混凝土降温曲线

风力小于 4 级时,沥青混凝土心墙可正常连续施工;风力略大于 4 级时,施工现场可通过增设保温措施延缓沥青混合料的散热过程,在帆布上碾压,保证心墙连续施工。但风力超过 6 级后,施工环境相对恶劣,将给施工人员带来诸多不便,严重影响施工质量。施工规范中规定的沥青混凝土心墙施工时,风速宜小于 4 级是合理的,可在保证心墙质量的前提下连续施工。在大风环境下,如果能将心墙施工区风力削减至 4 级以下,可有效延长沥青混合料的降温时间,保证沥青混凝土心墙摊铺和碾压段长度,实现沥青混凝土在大风环境下连续碾压施工,加快施工进度。

7.3　坝体防风结构试验研究

7.3.1　坝体防风结构

沥青混凝土心墙坝施工时利用坝体自身填筑形成的上、下游坝壳料填筑超前心墙与过渡料填筑,坝壳料填筑高度高于过渡料和心墙的填筑高度,使施工断面形成凹槽。坝体与心墙产生填筑高差后,相当于在心墙迎风侧设置类似风场障碍物的"土堤式挡风墙"(防风结构)。此防风结构虽与土堤式挡风墙外形相似,但两者总体上相差较大。土堤式挡风墙相比占地小、高度低,且顶部和表面有预制混凝土板或干砌片石防护风蚀,是为防风需要而专门修建的永久性建筑物。而上述防风结构仅是对坝体填筑施工工序进行调整的防风施工技术的产物,施工时坝壳料填筑层数超前过渡料和心墙而形成一个临时性防风结构物,本身仍能作为后续坝体填筑的利用,比土堤式挡风墙填方量大。该防风结构还可根据施工中的实际风速,灵活调整防风结构设置距离和填筑高差,以达到沥青混凝土心墙施工风速的要求。坝体防风结构防风效果主要受高差和设置距离的影响,其中高差为上、下游坝壳料与心墙填筑高度的差值,设置距离为坝壳料背风侧坡脚距沥青混凝土心墙中心的距离。坝体两侧防风结构对称布置,坝体防风结构填筑简图如图 7-7 所示,大河沿工程现场应用情况如图 7-8 所示。

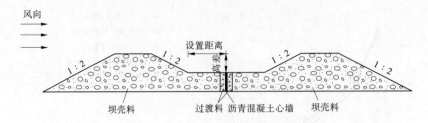

图 7-7　坝体防风结构填筑简图

图 7-8　大河沿工程现场应用情况

7.3.2　坝体防风结构现场试验

为研究坝体防风结构对沥青混凝土心墙施工区的风力削减效果,在大河沿水库工程现场进行了防风结构的现场试验。试验于 2018 年 3 月末进行,布置了三种坝体防风结构,防风结构工况见表 7-12。现场试验中,在坝前速度入口处固定位置装配自动气象站,每 10 min 记录一次气象资料,包括大气温度、大气湿度、风速及风向等。心墙处和迎风侧坝壳料顶部设置风速仪,主要观测大坝施工区的风场情况。坝壳料风速仪测点距坝壳料坝肩 18.82 m,心墙风速仪测点距心墙中心距离 2.36 m,测点布置简图如图 7-9 所示。

表 7-12　防风结构工况

项目	防风结构高差(m)	防风结构设置距离(m)	心墙填筑高度(m)
防风结构一	4.40	13.80	10.80
防风结构二	4.40	9.08	10.80
防风结构三	7.00	9.08	10.80

现场试验共进行了三种工况,累计三天不同时刻的风速观测,试验结果见表 7-13。从结果可以看出,三种工况的平均风速比(心墙风速/气象站风速)分别为 57.7%、47.5%、37.7%,说明防风结构能有效地降低心墙施工区的风速。三种工况的防风结构的减风效果为结构三优于结构二,结构二优于结构一。说明相同设置距离,高差越大,防风减风效

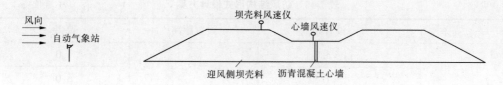

图 7-9　现场防风试验测点布置简图

果越好;对于相同的高差,设置距离越小,防风效果越好。虽然三种形式下都起到了一定的防风作用,但风速较大时心墙施工区风速未削减到 5.5 m/s(4 级风力最小风速)以下,还需进一步对防风结构设计参数进行优化分析。

表 7-13　不同工况测点风速结果　　　　　　　　　（单位:m/s）

防风结构一			防风结构二			防风结构三		
气象站风速	坝壳料风速	心墙风速	气象站风速	坝壳料风速	心墙风速	气象站风速	坝壳料风速	心墙风速
22.4	18.6	13.5	20.4	17.4	9.3	21.4	19.3	8.2
19.1	15.6	11.5	17.8	15.0	8.6	17.9	15.9	6.8
14.7	12.2	8.8	13.5	11.4	6.5	14.2	12.8	5.4
11.5	9.4	6.1	10.9	9.2	5.4	11.0	10.0	4.2
8.3	6.8	5.1	8.3	7.0	3.7	8.2	7.3	2.9
6.0	4.9	3.1	5.5	4.7	2.7	5.5	4.8	2.1

7.4　坝体防风结构数值模拟及优化

7.4.1　数值计算模型

7.4.1.1　模拟方案

　　进行选择防风结构的设计形式时,考虑施工所需的最小设置距离和最大高差限制因素:防风结构设置距离不宜太小,需满足施工区机械交叉作业对运行空间的要求;防风结构高差不宜过大,较大时不利于心墙和过渡料的物料运输,需增设坡度较缓的下坡临时道路。结合大河沿工程现场试验坝体填筑参数,验证数值模型后,设计防风结构不同形式的数值计算方案,分为:固定防风结构高差 4.40 m,进行不同设置距离的模拟;固定防风结构设置距离 9.08 m,进行不同高差的模拟。防风结构形式设计方案见表 7-14。模拟不同风速情况下的防风效果时,取风力 4~10 级,入口风速按各风级最大风速进行计算。

表 7-14　防风结构形式设计方案　　　　　　（单位:m）

高差	设置距离	设置距离	高差
	5.0		4.0
	7.5		6.0
4.4	10.0	9.08	8.0
	12.5		10.0
	15.0		12.0

7.4.1.2　数值计算方法

沥青混凝土心墙是沿坝轴线方向分层铺筑碾压的防渗体,心墙长度远大于其横向尺寸,且风场对大坝的影响主要来自顺河道垂直坝轴线作用的横风,当计算横风作用下坝体与心墙填筑高差的防风结构对心墙的影响时,可将其简化为二维问题处理。因横风风速小于 70 m/s,马赫数小于 0.3,计算时流动可按不可压缩处理。通过 CFD 软件 FLUENT 提供的工程上应用广泛的标准 k—ε 模型进行计算。计算时若不考虑热量的交换,则控制方程包括:连续性方程,x、y 方向上的两个动量方程。湍流模型中的湍流动能方程和湍流动能耗散率方程。控制方程如下:

$$\frac{\partial \rho}{\partial t} + \frac{\partial (\rho u)}{\partial x} + \frac{\partial (\rho v)}{\partial y} = 0 \tag{7-1}$$

$$\frac{\partial (\rho u)}{\partial t} + \nabla(\rho uv) = -\frac{\partial p}{\partial x} + \frac{\partial \tau_{xx}}{\partial x} + \frac{\partial \tau_{yx}}{\partial y} + F_x$$

$$\frac{\partial (\rho v)}{\partial t} + \nabla(\rho vu) = -\frac{\partial p}{\partial y} + \frac{\partial \tau_{xy}}{\partial x} + \frac{\partial \tau_{yy}}{\partial y} + F_y \tag{7-2}$$

$$\frac{\partial (\rho k)}{\partial t} + \frac{\partial (\rho k u_i)}{\partial x_i} = \frac{\partial}{\partial x_j}\left[\left(\mu + \frac{\mu_i}{\sigma_k}\right)\frac{\partial k}{\partial x_j}\right] + G_k - \rho \varepsilon$$

$$\frac{\partial (\rho \varepsilon)}{\partial t} + \frac{\partial (\rho \varepsilon u_i)}{\partial x_i} = \frac{\partial}{\partial x_j}\left[\left(\mu + \frac{\mu_t}{\sigma_\varepsilon}\right)\frac{\partial \varepsilon}{\partial x_j}\right] + \frac{C_{1\varepsilon}\varepsilon}{k}G_k - C_{2\varepsilon}\rho\frac{\varepsilon^2}{k} \tag{7-3}$$

式中　ρ——流体密度,kg/m³;

t——时间,s;

u、v——速度矢量的分量,m/s;

x、y——坐标分量;

p——微元上的压力,Pa;

τ_{xx}、τ_{xy}、τ_{yy}——微元表面上的切应力分量,kPa;

F_x、F_y——微元的体力分量,N;

μ——分子黏度系数;

μ_t——湍动黏度系数,$\mu_t = \rho C_\mu k^2/\varepsilon$,$C_\mu = 0.09$;

σ_k、σ_ε——与湍动能 k 和耗散率 ε 对应的 Prandtl 数,其中 $\sigma_k = 1.0$,$\sigma_\varepsilon = 1.3$;

G_k——平均速度梯度引起的湍动能,J;

$C_{1\varepsilon}$、$C_{2\varepsilon}$——经验常数,其中 $C_{1\varepsilon} = 1.44$,$C_{2\varepsilon} = 1.92$。

计算方法采用有限体积法,将计算区域划分为网格,使每个网格点周围有一个不重复的控制单元,在每一个控制单元内积分待求解的控制方程,对得出的离散方程用 SIMPLE 算法对压力和速度耦合,用一阶迎风格式差分,逐个、顺序地求解代数方程组中的各未知量。

7.4.1.3　计算域、边界条件及网格划分

数值计算模型采用大河沿水库工程坝体施工断面建立,如图 7-10 所示,计算区域取 300 m×1 840 m。其中,坝基宽 340 m、来流长度 450 m、尾流长度 1 050 m、流域高 300 m。坝趾为坐标原点,上游坝坡比为 2.2,其余边坡坡比均为 1∶2,心墙中心坐标为(184,10.8)。

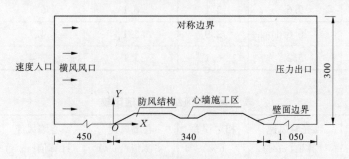

图 7-10　数值计算模型简图 （单位:m）

边界条件:入口设置为速度进口,在 X 方向按均匀来流,防风结构不同设计形式时取 $v_x = 20.7$ m/s(8 级风力风速上限),不同风级时 v_x 取风力 4～10 级最大风速,Y 方向速度为 0;出口设定为压力出口,静压为 0;坝体表面及地面均采用无滑移边界条件;顶部设为对称边界,模拟顶部气体自然流动状态。

对计算模型进行网格划分采用四边形结构化网格。为提高数值计算精度,对防风结构和心墙施工区附近采用小尺寸网格划分,其余区域网格按比例稀疏,心墙施工区网格图如图 7-11 所示。对网格质量进行检验,均在 0.8 以上,说明网格划分合理,精度满足计算要求。以心墙中心 1 m 高处测点风速变化范围在 3% 以内为依据,进行网格无关性检验,结果满足要求,最终各试验模型网格数均在 110 万左右。

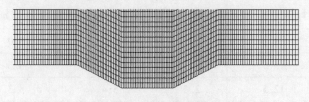

图 7-11　心墙附近网格图

7.4.2　数值模拟结果

7.4.2.1　模型验证

取上述数值计算模型参数,以现场坝体填筑断面为模型做坝体流场的数值模拟计算。对现场试验三种工况进行数值计算,将速度入口处的气象站风速实测值代入数值模型进

行计算,对其余两处风速测点的现场试验结果和数值计算结果进行比较,试验结果分别见表 7-15~表 7-17。

表 7-15　防风结构一风速比较

坝壳料风速 实测值(m/s)	坝壳料风速 计算值(m/s)	相对误差 (%)	心墙风速 实测值(m/s)	心墙风速 计算值(m/s)	相对误差 (%)
18.6	17.7	4.8	13.5	12.8	5.2
15.6	14.7	5.8	11.5	10.8	6.1
12.2	11.7	4.1	8.8	8.4	4.5
9.4	9.6	2.1	6.1	6.5	6.6
6.8	6.6	2.9	5.1	4.7	7.8
4.9	5.2	6.1	3.1	3.4	9.7

表 7-16　防风结构二风速比较

坝壳料风速 实测值(m/s)	坝壳料风速 计算值(m/s)	相对误差 (%)	心墙风速 实测值(m/s)	心墙风速 计算值(m/s)	相对误差 (%)
17.4	17.8	2.3	9.3	9.6	3.2
15.0	14.5	3.3	8.6	8.3	3.5
11.4	11.0	3.5	6.5	6.3	3.1
9.2	8.8	4.3	5.4	5.1	5.6
7.0	7.3	4.3	3.7	4.0	8.1
4.7	4.5	4.3	2.7	2.6	3.7

表 7-17　防风结构三风速比较

坝壳料风速 实测值(m/s)	坝壳料风速 计算值(m/s)	相对误差 (%)	心墙风速 实测值(m/s)	心墙风速 计算值(m/s)	相对误差 (%)
19.3	18.7	3.1	8.2	8.0	2.4
15.9	15.5	2.5	6.8	6.6	2.9
12.8	12.5	2.3	5.4	5.3	1.9
10.0	9.7	3.0	4.2	4.1	2.4
7.3	7.6	4.1	2.9	3.0	3.4
4.8	4.7	2.1	2.1	1.9	9.5

　　由表 7-15~表 7-17 可得,防风结构一中坝壳料风速实测值和计算值最大相对误差为 6.1%,心墙风速实测值和计算值最大相对误差为 9.7%;防风结构二中坝壳料风速实测值

和计算值最大相对误差为 4.3%,心墙风速实测值和计算值最大相对误差为 8.1%;防风结构三中坝壳料风速实测值和计算值最大相对误差为 4.1%,心墙风速实测值和计算值最大相对误差为 9.5%。各测点风速的实测值与相应计算值相对误差均小于 10%,认为数值模拟计算的误差在容许范围之内。由于数值模拟计算结果和现场实测结果有较好的一致性,数值模型准确可靠,可进一步模拟防风结构不同设计形式下的防风效果。

7.4.2.2　防风结构不同设置距离的防风功效

通过对数值计算结果进行可视化处理,得防风结构不同设置距离下心墙施工区的速度云图,如图 7-12 所示。

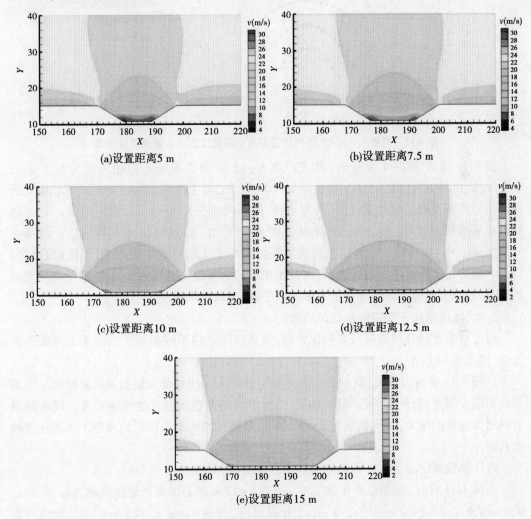

图 7-12　高差 4.4 m 时,不同设置距离的心墙施工区速度云图

从图 7-12 中可以看出,随着设置距离的增大,背风侧上部风速衰减区(在防风结构高程以上部位的风速衰减区)三角形面积稳步增大,但背风侧下部风速衰减区(在防风结构高程以下部位的风速衰减区)梯形中底部蓝色的占比在减少。说明随着防风结构设置距

离的增大,背风侧风速衰减区越大,但设置距离的增大不利于心墙近地表施工区风速衰减。

结合现场摊铺机出料口位置高度,认为沥青混合料受风力影响最大高度不超过 1 m,则以心墙施工面 1 m 高作为心墙施工区近地面。由计算数据得心墙施工区近地面风速分布情况,如图 7-13 所示。

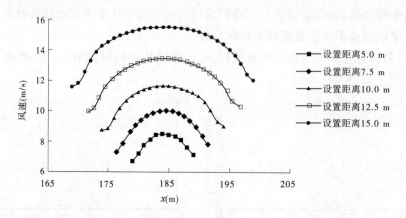

图 7-13　高差 4.4 m 时,不同设置距离心墙施工区 1 m 高处风速分布

图 7-13 显示,高差 4.4 m 时,设置距离 5~15 m 的心墙处近地面风速为 8.5 m/s、10.0 m/s、11.6 m/s、13.4 m/s、15.5 m/s。可以看出,以上防风结构设计形式下心墙处近地面风力均超过施工规范建议值(风力 4 级,最小风速 5.5 m/s)。设置距离 5 m 时心墙处近地面防风功效为 58.9%,随着设置距离的增大,防风效果逐渐降低,分别降为51.7%、44.0%、35.3%、25.1%。出现这种现象是由于大坝填筑结构改变,气流绕过防风结构心墙施工区后过流断面增大,气流开始扩散。随着设置距离的增大,扩散沿流向发展越充分,对垂直方向的速度梯度分布影响越平缓,防风效果越差。

7.4.2.3　防风结构不同高差的防风功效

通过对数值计算结果进行可视化处理,得到防风结构不同高差下心墙施工区的速度云图,如图 7-14 所示。

从图 7-14 中可以看出,高差从 4 m 逐步增加到 12 m 时,背风侧上部风速衰减区三角形面积逐步增大,背风侧下部风速衰减区梯形中底部蓝色的占比也逐渐变大。说明随着防风结构高差的增大,背风侧风速衰减区越大,高差的增大对心墙近地表施工区风速衰减也有利。

由计算数据得心墙施工区近地面风速分布情况,如图 7-15 所示。

由图 7-15 可知,设置距离 9.08 m 时,高差 4~12 m 的心墙处近地面风速为 11.9 m/s、9.6 m/s、6.2 m/s、4.0 m/s 和 2.4 m/s。由此可得,高差 4 m、6 m 和 8 m 时心墙处近地面的风速存在大于 5.4 m/s 的情况,超出施工规范建议值;而高差 10 m 和 12 m 时心墙处近地面风速都在 5.4 m/s 以下,满足施工防风要求。高差 4 m 时心墙处近地面防风功效为42.6%,随着高差的增大,防风效果越好,防风功效增至 53.7%、70.2%、80.7% 和 88.5%。这是因为空气经过大坝绕流时,大坝边坡具有导流作用。防风结构高差越大,大坝迎风面边坡越长,导流作用越强,产生的防风效果越好。

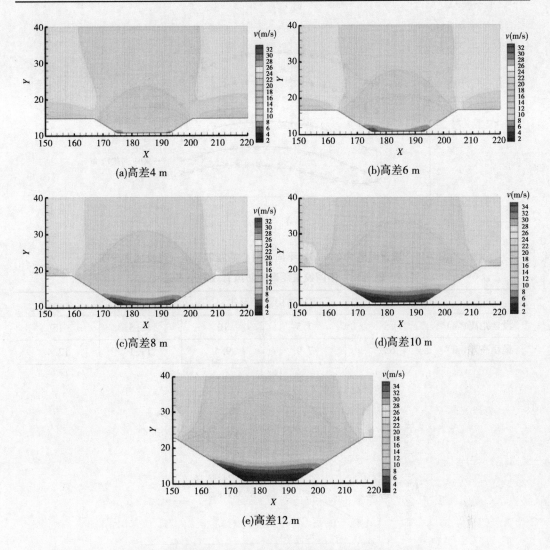

图 7-14　设置距离 9.08 m 时,不同高差的心墙施工区速度云图

7.4.2.4　设置距离和防风有效最小高差之间的关系

　　大坝现场填筑时,随着心墙填筑高程的增加,坝顶作业面宽度逐渐减小,防风结构设计参数的选取将受此限制。风速 20.7 m/s 时,对防风结构设置距离取 5.0 m、7.5 m、10.0 m、12.5 m、15.0 m 情况进行模拟,得到心墙施工区近地面达到防风要求的最小高差,结果列于表 7-18。

　　对表 7-18 中数据进行拟合,得到拟合曲线及相应的函数关系,见图 7-16。从图 7-16 中可以看出,两者之间拟合为线性关系,拟合方程为 $y = 0.624x + 3.16$,式中 x 为设置距离,y 为达到防风要求的最小高差。由此拟合函数可插值取得设置距离在 $5 \sim 15$ m 范围达到防风要求的最小高差。考虑心墙施工区机械交叉作业对运行空间的需要,建议施工时将防风结构设置距离控制在 10 m,此时高差控制在 9.4 m,即可满足 8 级风力下最大风速的防风需要。

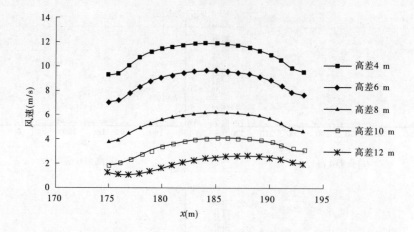

图 7-15   设置距离 9.08 m 时,不同高差心墙施工区 1 m 高处风速分布

表 7-18   不同设置距离的防风有效最小高差

防风结构设计形式					
设置距离(m)	5	7.5	10	12.5	15
最小高差(m)	6.2	7.9	9.4	11.1	12.4

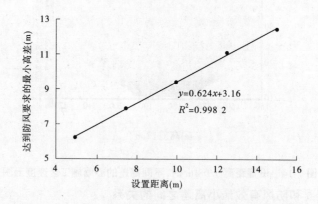

图 7-16   设置距离与达到防风要求的最小高差的关系曲线

7.4.2.5   不同风级防风结构的防风效果

现场施工时,施工区风级、风速变化具有时空差异性。进行不同风级、风速下防风结构的数值模拟,本次计算取 4~10 级风力,入口风速按风级最不利工况进行计算。风力等级见表 7-19。则 4 级风力最大风速 $v_x = 7.9$ m/s,5 级风力最大风速 $v_x = 10.7$ m/s,6 级风力最大风速 $v_x = 13.8$ m/s,7 级风力最大风速 $v_x = 17.1$ m/s,8 级风力最大风速 $v_x = 20.7$ m/s,9 级风力最大风速 $v_x = 24.4$ m/s,10 级风力最大风速 $v_x = 28.4$ m/s。为计算方便,控制防风结构设置距离、高差均为 10 m 进行模拟。

表 7-19　风力等级

风力等级	名称	风速范围(m/s)
0	无风	0~0.2
1	软风	0.3~1.5
2	轻风	1.6~3.3
3	微风	3.4~5.4
4	和风	5.5~7.9
5	强劲风	8.0~10.7
6	强风	10.8~13.8
7	疾风	13.9~17.1
8	大风	17.2~20.7
9	烈风	20.8~24.4
10	狂风	24.5~28.4
11	暴风	28.5~32.6
12	台风或飓风	32.7~36.9

由计算数据得心墙施工区近地面风速分布情况,结果见表 7-20。可以看出,防风结构高差和设置距离均为 10 m 时,风力 9 级和 10 级时,心墙处近地面的防风结果达不到施工规范建议值;而风力 4~8 级时,心墙处近地面风速都在 5.4 m/s 以下,满足防风要求。

表 7-20　不同风级下心墙施工区防风结果

风力等级	4	5	6	7	8	9	10
入口风速(m/s)	7.9	10.7	13.8	17.1	20.7	24.4	28.4
心墙施工区近地表风速(m/s)	1.93	2.52	3.11	3.95	4.97	5.88	6.83
心墙施工区近地表风力风级	2	2	2	3	3	4	4

7.4.2.6　风级和防风有效最小高差的关系

由模型计算得出防风结构设置距离取 10 m 时不同风级、风速条件防风有效的最小高差,结果列于表 7-21。

表 7-21　不同风级的防风有效最小高差

风力	4	5	6	7	8	9	10
入口风速(m/s)	7.9	10.7	13.8	17.1	20.7	24.4	28.4
防风有效最小高差(m)	1.9	4.5	6.4	8.1	9.4	10.6	11.7

表 7-21 中防风结构设置距离为 10 m 时,对风级和防风有效最小高差之间的关系进

行拟合,得到拟合曲线及相应的函数关系见图 7-17。从图 7-17 中可以看出,风级和防风有效最小高差之间呈二次多项式关系,拟合方程为 $y=-0.1405x^2+3.5595x-9.9571$,式中 x 为风级,y 为防风有效最小高差。由风级和风速对应关系,可得拟合处风速和防风有效最小高差之间的关系,拟合曲线及相应的函数关系见图 7-18。从图 7-18 中可以看出,风速和防风有效最小高差之间呈二次多项式关系,拟合方程为 $y=-0.0162x^2+1.0449x-5.0911$,式中 x 为风速,y 为防风有效最小高差。以上两个拟合方程可插值取得风力 4~10 级、风速 7.9~28.4 m/s 相对应的防风有效最小高差为 1.9~11.7 m。

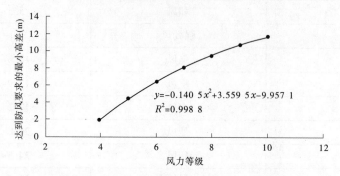

图 7-17　风级和防风有效最小高差的关系曲线

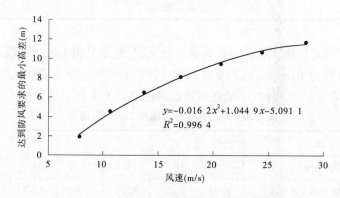

图 7-18　风速和防风有效最小高差的关系曲线

施工区风力较大时,沥青混凝土心墙基层温度经常会低于《水工沥青混凝土施工规范》(SL 514—2013)中要求的 70 ℃,此时需将心墙层面加热到 70 ℃以上才能铺筑上层热料。且摊铺层沥青混凝土表面温度散失过快,表面易形成硬壳层,影响当前层的碾压质量,铺筑上层沥青混凝土后,由于当前层的表层压实效果不好而影响与下一层的结合。同时,风速严重影响了沥青混凝土整体温度的均匀性,沥青混凝土表层温度与中心温度的差值随风速的增大而增大。因此,为保证沥青混合料在规范规定的碾压温度下连续施工,需对沥青混合料储运和摊铺过程加设保温措施,还需在各施工环节加强温度控制。

针对大风气候环境给碾压式沥青混凝土心墙施工带来的问题,研究表明碾压式沥青心墙在防风技术和施工工艺上采取一定的措施后,可在大风环境下连续施工。各施工阶段采取适当的沥青混合料温度控制措施,可解决沥青混合料运输和摊铺过程中温度散失过快、入仓后沥青混合料排气时间较短、碾压后沥青混合料表面容易形成硬壳层等问题。

现场风力条件较恶劣而不利于沥青混凝土心墙连续施工的季节,通过调整坝体填筑施工工序形成临时挡风结构物,根据施工场地调整防风结构适宜的设置距离和高差,可使心墙施工区达到《水工沥青混凝土施工规范》(SL 514—2013)中规定的风力小于4级的施工条件,从而解决大风气候环境给碾压式沥青混凝土心墙施工带来的难题。碾压式沥青混凝土心墙施工防风技术成果的应用,不仅可以降低能源消耗,增加有效施工天数,使工程提前发挥经济效益和社会效益,同时也可为类似工程的快速施工提供理论依据和参考价值。

第 8 章　　碾压式沥青混凝土
心墙施工质量控制

8.1　沥青混凝土施工质量控制

8.1.1　施工质量控制要点

　　心墙沥青混凝土施工质量控制,是一项复杂的系统工程,应从原材料、沥青混合料和沥青混凝土各施工环节进行要求。目前,沥青混凝土心墙施工质量控制应用较多的是施工全过程控制法。首先,在沥青混凝土心墙施工准备工作结束后,应在场外进行沥青混凝土现场碾压试验。其次,心墙施工的第一层应进行沥青混凝土生产性试验,结合实际生产过程进一步验证场外碾压试验所确定的施工配合比和施工工艺参数。同时,沥青混合料生产过程中应对其质量进行严格检验,在沥青混合料运输、摊铺和碾压过程中进行相应控制。最后,沥青混凝土心墙施工后对心墙成品质量进行现场无损检测和芯样检测,这样才能实现全过程的控制,是比较有效的一种方法。

8.1.2　现场摊铺碾压试验

　　沥青混凝土现场摊铺碾压试验内容应包括:冷底子油的喷涂试验,沥青玛琋脂或沥青砂浆、沥青混凝土和过渡料的摊铺试验,以及沥青混凝土和过渡料的碾压试验。沥青混凝土摊铺试验又包括人工摊铺和机械摊铺试验。

　　本试验主要有以下几个方面的目的:

　　(1)验证沥青混凝土、沥青玛琋脂或沥青砂浆的实验室配合比的可靠性,确定出施工配合比。检测沥青混凝土的孔隙率、渗透系数及其他力学性能等是否满足设计或规范要求;沥青玛琋脂或沥青砂浆与水泥混凝土基座的结合情况;心墙两侧过渡料的渗透系数、级配情况和渗透比降是否满足设计要求。

　　(2)对无损检测仪器进行率定和验证,通过对沥青混凝土的现场无损检测和芯样检测结果,合理确定沥青混凝土的施工工艺参数。

　　(3)碾压试验也是一次对现场管理人员、施工人员和检测人员进行很好的实况模拟演练,掌握沥青混合料的生产工艺和试验方法,熟悉沥青混凝土的施工方法和质量控制要求等。

　　进行现场摊铺碾压试验前,施工单位应编写详细的试验大纲,各参建单位应做好充分的准备工作,保证各施工设备正常运转,试验设备和检测设备齐全、结果准确。

　　该阶段试验内容主要有:

　　(1)沥青混合料的生产制备试验。根据拌和楼二次筛分系统热料仓的矿料级配情况,适当调整施工配合比各级矿料的用量,使施工配合比各级矿料合成后的级配曲线逼近实验室基础配合比的合成级配曲线,越接近理论上越好。按确定的施工配合比进行沥青混合料的生产,应注意观测矿料的加热温度、矿料的干拌和时间、加入沥青后混合料的拌和时间、混合料的外观颜色和出机口温度等。

(2)沥青混合料的运输试验。当心墙施工点距离沥青混合料拌和站较远时,应注意观测施工的环境温度、沥青混合料在运输过程中的离析情况和温度损失情况。当试验段与沥青混合料拌和站较近时,混合料离析一般不明显,温度损失也较小。

(3)沥青混凝土摊铺试验。一般在心墙底部和两岸坡放大部位采用人工摊铺的方法,其他部位宜采用机械摊铺的方法进行,碾压试验段也应根据不同的摊铺工艺分开进行模拟。对于高沥青混凝土心墙坝,心墙宽度不一,选择一个宽度进行模拟即可,一般宽度为 60~80 cm。试验中可选择 2~3 种不同的铺料厚度进行优选,一般不超过 30 cm。

(4)沥青混凝土碾压试验。选定沥青混合料的碾压设备后,参考工程经验和相关研究成果确定沥青混凝土和过渡料的碾压工序,选择 2~3 种碾压温度(130~145 ℃)和碾压遍数(动碾 6~10 遍)进行试验。碾压结束后,待沥青混凝土冷却后,对每个碾压段分别钻取芯样,测定芯样密度、理论最大密度,计算出各自的孔隙率,按碾压密实度初选碾压参数。进一步对初选的碾压参数试验段进行马歇尔稳定度、流值、劈裂抗拉、渗透、抗压、小梁弯曲、三轴性能等试验,验证沥青混凝土各项性能是否满足设计要求。

(5)沥青混合料等效击实次数试验。实验室应利用现场拌和的沥青混合料进行孔隙率和击实次数的关系试验,按照现场碾压的沥青混凝土与室内击实成型的沥青混凝土孔隙率等效的方法,确定室内成型试件的等效击实次数或击实功。施工中进行质量检验时,也应采用该击实次数或击实功成型马歇尔试件。

(6)沥青混凝土过渡料的碾压试验。确定过渡料的碾压机械,选择铺筑厚度与心墙等厚,选择 2~3 种碾压遍数进行试验。碾压结束后,对每个碾压单元进行过渡料的密度、级配和渗透性检测,优选出过渡料的碾压工艺参数。

(7)沥青混凝土与基座混凝土的结合性能试验。一般采用钻取芯样的方法检查,芯样钻出后观察两种材料的结合情况。在有条件的情况下,可以进行沥青混凝土和水泥混凝土基座结合面的剪切试验,进一步评价结合性能。

(8)现场摊铺碾压试验完成后,有选择地局部挖开过渡料,观察碾压后沥青混凝土与过渡料的挤压嵌入情况,不同碾压温度下沥青混凝土心墙的侧胀情况等。

(9)施工中如有特殊要求,也可根据试验条件进行一些补充试验,如特殊环境条件(低温、高温、大风或多雨)的施工工艺研究等。

沥青混凝土摊铺碾压试验完成后,根据现场和室内试验结果,可以优选出 1~2 组用于生产性试验的沥青混凝土施工配合比。

8.1.3　生产性试验

生产性试验是通过与实际生产相结合的大规模试验,一般是心墙沥青混凝土施工中的第一层或前几层。进一步验证场外摊铺碾压试验推荐的沥青混凝土施工配合比,检验沥青混凝土拌和系统在大规模连续工作状态下的生产能力和沥青混合料的拌和质量,各施工工序机械设备的配合,检验沥青混合料在运输过程中的温度损失和骨料的离析情况,进一步完善沥青混凝土、沥青玛琋脂或沥青砂浆、过渡料的摊铺和碾压工艺等。该试验可为沥青混凝土大规模施工积累经验和奠定基础。

生产性试验完成后,应及时进行现场无损检测和钻芯检测,除常规检测项目外,需要做小梁弯曲、三轴等力学性能试验,检验大规模条件下心墙沥青混凝土施工的质量。由于此工作是在大坝上进行的,不容许出现质量不合格的情况,如有问题必须进行返工处理。

8.1.4　原材料质量控制

心墙沥青混凝土原材料是由沥青、骨料、填料和改性剂组成的。要保证沥青混凝土的施工质量,必须从组成沥青混凝土的原材料质量控制开始,没有原材料的质量控制,也就谈不上沥青混凝土的施工质量控制。对进场施工的原材料,必须按施工规范及设计文件的要求,对其质量进行严格检验及控制,一旦发现不合格的材料,必须坚决从施工现场清除。

8.1.4.1　沥青

心墙沥青混凝土中使用的沥青品种和沥青标号应根据设计要求通过基础配合比试验确定。对沥青材料的质量控制,需从选择厂家开始,首先应确保所选购的沥青材料是正规工业产品,质量应符合设计要求。对沥青材料的出厂、入场及储存、储料罐、施工使用前等过程进行严格的质量检测,同时应对沥青材料的溶解(脱水)温度、储料罐的保温、进入拌和楼前的温度等进行控制,以防止沥青加热过程中的老化。

1. 沥青出厂控制

在沥青生产厂家选定后,应立即敦促厂方按设计要求的技术指标或采购招标合同组织沥青材料生产,确保生产的沥青满足技术规范要求,且沥青标号应与沥青混凝土基础配合比设计所要求的标号一致。

在沥青材料生产完成后,建议由生产厂家通知购货方组织相关技术人员对厂家生产的沥青材料取样并检测,在确保沥青材料质量符合设计技术要求后,由厂方开具产品质量合格证,经购货方委托的检验负责方签字确认后,方可出厂。

2. 沥青材料运输

沥青材料生产完成后,一般由生产厂家组织运输,沥青材料采用的包装方式、运输方法,应根据工程所在地的实际情况确定,沥青材料宜由厂方直接供货到施工现场,也可由购货方组织运输,这由购货合同所确定的保货方式及条款所决定。无论由谁组织运输,沥青从生产厂家运到施工工地需有完备的措施,必须保证沥青在中转运输过程中不破损、不受损、不受侵蚀和污染,不因过热而发生老化。沥青材料运输至施工现场后,购货方必须组织相关单位及技术人员,对接收的沥青材料进行检验,办理接收手续。

3. 沥青材料入场检测及储存

沥青运至工地后,应由施工承包人在监理工程师的监督下,按有关规定组织抽样,并进行复检。沥青材料进场后,应从工地储库按每30 t取样检测1次(如果一批不足30 t也应取样检测1次),取样方法需按国家规范或行业标准执行,样品应从5个不同部位抽取后加以混匀,总重不少于2 kg。沥青检测项目及频次见表8-1。

表 8-1　沥青检测项目及频次

检测对象	取样地点	检测项目		取样频率
沥青	沥青仓库 （沥青桶或沥青罐）	针入度		厂家、标号相同沥青 每批检测 1 次
		软化点		
		延度(10 ℃)		
		蜡含量		
		闪点		
		溶解度		
		密度		
		薄膜烘箱	质量变化	
			残留针入度比	
			残留延度(10 ℃)	

　　目前,水工建设领域对沥青材料的性能认识以及对沥青材料的检测方法研究,通常还处在起步阶段,有一些试验项目还没有具备必需的设备及技能,如沥青蜡含量、动力黏度、组分分析等,还需要送国内具有相当检测经验的、权威的检测机构进行检验并提供所有项目(包括沥青动力黏度、四组分等)的检测指标。已经通过检验接收的沥青,不管在任何时候都需对进场使用的沥青进行抽样测试,若发现有与技术要求不符合的,必须清理退货。不同批号的沥青应分别储存,以防混杂。沥青总储存量不低于满足沥青混凝土浇筑强度的 3 个月用量或一批次来货时的批量,最好设置中转库,便于工地施工过程调节。

　　沥青到工地后应存放在阴凉、干燥、通风良好的地方,储存沥青材料总量宜在 200 t 以上,沥青堆存高度应在 1.8 m 以内,并有足够的通道,满足运输和消防要求。在施工安排上,应尽量先用前一批号的沥青,变质或受污染的沥青不得用于工程施工。任何时候在施工前都应在热料储罐中取样分析,经试验证明质量可靠的沥青产品,方可用于拌和生产。

　　4. 沥青材料加热(脱水)及保存

　　沥青的熔化脱水温度不宜过高,宜控制在(120±10)℃。对于桶装沥青,可以采用火池加热法加热,也可以采用连续式蒸汽化油法。火池加热法熔化沥青,设备比较简单,熔化速度较慢、能耗大,而连续式蒸汽化油法熔化效率要高得多。对于散装沥青,是由专用油罐车运来,储存在安有蒸气排管的沥青池内,使用时通入蒸汽使其熔化。

　　在储油池熔化的沥青通过管道或专用沥青泵送至燃油式沥青加热锅内脱水。熔化后的沥青流入脱水池,在经过充分的脱水后,经由沥青泵抽排至沥青储存料罐备用。沥青储存料罐内的沥青,不宜保存过多,时间也不易过长,温度也要求基本恒定,在(145±10)℃变化。

　　沥青储料罐备有导热油加热系统,主要作用是保证储存罐内沥青温度的基本恒定。万一温度降至所要求的最低温度以下或沥青保温罐长时间未使用时,需要给沥青材料加温或通过加温使应废弃的沥青材料排出,也可以通过导热油加温来实现。

5. 沥青入仓及拌和控制

在每次开仓浇筑前,通常都应计算沥青的总用量,尽量做到每浇筑完一仓沥青混凝土时沥青保温罐内的沥青基本用完,杜绝因沥青保温时间过长而导致的老化问题。通常地,沥青的加热和保温温度应控制在(145±10)℃,恒温时间不宜超过6 h,以防沥青老化。

储料罐内的沥青,通常不应有过多的剩余储存量,而底部残存是不可避免的,但其数量有限,且处于储料罐底部,参与循环的沥青量基本可以忽略不计。

通常情况下,沥青的加热保温温度太高,将使其针入度降低,软化点升高,延度减小;而加热保温温度太低,会导致沥青的流动性差,也难以保证沥青的拌和温度,使沥青混合料的拌和时间延长、不易拌和均匀、施工和易性降低。因此,必须严格按照技术要求的规定,控制沥青的加热保温时间。

无论在何种情况下,在沥青储料罐中的沥青进入沥青混凝土拌和楼以前,都必须按要求对沥青材料的主要技术指标(通常为三大技术指标)进行检测。只有在检测的沥青材料技术指标全部满足使用要求时,才能进入拌和楼进行拌和;否则,必须将不合格的沥青材料清除干净。

储存料罐的沥青材料检测合格后,沥青从加热锅到称量地点,由沥青泵通过外部用双层保温的管道输送(内管与外管之间可通蒸汽或导热油),保证沥青材料的顺利流动,避免沥青在输送过程中凝固堵塞管道。

6. 沥青加热注意事项

1)沥青质量波动较大

当发现沥青质量波动较大,同时也包括检测结果与原质量标准不符的情况,需增加取样次数,加强检测保证质量。施工过程中,可以根据沥青针入度的变化情况,在进行沥青温度控制时进行相应的调整。如沥青针入度偏高,说明其偏软,温度控制时应尽量靠近下限取值,反之亦是。

2)沥青标号不明确

如果沥青货源是通过多种渠道解决,再加上出现存放、运输过程的管理不善等意外情况,以致沥青运到工地后标识不清时,应增加抽取样品的频率,根据取样结果推测并确定沥青材料的批号。

3)季节变化对沥青材料的影响

沥青是温度敏感性材料,在施工过程中要注意季节变化对其影响。通常而言,冬季或其他低温情况下,可选择各种温控值的上限,反之则应尽量选择温控值的下限。

8.1.4.2 骨料

沥青混凝土中骨料包括粗骨料和细骨料,粗骨料一般由碱性矿料经破碎加工及筛分而成。近年来,国内也有一些使用破碎砾石骨料和天然砾石骨料的工程。工程实践表明,在保证沥青与骨料黏附性的前提下使用破碎砾石骨料和天然砾石骨料是经济的,而且在技术上也是可行的。

沥青混凝土骨料料源必须按设计要求选定合格的料场开采,石块应是岩质坚硬,层面新鲜,无夹层,不含杂物,不含泥土,经检查合格后才允许进行加工破碎、筛分后使用;如果使用砾石骨料必须经过试验论证,并提出增强砾石骨料与沥青黏附性的措施。砾石骨料本身较坚硬,但其岩性较为复杂,有些岩性与沥青黏附性较差,会影响心墙沥青混凝土的耐久性。

　　工程应用中,通常用于生产中的细骨料可添加部分天然砂或全部使用天然砂,主要原因有以下两个方面:一方面,就是由于矿料加工系统的细骨料加工能力不足,不能满足大规模施工的需求;另一方面,是矿料加工系统加工的细骨料的粒径分布不均匀,要么粗颗粒含量较高,要么石粉含量较高,对沥青混凝土施工配合比影响较大。在细骨料中使用部分天然砂,一方面,可以弥补骨料加工系统对细骨料生产能力的不足;另一方面,天然砂可有效改善细骨料的级配特性,提高沥青混凝土的施工和易性。

　　矿料加工堆料场应选择在洪水位以上、便于装卸处,并宜靠近沥青混合料拌和站。储存场地应进行平整,对松软地面应压实,做到排水通畅。细骨料和不同粒径组的粗骨料应分别堆存,并用隔墙分开,防止骨料粒径的分离。各储料仓应做好标识,防止混杂。细骨料储存宜设置防雨设施,如图 8-1 所示,避免因骨料含水率过大影响沥青混凝土的性能。

图 8-1　骨料储存仓设置防雨设施

1. 骨料的加热

　　由于沥青材料只有在较高温度下呈现流态,为适应沥青混合料的拌和,保证拌和生产均匀,必须对骨料进行加热。通常的做法是,仅对粗细骨料进行加热而不直接对填料(矿粉)加热,如图 8-2 所示。

图 8-2　沥青混合料骨料加热筒

　　试验表明,冷骨料应均匀连续地进入干燥加热筒并加热 3~3.5 min,其加热温度一般要求控制在 (180 ± 10) ℃,不得大于 200 ℃。若矿料的加热温度过低,则沥青混合料不易拌和均匀,出现花白料,沥青混合料和易性差;矿料的加热温度过高,容易导致沥青老化而影响沥青混凝土的耐久性能。

工程中对于沥青混凝土骨料的加热控制，应结合季节、气温的变化，根据工程实施的具体情况进行调整。气温较高时，需要沥青混合料出机口温度低一些，骨料加热温度也可以低一些；相反，气温较低时，骨料加热温度应高一些；经过加热的混合骨料，用热料提升机提升至拌和楼顶进行二次筛分后按施工配料单进行使用，如图8-3所示。

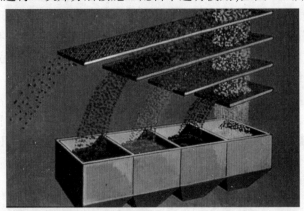

图 8-3　沥青混合料热骨料筛分系统

2. 骨料的超逊径

骨料的超逊径影响沥青混凝土施工配合比的稳定，而配合比的稳定与否直接影响沥青混凝土的物理力学性能的稳定性。

工程施工经验表明，骨料的超逊径是一个较为严重的问题。骨料不能保持稳定的级配，将导致骨料表面积和孔隙率的变化，在相同的沥青用量下，沥青混合料中沥青薄膜厚度不同，沥青混凝土性能也将受到影响。因此，施工初期需对骨料的超逊径问题认真对待，定期对热料仓的骨料进行级配检测，严格控制各级骨料级配偏差，根据生产工艺过程建立完善的检测制度。

通常情况下，沥青混凝土所采用的矿料加工系统要求对骨料进行一次筛分，而在对骨料初配并完成加热后，在沥青混凝土拌和楼内还要对骨料进行二次筛分。要想控制骨料的超逊径，一次筛分是基础，二次筛分的控制是关键。超逊径的控制，不必苛求其绝对值为零，但必须要求其控制在设计容许值的范围之内。最为重要的一点就是，要保持超逊径的百分率基本稳定，生产的沥青混合料性能才比较稳定。施工配合比可以将稳定的超径或逊径部分的骨料通过计算处理，将其一起计入高一级粒径的骨料或低一级粒径的骨料，但这种处理也是有限度的。因此，对拌和楼热骨料级配进行较好的控制，确保实际的配合比满足设计要求。

3. 骨料的检测频率

原材料准备及生产加工阶段，骨料检测均从矿料加工系统成品堆场或储库取样，并依各自技术要求检测。一般情况下，骨料的取样检测频率如下：

冷料仓或成品料堆：粗骨料超逊径、针片状颗粒含量每5个工作日检测1次，表观密度、吸水率、含泥量(石粉含量)、压碎率、坚固性、与沥青的黏附性每50个工作日检测1次；细骨料超径率、表观密度、吸水率、含泥量(石粉含量)、坚固性、有机质含量、水稳定等级每 50 个工作日检测 1 次;若有更换料源、开采地点或破碎工艺,应及时补充检测 1 次。

拌和站热料仓:每级骨料级配、加热温度每个工作日检测 1 次,测定值用于调整沥青混凝土施工配料单。

8.1.4.3　填料

填料宜采用石灰岩、大理岩、白云岩等碳酸岩石加工,料源中泥土、杂质应清除干净。通过试验论证,填料也可以采用水泥、滑石粉等材料。填料应不含泥土、有机质和其他杂质,无团粒结块,其质量应符合施工规范要求。

填料的储存应防雨防潮,防止其他杂物混入。散装填料应采用罐装储存,袋装填料应放入库房,堆高不宜超过 1.5 m,距地面、边墙不宜少于 30 cm。拌和站的回收矿粉可以作为填料使用,实际掺用时应以沥青混凝土质量是否满足技术要求确定。

试验结果表明,填料对沥青混凝土的性能影响较大,施工配合比应严格控制填料用量的偏差。填料在磨制加工过程中,一般碱性岩石硬度不大,采用小型球磨机容易磨细,细度须满足规范要求。填料的取样检测频率如下:

填料储料罐:含水率每 5 个工作日检测 1 次,细度、密度、亲水系数项目每 50 个工作日检测 1 次。若有更换料源、开采地点或磨制工艺,应及时补充检测 1 次。

填料一般不进行专门的加热,因此不必进行温度监测。

矿料检测项目及频次见表 8-2。

表 8-2　矿料检测项目及频次

检测对象	取样地点	检测项目	取样频率
粗骨料	成品料仓或料堆	超逊径率	每 5 个工作日检测 1 次
		针片状颗粒含量	
		表观密度	每 50 个工作日检测 1 次
		吸水率	
		含泥量(石粉含量)	
		压碎率	
		坚固性	
		与沥青黏附性	
细骨料	成品料仓或料堆	超径率	每 50 个工作日检测 1 次
		表观密度	
		吸水率	
		含泥量(石粉含量)	
		坚固性	
		有机质含量	
		水稳定等级	

续表 8-2

检测对象	取样地点	检测项目	取样频率
填料	储料罐	含水率	每 5 个工作日检测 1 次
		细度	每 50 个工作日检测 1 次
		密度	
		亲水系数	

8.1.4.4　改性剂

为改善心墙沥青混凝土性能,尤其是增强骨料与沥青黏附性时,可采用添加改性剂的方法,如抗剥离剂等。抗剥落剂的最优用量应根据其性质和沥青混凝土的技术要求,通过配合比试验确定。抗剥落剂宜采用工业产品,其质量应符合相应的技术标准。

8.1.4.5　过渡料

沥青混凝土心墙上、下游两侧过渡料,宜采用级配良好的砂砾石料,也可以采用人工加工的碎石料。用于过渡料的材料应质地坚硬,无污染,具有较强的抗风化能力,最大粒径 80 mm,满足设计的级配曲线的要求,含泥量不大于 5%,$K>1×10^{-3}$ cm/s,要控制压实干密度不小于设计要求或经试验确定的标准。

渗透系数需同时进行室内和现场试验,检测频率可按 2 000~3 000 m³一次控制。

压实度、级配按现场生产的实际情况取样进行检测,试验频率可按 4 组/单元考虑,应合理分布在沥青混凝土心墙的上、下游两侧。

8.1.5　沥青混合料拌和质量控制

8.1.5.1　拌和工艺控制

沥青混合料拌和系统是按照一定的拌和工艺进行沥青混合料的拌和,有效地控制沥青混合料的拌和温度及沥青混合料的出机口(拌和楼)温度,如图 8-4 所示。沥青材料的加热入仓拌和温度为(145±10)℃,粗、细骨料的拌和加热温度为(180±10)℃,通常情况下,填料在拌和前是不加热的。

拌和楼加料顺序为:先将已经加热的粗、细骨料及未经加热的填料按施工配料单分别称重后投入沥青混凝土拌和料斗,在高温干燥状态下干拌和 15 s,再将热沥青加入拌和料斗与骨料一起拌和不少于 45 s。由于矿粉的含量较少,与粗、细骨料拌和时,其温度自然会有较大的提升,再和已经加热的沥青同时拌和,完全有条件满足沥青混合料的出机口温度要求。切忌将填料和沥青同时加入料斗拌和,填料温度过低且比表面积很大,先于沥青结合成坨,沥青混合料拌和不均匀。

在充分考虑了沥青混合料运输、摊铺过程中的温度损失和碾压温度等因素的影响后,沥青混合料的出机口温度通常控制在(165±10)℃。在进行沥青混合料拌和温度控制时,应充分考虑季节及气温的变化。气温较低时,沥青混合料的出机口温度宜采用上限值控制;反之,则应采取下限值来控制。

图 8-4 沥青混合料拌和系统

8.1.5.2 施工配合比控制

施工配合比是保证沥青混凝土施工质量的基础,从原材料检测和热矿料筛分中可以看出,由于采用了道路系统的沥青混凝土拌和楼,其与水工沥青混凝土的技术要求尚有一定差距,具体体现在粗骨料中的超逊径、细骨料中的超径以及石粉含量不稳定。这就要求每个工作日均需要进行沥青混合料抽提试验,将实际的矿料级配与通过施工配合比得到的合成级配结果进行对比,检查粗、细骨料和填料的级配偏差是否满足规范要求,并对沥青混凝土配合比进行适当调整。此项工作虽然给施工、检测人员带来较大的工作量,但对保证沥青混凝土的施工质量起到决定性作用。从一些工程的沥青混合料试验结果分析得出,这种调整的成效还是很显著的。

1.配料单签发

沥青混凝土的配合比可以分为实验室基础配合比、施工配合比和施工配料单。实验室基础配合比是根据设计、施工规定的技术要求,经室内试验所确定的配合比。

施工配合比是对实验室基础配合比经过现场摊铺碾压试验和生产性试验,并根据现场原材料、施工条件进行调整后所确定的配合比,即实际施工采用的配合比。

施工配料单是以施工配合比为依据,结合现场原材料的级配(考虑了骨料的超逊径后)所确定的各种原材料的实际配料重量,根据沥青拌和楼的拌和能力,一般每盘料以各矿料总质量 1 000 kg 来计算,按施工配合比确定的沥青用量(油石比)计算出每盘料所用的沥青质量,配料单中需分别列出每盘沥青混合料中各级粗骨料、细骨料、填料及沥青的质量,以 kg 为单位,见表 8-3。

现场工地实验室每天应给拌和楼填发施工配合比通知单,并对拌和厂(站)所用的二次筛分后的粗、细骨料取样进行级配检测,在正常情况下,每天不少于 1 次。拌和楼生产必须按当天签发的沥青混凝土配料通知单执行,配料通知单的依据是:①原料仓的矿料级配、超逊径、含水量等指标。②二次筛分后热料仓矿料的级配、超逊径试验指标。③前一单元沥青混合料的抽提试验结果。由于现场骨料的超逊径经常发生波动,沥青混凝土拌和系统的称量误差也不可能完全消除,要维持施工配合比不变,施工配料单就需要根据前一单元完成的沥青混合料的抽提结果进行调整。

表 8-3　沥青混凝土施工配料通知单

工程名称	×××水库工程	试验单位	×××有限公司
施工单位	×××水库工程项目部	通知单号	LQPLD-001
工程部位	沥青混凝土心墙	通知日期	××××年××月××日
级配指数	0.36	铺筑层次	第××层
填料用量(%)	11.0	铺筑日期	××××年××月××日
油石比(%)	6.7	每盘矿料质量(kg)	1 000
试验规程	《水工沥青混凝土施工规范》(SL 514—2013)	每盘方量	0.41 m³

配比类型	粗骨料(mm)			细骨料		填料	油石比
	19~9.5	9.5~4.75	4.75~2.36	天然砂	人工砂	石粉	克石化70A
施工配合比(%)	22.0	19.0	14.0	17.0	17.0	11.0	6.7
生产配合比(%)	24.0	20.0	12.0	16.0	16.0	12.0	6.8
每盘用量(kg)	240	200	120	160	160	120	68

备注	1. 严格按照配料单执行配合比,不得随意更改配合比。 2. 骨料加热温度应控制在(180±10)℃,为防止沥青老化,沥青加热温度应控制在(150±10)℃。 3. 矿粉不需要加热,计量要准确。 4. 混合料中不得有花白料的出现,搅拌均匀后方可卸料

批准人		接收人		签发人	

注:克石化即克拉玛依石化公司。

从施工组织管理的角度来讲,配料单的签发需要强调以下几点:①施工配料单的依据是施工配合比,并适时进行调整。②施工配料单的签发单位必须是现场工地实验室。③施工配料单必须经监理单位审核批准。④施工配料单执行单位是施工单位。无特殊原因,拌和楼不得随意更改施工配合比。

2. 称量控制

沥青混合料的称量误差与沥青混凝土拌和楼的筛分及拌和料斗设置有关。要实现沥青混凝土各级骨料、沥青及填料的计量准确,各级骨料和填料的超逊径必须是稳定的,称量系统必须具备加(扣)秤的功能,并经过检定部门的校准,如图8-5所示。

目前,水工沥青混凝土施工基本上都是使用道路沥青混凝土摊铺生产的拌和楼,其热料仓的二次筛分往往难以保证各级骨料筛分后超逊径的稳定。另外,拌和楼称量系统基本上都是采用的累积误差称量,即维持总量不变,第一级骨料称多了,第二级骨料就扣减一点,依次类推,误差的积累越来越大。因此,对沥青混凝土质量影响极为敏感的沥青材料、填料应单独计量,保证生产的沥青混合料性能稳定。

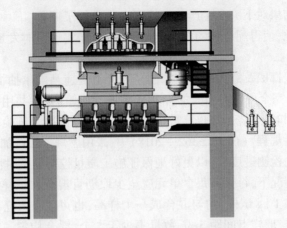

图 8-5　骨料、沥青及填料的称量系统

3. 沥青混合料检测

为检测生产的沥青混合料的均匀性和配合比的准确性,应从沥青混凝土拌和楼出机口或入仓摊铺后仓面的不同位置取沥青混合料并混合均匀,通过马歇尔试验检测沥青混合料生产的匀质性,通过抽提试验或燃烧炉法检测沥青混合料实际的生产配合比是否满足要求。

沥青混合料取样应具有代表性,经过现场实验室的二次加热升温后,制作马歇尔试件,宜采用等效击实次数(沥青混凝土摊铺、碾压试验已确定的次数)进行制样,进行马歇尔试验。马歇尔试验对以黏稠石油沥青配制的沥青混凝土规定试验温度为 60 ℃,以满足路面材料热稳定性的要求。在这样的温度下,使试验温度的控制和试验操作的难度加大,往往使马歇尔试验的变异性较大。对于心墙沥青混凝土而言,常年的工作温度稳定在 8~10 ℃,不存在热稳定性的要求。再者沥青混凝土是温度敏感性材料,水工沥青混凝土中的油石比偏大,其温度敏感性更大,即温度越高,其性能的稳定性越差。所以,心墙沥青混凝土的马歇尔试验温度不一定为 60 ℃。适当降低试验温度,对降低试验难度、提高试验结果的重复性,以较稳定的性能数值评价沥青混凝土的性能是有利的。结合当前我国马歇尔试验仪的性能特点,对碾压式心墙沥青混凝土的马歇尔试验温度采用 40 ℃,经工程实践获得较满意的结果。

马歇尔试验是沥青混凝土配合比设计及沥青混凝土施工质量控制最重要的试验项目,该指标为沥青混凝土的物性指标,直接影响沥青混凝土的其他力学性能。特别是其受沥青混凝土的配合比影响的敏感性强。例如,油石比的变化,使稳定度、流值随即发生变化。加之,马歇尔试验简捷易行,在水工沥青混凝土配合比设计和日常施工控制中采用马歇尔试验方法是可行的和有效的。

进行沥青混合料的抽提试验可以及时了解拌和楼拌和的沥青混合料的配合比稳定性,调整沥青混合料生产配合比的误差,使最终实际的沥青混凝土生产配合比满足设计要求。沥青混合料的抽提试验最少需 12~24 h,受其试验周期的制约,只能用上一个生产单元的抽提试验结果,去指导下一个生产单元的生产,调整下一个生产单元的配合比,严重影响了沥青混合料配合比的稳定性,因为施工生产的影响因素太多,当试验人员用上一个生产单元的抽提结果对下一个生产单元的配合比进行了调整,下一个生产单元的条件已经发生了一些变化,使得配合比的控制总是滞后,不能实现及时发现问题及时处理,很难满足控制要求。

近几年,德国、挪威及意大利等国家已经生产了快速马歇尔抽提仪,完成一次试验仅需约 40 min 时间,完全可以对当天的拌和成果进行检验,并将共用于当天的沥青混合料的配合比控制。同时,燃烧炉法也已被借鉴到水工沥青混凝土试验方法中,并已列入《水工沥青混凝土试验规程》(DL/T 5362—2018)中,采用燃烧炉法可加快沥青混合料中沥青用量和级配偏差的检测进度,可以更好地保证施工质量控制的及时性。

在正常生产情况下,每天或每个单元应至少取沥青混合料试样 1 次。可以从 5 盘沥青混合料中各抽取 1 kg 试样,均匀混合成一个样品,也可以在入仓后摊铺好的沥青混合料中不同位置取样,取样点间距 5 m,数量不少于 5 个,混合均匀。对代表试样进行沥青用量、矿料级配、马歇尔稳定度和流值的检验,其他技术指标必要时可进行抽查。

凡沥青混合料质量出现下列情况之一时,按废料处理:①沥青混合料配料单算错、用错或输入配料指令错误;②配料时,任意一种材料的计量失控或漏配;③外观检查发现有花白料、混合料稀稠不匀或冒黄烟等现象;④未经监理工程师同意,擅自更改配料单生产的沥青混合料;⑤拌和好的沥青混合料,储存时间超过 48 h 或温度低于 150 ℃;⑥沥青混合料有污染或其他异常情况。

沥青混合料拌和站的检测项目及检测频次见表 8-4。

表 8-4　沥青混合料拌和站的检测项目及检测频次

检测对象	取样地点	检测项目	取样频率
沥青	热沥青储存罐	针入度	每个工作日检测 1 次
		软化点	
		温度	随时检测
粗、细骨料	拌和站热料仓	级配	每个工作日检测 1 次
		温度	随时检测
填料	拌和站填料罐	细度	必要时检测
混合料	机口或仓面	配合比偏差	拌和站计算机每盘记录、分析
		密度、孔隙率	每个工作日检测 1 次
		马歇尔稳定度、流值	
		抽提(沥青用量、级配)	
		外观	随时检测
		温度	

8.1.6　沥青混合料运输控制

在沥青混合料制备过程中,应有专人量测沥青、矿料和沥青混合料的温度,严格监控各工序的加热温度和沥青混合料的出机口温度,并做好记录。注意观察出机口沥青混合料的外观质量,如发现有花白料、混合料时稀时稠,或冒黄烟等现象,应将已拌和好的沥青混合料作废料处理,并应立即查明原因,及时调整拌和工艺,消除以上现象产生的根源。

沥青混合料运输过程中主要是控制温度损失和防止沥青混合料离析。沥青混合料的运输一般包括以下几个过程:拌和楼卸料至沥青混凝土储料罐—沥青混凝土储料罐卸料至小型自卸汽车运输—汽车卸料至专用转运料斗(装载机改装或吊罐)运输—专用料斗卸料至沥青混凝土心墙摊铺机或直接卸料入仓。

沥青混凝土储料罐是作为现场沥青混合料的调解"仓库",储料罐必须具有保温和加热的双重功能。通常情况下,沥青混凝土在储料罐中的储存时间很短,温度损失也很小。在特殊情况下,当沥青混凝土在储料罐中的储存时间较长(超过 1 天以上)时,必须采取保温措施,必要时还应采取加温措施,但必须注意观察并防止沥青混凝土的老化。一旦发现沥青混合料发生老化及凝固等现象,必须尽快采取加热措施,将沥青混凝土储料罐中的储存料全部清理干净,并作为弃料处理。

拌和楼下料应均匀,拌和生产的沥青混凝土(温度宜在 150 ~ 170 ℃)储存在熟料罐中,达到一定数量后再运到施工现场。为控制沥青混凝土在运输过程中的温度损失,沥青混凝土运输必须采用具备保温、防晒、防污染、防漏料等功能的自卸汽车运输,应保持运输罐体或车厢干净、干燥。

在工程施工布置上,沥青混凝土拌和系统应尽量布置在靠近工地施工现场,并修建专用的、平坦的运输道路。最好为混凝土路面,以减少汽车运输的时间,减少温度损失;另外,必须控制车速,确保运输过程中的汽车平稳,减小或避免由于运输过程造成的沥青混凝土骨料离析,确保沥青混凝土的施工质量。长期大量的温度监测表明,沥青混凝土在整个运输过程中温度损失在 2~3 ℃。

8.1.7　沥青混合料施工摊铺控制

沥青混合料施工摊铺控制包括沥青混合料施工温度控制和沥青混合料摊铺过程控制。温度控制是沥青混凝土施工中自始至终都必须关注的一个基本要素,在每一个施工环节都应认真监控,在摊铺施工中也不例外,否则就难以保证沥青混凝土的施工质量。摊铺过程控制是沥青混凝土心墙摊铺施工控制的一个重要环节,它对心墙沥青混凝土的施工质量的影响是直接的,同时也会对生产成本造成直接的影响。

8.1.7.1　施工温度控制

拌和楼的沥青混合料卸料应均匀。拌和生产的沥青混合料(温度一般为 150 ~ 170 ℃)储存在熟料罐中,达到一定数量后再运到施工现场。

沥青混合料的碾压温度应以摊铺碾压试验确定的温度范围为准,不宜过高也不宜偏低。沥青在高温时表现为黏性,其黏度随着温度的下降而增加。正常摊铺后的混合料温度在 140~160 ℃,由于沥青的黏度低,易于压实。当沥青混合料温度低于 130 ℃时,由于沥青的黏度增大,使得沥青混合料变得较难压实。若碾压温度过高,则沥青混合料容易产生离析,会出现大骨料下沉,沥青胶浆上浮;温度越高,油石比越大,这种现象也越显著。同时,高温碾压会给心墙带来较大的侧胀变形,影响沥青混凝土的防渗性能,无疑也会增加生产成本。

碾压完毕的沥青混凝土温度可达 110~120 ℃以上,必须等到其温度降到 90 ℃以下才能进行检测。若需要从已碾压冷却的沥青混凝土层中获得原始状态的试样(采用钻机),检测其力学性能,必须等到沥青混凝土内冷却到 40 ℃以下,以保证取芯的完整性。

一般情况下,不宜采取一天完成两层沥青混凝土施工的方式,因特殊情况需采用此种施工方式时,必须等待沥青混凝土的表面(深度在 1~2 cm 以内)温度降至 90 ℃以下,才能进行第二层的摊铺施工。这时,沥青混凝土的无损检测就必须在 90 ℃以上的温度条件下进行,对于检测结果,由于检测时的温度发生了变化,需要通过对比试验、统计分析确定转换系数,确定沥青混凝土的孔隙率及渗透系数。

摊铺施工时,要注意以下几个方面的温度控制。

1. 沥青混凝土结合层面温度控制

施工规范要求在后一层沥青混合料摊铺前,基层沥青混凝土表面温度不宜低于 70 ℃,如果温度过低,需对基层沥青混凝土表面进行加热,使其表面 1~2 cm 内变软,以保证上下两层紧密结合。室内和现场试验表明,结合面温度可适当降低至 40 ℃,通过上一层热沥青混合料的加热作用,是可以保证沥青混凝土碾压结合面有效结合的。

2. 施工横缝的加热处理

心墙摊铺过程中,如果要求分段或因故障中间停工,则出现横向连接缝,横缝应做成 1∶3~1∶4 的坡度。横缝处的沥青混合料层厚较薄、散热较快,收坡时一边用煤气喷枪烘烤(至 130 ℃以上),一边振动碾压,使得上下两层结合紧密。

3. 沥青涂料拌制中的温度控制

沥青涂料是沥青混凝土与常态水泥混凝土之间的黏结剂,包括稀释沥青、沥青玛𩇭脂和沥青砂浆。水泥混凝土表面冲毛处理后,清理干净且保持干燥,先喷涂稀释沥青,12 h 以后即可涂沥青玛𩇭脂 1~2 mm 或沥青砂浆 1~2 cm。

稀释沥青又叫冷底子油,是由沥青脱水后降至 90 ℃与汽油按一定比例(如沥青∶汽油=4∶6 或 3∶7,质量比)拌制而成的。

沥青玛𩇭脂是由填料和热沥青按适当比例拌和而成的混合物,可以由拌和楼拌制,其配合比应通过生产试验确定,参考配合比为沥青∶填料=3∶7 或 1∶2(质量比)。如果其用量小,拌和楼拌制浪费大,不便于送输,也可进行人工拌制。具体操作如下:在大口径平底锅内,先加入填料炒至 190 ℃以上,再加入脱水的沥青人工拌和。拌制出来的沥青玛𩇭脂温度立刻控制在 160~180 ℃。

沥青砂浆是由填料、人工砂和热沥青按适当比例拌和而成的混合物,可以由拌和楼拌制,其配合比应通过生产试验确定。三峡茅坪溪采用的配合比为沥青∶人工砂∶填充料=1∶1.5∶2.5(质量比)。人工拌制的具体操作如下:先加入人工砂炒至 190 ℃以上,再加入矿粉拌匀,最后加入脱水的沥青人工拌和,拌制出来的沥青砂浆温度宜控制在 150~170 ℃。

在沥青混凝土的施工过程中,所有的温度控制都由专人负责。测量所使用的温度计应为电子温度计,所有的检测仪器设备在使用前必须进行检定和校准。

8.1.7.2　摊铺过程控制

沥青混合料在铺筑过程中要对温度、厚度、宽度、平整度及外观进行检查控制,在施工过程中设置质量控制点,严格控制管理。摊铺施工过程控制有如下内容及要求。

1. 相关记录检查

沥青混凝土心墙摊铺施工前,首先要检查过渡料、大坝监测仪器埋设是否完成,是否满足相关专业的要求,检查相关记录及相关专业人员的签证情况;检查上一单元质量评定及相关资料(测量、检测、拌和楼运行等)是否满足要求,是否具备上升的基本条件,然后确定是否允许进行下一层的摊铺施工。

2. 层面验收

沥青混凝土心墙摊铺,在最开始第一层施工时是与常态混凝土基座的接触面。在随后进行的摊铺施工中,在两岸坡和建筑物连接处存在与常态混凝土的接触面,其他均为碾压完成的沥青混凝土接触面,两种形式的接触面应分别进行处理,分别验收。

常态混凝土基座与沥青心墙接触的表面要求冲毛或刨毛处理,并保持干净、干燥、无松动的石块,然后在验收合格后的混凝土基础面喷涂冷底子油(也称稀释沥青),冷底子油的配合比要符合设计要求(通常用量为 0.15~0.2 kg/m²),喷涂要均匀,无空白、无团块、色泽一致。

在施工完成的冷底子油完全干燥(12 h 以上)且验收合格后,再按设计要求摊铺沥青玛瑞脂或沥青砂浆。摊铺厚度应符合设计要求,无鼓泡,无流淌,表面平整光顺,与常态混凝土黏结牢靠。在沥青玛瑞脂或沥青砂浆摊铺施工完成、冷却并经验收合格后,才允许进行沥青混合料的摊铺。

3. 心墙轴线控制

沥青混合料摊铺前须进行测量定位,确定沥青混凝土心墙轴线位置并用钢丝标识。摊铺机行走时,必须调整摊铺机模板中线,使之与心墙轴线(标识钢丝)重合,通过摊铺机前面的摄像机,操作者在驾驶室里通过监视器驾驶摊铺机精确地跟随钢丝前进。施工摊铺的沥青混凝土心墙的实际轴线与设计轴线偏差不得超过±5 mm。

4. 摊铺厚度控制

在进行沥青混凝土摊铺施工时,一般控制沥青混合料的摊铺厚度不超过 30 cm,压实后的厚度为 28 cm 左右。如茅坪溪和尼尔基采用摊铺厚度均为 23 cm,冶勒和下坂地摊铺厚度均为 28 cm,龙头石、库什塔依和阿拉沟摊铺厚度均采用了 30 cm,压实情况均较好。沥青混合料的摊铺厚度应通过试验确定,保证压实后沥青混凝土的厚度。施工过程中应注意,摊铺后的沥青混合料高度宜略高于两侧过渡料的高度 2~3 cm。在施工摊铺过程中,必须控制沥青混合料摊铺厚度误差不超过±10 mm,且应保证压实后的心墙沥青混凝土层面整体平整,无肉眼可见的、明显的起伏差。摊铺机的行走速度应均匀,它是保证沥青混凝土厚度一致性的有效控制手段。

5. 摊铺宽度控制

沥青混凝土心墙宽度控制,主要依靠对施工模板宽度的控制。人工摊铺的施工模板,其宽度应按设计要求考虑,同时必须考虑施工碾压等因素的影响,在实施过程中,应按照摊铺碾压试验所取得的经验数据,确定是否增宽模板宽度及增宽的数量,确保摊铺碾压后宽度满足设计要求。模板必须牢固不变形,拼接严密,应有明确的中心线标识。

摊铺机为自带可调的竖直模板,摊铺时摊铺机必须对准固定的金属丝或红外线定位。施工中应按照前期摊铺碾压试验所取得的经验数据,确定摊铺模板的实际宽度,确保摊铺碾压后宽度满足设计要求。

无论人工摊铺还是机械推铺,都应保证心墙轴线上、下游两侧的宽度满足设计要求。对于机械摊铺,模板宽度的误差不得大于 1 cm,对于人工摊铺的模板须控制其误差范围为±5 mm。

对于沥青混凝土过渡料,必须保证其不小于设计宽度,通常情况下,在坝体的上、下游侧宽度可以是不一致的。过渡料与坝体填料之间,由于施工层厚不一致,存在填筑施工的协调与一致问题,具体实施需根据具体情况,结合生产进行试验确定。

6. 沥青混合料入仓和摊铺

沥青混合料摊铺施工的方法有人工摊铺和机械摊铺两种。人工摊铺时,要求专用的沥青混合料专运料斗,在直接卸料入仓时,卸料应均匀且尽量平摊,以减少工人的劳动强度。摊铺时,应注意不将其他材料带入而导致仓面污染,不使混合料离析。机械摊铺时,主要控制好摊铺机的行走速度,一般为 2.0~3.0 m/min。

机械摊铺施工要注意保持沥青混合料摊铺机的料斗中始终有沥青混合料,切忌料斗中无料前行,要时刻观察料斗下料是否均匀,时刻观察摊铺的实际厚度、宽度是否满足要求,是否均匀一致,否则就要调整施工参数,至满足要求为止。如果情况严重,简单的调整不能有所改观,应立即停止施工,对摊铺机进行检修。

8.1.8　沥青混合料碾压过程控制

沥青混合料碾压过程控制,主要是根据沥青混合料现场摊铺试验及生产性摊铺试验所总结的施工参数进行的施工过程控制,其控制内容包括如下方面。

8.1.8.1　沥青混合料碾压控制

沥青混合料碾压过程控制,首先是要根据沥青混凝土心墙的设计宽度,选择和确定是采用正常碾压还是采用骑缝碾压,是采用单边骑缝碾压还是采用双边骑缝碾压。

其次是对沥青混合料碾压遍数,应严格按照沥青混合料场外摊铺试验及生产性试验所确定的碾压次数进行控制,碾压遍数不得随意增加和减少。当碾压遍数达到一定程度时,沥青混凝土密度趋于较稳定的状态,即沥青混合料在碾压条件下已经达到了最大的压实度。碾压遍数过多,沥青混凝土中的骨料分离情况会加重,沥青混凝土密度并不是人们想象得那样增加,而是朝着减小的方向发展,孔隙率将会随之增大。

8.1.8.2　过渡料碾压控制

过渡料的碾压与沥青混合料的碾压是同时进行的,因此碾压过程不仅是要对沥青混合料进行控制,过渡料的碾压控制也是非常关键的。

过渡料是心墙沥青混凝土的约束材料,它的密实性对心墙沥青混凝土的密实性将产生直接的影响。在进行沥青混凝土心墙的碾压时,心墙是往外挤压的,过渡料相当于是一个侧向挤压墙,间接地起到了模板的作用;当对过渡料进行碾压时,一方面使过渡料本身不断密实;另一方面,可以使超出结构面的沥青混合料受到挤压,重新回到规定的结构断面以内。在不断进行沥青混合料、过渡料的交替碾压过程中，沥青混合料与过渡料相互挤压，最后同时达到密实。

过渡料的碾压应根据沥青混合料现场摊铺试验及生产性摊铺试验确定的参数和工艺进行，应注意两者间的组合，未经试验验证，不得对其碾压的顺序、每个阶段的碾压次数随意进行调整。

8.1.8.3　沥青混合料和过渡料碾压工序研究

研究表明：沥青混凝土心墙的碾压工序以及心墙碾压方式对碾压后心墙实体断面形状影响很大，从而影响心墙的碾压质量。中国水电十五局以新疆库什塔依大坝为背景，研究了不同碾压工艺对心墙实体宽度的影响。

方法一：先碾压过渡料再碾压沥青混合料。采用过渡料静碾 2 遍+动碾 2 遍—心墙静碾 2 遍—过渡料动碾 8 遍—心墙动碾 6 遍—心墙静碾收光 2 遍的工艺。对碾压后沥青混凝土进行马歇尔取芯检测，结果平均密度为 2.404 g/cm³，孔隙率 1.2%，在 60 ℃下的马歇尔稳定度为 5.63 kN，流值为 90(1/100 cm)。采用表面渗气仪对其各段进行渗透性检测，试验结果渗透系数均小于 1.0×10^{-8} cm/s，满足设计要求。但经过现场断面测量发现，无论碾压机具宽度大于心墙宽度还是小于心墙宽度，均出现如图 8-6 所示的断面，两侧凹陷最大时超过约 10 cm，心墙断面设计尺寸难以保证。特别是当过渡料中混有超径料时会出现如图 8-7 所示的断面，超径料往往挤入心墙内，则更难保证设计断面。

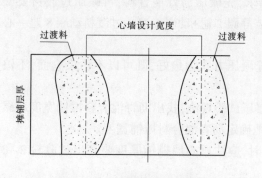

图 8-6　心墙两侧向内凹陷

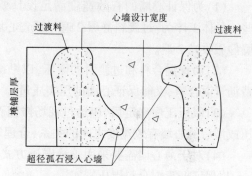

图 8-7　超径孤石挤入心墙

方法二：先碾压沥青混合料再碾压过渡料。采用沥青心墙静碾 2 遍+动碾 6 遍—过渡料静碾 2 遍+动碾 8 遍—心墙静碾收光 2 遍的工艺。同样，对碾压后沥青混凝土进行马歇尔取芯检测，结果平均密度为 2.400 g/cm，孔隙率 1.2%，在 60 ℃下马歇尔稳定度为 5.41 kN，流值为 101(1/100 cm)，渗透试验结果满足设计要求。①当振动碾宽度小于心墙设计宽度时，采用贴缝碾压方式，进行过渡料碾压时，碾辊边缘在距心墙约 20 cm 以外进行碾压，沥青混凝土心墙断面如图 8-8 所示，心墙宽度有所减小，大约在 3 cm 以内，基本满足设计宽度要求。②当振动碾宽度大于心墙设计宽度时，采用骑缝碾压方式，同样在进行过渡料碾压时，碾辊边缘在距心墙约 20 cm 以外进行碾压，其沥青混凝土心墙断面如图 8-9 所示，心墙宽度有一定缩小，大都在 5 cm 以内。

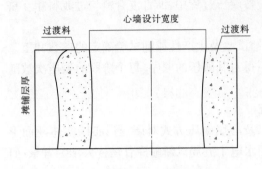

图 8-8　心墙采用贴缝碾压情况

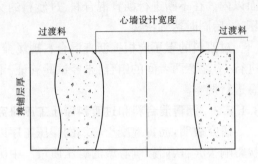

图 8-9　心墙采用骑缝碾压情况

三峡茅坪溪工程的碾压设备采用了德国 BOMAG 公司的 BW90AD 型和 BW90AD-2 型振动碾,碾重 1.5 t,碾压速度 20~35 m/min,碾压 6~12 遍。心墙两侧过渡料采用 2 台 BW120AD-3 型振动碾,碾重 2.7 t。心墙的碾压工序是:过渡料静碾 1 遍+动碾 2 遍—心墙静碾 2 遍(停 10~20 min)+动碾 8 遍—过渡料动碾 2 遍(离开心墙 1 m 以外)—心墙静碾收光 2 遍。

沥青混凝土心墙的碾压工序是摊铺碾压试验的一项重要内容,可以参考工程经验进行确定。对心墙的碾压工序和方式有如下建议:

(1)为保证心墙的有效宽度满足设计要求,先碾压沥青混合料,再碾压过渡料要好些。具体工序为:过渡料静碾 2 遍—沥青心墙静碾 2 遍+动碾 6 遍—过渡料动碾 8 遍—心墙静碾收光 2 遍。

(2)沥青混合料和过渡料的碾压,以贴缝碾压方式为最好,既可以不污染仓面,不浪费沥青混合料,又能保证心墙的压实质量。

(3)碾压工序确定后,应通过现场摊铺碾压试验观测,找出沥青混合料摊铺宽度和碾压成型后的心墙有效宽度之间的关系,合理地确定沥青混合料摊铺宽度。

(4)对于薄心墙需要采用骑缝碾压方式时,应注意心墙摊铺厚度要高出过渡料 2~3 cm,以保证沥青混合料碾压密实。

在沥青混凝土心墙碾压过程中还应当注意:

(1)沥青混凝土心墙连续施工时,一日宜铺筑 1~2 层沥青混凝土。如对于较窄河床需要多层铺筑,应进行场外试验的论证,确保压实质量和心墙尺寸满足设计要求。

(2)碾压轮宽度大于心墙宽度时,可采用振动碾在帆布上进行碾压,并应随时将帆布展平。沥青混凝土心墙宽度大于振动碾宽度时,宜采用错位碾压方法,每次错位 50%(半个碾宽)依次碾压,可使沥青混凝土表面平整、无错台。

(3)碾压遍数应合适,不欠碾,不过碾,机械设备碾压不到的边角和斜坡处,宜采用人工夯或振动夯板夯实。

(4)碾压过程中对碾轮要适量洒水,防止沥青胶浆粘碾。严禁涂喷柴油或油水混合液,受污染的沥青混合料应予清除,保证沥青混凝土碾压层面结合良好。

(5)碾压时如发生陷碾,应将陷碾部位的沥青混合料清除,并回填新的沥青混合料;应及时清除仓面上的污物和冷料块,并用小铲将嵌入沥青混凝土心墙的砾石清除。

（6）心墙铺筑后，在心墙两侧3~4 m内，不应有10 t以上的机械作业。各种机械不应直接跨越心墙。

8.1.9　心墙沥青混凝土质量检测

沥青混凝土施工质量的好坏，最终取决于沥青混凝土的摊铺、碾压施工过程控制，而施工质量的评价，则依赖于施工质量检测。

施工过程的质量检测，包括无损检测、现场取样进行马歇尔试验和抽提试验检测、钻孔取芯检测等内容，在现场施工过程控制中，它们的检测项目、频率等不尽相同。

沥青混凝土心墙质量检测主要有现场巡检、现场无损检测、现场取样检测和钻芯取样检测等。

8.1.9.1　现场巡检

现场巡查是进行外观的巡视和检查，是沥青混凝土施工检测不可分割的部分。

在拌和楼对沥青混合料进行外观检查，沥青混合料应色泽均匀发亮、不离析、无花白料，随时监测骨料、沥青的加热温度及沥青混合料的出机口温度。此过程的检查非常重要，检测人员和监理人员应做好详细记录。做好源头的控制，坚决避免外观不合格的沥青混合料入仓。

沥青混凝土心墙铺筑碾压时，随时检查铺筑层水平面的凹凸情况，保证施工仓面满足平整度的要求，随时监测沥青混合料的温度。每一铺筑层均应进行外观检查，不得产生蜂窝、麻面、空洞等现象。如发现异常，应立即予以清除处理。

8.1.9.2　现场无损检测

现场无损检测的特点就是方便、快速，其优点就是对已施工完成的沥青混凝土不会造成损害，无损检测必须作为现场沥青混凝土孔隙率检测的主要手段。

在沥青混凝土摊铺施工的每一个施工单元，一般要求在沥青混凝土碾压完成且温度降至70 ℃左右时，采用核子密度仪检测沥青混凝土的密度，用渗气仪检测沥青混凝土的渗透系数。现场采用核子密度仪测试沥青混凝土的密度，然后根据实测的理论最大密度换算孔隙率，现场沥青混凝土渗透系数的测试是采用渗气仪进行的，而沥青混凝土渗透系数与沥青混凝土孔隙率存在明显的关系（见图2-17）。一般可以认为，沥青混凝土的孔隙率满足了设计要求，沥青混凝土渗透系数就基本上是满足设计要求的。

沥青混凝土无损检测成果影响因素很多，如沥青含量、矿料密度、测试时沥青混凝土温度等。测试成果必须与对应的沥青混凝土芯样检测值进行对比分析，找出其中的规律，建立对应的函数关系，然后通过换算求得沥青混凝土的孔隙率。利用核子密度仪测得的沥青混凝土的孔隙率是一个相对的数据，并不是百分之百地精准，因此必须经常与对应部位芯样的试验结果进行对比、校核，保证检测结果的准确率。

8.1.9.3　现场取样检测

现场取样检测包括在沥青混凝土拌和楼出机口、在摊铺现场施工层面沥青混合料摊铺完成而碾压施工尚未开始前，按照取样要求分几个部位取沥青混合料，混合后进行室内相关试验。

在沥青混凝土拌和楼出机口的取样，要求每个施工单元都要进行。摊铺施工现场的取样应沿心墙轴线方向每隔 5 m、从 5 个不同部位各取 2 kg 试样(相应于运输车每车抽取 2 kg 试样)拌匀,取样样品的总质量约 10 kg。将摊铺现场取回的沥青混合料,按照等效击实次数,采用马歇尔击实成型试件,测定试件的密度及理论最大密度,换算孔隙率,按设计要求应小于 2%。

现场取样最直接、最重要的任务就是要及时地进行抽提试验。抽提用的沥青混合料,必须是摊铺现场碾压前的混合料取 5 个断面的料样,经混合均匀后使用。检测沥青混合料的实际配合比是否满足设计要求,各级骨料、沥青材料的配料与施工配合比偏差是否在规范允许范围内,见表 8-5。抽提试验成果可反映沥青混合料在拌和、运输、转料、摊铺过程后总的变化情况,比在沥青混凝土拌和楼出机口取料更能反映实际情况。

表 8-5　配合比允许偏差

检验类别		沥青	填料	细骨料	粗骨料
允许偏差(%)	逐盘抽提	±0.3	±2.0	±4.0	±5.0
	总量	±0.1	±1.0	±2.0	±2.0

沥青混合料配合比总量偏差检验方法:

(1)对每天或每个台班产生的沥青混合料总量,采用常规控制图中的平均值($\bar{X}$)图法与标准差(s)图法进行配合比偏差检验。

(2)根据每天或每个台班拌和站的各个沥青和矿料称量记录数据 X,按照大致相等的盘数相间隔,从中抽取称量记录,作为该天或该台班的子组观测值,可按式(8-1)和式(8-2)计算 $\bar{X}$ 和标准差 s。抽取的数目 n,即子组大小,应不大于 25。施工期间,各组的数目 n 宜采用相同数值。

$$\bar{X} = \frac{1}{n}\sum_{i=1}^{n} X_i \tag{8-1}$$

$$s = \sqrt{\frac{1}{n-1}\sum_{i=1}^{n}(X_i - \bar{X})^2} \tag{8-2}$$

式中　$\bar{X}$——子组称量数据的平均值;

　　　X_i——子组称量数据值,$i = 1,2,\cdots,n$;

　　　s——子组称量数据标准差。

(3)工程施工初期建立平均值($\bar{X}$)与标准差(s)控制图时,子组数 k 应不少于 20 个,可按式(8-3)和式(8-4)计算各子组平均值的平均值 $\bar{\bar{X}}$ 和各子组标准差的平均值 $\bar{s}$。

$$\bar{\bar{X}} = \frac{1}{k}\sum_{j=1}^{k} \bar{X}_j \tag{8-3}$$

$$\bar{s} = \frac{1}{k}\sum_{i=1}^{k} s_i \tag{8-4}$$

式中　$\bar{\bar{X}}$——各子组称量数据平均值的平均值;

$\overline{X}_j$——各子组称量数据的平均值，$j=1,2,\cdots,k$；

$\overline{s}$——各子组称量数据标准差的平均值。

（4）平均值 $\overline{X}$ 控制图和标准差 s 控制图的中心线 CL、上下行动线和上下警戒线可按式（8-5）和式（8-6）计算。

$$\left.\begin{array}{l}\text{中心线 } CL = \overline{\overline{X}}\\[4pt]\text{上下行动线} = \overline{\overline{X}} \pm A_3\overline{s}\\[4pt]\text{上下警戒线} = \overline{\overline{X}} \pm \dfrac{2}{3}A_3\overline{s}\end{array}\right\} \quad (8\text{-}5)$$

$$\left.\begin{array}{l}\text{中心线 } CL = \overline{s}\\[4pt]\text{行动上线} = B_4\overline{s}\\[4pt]\text{行动下线} = \max\{0,(2-B_4)\}\overline{s}\\[4pt]\text{警戒上线} = \dfrac{1}{3}(1+2B_4)\overline{s}\\[4pt]\text{警戒下线} = \max\left\{0,\dfrac{1}{3}(5-2B_4)\right\}\overline{s}\end{array}\right\} \quad (8\text{-}6)$$

式中　A_3、B_4——系数，见表8-6。

表 8-6　A_3 和 B_4 系数（GB/T 4091）

子组数 k	10	11	12	13	14	15	16	17
A_3	0.98	0.93	0.89	0.85	0.82	0.79	0.76	0.74
B_4	1.72	1.68	1.65	1.62	1.59	1.57	1.55	1.53
子组数 k	18	19	20	21	22	23	24	25
A_3	0.72	0.70	0.68	0.66	0.65	0.63	0.62	0.61
B_4	1.52	1.50	1.49	1.48	1.47	1.46	1.46	1.44

（5）首先分析标准差图，检查数据是否存在失控点和异常的模式或趋势。当标准差图的离散过程达到稳定时，即可进行平均值图的分析，以确定过程的位置是否随时间变动。

（6）当数据位于警戒区时，应加强观测，并对过程进行调整。当数据位于行动区，应停止过程运行，待查明原因并排除后，方可恢复过程运行。

8.1.9.4　钻芯取样检测

钻芯取样检测是指当沥青混凝土碾压施工完成并完全冷却后，采用钻孔取芯的方法获得沥青混凝土芯样，进行沥青混凝土的物理、力学性能试验与分析，对其沥青混凝土的施工质量做出最客观评价的过程。如果忽略钻孔取芯对试件的影响，可以认为钻芯取样是评价沥青混凝土施工质量是否满足要求的最终依据。

1. 芯样的一般要求

沥青混凝土进行钻孔取芯时,用于钻孔的机具、钻孔时心墙温度、钻机旋转速度、钻孔取得的芯样长度等,都有一些具体的规定。

(1)机具:要想保证沥青混凝土检测顺利可靠,就必须保证所取的沥青混凝土芯样原始性能不变,保证其最小长度,即确保沥青混凝土芯样具有代表性。因此,用于取样的钻具必须是小型的,能够方便地固定在沥青混凝土表面,取芯时对沥青混凝土心墙扰动小。如三峡工程茅坪溪心墙沥青混凝土施工过程中,钻取芯样选用的就是意大利产 Φ100 吸附式取芯机,钻取的芯样长约 450 mm、直径约 Φ100 mm,可以钻透两层沥青混凝土,钻取的芯样含有两层沥青混凝土的结合层面,保证其具有一定的代表性。

(2)温度:心墙沥青混凝土碾压完毕后,不能马上钻取芯样,必须等待沥青混凝土表面温度降到与环境温度一致时钻取芯样,只有这时沥青混凝土的力学性能已接近于稳定状态。但是,沥青混凝土的温降是一个较为漫长的过程,如果完全达到这样理想的状态将对施工进度产生较大影响。根据国内外的施工经验,一般控制沥青混凝土心墙摊铺施工完成的 2~3 天后,即沥青混凝土心墙的表面温度降至约 40 ℃ 及以下时再钻芯取样。当然,钻取芯样的等待时间与环境温度有很大关系,在夏季时间要长一些,在冬季或温度比较低的季节,等待时间可短一些。

(3)转速:用于沥青混凝土心墙钻孔取芯机具,应具有一定的速度调节功能。应用钻机在沥青混凝土心墙上取芯时,为减少机具扰动对沥青混凝土芯样的影响,宜采用较低的转速。

(4)长度:芯样钻取的最小长度应根据试验检测的需要确定,过去国内较少采用无损检测技术时,一般芯样的长度为 1 m 左右。国内较成功的经验是碧流河水库研制的钻孔取样机,该机采用 KD-100 型坑道钻机,并将其改装组合在 L-195 型柴油机车上,可以在坝上行驶。该机可安装 $\phi 110$、$\phi 91$、$\phi 75$ 三种合金钻头,钻孔取样深度为 500~1 000 mm。目前,国内外流行的做法是,钻取芯样的长度不宜过长,只要满足试验要求即可,因为芯样越长,其钻孔越深,孔洞较难以回填密实,容易给沥青混凝土心墙留下质量隐患。

(5)其他:芯样取出时,应尽量减少或避免其他外力原因造成芯样的变形,如芯样产生较大变形,则应做废样处理。芯样加工时,应将其两端 3 cm 左右的端头切掉。钻取芯样后,心墙内留下的钻孔应及时回填。为保证回填的质量,应合理地确定回填的程序和方法。

2. 检测项目及频率

芯样检测目的就是进行沥青混凝土物理、力学性能指标检测,对沥青混凝土的施工质量是否满足设计要求进行复核。当对沥青混凝土施工质量有分歧和争议时,现场认为可疑处或用核子密度仪现场检测发现有问题的地方,一般都采用取芯检测来对沥青混凝土的施工质量进行最终评价。

测定沥青混凝土芯样的渗透系数,也可利用对试样进行溶解的方式测定沥青混合料的理论最大密度和实际密度,计算孔隙率。其具体的检测内容包括沥青混凝土的密度、理论最大密度、孔隙率、渗透系数。

对沥青混凝土芯样进行的力学性能指标检测,主要指应进行沥青混凝土马歇尔稳定度、马歇尔流值、压缩、水稳定性、小梁弯曲、三轴等试验检测,进行小梁弯曲、三轴试验时一定要注意试验温度,可采用设计要求温度或工程区多年平均气温进行试验。沥青混凝土检测项目及取样频次见表 8-7。

表 8-7　沥青混凝土检测项目及取样频次

检测对象	取样位置	检测项目	取样频次
沥青混凝土	填筑表面	心墙厚度	随时检测
		轴线偏差	
		平整度	
		密度、孔隙率	沿轴线每 30 m 1 个点
		渗透性	沿轴线每 100 m 1 个点
	钻取芯样	芯样密度	心墙每升高 2~4 m 取芯样 1 组进行检测
		芯样孔隙率	
		稳定度和流值	
		渗透系数	
		水稳定系数	
		小梁弯曲	心墙每升高 10~12 m 取芯样 1 组进行检测
		三轴压缩	

8.2　特殊环境下沥青混凝土施工质量控制

8.2.1　低温环境下施工质量控制

8.2.1.1　施工质量控制要点

碾压式沥青混凝土施工受外界气温影响大,根据新疆库什塔依水电站工程、阿拉沟水库大坝的气候条件,在新疆地区冬季气温低于−20 ℃的环境时,心墙沥青混凝土施工采取如下措施,达到了较好效果。

1.选择适合低温条件施工的沥青混凝土配合比

低温气候条件下碾压式沥青混凝土施工混合料的摊铺温度损失难以控制,受温度影响较大,摊铺碾压段沥青混合料温度离散性加大,施工中容易出现沥青混凝土碾压不密实,沥青混凝土结合面温度过低,影响结合面的质量等诸多问题。所以,有一个适合低温气候条件下施工的沥青混凝土配合比是很关键的。通过室内和现场试验可知,适当增大油石比或沥青胶浆用量,对沥青混合料的施工和易性能起到明显改善作用,可使沥青混凝土在压实功不变的情况下容易达到密实状态,适应环境温度变化能力更强。根据工程经验,低温条件下油石比宜采用比正常施工条件高 0.5%左右。

2.适当提高骨料加热温度和沥青混合料的出机口温度

低温条件下沥青混凝土在拌和时出料口温度宜取规范要求的较高值,最高不宜超过180 ℃。沥青混合料的出机口温度取决于骨料的加热温度,此环境下骨料最高加热温度不宜超过200 ℃,防止沥青膜的老化和闪燃。适当提高沥青混合料出机口温度目的在于抵消低温环境下的温度损失,延长沥青混凝土适宜摊铺和碾压的时间。但是,温度过高又会增加沥青混合料在运输、摊铺、碾压过程中的离析。

3.减少沥青混合料运输、摊铺过程中的温度损失

低温条件下施工沥青混合料温度损失会随之增大,沥青混合料运输及摊铺设备应增加适当的保温设施,保证沥青混合料在运输过程中的封闭。沥青混合料运输设备应根据低温下的生产强度、设备运输能力及运输距离进行合理配置,可采取在自卸车厢底部和四周添加保温层和保温盖的运输设备或专门的沥青混合料保温罐车运输。前者在近距离运输方面有着显著的保温效果,方便经济,后者适用于长距离运输。中国水电十五局在库什塔依沥青混合料运输时使用 3 台 5 t 自卸车卸入 5 t 装载机,由装载机直接倒入仓面或摊铺机。由于拌和站距施工现场较近,在-15 ℃的气温条件下,运输历时 15 min,沥青混合料温度损失在 10~15 ℃,可以满足沥青混凝土低温施工温度控制要求。

沥青混凝土摊铺设备选用西安理工大学自行开发研制的 XTI20 沥青混凝土心墙联合摊铺机,摊铺宽度在 0.6~1.2 m 可调,在设备中安装有远红外加热器,加热温度得到有效控制,施工时在出料口加设了挡风帘。

4.适当提高沥青混合料的摊铺厚度,延长温降时间

理论来说,在保证沥青混合料能够压密的前提下,摊铺厚度越大,温降也越慢,沥青式混凝土结合面也越少,可加快施工进度,对低温环境下施工越有利。碾压沥青混凝土心墙的铺筑层厚度一般控制在 20~30 cm,层间结合面处理工作量大,施工效率低。若摊铺层太厚,必须用重碾进行碾压,碾压过程中容易发生陷碾,使沥青心墙产生较严重的侧胀变形。在库什塔依沥青混凝土心墙坝施工中,最大铺筑厚度增加到 35 cm,施工中采取了 1.5 t 振动碾进行碾压,在常规碾压遍数的基础上增加 2 遍。取芯样检测,所有指标全部合格,表明沥青混凝土心墙的铺筑厚度可以随碾压机具及碾压参数的优化进一步提高。

5.适当减短摊铺碾压段长度,提高初碾温度和控制碾压时机

正常施工条件下,沥青混合料摊铺碾压段长度可在 30~50 m,初碾温度一般控制在140 ℃左右。低温环境下,可以适当降低混合料摊铺碾压段长度在 20~30 m,尽可能减小沥青混合料在摊铺后的表面温度损失。初碾温度宜可控制在 145~155 ℃,使沥青混合料在较高温度下碾压密实。在新疆阿勒泰喀英德布拉克水库低温施工季节,严格控制碾压时机,沥青混合料摊铺后加密监测温度在 150 ℃左右,摊铺段长度控制在 20 m 以内,时机成熟及时进行碾压,得到了令人满意的结果。

6.尽量做到连续摊铺碾压施工,缩短沥青混凝土碾压结合层面间断时长

我国西部高海拔山区由于昼夜温差很大,夜间气温更低,碾压完成的沥青混凝土表面降温速度较快,应随时监测沥青混凝土结合面温度。待基层温度降到 90 ℃时,及时铺筑上一层沥青混合料做到连续施工,防止表面温度下降过低而影响与上一层的结合。可通过适当照明措施,解决规范规定的夜间不能施工的局限性,实现夜间不间断施工,可大大

提高沥青混凝土年施工有效时间,加快施工进度。

夜间施工应注意现场照明,施工中应该做到"晚间要比白天亮,作业层面无阴影"。只要各个工序环节、各个工作面的操作人员在夜间施工没有视觉障碍,就意味着夜间施工与白天施工无区别。施工中除在两坝肩安装大型镝灯外,还在心墙上下游过渡料外侧每隔 10 m 设置一组移动碘钨灯,保证工作面无采光盲区。

7. 做好碾压后沥青混凝土表面保温措施

低温季节施工中,施工机械故障明显增加,即使考虑了施工备用设备,也可能会遇到施工中断现象,应及时将已碾压的沥青混凝土表面做好保温。新疆几个冬季施工的工程中均采用了 1 层帆布+2 层棉被的保温工艺,可使沥青混凝土温度在 1~2 天内保持在 70 ℃以上。如果施工间断时间过长,造成沥青混凝土表面温度过低,不宜采用明火烘烤,容易造成表层沥青老化,进而影响结合,应采取远红外加热或过渡料快速升温工艺进行加热升温。通过大量研究和工程实践表明,沥青混凝土结合面温度保持在 40 ℃以上时,通过上一层热沥青混合料(温度 160~170 ℃)加热,持续 2~3 h 可将下一层沥青混凝土温度提升至 70 ℃以上,保证沥青混凝土结合面满足规范要求。

8. 加强沥青混凝土心墙越冬层面的保护

沥青心墙停工后应做好越冬保护,并对心墙进行越冬期的温度监测。阿拉沟水库越冬层面保护采用帆布覆盖沥青混凝土心墙表面,棉被保温,过渡料覆埋的方案。具体做法:先用帆布覆盖沥青混凝土心墙,再覆盖 2 层 1.5 m 宽的棉被,棉被上面覆盖一层宽 2.5 m 三防帆布,三防帆布上再填筑 2.5 m 厚过渡料,在心墙内埋设 3 支电子温度计,在整个越冬期观测心墙温度变化。越冬结束后,摊铺沥青混凝土前,先清除覆盖心墙的过渡料。在天气晴朗无风时揭开覆盖于沥青混凝土心墙的棉被,在沥青混凝土拌和站加热细砂温度至 220 ℃,将细砂铺设于帆布上,铺设厚度为 30 cm,5~6 h 后可使心墙表面以下 5 cm 处温度升至 50 ℃。乌苏市吉尔格勒德水库在心墙施工中断两年后复工,心墙温度已不足 20 ℃,将混凝土骨料加热至 210~230 ℃后,均匀摊铺至心墙表面帆布上,如图 8-10 所示。2~3 h 后心墙表面以下 1 cm 处温度升至 55~60 ℃,心墙表面明显变软发亮,如图 8-11 所示。人工清除模板内骨料后,进行上一层热沥青混合料的摊铺和碾压,如图 8-12 所示。通过结合面取芯检测,结合面的抗剪强度接近本体强度,结合面的渗透性满足规范要求,结合效果较好。

图 8-10 热骨料摊铺 　　图 8-11 升温后的心墙表面 　　图 8-12 沥青混合料摊铺

9.各单位应加强施工组织管理,使各工序紧密衔接

沥青混凝土施工本身就是沥青心墙坝施工的难点和重点,保证其施工质量非常重要。在低温环境下进行沥青混凝土施工,施工单位更应做好施工组织设计,沥青混合料做到及时拌和、运输、摊铺碾压,特别是尽量缩短碾压时间,每车沥青混合料运输,摊铺碾压全过程控制在 30 min 内完成,沥青混凝土施工循环大于 4 h 即可实现不间歇连续铺筑。同时,其他各参建单位也要紧密配合,各环节施工流畅,把好心墙的施工质量关。可以通过提高检测频次的手段,加强施工质量检测工作,尤其应注意施工结合面的质量控制工作。

8.2.1.2　沥青混凝土心墙越冬层保护方法

沥青混凝土心墙在冬季停工后对心墙表面进行了处理,采用帆布覆盖沥青混凝土心墙表面、电褥子加热、棉被保温、过渡料覆理的方案。具体做法为:先用帆布覆盖沥青混凝土心墙,帆布上覆盖一层电褥子,再覆盖 2 层 1.5 m 宽的棉被,棉被上面覆盖一层宽 2.5 m 三防帆布,三防帆布上再填筑 1.2 m 厚过渡料,心墙越冬保护覆盖横断面示意见图 8-13。停工后在心墙结合面以下 5 cm 处,桩号分别为 0+150、0+195、0+235 三个位置处埋设电子温度计,对心墙内部的温度变化在整个越冬期进行了温度观测,见表 8-8。越冬期间心墙及环境温度的观测结果见图 8-14;当心墙温度低于 10 ℃时,对心墙用电热毯进行加热,温度观测结果见表 8-9。

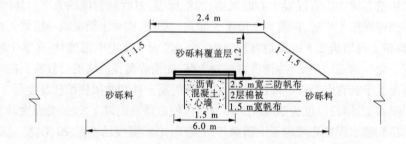

图 8-13　心墙越冬保护覆盖横断面示意

表 8-8　冬季沥青心墙越冬保护温度观测记录

日期 (年-月-日)	心墙表面以下 5 cm 处温度(℃)			大气温度 (℃)
	温度计 1(0+150)	温度计 2(0+195)	温度计 3(0+235)	
2013-01-13	44.6	42.3	41.8	−11
2013-01-14	39.3	36.5	36.1	−12
2013-01-15	33.9	30.3	30.0	−15
2013-01-16	30.7	28.3	27.7	−5.3
2013-01-17	28.05	25.75	25.15	−8.5
2013-01-18	25.95	23.9	23.6	−8.3
2013-01-19	23.7	22.2	21.8	−5.1
2013-01-20	22.25	21.1	20.7	−10.85

续表 8-8

日期 （年-月-日）	心墙表面以下 5 cm 处温度（℃）			大气温度 （℃）
	温度计 1(0+150)	温度计 2(0+195)	温度计 3(0+235)	
2013-01-21	20.95	20.0	19.65	−11.35
2013-01-22	19.65	19.0	18.6	−12.7
2013-01-23	18.7	18.3	18.0	−7.55
2013-01-24	17.7	17.55	17.15	−9.15
2013-01-25	16.7	16.8	16.4	−8.05
2013-01-26	15.95	16.25	15.75	−5.85
2013-01-27	15.1	15.65	15.15	−6.85
2013-01-28	14.35	15.0	15.0	−6.0
2013-01-29	13.7	14.45	14.05	−5.65
2013-01-30	13.1	14.1	13.7	−5.75
2013-01-31	12.65	13.7	13.3	−5.7
2013-02-01	11.9	13.1	12.7	−5.45
2013-02-02	11.4	12.6	12.25	−6.45
2013-02-03	11.25	12.4	12.1	−1.2
2013-02-04	10.75	12.05	11.85	−3.05
2013-02-05	10.55	11.75	11.55	1.1
2013-02-06	10.35	11.4	11.15	1.45
2013-02-07	9.75	11.25	11.0	−1.45
2013-02-08	9.55	10.8	10.7	−0.35
2013-02-09	9.2	10.5	10.5	−2.2
2013-02-10	8.85	10.4	10.4	−4.9
2013-02-11	8.65	10.4	10.5	−1.9
2013-02-12	8.6	10.0	10.1	−5.15
2013-02-13	8.3	9.8	9.85	−4.3
2013-02-14	7.8	9.0	8.95	−5.5
2013-02-15	7.7	9.45	9.5	−1.5
2013-02-16	7.3	9.2	9.3	−1.0
2013-02-17	7.05	8.85	8.95	−5.5
2013-02-18	6.65	8.5	8.6	−7.0
2013-02-19	6.5	8.6	8.5	−5.2

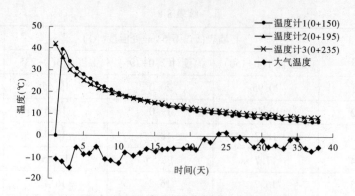

图 8-14　越冬期间心墙及环境温度的观测结果

表 8-9　沥青混凝土心墙越冬层面电热毯加热后温度

时间 （年-月-日 T 时:分）	温度计 1（℃） （0+150）	温度计 2（℃） （0+195）	温度计 3（℃） （0+235）	气温 （℃）
2014-02-20 T11:00	6.0	8.1	8.1	−8.1
2014-02-20 T17:00	6.6	8.5	8.5	−1.2
2014-02-21 T11:00	8.1	10.2	10.6	−4.2
2014-02-21 T17:00	8.8	10.8	11.6	0.0
2014-02-22 T11:00	9.3	11.4	12.0	0.0
2014-02-22 T17:00	9.8	11.7	12.2	4.4
2014-02-23 T11:00	10.3	12.2	12.7	6.0
2014-02-23 T17:00	10.5	12.3	12.8	6.5
2014-02-24 T11:00	10.7	12.6	13.3	5.7
2014-02-24 T17:00	10.8	12.6	13.3	4.7
2014-02-25 T11:00	10.7	12.6	13.2	0.0
2014-02-25 T17:00	11.2	13.0	13.4	6.4
2014-02-26 T10:00	11.2	13.0	13.7	0.0
2014-02-27 T10:00	11.4	13.2	13.6	1.7

从观测数据可知:经过 35 天的越冬期后,沥青混凝土心墙的温度由 44.6 ℃最低降至 6.5 ℃,开始时由于环境温度较低,温度下降较快,后期下降逐渐缓慢。心墙经过电热毯连续 7 天的持续加热后,心墙温度缓慢由 6 ℃回升至 11.4 ℃,防止了越冬期间沥青混凝土心墙温度过低,对沥青混凝土心墙越冬起到了有效的保护作用。

8.2.1.3　越冬层面揭露后处理方案及温度监测

沥青混凝土心墙经过冬季停工后,虽然对越冬层面用过渡料、棉被等进行了覆盖,但是由于冬季寒冷天气,心墙温度还是下降到了很低的温度,来年对心墙进行施工时需要对越冬层面进行加热升温处理。

由于沥青混凝土心墙的面积较大且环境温度较低,为保证整个碾压层面同时升温,采用红外线加热或者明火加热均不能满足要求,因此对沥青混凝土心墙碾压层面采用热砂加热法。首先对心墙覆盖的 1.2 m 厚过渡料采用挖掘机沿心墙轴线向两侧清除,挖掘机清除时预留 20~30 cm 人工清除,清理边线离心墙边大于 1.5 m,将过渡料清除后,在天气晴朗无风时,对沥青混凝土心墙进行帆布覆盖,在帆布上铺设 30 cm 厚温度为 220 ℃ 的热砂,热砂上再覆盖棉被的方法进行加热。热砂对越冬层加热温度变化曲线如图 8-15所示。

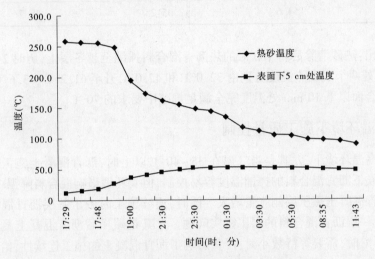

图 8-15　热砂对越冬层加热温度变化曲线

热砂加热完成后,将覆盖在越冬层表面的热砂清除,然后开始摊铺热沥青混合料,入仓温度控制为 160 ℃ 左右,对沥青混凝土心墙越冬层面以下 50 mm 处温度进行记录,见表 8-10。

表 8-10　越冬层表面下 50 mm 处温度变化

时间 (时:分)	越冬层结合面温度为 32.0 ℃ 越冬层表面下 50 mm 处温度(℃)	时间 (时:分)	越冬层结合面温度为 42.0 ℃ 越冬层表面下 50 mm 处温度(℃)
16:20	32.0	14:20	42.0
16:40	48.4	15:00	48.8
17:10	55.5	16:40	62.9
17:40	59.3	17:10	63.3
18:10	61.2	17:40	63.6
20:51	61.1	18:10	63.5
00:25	58.8	20:54	62.6
01:25	58.0	00:23	61.2

续表 8-10

时间 （时：分）	越冬层结合面温度为 32.0 ℃	时间 （时：分）	越冬层结合面温度为 42.0 ℃
	越冬层表面下 50 mm 处温度（℃）		越冬层表面下 50 mm 处温度（℃）
02：25	57.3	01：20	60.7
03：25	56.7	02：25	60.2
04：25	56.0	03：25	59.7
05：25	55.3	04：25	59.2
07：00	54.6	05：25	58.7

可以看出：热砂清除后将 160 ℃的热沥青混合料摊铺至越冬层上，历时 2~3 h 越冬层以下 50 mm 处两个观测点温度分别由 32.0 ℃和 42.0 ℃升至 61.2 ℃、63.6 ℃。显然，沥青混凝土结合面以下 10 mm 处温度完全满足规范中要求的 70 ℃。

8.2.2　高温环境下施工质量控制

在夏季高温环境下，尤其是当气温在 35~40 ℃以上时，沥青混凝土施工也是很困难的。高温气候下沥青混合料的摊铺温度容易控制，但受环境影响混合料降温缓慢，碾压中容易出现沥青混凝土碾压层侧胀量增大。同时，连续施工时由于基层沥青混凝土温度过高，而影响上一层沥青混合料的碾压密实问题。尤其是碾压后沥青混凝土温度要下降至规范规定 90 ℃时，需要等待数小时，严重影响了沥青混凝土的施工连续性，给施工质量控制带来了困难。结合新疆吐鲁番地区阿拉沟水库、大河沿水库的施工，总结了高温环境下沥青混凝土的施工质量控制措施。

（1）选择适合高温环境下施工的沥青混凝土配合比。

高温环境下沥青混凝土施工混合料的摊铺温度损失很小，摊铺碾压段沥青混合料温度离散性不大。适当降低油石比或沥青胶浆用量，对高温环境下沥青混合料的施工是有利的。根据工程经验，高温环境下油石比宜采用比正常施工条件低 0.3% 左右。

（2）适当降低骨料加热温度和沥青混合料的出机口温度。

高温环境下沥青混凝土在拌和时出机口温度宜取规范要求的较低值，最高不宜超过 160 ℃。沥青混合料的出机口温度取决于骨料的加热温度，此环境下骨料最高加热温度不宜超过 180 ℃。适当降低沥青混合料出机口温度目的在于缩短高温环境下碾压施工的等待时间。

（3）适当延长摊铺碾压段长度，降低初碾温度。

高温环境下，可适当延长混合料摊铺碾压段长度在 50 m 以上，根据阿拉沟水库在环境温度 35 ℃左右时，沥青混合料温度每小时平均下降 5~6 ℃，沥青混合料出模后可以有足够的时间排气，初碾温度宜控制在 130~140 ℃。在保证能够压实的前提下，初碾温度越低，碾压完成后上一层沥青混合料摊铺等待时间就越短，基本可保证沥青混凝土的连续施工。

（4）可适当提高结合面温度限制值，保证连续摊铺碾压施工。

高温气候下碾压后沥青混凝土温度下降是比较缓慢的,若以沥青混凝土终碾温度120~130 ℃,环境气温 30~35 ℃进行估算,沥青心墙温度降至规范要求的温度 90 ℃,至少需要 5~6 h,将会影响心墙施工的连续性,造成设备和人员闲置。室内和现场试验均表明,如果将下层沥青混凝土温度上限值提高到 100 ℃,可以保证上层沥青混合料碾压密实,且沥青心墙侧胀变形增加量小。这样可以有效缩短沥青混凝土心墙每层施工的间隔时间 2 h 以上,提高了施工速度,减少了资源闲置。

(5)适当减小摊铺厚度,做到连续摊铺碾压施工。

夜间环境温度相对较低,要保证照明可以进行夜间施工,沥青混合料摊铺后散热相对较快,碾压后的沥青混凝土降温也加快。同时,适当减小摊铺厚度,可有效加快施工进度。新疆石门水电站夏季实现了沥青混凝土心墙每日连续铺筑 3 层的施工强度,每层铺筑厚度 25 cm,进行芯样检测孔隙率和渗透系数均满足规范要求。

(6)采取碾压后沥青混凝土快速散热的降温措施。

为加快碾压后沥青混凝土的降温速度,除控制沥青混合料温度取低限值外,施工中还可以采取一些降温措施。新疆五一水库工程夏季施工中采用了过渡料洒水降低心墙温度的方法,沥青心墙降温是沥青混凝土与大气温度、过渡料温度的交换,利用过渡料中冷水降温是比较科学的。阿拉沟水库夏季施工中采用心墙和过渡料施工高程高出两侧坝壳料 3~5 m,充分利用自然风降温的办法。施工过程中不得将冷却水直接喷洒到沥青心墙表面降温,将会影响沥青混凝土的层间结合。

8.2.3　大风环境下施工质量控制

大风气候环境对沥青混凝土心墙施工的影响较大,根据《水工碾压式沥青混凝土施工规范》(DL/T 5363—2006)规定,风速大于 4 级不宜施工。然而,新疆大石门水库、大河沿水库等一些沥青混凝土心墙坝有风时段很长,且风速较大,年有效施工时间受到很大制约,严重影响这类工程的正常施工进度和工程质量。经过上述工程的施工实践,总结出大风气候环境下沥青混凝土心墙施工存在的问题:

(1)在大风气候环境下,空气流动快使沥青混合料表面温度损失加快,内外温度梯度加大,容易在摊铺好的沥青混合料表面形成一个硬壳层,碾压后沥青混凝土表面易产生裂缝。同时,快速温降使得表层沥青混合料难以碾压密实,影响工程质量。

(2)大风气候环境也会影响沥青混合料拌和质量,大风一般都会有沙尘,除影响原材料质量外,也影响混合料各组成材料计量的准确性。以新疆下坂地沥青混凝土心墙工程为例,2009 年沥青混凝土抽提试验的填料计量误差较大,施工单位虽然采取了很多措施对配合比误差进行控制,但效果不明显,矿粉合格率的波动性较大。2010 年 3 月,大坝沥青混凝土心墙复工前,邀请国内著名沥青混凝土专家对抽提试验结果偏差较大的问题进行过讨论,一致认为除拌和系统计量精度的问题外,影响沥青混合料中矿粉含量的主要原因是下坂地气候条件(主要是风沙)影响了人工骨料中的矿粉含量,导致最终混合料中的矿粉含量不稳定。

(3)大风环境下易导致新铺筑的沥青混合料表面遭受风沙污染,影响沥青混凝土层面的结合性能。

（4）大风沙气候环境影响施工人员的视野,大风还可能吹移金属定位线,影响沥青混合料的摊铺对中。

（5）在大风沙气候环境下,碾压后的沥青混凝土内外温差大,表面形成较大的温度应力,产生温度裂缝。其裂缝宽度和长度不等,宽度一般为 0.1~2 mm,深度一般在 10 mm 以内,有的甚至在心墙两侧基本横向贯穿心墙。

针对以上问题提出了大风气候条件下碾压式沥青混凝土施工质量控制如下:

（1）利用坝体与心墙填筑高差的施工防风技术。

沥青混凝土心墙坝施工时利用坝体自身填筑,把上、下游坝壳料的铺筑超前心墙与过渡料,使坝壳料铺筑高度高于过渡料和心墙的铺筑高度,心墙施工断面形成凹槽。坝体与心墙产生填筑高差后,相当于在坝体两侧设置风场障碍物的"土堤式挡风墙"（以下称为防风结构）,改变了背风侧槽内的风场状况。防风结构迎风侧与背风侧,风场发生较大改变,背风侧形成扰流。防风结构高差和设置距离的不同,对风场的影响不尽相同。当防风结构高差和设置距离的改变,使挡风墙背风侧的扰流形状越来越大,表明扰流影响范围越大;当防风结构高差和设置距离的改变,使心墙施工区近地表风速越来越小,表明其对风能的耗散越强。大坝防风结构填筑简图如图 8-16 所示。其中,防风结构高差即坝壳料与心墙填筑的高差,设置距离即防风结构背风侧坡脚距心墙中心的距离。

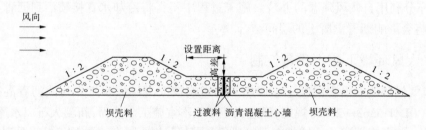

图 8-16　大坝防风结构填筑简图

（2）加强拌和系统计量设施维护。

定期检查拌和系统计量设施,及时更换有问题的传感器,确保计量精度。同时,加大二次筛分后骨料的检测频次,及时掌握骨料特别是矿粉含量的变化情况,减小大风环境对原材料计量准确性的影响,并根据检测结果及时微调配合比,确保沥青混合料中矿粉含量的偏差在允许范围内。

（3）加强各施工环节的温度控制。

沥青混凝土心墙目前的施工方法一般为热施工,为减小各施工环节沥青混合料温度损失,保证施工时摊铺温度和碾压温度,需严格控制其拌和温度、入仓温度等。在强风气候环境下施工时,拌和系统的加热温度与沥青混合料的出机口、入仓、初碾、终碾温度均采用施工规范规定的上限值。拌和系统骨料加热温度可采用 190 ℃,出机口温度采用 180 ℃,摊铺温度采用 160~175 ℃,初碾温度不宜低于 140 ℃,终碾温度不宜低于 120 ℃。此外,为随时掌握沥青混合料的温度变化情况,需提高对各施工阶段温度的检测频率。重点提高对摊铺、碾压温度的检测频率,可 5 min 检测 1 次。对于达到技术规定中 140 ℃以下未能及时碾压和终碾后低于 120 ℃的沥青混合料作为废料处理,避免沥青混合料碾压后密实度达不到设计要求。

（4）对沥青混合料储运和摊铺设备加设保温措施。

在强风环境下施工时，拌制好的沥青混合料要求采用带电加热板的保温罐储存，车斗四周及底板带保温的自卸车运输。运至坝上的沥青混合料由保温车卸入装载机的保温料斗中，再由装载机运至专用摊铺机的料斗中摊铺。在保温车、保温料斗和摊铺机的料斗上架设便于拆卸的可活动保温篷布。进行下一层混合料的铺筑时，须对心墙表层进行红外线加热升温，使结合层面温度达到规范要求，红外线加热设备底部四周增加挡风板，避免风力将热量带走而无法加热。

（5）控制摊铺机和振动碾行驶速度。

为增加施工效率，应严格控制摊铺机和振动碾作业时的行驶速度，可适当选取摊铺速度上限和碾压速度上限。规范规定：沥青混合料的摊铺宜采用专用摊铺机，摊铺速度以 1～3 m/min 为宜，碾压速度宜控制为 20～30 m/min。在沥青混凝土心墙施工质量得到保证的前提下，可取摊铺速度为 3 m/min、碾压速度为 30 m/min。此外，为降低沥青混合料散热速度，摊铺后，先用碾压机械静压两遍，对表层进行压实和封闭，减少温度在沥青混合料内部孔隙、裂隙中的散失。

（6）控制施工段长度，过渡料下风侧备料。

在强风气候环境下施工时，沥青混合料在施工过程中的热量损失将随着作业区长度的延长而增加，为保证沥青混合料技术规范规定的温度范围内施工，可缩短施工段长度，做到随铺随碾，将每个施工段长度控制在 15～20 m 为宜。为保证心墙施工质量，过渡料备料前关注风向变化情况，在下风侧备料，防止强风吹起过渡料污染沥青混凝土。

（7）沥青混凝土心墙摊铺后覆盖防风帆布和保温棉被。

强风天气沥青混凝土心墙表层降温过快，沥青混合料几乎没有时间排气，碾压后内部气孔增多，导致孔隙率超标；表面易形成硬壳层，不仅影响碾压质量，还影响与下一层的结合。因此，在强风环境沥青混凝土心墙摊铺后覆盖防风帆布，上层再加棉被保温，整体上延缓了心墙温度的损失，增长沥青混合料的排气时间，且防止扬尘污染心墙，施工质量得到保证。

（8）加强施工组织管理。

在强风气候环境下，沥青混合料的热量损失随着作业时间的延长而增加。为此，施工中须加强施工组织管理，使各工序紧密衔接，并保证拌和楼和施工现场的联系，做到及时拌和、及时运输、及时摊铺、及时碾压，尽量缩短每一阶段的作业时间，减少沥青混合料在施工过程中的热损失。

（9）加强施工质量控制。

沥青混凝土心墙是土石坝坝体防渗的关键性、隐蔽性工程，施工质量控制标准要求高，是工程质量控制的重点。根据《水工碾压式沥青混凝土施工规范》（DL/T 5363—2006），碾压式沥青混凝土心墙正常施工的气象条件为环境气温大于 0 ℃、风力小于 4 级和非降雨降雪时段。受强风天气等条件影响时，沥青混凝土心墙又不得不进行施工的，需采取相应保护措施，并加强施工全过程的质量控制。

第 9 章　影响沥青混凝土心墙
施工质量的几个问题

9.1　沥青混凝土取芯温度控制

在心墙填筑过程中,规范要求心墙填筑每上升 8~12 m 需取芯 1 次,心墙温度一般需要降至一定温度后才能进行钻芯。由于沥青混凝土终碾温度一般在 110 ℃ 以上,心墙温度较高,心墙两侧被过渡料包裹,外露面面积小,温度散失较慢,加之若环境温度较高,则温度降低更为缓慢,这导致碾压完成后,满足规范要求的情况下进行钻芯取样需停工 3~4 天时间,等待较长时间,将造成人工及机械的浪费,沥青混凝土心墙的现场施工如图 9-1 所示。

图 9-1　沥青混凝土心墙的现场施工

在保证施工质量的前提下,为了加快施工进度、节约工程投入,结合红鱼洞水库碾压试验段,在不同温度下取芯开展相关试验研究,评价不同温度条件下取芯对沥青混凝土性能产生的影响,为缩短等待时间,合理加快施工进度提供参考。

试验过程中,环境温度为 6~10 ℃,沥青混合料入仓温度为 160 ℃,初碾温度为 145 ℃,终碾温度为 110 ℃。碾压结束后,观测心墙的降温过程,待温度降低至具备取样条件的温度时,可进行取芯。现场取样发现,取芯温度在 60 ℃ 及以上时,沥青混凝土芯样很难取出,即便取出大多已经产生断裂和变形,已不具备试验条件。因此,本次试验研究取芯温度设定为 50 ℃、40 ℃、30 ℃、20 ℃。测定不同温度下钻取的沥青混凝土芯样的孔隙率及力学性能,并进行对比分析,可以确定出合适的取样温度,保证芯样检测结果的可靠性。沥青混凝土现场取芯样见图 9-2。

(a) 碾压试验段中沥青混凝土的摊铺

(b) 不同温度下取芯

图 9-2　沥青混凝土现场取芯样

9.1.1　芯样钻取及试验方法

施工现场芯样钻取温度分别设定为 50 ℃、40 ℃、30 ℃、20 ℃,取芯时将沥青混凝土芯样上层整根取出,每种取芯温度下取 3 根芯样,从中间部位切开,分上部和下部。试验方法按照沥青混凝土理论最大相对密度、密度试验方法进行试验。

沥青混凝土单轴压缩试验在 10 t 自动控温万能材料试验机(UTM-5105)上进行。试验采用的加载速率为 1 mm/min。试验温度分别设定为 5 ℃、16.5 ℃、25 ℃。将制备好的试件分别放在恒温室中恒温 4 h 以上,使试件内部温度达到试验要求,进行不同温度的单轴压缩试验。

为明确不同取芯温度对沥青混凝土芯样变形性能的影响,分别进行取芯温度为 50 ℃、40 ℃、30 ℃、20 ℃ 的芯样小梁弯曲试验,试验温度选择红鱼洞水库工程多年平均气温 16.5 ℃进行试验。

9.1.2　取芯温度对芯样性能的影响

9.1.2.1　密度和孔隙率的影响分析

在沥青混凝土心墙施工过程中,存在着大量的检测工作,检测数据是心墙施工质量评定的重要依据。施工质量的芯样检测时,钻取芯样代表性显得尤为关键,最直观的表现即为试验检测所用的试件能否真实地反映心墙沥青混凝土的性状。

试验研究过程中,分别对不同取芯温度下的芯样进行理论最大相对密度的检测,试验结果见表 9-1。

从测得的理论最大密度来看,沥青混凝土上部的理论最大密度普遍小于下部的,上部的理论最大密度的平均值约为 2.436 g/cm³,下部的理论最大密度平均值为 2.445 g/cm³。

表 9-1　不同取芯温度下沥青混凝土的理论最大密度

取芯温度(℃)	部位	测值1	测值2	均值
20	上部	2.440	2.436	2.438
20	下部	2.446	2.444	2.445
30	上部	2.437	2.437	2.437
30	下部	2.444	2.446	2.445
40	上部	2.434	2.434	2.434
40	下部	2.444	2.446	2.445
50	上部	2.434	2.434	2.434
50	下部	2.443	2.445	2.444

分别测定不同温度下钻取芯样的密度及孔隙率,结果见表 9-2~表 9-5。

表 9-2　取芯温度为 20 ℃时沥青混凝土的密度及孔隙率

取芯温度(℃)	试件编号	密度(g/cm³)	孔隙率(%)
20	1#上部	2.40	1.6
20	2#上部	2.40	1.6
20	3#上部	2.40	1.6
20	平均值	2.40	1.6
20	1#下部	2.41	1.5
20	2#下部	2.41	1.5
20	3#下部	2.40	1.8
20	平均值	2.41	1.6

表 9-3　取芯温度为 30 ℃时沥青混凝土的密度及孔隙率

取芯温度(℃)	试件编号	密度(g/cm³)	孔隙率(%)
30	1#上部	2.40	1.5
30	2#上部	2.40	1.5
30	3#上部	2.39	1.9
30	平均值	2.40	1.6
30	1#下部	2.40	1.8
30	2#下部	2.41	1.4
30	3#下部	2.40	1.8
30	平均值	2.40	1.7

表 9-4　取芯温度为 40 ℃时沥青混凝土的密度及孔隙率

取芯温度(℃)	试件编号	密度(g/cm³)	孔隙率(%)
40	1#上部	2.39	1.8
	2#上部	2.39	1.8
	3#上部	2.39	1.8
	平均值	2.39	1.8
	1#下部	2.40	1.8
	2#下部	2.40	1.8
	3#下部	2.40	1.8
	平均值	2.40	1.8

表 9-5　取芯温度为 50 ℃时沥青混凝土的密度及孔隙率

取芯温度(℃)	试件编号	密度(g/cm³)	孔隙率(%)
50	1#上部	2.38	2.2
	2#上部	2.39	1.8
	3#上部	2.38	2.2
	平均值	2.38	2.1
	1#下部	2.39	2.2
	2#下部	2.39	2.2
	3#下部	2.40	1.8
	平均值	2.39	2.1

从表 9-2~表 9-5 的试验结果可以看出,随着取芯温度的升高,芯样的密度逐渐减小,孔隙率不断增加,取芯温度 20 ℃时孔隙率为 1.6%,取芯温度为 50 ℃时,孔隙率增大到了 2.1%。说明相同质量的空气在不同温度的沥青混凝土中形成的气泡体积是不一样的,温度高的沥青混凝土中气泡体积较大,而沥青混凝土中其他物质因温度不同而产生的体积变化较小,这就导致不同温度下取得的沥青混凝土芯样出现了上述现象。

不同取芯温度下沥青混凝土的上部密度均小于下部密度,在理论最大密度的测定中,也出现了同样的规律,上部的理论最大密度小于下部的,但从孔隙率的计算结果来看,上下部的孔隙率相差并不大。在心墙施工过程中,由于摊铺温度及碾压温度较高,沥青混凝土中沥青胶浆将更加具有流动性,在振动荷载作用下,极易造成骨料与沥青胶浆的离析,导致大骨料的下沉,引起沥青混凝土的下部密度略大于上部密度;在钻取芯样检测时,为保证芯样的顺利取出,需连续晃动已钻动的芯样,保证芯样底部完全脱离,这将使芯样表面产生许多扰动裂隙,上下部位受到的扰动程度不同,出现的损伤程度不同,温度越高这种损伤程度也越大。

9.1.2.2 单轴压缩性能的影响分析

单轴压缩试验用于测定沥青混凝土的轴向抗压强度、对应的应变和轴向压缩变形模量,是反映沥青混凝土强度最直接的指标。当试验温度为 5 ℃时,不同取芯温度下的单轴压缩试验结果见表 9-6~表 9-9。

表 9-6　取芯温度 20 ℃、试验温度 5 ℃时的单轴压缩试验结果

试件编号	最大抗压强度 σ_{max}(MPa)	最大抗压强度时的应变 $\varepsilon_{\sigma max}$(%)	受压变形模量(MPa)
1#上部	2.05	5.77	65.81
2#上部	2.06	5.36	72.25
3#上部	2.10	4.98	77.85
平均值	2.07	5.37	71.97
1#下部	2.40	3.77	118.17
2#下部	2.41	3.86	109.66
3#下部	2.40	3.67	117.93
平均值	2.40	3.77	115.25

表 9-7　取芯温度 30 ℃、试验温度 5 ℃时的单轴压缩试验结果

试件编号	最大抗压强度 σ_{max}(MPa)	最大抗压强度时的应变 $\varepsilon_{\sigma max}$(%)	受压变形模量(MPa)
1#上部	2.06	4.85	85.12
2#上部	2.10	4.86	75.26
3#上部	2.06	5.29	73.55
平均值	2.07	5.00	77.98
1#下部	2.39	3.79	117.04
2#下部	2.39	3.71	115.39
3#下部	2.40	3.88	109.19
平均值	2.39	3.79	113.87

表 9-8　取芯温度 40 ℃、试验温度 5 ℃时的单轴压缩试验结果

试件编号	最大抗压强度 σ_{max}(MPa)	最大抗压强度时的应变 $\varepsilon_{\sigma max}$(%)	受压变形模量(MPa)
1#上部	1.73	6.11	53.44
2#上部	1.75	5.22	50.15
3#上部	1.74	5.30	52.12
平均值	1.74	5.54	51.90
1#下部	2.12	4.16	89.29
2#下部	2.10	4.06	87.99
3#下部	2.12	3.97	89.59
平均值	2.11	4.06	88.96

表 9-9 取芯温度 50 ℃、试验温度 5 ℃时的单轴压缩试验结果

试件编号	最大抗压强度 σ_{max}(MPa)	最大抗压强度时的应变 $\varepsilon_{\sigma max}$(%)	受压变形模量(MPa)
1# 上部	1.64	4.88	50.58
2# 上部	1.68	4.32	51.70
3# 上部	1.61	4.19	47.53
平均值	1.64	4.46	49.94
1# 下部	1.97	4.18	88.86
2# 下部	1.99	3.82	82.11
3# 下部	1.99	4.06	79.14
平均值	1.98	4.02	83.37

从图 9-3 试验结果中可以看出,试验温度为 5 ℃时,随着取芯温度的升高,芯样抗压强度呈现逐渐下降的趋势,取芯温度对沥青混凝土芯样质量有一定的影响,取芯温度越高,影响越明显,取芯温度 50 ℃时芯样抗压强度较 20 ℃时减小约 20%。沥青混凝土属典型的温度敏感型材料,当温度较高(高于沥青的软化点)时,沥青混凝土仍处于可塑状态,具有较大的变形能力,外力作用对沥青混凝土的结构和强度的形成将产生较大的影响。因此,随着取芯温度的升高,沥青混凝土的抗压强度逐渐降低。还可以看出,下部沥青混凝土强度均高于上部的,主要是下部沥青混凝土试件中粗骨料含量较上部沥青混凝土的含量高,相比细骨料和填料而言,粗骨料的骨架作用更强,对强度的提高作用也更明显。

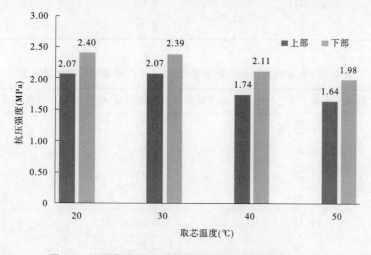

图 9-3 不同取芯温度时的抗压强度(试验温度为 5 ℃)

单轴压缩试验温度为 16.5 ℃时,对应不同取芯温度条件下的单轴压缩试验结果见表 9-10～表 9-13。

表 9-10 取芯温度 20 ℃、试验温度 16.5 ℃时的单轴压缩试验结果

试件编号	最大抗压强度 σ_{max}(MPa)	最大抗压强度时的应变 $\varepsilon_{\sigma max}$(%)	受压变形模量(MPa)
$1^{\#}$上部	1.19	6.62	47.03
$2^{\#}$上部	1.23	6.55	52.25
$3^{\#}$上部	1.21	6.33	47.85
平均值	1.21	6.50	49.04
$1^{\#}$下部	1.43	6.00	91.00
$2^{\#}$下部	1.41	5.86	88.59
$3^{\#}$下部	1.39	6.15	90.02
平均值	1.41	6.00	89.87

表 9-11 取芯温度 30 ℃、试验温度 16.5 ℃时的单轴压缩试验结果

试件编号	最大抗压强度 σ_{max}(MPa)	最大抗压强度时的应变 $\varepsilon_{\sigma max}$(%)	受压变形模量(MPa)
$1^{\#}$上部	1.24	6.94	47.49
$2^{\#}$上部	1.25	6.66	51.25
$3^{\#}$上部	1.25	6.52	53.08
平均值	1.25	6.71	50.61
$1^{\#}$下部	1.45	5.82	86.04
$2^{\#}$下部	1.46	5.83	89.66
$3^{\#}$下部	1.44	5.69	87.28
平均值	1.45	5.78	87.66

表 9-12 取芯温度 40 ℃、试验温度 16.5 ℃时的单轴压缩试验结果

试件编号	最大抗压强度 σ_{max}(MPa)	最大抗压强度时的应变 $\varepsilon_{\sigma max}$(%)	受压变形模量(MPa)
$1^{\#}$上部	1.28	6.74	54.14
$2^{\#}$上部	1.26	6.66	51.44
$3^{\#}$上部	1.30	7.15	48.92
平均值	1.28	6.85	51.50
$1^{\#}$下部	1.51	6.02	85.33
$2^{\#}$下部	1.41	5.88	86.22
$3^{\#}$下部	1.47	6.11	81.15
平均值	1.46	6.00	84.23

表 9-13　取芯温度 50 ℃、试验温度 16.5 ℃时的单轴压缩试验结果

试件编号	最大抗压强度 σ_{max}（MPa）	最大抗压强度时的应变 $\varepsilon_{\sigma max}$（%）	受压变形模量（MPa）
1# 上部	1.07	6.05	50.38
2# 上部	1.08	6.88	48.52
3# 上部	1.09	6.92	48.66
平均值	1.08	6.62	49.19
1# 下部	1.42	5.68	78.76
2# 下部	1.43	5.53	82.02
3# 下部	1.44	5.88	79.14
平均值	1.43	5.70	79.97

　　从图 9-4 试验结果中可以看出,在试验温度 16.5 ℃时,不同取芯温度的抗压强度变化相对较小。沥青混凝土芯样下部抗压强度基本保持不变,沥青混凝土芯样上部从取芯温度 20 ℃至 40 ℃基本不变,但取芯温度到 50 ℃时,上部抗压强度降低较明显。取芯温度为 50 ℃时,已明显高于沥青的软化点,在该温度下沥青混凝土处于流塑状态,无法形成有效的强度,因此当取样温度为 50 ℃时,沥青混凝土抗压强度会出现较大程度的降低。

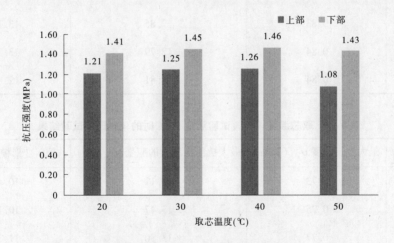

图 9-4　不同取芯温度时的抗压强度(试验温度为 16.5 ℃)

　　单轴压缩试验温度为 25 ℃时,不同取芯温度条件下芯样单轴压缩试验结果见表 9-14~表 9-17。

表 9-14　取芯温度 20 ℃、试验温度 25 ℃时的单轴压缩试验结果

试件编号	最大抗压强度 σ_{max}（MPa）	最大抗压强度时的应变 $\varepsilon_{\sigma max}$（%）	受压变形模量（MPa）
1# 上部	0.71	13.72	11.26
2# 上部	0.73	13.42	11.17
3# 上部	0.75	12.88	11.32
平均值	0.73	13.34	11.25

续表 9-14

试件编号	最大抗压强度 σ_{max}（MPa）	最大抗压强度时的应变 $\varepsilon_{\sigma max}$（%）	受压变形模量（MPa）
1#下部	0.86	12.24	13.66
2#下部	0.86	12.75	13.72
3#下部	0.83	12.68	13.44
平均值	0.85	12.56	13.61

表 9-15　取芯温度 30 ℃、试验温度 25 ℃时的单轴压缩试验结果

试件编号	最大抗压强度 σ_{max}（MPa）	最大抗压强度时的应变 $\varepsilon_{\sigma max}$（%）	受压变形模量（MPa）
1#上部	0.70	14.11	10.48
2#上部	0.72	13.22	11.22
3#上部	0.74	12.58	10.57
平均值	0.72	13.30	10.76
1#下部	0.85	12.79	12.22
2#下部	0.83	12.85	13.19
3#下部	0.84	12.79	13.20
平均值	0.84	12.81	12.87

表 9-16　取芯温度 40 ℃、试验温度 25 ℃时的单轴压缩试验结果

试件编号	最大抗压强度 σ_{max}（MPa）	最大抗压强度时的应变 $\varepsilon_{\sigma max}$（%）	受压变形模量（MPa）
1#上部	0.73	13.11	10.44
2#上部	0.75	13.47	10.15
3#上部	0.77	13.30	11.32
平均值	0.75	13.29	10.64
1#下部	0.88	12.46	13.29
2#下部	0.88	12.44	13.99
3#下部	0.86	12.68	12.59
平均值	0.87	12.53	13.29

表 9-17　取芯温度 50 ℃、试验温度 25 ℃时的单轴压缩试验结果

试件编号	最大抗压强度 σ_{max}（MPa）	最大抗压强度时的应变 $\varepsilon_{\sigma max}$（%）	受压变形模量（MPa）
1#上部	0.73	13.96	11.15
2#上部	0.77	13.32	12.22
3#上部	0.74	12.88	11.67
平均值	0.75	13.39	11.68
1#下部	0.88	13.30	13.63
2#下部	0.89	12.59	12.11
3#下部	0.87	12.64	13.96
平均值	0.88	12.84	13.23

如图 9-5 所示,当单轴压缩试验温度为 25 ℃时,不同取芯温度的抗压强度基本保持稳定,说明在 25 ℃的试验温度下,不同取芯温度对沥青混凝土抗压强度影响很小。一方面,试验温度较高时,由于取芯温度对沥青混凝土结构等造成的影响已不显著;另一方面,试验温度较高(25 ℃)时,沥青混凝土自身的强度也偏低,变形能力较强。

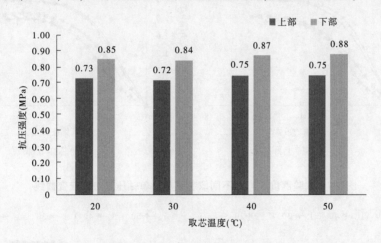

图 9-5　不同取芯温度时的抗压强度(试验温度为 25 ℃)

如图 9-6 所示,从试验汇总曲线来看,无论试验温度多少,均表现出沥青混凝土芯样上部抗压强度大于下部抗压强度;试验温度越低,试件抗压强度越高;试验温度越低,对不同取芯温度的抗压强度的影响表现得越明显,在试验温度为 25 ℃时,芯样抗压强度几乎不随取芯温度的变化而变化。

从不同取芯温度和不同试验温度的单轴压缩试验结果看,对于取芯温度为 50 ℃的芯样,单轴抗压强度相对较低,取芯温度为 20 ℃、30 ℃、40 ℃的单轴抗压强度随取芯温度的增加影响不大。

不同取芯温度、试验温度的单轴压缩试验应力—应变曲线如图 9-7~图 9-9 所示。

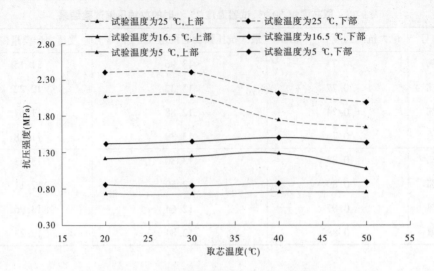

图 9-6　不同取芯温度条件下芯样的抗压强度

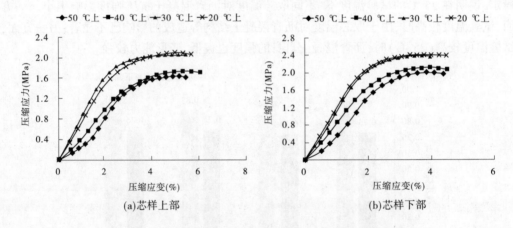

图 9-7　试验温度 5 ℃时不同取芯温度的单轴压缩应力应变曲线

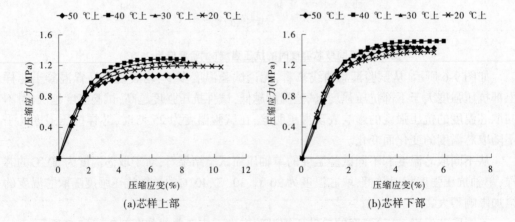

图 9-8　试验温度 16.5 ℃时不同取芯温度的单轴压缩应力应变曲线

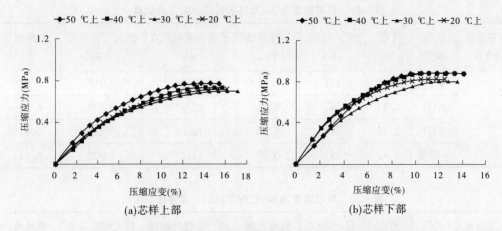

图 9-9　试验温度 25 ℃时不同取芯温度的单轴压缩应力应变曲线

　　沥青混凝土为温度敏感性材料,其力学性能基本满足黏弹性材料的特性。由图 9-7、图 9-8 可以看出,应变在 2%以内,应力—应变曲线基本呈线性关系,材料处于线弹性状态;随着试验温度的升高,变形模量逐渐减小。应变在 2%~4%时,应力—应变曲线出现明显弯曲,切线模量逐渐减小,材料进入黏弹性状态。应变大于 4%时,随着应变的增加应力基本保持不变,材料进入黏塑性状态。从图 9-9 可以看出,由于试验温度较高,上述三个阶段界限不明显,随着应变的增大应力呈曲线变化,材料均表现为黏弹性状态。

　　由图 9-7 还可以看出,随着取芯温度的增加,在相同的应变时,芯样上部和下部均出现应力明显降低的规律,应力—应变曲线差异较大。从图 9-8、图 9-9 可以看出,随着取芯温度的增加,在相同的应变时,芯样上部和下部的应力下降不明显,应力—应变曲线差异不大,试验温度的增加减小了取芯温度对芯样应力—应变的影响。

9.1.2.3　小梁弯曲性能影响分析

　　将制备好的试件放在 16.5 ℃恒温室中,恒温时间不少于 3 h,进行小梁弯曲试验。试验结果见表 9-18~表 9-21,不同温度条件下小梁弯曲试验应力应变曲线如图 9-10 所示,抗弯强度、最大弯拉应变平均值变化规律如图 9-11 所示。

表 9-18　取芯温度为 20 ℃时芯样的小梁弯曲试验

取芯温度 (℃)	试件 编号	密度 (g/cm³)	最大荷载 (N)	抗弯强度 (MPa)	最大荷载时挠度 (mm)	最大弯拉应变 (%)	挠跨比 (%)
20	WQ1	2.41	192	1.10	11.56	6.839	5.78
	WQ2	2.41	181	0.98	11.24	6.575	5.62
	WQ3	2.41	184	0.98	11.08	6.651	5.54
	平均值	2.41	186	1.02	11.29	6.689	5.65

表 9-19　取芯温度为 30 ℃时芯样的小梁弯曲试验

取芯温度 （℃）	试件 编号	密度 （g/cm³）	最大荷载 （N）	抗弯强度 （MPa）	最大荷载时挠度 （mm）	最大弯拉应变 （%）	挠跨比 （%）
30	WQ1	2.41	181	0.95	12.06	7.185	6.03
	WQ2	2.41	187	1.06	12.72	7.558	6.36
	WQ3	2.40	180	0.96	12.03	7.222	6.02
	平均值	2.41	183	0.99	12.27	7.322	6.14

表 9-20　取芯温度为 40 ℃时芯样的小梁弯曲试验

取芯温度 （℃）	试件 编号	密度 （g/cm³）	最大荷载 （N）	抗弯强度 （MPa）	最大荷载时挠度 （mm）	最大弯拉应变 （%）	挠跨比 （%）
40	WQ1	2.39	153	0.96	12.21	7.112	6.11
	WQ2	2.39	173	0.96	12.95	7.578	6.48
	WQ3	2.40	166	0.96	12.51	7.510	6.26
	平均值	2.39	164	0.96	12.56	7.400	6.28

表 9-21　取芯温度为 50 ℃时芯样的小梁弯曲试验

取芯温度 （℃）	试件 编号	密度 （g/cm³）	最大荷载 （N）	抗弯强度 （MPa）	最大荷载时挠度 （mm）	最大弯拉应变 （%）	挠跨比 （%）
50	WQ1	2.38	0	0.83	15.26	9.046	7.63
	WQ2	2.38	139	0.77	15.76	9.324	7.88
	WQ3	2.38	131	0.70	15.26	9.161	7.63
	平均值	2.38	90	0.77	15.43	9.177	7.71

从图 9-10、图 9-11 可以看出,不同取芯温度条件下的抗弯强度均满足规范中大于 400 kPa、最大弯拉应变大于 1%的要求。随着取芯温度的升高,试件抗弯强度逐渐降低,弯拉应变逐渐增大,当取芯温度由 40 ℃升高为 50 ℃时,抗弯强度减小幅度较大,拉伸应变增长趋势也比较明显,当取芯温度为 50 ℃时,对沥青混凝土性能的影响较为显著。

9.1.3　取芯温度控制要求

对不同温度下取出的芯样分别进行了密度、孔隙率、理论最大相对密度、单轴压缩、小梁弯曲等试验,经对比分析可以得到以下几点结论:

(1)由于温度较高,在碾压过程中,沥青混凝土产生了一定程度的离析,大粒径骨料下沉,在摊铺与碾压的同一层沥青混凝土出现了上部沥青混凝土密度和理论最大密度均小于下部的现象。

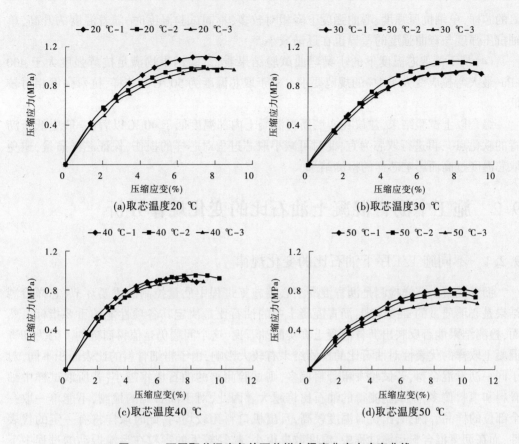

图 9-10　不同取芯温度条件下芯样小梁弯曲应力应变曲线

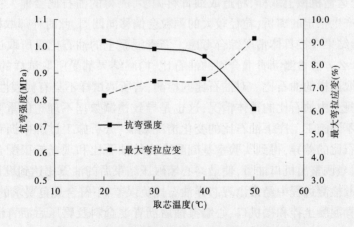

图 9-11　不同取芯温度条件下芯样抗弯强度变化曲线

（2）从测定的孔隙率、密度等结果来看，在不同温度条件下取芯，芯样的密度和孔隙率均有差异。沥青混凝土温度不同时，其内部的气泡体积是不一样的。

（3）从不同取芯温度的单轴压缩试验及小梁弯曲试验结果看，对于取芯温度为 20 ℃、30 ℃、40 ℃的单轴抗压强度与弯曲强度随取芯温度的增加略有下降，取芯温度为 50

℃的芯样,单轴抗压强度、弯曲强度下降相对较多;不同试验温度时,随着温度的升高,单轴抗压强度与弯曲强度的差异也在逐渐减小。

(4)从不同取芯温度下的小梁弯曲试验结果看,试验结果均满足抗弯强度大于 400 kPa、最大弯拉应变大于 1%的规范要求。对于取芯温度为 50 ℃的芯样,抗弯强度相对较低。

综合以上试验结果,建议在心墙沥青混凝土内部温度低于 40 ℃以后(一般应低于沥青的软化点),再进行取芯为宜,此时可减小取芯过程对芯样的损伤,保证芯样质量,避免取芯温度过高而影响芯样的检测结果。

9.2　施工中沥青混凝土油石比的变化规律分析

9.2.1　不同施工工序下油石比的变化规律

沥青混凝土芯样检测是沥青混凝土心墙施工过程中质量控制的重要环节,芯样检测结果是心墙质量的直接体现,沥青混凝土中的油石比是决定其各项性能的重要指标。然而,检测结果能否反映出沥青混凝土真实的油石比,这个问题仍是值得商榷的。因为沥青混凝土取样的代表性对油石比的检测结果有较大影响,由于粗细骨料的比表面积不同,对于同一沥青混合料,若试验中粗骨料偏多,则试验测得的油石比将越小;若所取试样中细骨料和填料偏多,则试验测得的油石比将越大。因此,对于油石比的检测,不能单一取一个部位的样品。例如,出机口温度较高,且出机口料比较均匀,此时取样将有一定的代表性;而在沥青混合料运输过程中,温度散失很小,粒径较大的颗粒在运输振动的过程中下沉,若在入仓处运输机械上取样,将造成细骨料偏多,测得的油石比会偏大;在入仓后,沥青混合料可能产生一定的离析,粒径较大的颗粒会偏移向四周,此时外部取样测得的油石比将偏小,试验结果应按具体情况综合考虑。沥青混凝土的油石比受所取试样的级配影响,不管使用什么方法检测沥青混合料的油石比,检测结果都受所取试样的限制,检测结果仅能反映所取试样的油石比。对油石比的检测,若所取试样不具有代表性,则不能真实地反映沥青混凝土中油石比的整体情况,这也是导致检测数据不理想的重要原因。结合现场试验得到不同施工工序下油石比的变化情况规律,分析施工过程中沥青混凝土及沥青混合料的油石比的差异,得到实验室基础配合比的油石比和现场施工配合比的油石比之间的关系,适当调整出机口油量,使最终心墙碾压结束后的油石比达到设计标准。

在施工质量检测过程中经常出现芯样油石比负误差,不符合规范要求的问题,通过现场试验进行沥青混凝土拌和楼机口、心墙摊铺后沥青混合料及碾压后沥青混凝土芯样的抽提试验,检测油石比,研究不同施工工序沥青混凝土油石比的变化规律,指导心墙沥青混凝土的施工和质量评价。

9.2.1.1　试验方法

沥青混合料和芯样的油石比测试按抽提试验方法进行。称取一定质量的沥青混凝土试样,控制在 1 000~1 500 g,用三氯乙烯溶剂浸泡 30 min,使沥青充分溶解。将溶解后的沥青混凝土及三氯乙烯溶液倒入离心分离器中,开动离心机,将沥青溶液收到回收瓶中,待无液体流出时,停机,再次加入与初始注入烧杯中数量大体相同的三氯乙烯,等待 3~5 min,重复上述操作,至流出的抽屉液呈清澈的淡黄色为止,称取容器中骨料的质量,获取滤纸和抽提液中矿粉的质量,计入矿料总质量,此时由沥青混凝土总质量和矿料总质量即可获得油石比的结果。

9.2.1.2　不同施工工序油石比相互关系分析

为研究不同施工工序取样对沥青混凝土油石比检测结果的影响,结合某工程开展了专项铺筑碾压试验研究。沥青混凝土铺筑场地长 30 m、宽 1 m,铺筑一层,松铺层厚 0.3 m,需要沥青混凝土约 9 m³。铺筑时,在拌和楼机口、心墙摊铺后依据取样要求对沥青混合料取样,进行抽提试验检测油石比,并对取样位置做好标记,碾压完毕后在相应取样位置钻取沥青混凝土芯样,检测芯样油石比。每道工序取样数量为 5 组。不同施工工序沥青混凝土油石比试验结果见表 9-22。

表 9-22　不同施工工序取样沥青混凝土油石比

取样部位	样品编号	油石比(%)	平均值(%)
拌和楼出机口	1	7.22	7.266
	2	7.34	
	3	7.41	
	4	7.15	
	5	7.21	
摊铺碾压前	1	7.14	7.248
	2	7.32	
	3	7.23	
	4	7.24	
	5	7.31	
沥青混凝土芯样	1	6.81	6.948
	2	7.13	
	3	6.94	
	4	6.82	
	5	7.04	

从现场测试结果可以看出,在不同施工工序取样时,沥青混凝土油石比检测值发生变化,摊铺碾压前取样油石比与拌和楼出机口取样的油石比测试结果基本一致,沥青混凝土芯样油石比检测值与机口、摊铺碾压前取样低约 0.3%。相比较而言,芯样油石比较低。造成该问题的原因可能是取芯时,钻机高速运转造成芯样表面外露,粗、细骨料的表面没有包裹沥青,而其他两个工序沥青混合料样品所有骨料都是包裹沥青的,造成芯样油石比偏低;也有可能是运输、碾压过程中施工器械尤其是振动碾双钢轮黏附了少量沥青;还有

可能是在振动碾压过程中,沥青混凝土发生了离析,粗骨料下沉,沥青胶浆向上移动,即出现返油现象;同时,少量沥青油也会在反复振动碾压、骨料相互嵌挤的作用下向两侧过渡料界面处流动。然而,在取芯进行检测时,检测人员一般钻取芯样选择在心墙中心线附近处,而且芯样表面返油层也往往不会被取来作为试验对象,这些都有可能是造成对芯样进行检测时油石比偏低的原因。

针对芯样油石比偏低的问题,为进一步验证沥青混凝土在碾压过程中是否发生离析,对沥青混凝土上部、下部芯样分开进行抽提试验,矿料级配和油石比试验结果见表9-23。

表 9-23　不同取芯温度时芯样上下层抽提试验结果

检测项目		取芯温度 20 ℃		取芯温度 30 ℃		取芯温度 40 ℃		取芯温度 50 ℃	
		上部	下部	上部	下部	上部	下部	上部	下部
沥青混凝土质量(g)		1 789.2	1 863.0	1 650.5	1 619.1	1 616.0	1 660.2	1 675.3	1 633.6
沥青质量(g)		118.1	120.4	109.2	104.7	106.9	107.5	110.8	104.4
沥青含量(%)		6.60	6.46	6.62	6.47	6.62	6.48	6.61	6.39
油石比(%)		7.07	6.91	7.08	6.91	7.08	6.92	7.08	6.83
粒组含量(%)	16~19 mm	100.0	100.0	100.0	100.0	100.0	100.0	100.0	100.0
	13.2~16 mm	93.3	92.5	93.4	92.4	93.5	92.2	93.4	92.2
	9.5~13.2 mm	87.5	86.1	87.7	85.9	87.9	85.6	87.8	85.6
	4.75~9.5 mm	77.1	74.8	77.5	74.4	77.7	73.9	77.7	73.9
	2.36~4.75 mm	59.5	56.0	60.0	55.5	60.3	54.6	60.2	54.7
	1.18~2.36 mm	44.2	40.0	44.8	39.4	45.3	38.3	45.2	38.5
	0.6~1.18 mm	35.1	31.5	35.6	31.1	36.2	30.1	36.0	30.3
	0.3~0.6 mm	30.1	26.8	30.4	26.5	31.0	25.6	30.9	25.7
	0.15~0.3 mm	20.2	17.6	20.3	17.5	21.1	16.7	20.9	16.9
	0.075~0.15 mm	14.1	11.9	14.1	11.9	14.9	11.2	14.7	11.4
	<0.075 mm	12.1	10.1	12.1	10.1	12.9	9.4	12.7	9.6

由表9-23可以看出,不同取芯温度对芯样上、下部油石比的影响不大。这是因为,即使取芯温度过高,对沥青混凝土芯样结构造成一定的影响,但并不会对油石比的检测结果造成差异。上部芯样的油石比均大于下半部,芯样上部油石比均值为7.08%,下部油石比均值为6.89%,上部比下部高出0.2%左右。从矿料级配来看,上部的细骨料含量较多,尤其是矿粉含量,上部沥青混凝土试件的矿粉含量约为12%,下部沥青混凝土试件的粗骨料含量较多,矿粉含量约为10%。

芯样上、下部的油石比不同,粗细骨料的含量也不同。芯样上部细骨料、矿粉、油石比大于芯样下部,下部粗骨料含量大于上部,说明沥青混合料在碾压过程中,粒径较大的骨料确实出现了下沉现象,沥青胶浆上浮,产生了一定程度的离析,使得芯样上下部沥青混凝土油石比存在差异,而且沥青混合料油量越大,温度越高,离析现象就越严重。

9.2.2　不同位置取芯油石比的变化规律

心墙沥青混凝土在高温气候下进行摊铺碾压时,由于环境温度过高,导致沥青混合料中沥青胶浆的流动性增大,振动碾在碾压过程中,使沥青混合料中的沥青胶浆在流动状态下向两侧和上部发生位移,产生混合料的离析,造成心墙沥青混凝土从表面上看,出现泛油的情况。

为进一步认识碾压过程中心墙沥青混凝土的离析问题,实验室采用标准击实成型的方法制备了 12 组圆柱形沥青混凝土试样(2 组备用),尺寸为 ϕ 152.4 mm×95.3 mm(直径×高),见图 9-12(a)。对成型后的试样采用钻芯方式模拟现场碾压后沥青混凝土的钻芯芯样,芯样尺寸为 ϕ 100 mm×95.3 mm,将钻芯后剩余外部圆环形沥青混凝土标记为芯样外侧,见图 9-12(b)。

(a) 大型马歇尔试件

(b) 钻芯芯样和芯样外侧

图 9-12　模拟试验大型马歇尔试件的制作及试验前的取芯

对钻芯芯样和芯样外侧分别通过燃烧炉法检验油石比,试验前按规范对燃烧炉进行了系统偏差的标定。按工程施工配合比的油石比 7.3% 称取 3 份混合料,每份混合料总重为 1 500 g,燃烧后实际测得油石比分别为 7.316%、7.329%、7.315%,平均值为 7.320%,因此对于该配合比,燃烧炉的修正系数为 0.02%。试验中对 10 组钻芯芯样和芯样外侧沥青混凝土油石比进行检测,结果见表 9-24。

表 9-24　不同试件位置抽提试验结果

试件位置	抽提试验结果(%)									
	1	2	3	4	5	6	7	8	9	10
钻芯芯样	7.204	7.227	7.158	7.199	7.168	7.104	7.280	7.260	7.218	7.270
芯样外侧	7.344	7.392	7.354	7.393	7.356	7.270	7.369	7.339	7.382	7.365

为分析两组试验结果的差异性,对结果进行独立样本的 t 检验分析,分析结果见表 9-25 和表 9-26。可以看出,两组试验结果的均值差异为 0.152%,标准差分别为 0.056 7 和 0.035 6,说明数据的整体离散性较小。表 9-26 中方差方程的 Levene 检验结果 $p = 0.083$,

大于 0.05,说明方差是齐性(相等)的,应选取结果中第一行的显著性(双尾)值进行判定,由于 $p=0.000$,小于 0.05,认为两组试验得出的油石比有显著性的差异。

表 9-25　试验结果统计量分析

项目	分组	N	均值	标准差	均值的标准误差
油石比	钻芯芯样	10	7.204 80	0.056 7	0.017 9
	芯样外侧	10	7.356 40	0.035 6	0.011 2

表 9-26　独立样本 t 检验结果

项目		方差方程的 Levene 检验		均值方程的 t 检验						
		F	Sig.	t	df	Sig.(双尾)	均值差值	标准误差值	95%置信区间 下限	95%置信区间 上限
沥青用量	假设方差相等	3.361	0.083	-7.151	18.000	0.000	-0.151 6	0.021 199	-0.196 1	-0.107 0
	假设方差不相等	—		-7.151	15.134	0.000	-0.151 6	0.021 199	-0.196 7	-0.106 4

　　两组试样的结果得出油石比存在显著性差异,从数据上看钻芯芯样的油石比较芯样外侧的沥青混凝土小 0.152%。这是由于心墙沥青混凝土属于富沥青混凝土,油石比较公路沥青混凝土高,沥青黏附于骨料表面,除形成一定的结构沥青外,还有少量的自由沥青,如图 9-13 所示。本次试验所采用配合比中油石比相对较高(为 7.3%),在击实成型前,沥青和骨料均匀分布在沥青混合料中,结构沥青裹覆在骨料表面,而少量的自由沥青存在于骨料之间形成的孔隙中。击实时,受垂直方向荷载作用,沥青混合料开始被压密实,骨料内部形成的孔隙体积减小,此时孔隙中的自由沥青受挤压向外缘发生移动,使沥青混凝土外缘的油石比相对增加,从而导致沥青混凝土芯样的油石比略小于其外缘的。

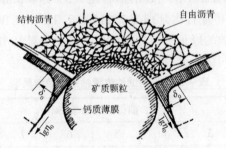

图 9-13　骨料与沥青交互作用示意

　　对于现场沥青混凝土钻芯试样与混合料的油石比存在差异也是由于沥青混合料在受振动碾压过程中,自由沥青在骨料形成的孔隙中向心墙两侧过渡料界面发生了移动,使得心墙中心处的油石比略小于两侧,沥青混合料的油石比越高,加热温度越高,此现象就越显著。现场质量控制中,沥青混凝土芯样一般是沿心墙纵断面的中间位置附近进行钻取,因此就会出现芯样的油石比测试结果比混合料偏低的现象。

　　另外,值得注意的是,随着碾压遍数的增加,沥青混凝土的密度逐步增大,但是碾压遍数太多和过分碾压振实,往往使沥青混合料中的游离沥青析出表面。过碾的试验中发现,在摊铺碾压的 20 cm 厚的沥青混凝土中,表面以下 3~7 cm 内,油石比明显偏大,矿粉和砂子的含量也偏大,密度偏低。而底部的粗骨料含量偏大,直接影响了沥青混凝土的防渗性能。

　　针对施工过程中存在的不同工序沥青混凝土油石比存在明显差异为问题导向,有针对性地开展了不同施工工序油石比相互关系的试验研究,主要得出以下几点结论:

　　(1)由现场抽提试验检测结果可以得出,芯样与沥青混合料的油石比存在一定的差异,芯样比沥青混合料的油石比低 0.3%左右。

　　(2)造成不同施工工序油石比存在差异的原因是沥青混合料在摊铺碾压过程中产生了一定程度的离析,导致粗骨料下沉、细骨料及沥青胶上浮,在进行芯样抽提试验时,检测人员都会将上层细骨料较多的芯样切掉,导致芯样油石比检测结果出现负偏差。

　　(3)室内沥青混合料击实过程中,自由沥青出现了向外侧移动的现象,沥青混凝土芯样油石比略小于其外缘。现场沥青混合料在振动碾反复作用下,过多的自由沥青也会向心墙与过渡料的界面发生移动,在心墙中心线附近钻取芯样检测油石比,往往也会出现负偏差。

　　(4)在心墙沥青混凝土施工质量控制时,油石比检测尽可能选择出机口或仓面的沥青混合料进行;若检测人员采用钻取芯样的方式检测油石比,也应在心墙横断面上均匀地分布测点,求取平均值后作为油石比试验结果。

9.3　施工中矿料级配偏差对沥青混凝土的性能影响

　　在碾压式沥青混凝土配合比设计中需要合理地确定粗骨料、细骨料、填料以及油石比,而矿料的级配组成相对于油石比而言是更为关键的。矿料级配又分为连续级配和间断级配两种,目前在心墙沥青混凝土防渗结构中一般使用连续级配,它是一条平滑的曲线,具有连续不间断的性质。然而在实际工程中往往因为骨料的超逊径问题及拌和楼自身等问题使得施工矿料级配曲线与设计矿料级配曲线有偏差。本章通过将各粒级的级配偏差设定为±5%,进行沥青混凝土渗透试验,马歇尔稳定度、流值和劈裂抗拉强度试验,并通过投影寻踪回归分析研究了各粒级的级配偏差对心墙沥青混凝土性能的影响规律,为沥青混凝土施工质量控制提供参考依据。

9.3.1　矿料级配的确定

　　连续级配的沥青混凝土是由每种粒级的骨料依次充分地填充混合料的空隙,形成密实的沥青混凝土。在《水工碾压式沥青混凝土施工规范》(DL/T 5363—2006)中规定碾压式沥青混凝土心墙坝中粗骨料级配偏差不得大于±5%,细骨料级配偏差不得大于±3%。本次试验将各粒级的骨料偏差均设定为±5%,设计了 9 组试验,试验配合比列于表 9-27,矿料级配曲线见图 9-14。

表 9-27　试验配合比

级配编号	各材料质量百分率(%)					
	19~9.5 mm	9.5~4.75 mm	4.75~2.36 mm	2.36~0.075 mm	填料用量	沥青用量
JP-1	24	17	17	29	13	6.8
JP-2	26.5	19.5	12	29	13	6.8
JP-3	26.5	12	19.5	29	13	6.8
JP-4	19	19.5	19.5	29	13	6.8
JP-5	26	18.5	18.5	24	13	6.8
JP-6	22	15.5	15.5	34	13	6.8
JP-7	21.5	14.5	22	29	13	6.8
JP-8	21.5	22	14.5	29	13	6.8
JP-9	29	14.5	14.5	29	13	6.8

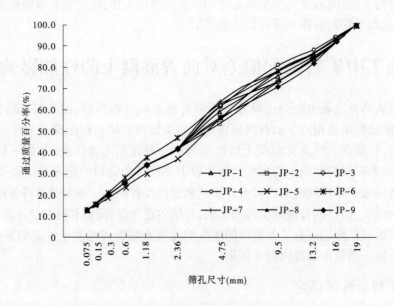

图 9-14　矿料级配曲线

9.3.2　沥青混凝土的渗透试验

　　按照上述 9 组级配曲线制备沥青混凝土渗透试样,每组制备 3 个试样,渗透系数取 3 个试样的平均值,试验结果见表 9-28。

表 9-28　沥青混凝土渗透试验结果

级配编号	密度（g/cm³）	孔隙率（%）	试验温度（℃）	渗透系数（×10⁻⁹ cm/s）	温度校正系数	标温渗透系数（×10⁻⁹ cm/s）
JP-1	2.41	0.8	15	5.94	1.133	6.73
JP-2	2.39	1.3	15	6.16	1.133	6.98
JP-3	2.40	1.1	15	6.24	1.133	7.07
JP-4	2.40	1.2	15	5.34	1.133	6.05
JP-5	2.39	1.4	15	6.91	1.133	7.83
JP-6	2.40	1.0	15	5.26	1.133	5.96
JP-7	2.39	1.5	15	6.59	1.133	7.47
JP-8	2.40	1.2	15	6.27	1.133	7.10
JP-9	2.39	1.4	15	6.68	1.133	7.57

由表 9-28 可知，9 组级配不同的沥青混凝土试样的渗透系数均满足规范 $\leq 1.0 \times 10^{-8}$ cm/s 的要求，且与 JP-1 的渗透系数相差并不大，最大差值为 1.1×10^{-9} cm/s。这说明 9 组沥青混凝土密实性均良好，粗骨料起着骨架支撑的作用，细骨料和填料能够充分地填充粗骨料颗粒之间的空隙，并在沥青膜的包裹下水很难进入试件内部，从而达到防渗的目的。因此，心墙沥青混凝土粗、细骨料级配偏差 $< \pm 5\%$ 时，对其渗透性能影响不大。

9.3.3　马歇尔稳定度、流值和劈裂抗拉强度试验

进一步研究级配偏差对心墙沥青混凝土物理、力学性能的影响，对上述 9 组级配进行了马歇尔稳定度、流值和劈裂抗拉强度试验，试验结果列于表 9-29。

表 9-29　马歇尔稳定度、流值和劈裂抗拉强度试验结果

级配编号	密度（g/cm³）	孔隙率（%）	马歇尔稳定度（kN）	马歇尔流值（0.1 mm）	劈裂抗拉强度（MPa）
JP-1	2.41	0.9	6.44	78.00	0.310
JP-2	2.40	1.2	6.57	98.47	0.267
JP-3	2.39	1.4	6.93	101.03	0.277
JP-4	2.40	1.3	6.76	86.70	0.263
JP-5	2.40	1.3	6.97	91.43	0.253
JP-6	2.40	1.2	7.59	79.83	0.260
JP-7	2.39	1.4	7.07	72.33	0.257
JP-8	2.40	1.2	6.77	88.37	0.223
JP-9	2.39	1.3	6.83	112.77	0.200

9.3.4 投影寻踪回归分析

通过投影寻踪回归分析的方法研究骨料级配偏差对沥青混凝土马歇尔稳定度、流值及劈裂抗拉强度的影响,试验结果列于表 9-30。

表 9-30 投影寻踪回归分析结果

级配编号	马歇尔稳定度(kN)			马歇尔流值(0.1 mm)			劈裂抗拉强度(MPa)		
	实测值	仿真值	相对差值(%)	实测值	仿真值	相对差值(%)	实测值	仿真值	相对差值(%)
JP-1	6.44	6.549	1.7	78.00	80.255	2.9	0.310	0.296	-4.7
JP-2	6.57	6.581	0.2	98.47	96.840	-1.7	0.267	0.251	-7.2
JP-3	6.93	6.962	0.5	101.03	99.063	-1.9	0.277	0.260	-7.3
JP-4	6.76	6.859	1.5	86.70	85.272	-1.6	0.263	0.253	-2.6
JP-5	6.97	6.961	-0.1	91.43	91.657	0.2	0.253	0.257	2.9
JP-6	7.59	7.554	-0.5	79.83	78.478	-1.7	0.260	0.261	0.5
JP-7	7.07	6.984	-1.2	72.33	74.588	3.1	0.257	0.278	7.1
JP-8	6.77	6.679	-1.3	88.37	88.041	-0.4	0.223	0.236	7.4
JP-9	6.83	6.800	-0.4	112.77	114.736	1.7	0.200	0.218	8.9

回归模型参数:光滑系数 $SPAN = 0.5$,投影方向初始值 $M = 5$,最终投影方向取值 $MU = 3$,试验组数 $N = 9$,自变量 $P = 4$,因变量 $Q = 1$。

对于马歇尔稳定度,

$$\beta = [0.916\ 2 \quad 0.311\ 9 \quad 0.128\ 4]$$

$$\alpha = \begin{bmatrix} -0.415\ 1 & -0.568\ 8 & 0.024\ 5 & 0.709\ 6 \\ 0.773\ 6 & -0.267\ 8 & -0.012\ 5 & -0.574\ 2 \\ -0.336\ 3 & 0.736 & 0.586\ 9 & 0.015\ 3 \end{bmatrix}$$

对于马歇尔流值,

$$\beta = [0.917\ 6 \quad 0.337\ 2 \quad 0.158\ 7]$$

$$\alpha = \begin{bmatrix} 0.828\ 4 & -0.388\ 9 & -0.301\ 8 & -0.267\ 0 \\ -0.728\ 7 & 0.359\ 6 & -0.573\ 8 & -0.101\ 8 \\ 0.814\ 0 & -0.013\ 0 & -0.021\ 4 & -0.580\ 3 \end{bmatrix}$$

对于劈裂抗拉强度,

$$\beta = [0.880\ 2 \quad 0.811\ 7 \quad 0.510\ 9]$$

$$\alpha = \begin{bmatrix} -0.549\ 1 & -0.425\ 7 & 0.619\ 6 & 0.365\ 2 \\ 0.795\ 9 & -0.399\ 4 & 0.115\ 9 & -0.440\ 1 \\ -0.185\ 2 & 0.905\ 7 & -0.360\ 7 & -0.127\ 3 \end{bmatrix}$$

由表 9-30 可知:每组级配下的马歇尔稳定度、流值以及劈裂抗拉强度的仿真值与实测值均拟合得较好,马歇尔稳定度的最大相对差值为 1.7%,马歇尔流值的最大相对差值为 3.1%,劈裂抗拉强度的最大相对差值为 8.9%,均小于 10%,故 9 组试验的合格率为 100%。证明投影寻踪回归分析可以很好地反映各因素的交互作用以及对心墙沥青混凝土马歇尔稳定度、流值及劈裂抗拉强度的影响规律。

通过自变量的相对权值大小来判定该因素对力学性能的影响程度,相对权值越大,对力学性能的影响程度越高。各影响因素的相对权值列于表 9-31 中。

表 9-31　各粒级的相对权值

马歇尔稳定度		马歇尔流值		劈裂抗拉强度	
影响因素	相对权值	影响因素	相对权值	影响因素	相对权值(%)
4.75~9.5 mm 粒级	1.000	9.5~19 mm 粒级	1.000	4.75~9.5 mm 粒级	1.000
0.075~2.36 mm 粒级	0.561	2.36~4.75 mm 粒级	0.906	2.36~4.75 mm 粒级	0.937
9.5~19 mm 粒级	0.347	0.075~2.36 mm 粒级	0.542	9.5~19 mm 粒级	0.582
2.36~4.75 mm 粒级	0.158	4.75~9.5 mm 粒级	0.344	0.075~2.36 mm 粒级	0.212

由表 9-31 可以看出,4.75~9.5 mm 粒级对马歇尔稳定度和劈裂抗拉强度的影响最大,说明它对沥青混凝土的抗压和抗拉性能都有较大影响;2.36~4.75 mm 粒级和 4.75~9.5 mm 粒级对劈裂抗拉强度影响程度相当,说明这两种粒级在沥青混凝土受拉过程中起着重要的作用;2.36~4.75 mm 粒级和 9.5~19 mm 粒级对马歇尔流值的影响程度相当,说明这两种粒级对沥青混凝土的适应变形能力有较大影响。因此,在工程施工过程中要求现场的检测人员严格控制 4.75~9.5 mm 粒级,确保施工质量。

9.3.5　单因素分析

为进一步研究每种粒级对心墙沥青混凝土马歇尔稳定度、流值及劈裂抗拉强度的影响,对每种粒级进行了单因素分析。由图 9-15 可知,随着 9.5~19 mm 颗粒的增加,马歇尔稳定度、流值先减小后增大,而劈裂抗拉强度先增大后减小。由图 9-16 可以看出,随着 4.75~9.5 mm 颗粒的增加,马歇尔稳定度先减小后增大,马歇尔流值先迅速减小后缓慢减小,劈裂抗拉强度先增大后减小。由图 9-17 可以看出,随着 2.36~4.75 mm 颗粒的增加,马歇尔稳定度先减小后增大,马歇尔流值逐渐减小,劈裂抗拉强度先增大后减小。由图 9-18 可以看出,随着 0.075~2.36 mm 颗粒的增加,马歇尔稳定度先减小后增大,马歇尔流值逐渐减小,劈裂抗拉强度先增大后减小。

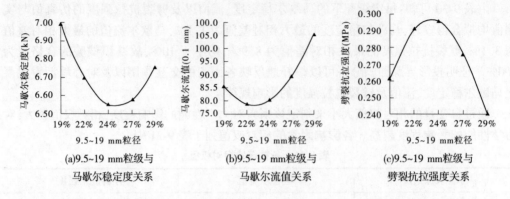

图 9-15　马歇尔稳定度、流值及劈裂抗拉强度随 9.5~19 mm 粒级的变化规律

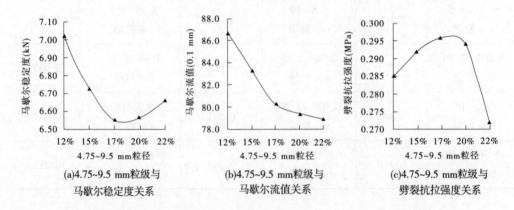

图 9-16　马歇尔稳定度、流值及劈裂抗拉强度随 4.75~9.5 mm 粒级的变化规律

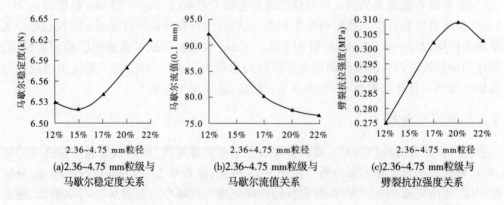

图 9-17　马歇尔稳定度、流值及劈裂抗拉强度随 2.36~4.75 mm 粒级的变化规律

通过研究骨料级配偏差对沥青混凝土性能的影响规律,得到以下几点结论:

(1)通过渗透试验结果可知,当各粒级的级配偏差在±5%时,碾压式心墙沥青混凝土的渗透系数可以满足规范要求,能达到防渗的目的。因此,沥青混凝土骨料各粒级的级配偏差均小于5%时,对心墙沥青混凝土的渗透性能影响不大。

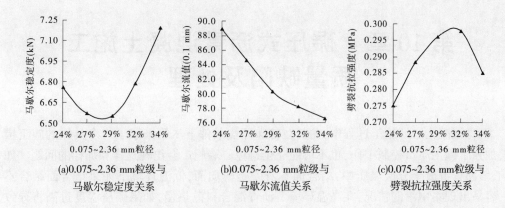

(a)0.075~2.36 mm粒级与　　　　(b)0.075~2.36 mm粒级与　　　　(c)0.075~2.36 mm粒级与
　　马歇尔稳定度关系　　　　　　　马歇尔流值关系　　　　　　　　劈裂抗拉强度关系

图 9-18　马歇尔稳定度、流值及劈裂抗拉强度随 0.075~2.36 mm 粒级的变化规律

（2）通过投影寻踪回归分析可知,4.75~9.5 mm 粒级对碾压式心墙沥青混凝土的马歇尔稳定度影响最大;2.36~4.75 mm 粒级和 4.75~9.5 mm 粒级对劈裂抗拉强度的影响程度相当;2.36~4.75 mm 粒级和 9.5~19 mm 粒级对马歇尔流值影响程度相当。

（3）由试验结果可知,对碾压式心墙沥青混凝土力学性能影响程度大小的粒级依次为 4.75~9.5 mm 粒级、9.5~19 mm 粒级、2.36~4.75 mm 粒级。因此,在实际工程中要求现场检测人员严格控制 4.75~9.5 mm 粒级的级配偏差,确保施工质量。

（4）通过单因素分析可知,碾压式心墙沥青混凝土的马歇尔稳定度、流值及劈裂抗拉强度随着各粒级级配偏差的变化而变化,但变化不大。当级配偏差在±5%以内时,碾压式心墙沥青混凝土的力学性能变化不大。

第 10 章　碾压式沥青混凝土施工
质量缺陷及处理

沥青混凝土心墙施工过程中,尤其在特殊环境条件下尽管采取了许多具体的施工措施,加强了施工质量控制工作,也不可能完全避免心墙施工会出现这样和那样的问题。如在心墙沥青混凝土分层碾压中,结合面本身就是薄弱面,低温环境下如果结合面结合不良,容易出现集中渗漏情况;在高温环境下沥青混合料散热慢,如果碾压温度过高将导致心墙侧胀加大,影响心墙的防渗效果等。

心墙沥青混凝土出现施工缺陷是不可能完全避免的,施工中不能回避或掩盖缺陷,更不要相互推诿。工程技术人员应本着科学负责的态度,正确对待出现的问题,认真分析产生缺陷的原因及对工程的危害,提出切实可行的处理措施,消除工程隐患,保证工程质量。

10.1　施工中质量缺陷分类及成因分析

沥青混凝土心墙碾压施工的质量缺陷可以分为以下四类,第一类是沥青混凝土表面产生的裂缝;第二类是沥青混凝土本体的孔隙率、渗透和力学性能不满足规范或设计要求;第三类是沥青混凝土碾压结合层面结合不良而出现集中渗水现象;第四类是沥青混凝土心墙有效厚度不满足设计要求。前两类缺陷与沥青混凝土材料密切相关,后两类缺陷与沥青混凝土施工工艺密切相关。

沥青混凝土碾压施工是一个复杂的系统工程,无论哪个环节出现问题,如材料方面有原材料(沥青、矿料)、配合比(基础配合比、施工配合比)、沥青混合料等,施工方面有拌和设备、运输设备、摊铺设备、碾压设备的故障及施工工艺控制中的各种人为、非人为影响因素等。可以看出,要保证沥青混凝土心墙的安全可靠,就要有好的沥青混凝土材料,更要有好的施工方法和措施。

10.1.1　沥青混凝土表面裂缝的分类及成因

沥青混凝土碾压施工过程中,表面可能形成一些横向、纵向、混合裂缝或裂纹,也可能产生龟裂现象,这种裂缝是沥青混凝土施工缺陷中最容易出现的。裂纹或裂缝有长有短,或深或浅,长可达 1~1.5 m 连通裂纹,短则 1~2 cm,深可达 1~3 cm,浅的有 0.1~1 mm。裂缝的出现虽然不是人们希望看到的,但也没有必要害怕和紧张,只要对其产生的原因进行分析研究,对症下药进行处理,不留工程隐患,同时采取有效措施进行预防,就可以保证沥青混凝土摊铺施工的整体质量。

10.1.1.1　质量裂缝

质量裂缝是施工过程中由于施工质量控制工艺偏差不能满足要求而造成的施工缺陷。质量裂缝产生主要有以下两个方面的原因:

材料方面:当沥青混凝土的施工配合比发生了较大的偏差,如沥青用量远小于设计值,矿粉用量远大于或小于设计值,粗、细骨料级配偏差超过施工规范的允许值,这些都会影响沥青混合料的施工性能,在正常碾压情况下无法达到理想的压实度,无法形成密实结构,沥青混凝土制品表面会形成大量裂纹。

施工方面:施工中沥青混凝土初碾温度较高,在振动碾作用下沥青混凝土拥包明显,碾压后表面会出现较多微裂缝;施工中由于沥青混合料矿料加热温度不够,沥青与矿料的黏聚力变小,这样沥青混合料在摊铺碾压后,沥青混凝土表面将产生很宽很深的贯穿性裂纹。另外,沥青混合料在摊铺碾压后,长时间未能实施碾压,进行碾压施工时,沥青混合料温度已偏低,在此情况下碾压,同样会形成表面裂纹。

质量裂纹一般为贯穿性裂纹,裂纹较深,可达 3 cm,是沥青混凝土表面裂纹中性质最严重的一类裂纹。

10.1.1.2　表面温度裂缝

在沥青混凝土施工过程中,沥青混凝土的配合比及施工工艺控制正常的情况下,由于气温的骤降而使沥青混凝土制品表面形成的一类裂缝称为温度裂缝。这种裂缝尤其在沥青混凝土越冬层面表现得尤为突出,由于越冬层面保温不好,当表面温度低于沥青脆点温度时,就会产生大量的温度裂纹或裂缝。从沥青混凝土心墙施工的环境条件、现场施工及检测结果分析,此类裂缝产生的原因大致为:由于天气原因,如突降暴雨,积水浸泡心墙,沥青混凝土心墙经过温度骤降,内部各材料的线膨胀系数不同,形成温度应力,使沥青混凝土表面产生裂缝。

温度裂缝一般可分为以下形式:

(1)贯穿式:基本横向贯穿心墙;

(2)半贯穿式:以心墙中心为界,分布在心墙两侧;

(3)密布式:以心墙中心一定长度范围内存在数条裂缝密布;

(4)既有贯穿裂缝,又有半贯穿裂缝。

各种形式的裂缝宽度、长度不等,宽度一般为 0.1~2 mm,深度一般在 10 mm 以内。

10.1.1.3　其他裂缝

一般裂缝是由施工工艺造成的,主要是由于沥青混凝土过碾,表面形成一层泛浆,此泛浆层是沥青混凝土的最薄弱部位,在沥青混凝土冷却过程中,由于沥青混凝土表面泛浆的表面张力小于其温度变化形成的拉应力,它与其他因素联合作用,使沥青混凝土形成表面裂缝,从严格意义上讲,此类裂缝也属温度裂缝。

沥青混凝土表面裂缝是施工过程中由于施工配合比、施工工艺或施工环境不能满足要求而造成的,施工过程出现表面裂缝,应认真分析其成因,进而制定相应的处理措施。裂缝形成的原因不同,处理方式也不一样。经现场调查,产生表面裂缝的原因主要有以下几个方面:①沥青原材料质量问题,如沥青的针入度、软化点或延度不合格。②当沥青混凝土的施工配合比发生了较大偏差,如油石比远小于设计值,砂或矿粉用量有较大偏差,都无法在正常的碾压情况下达到理想的压实度,沥青混凝土表面形成大量裂纹。③如果矿料加热温度不够,沥青与矿料的黏聚力变小,沥青混凝土在摊铺碾压后,表面也将产生很宽、很深的贯穿性裂纹。④极端低温条件或大风气候条件下施工,沥青混凝土表面温降大,沥青混合料表面形成硬壳,碾压不密实而造成表面大量裂缝。⑤碾压方法不合格,碾压时机掌控不好或碾压温度控制过低。

10.1.2　沥青混凝土本体性能不满足要求及成因

在沥青混凝土施工过程中,现场基本以无损检测为主,要进行一定频率的无损检测,确保及时发现施工质量问题,辅以钻孔取芯作为最终的确认手段。沥青混凝土本体性能主要包括物理性能、防渗性能、变形性能和力学性能,通过现场无损检测(核子密度仪法和真空渗气仪法)可快速测定碾压后沥青混凝土的密度、孔隙率和渗透性。如果检测出的孔隙率不能满足规范或设计要求,应立即钻取芯样进行检测,及时对出现问题的工程范围进行确定,对质量问题的性质进行分析,采取相应的对策进行处理。

造成沥青混凝土本体性能不满足要求的原因主要有以下几个方面:

(1)原材料与基础配合比:矿料产地、品质、生产工艺发生较大变化,沥青产地、品质发生较大变化,矿料中的石粉含量、矿料的含水率、填料细度不满足规范要求,沥青混凝土基础配合比设计不满足要求等都会影响沥青混凝土的碾压效果。

(2)沥青混合料与施工配合比:沥青混合料出机口温度过低,沥青混凝土拌和楼筛分或计量系统出现故障,致使现场施工配合比与设计配合比出现了严重偏离,都会影响沥青混凝土的压实性能。

(3)施工工艺:沥青混合料的碾压温度控制、碾压参数(碾压机械、铺料厚度、碾压遍数、行车速度等)、碾压方式等。

10.1.3　沥青混凝土碾压结合层面结合不良及成因

沥青混凝土分层碾压过程中容易出现结合层面结合不良的现象,这种缺陷在施工中应引起足够的重视,为保证心墙沥青混凝土结合面的有效结合,《水工沥青混凝土施工规范》(SL 514—2013)对沥青混凝土的结合面温度有不宜低于70 ℃的下限要求,施工中由于结合面不良容易出现集中渗水现象,影响大坝的防渗效果。

影响沥青混凝土碾压结合层面结合不良的原因主要有以下方面:

(1)沥青混凝土碾压过程中结合面受到污染,如施工中为防止粘碾在碾轮上洒油、水过多,心墙碾压完后不及时覆盖被粉尘污染等。

(2)由于机械故障等原因造成沥青混凝土施工中断,尤其在低温环境下施工,下层沥青混凝土温度过低,再次摊铺上层热料进行碾压时,使结合区的沥青混凝土温度过低,碾压结合质量不好。

(3)在大风季节施工,沥青混合料入仓摊铺后表面温度下降较快,也会影响沥青混凝土表面的压实效果,造成碾压结合面不良。

10.1.4　沥青混凝土心墙有效厚度不满足设计要求及成因

沥青混凝土心墙与过渡料碾压中一般采用品字形碾压,按先碾压沥青混合料,后碾压过渡料的顺序进行。沥青混凝土心墙有效厚度不满足设计要求主要原因有:施工中沥青混合料摊铺有效宽度本身就不够,碾压过程中过渡料碾压激振力过大,出现较大侧向变形而挤压沥青混凝土心墙,沥青混合料的初碾温度过高等,都会使沥青混凝土心墙有效厚度不够。

10.2　施工缺陷的处理方法

10.2.1　沥青混凝土表面裂缝的处理

沥青混凝土表面出现的温度裂缝和一般裂纹对渗透性影响不大,沥青混凝土的自愈能力较强,此类裂缝在一定条件下,如在上层热沥青混合料的温度升高条件下可以愈合。一般情况下,工程中不对此类裂缝进行特殊处理。但是,为了防止今后进一步出现此类裂纹,可做如下的工作以提高施工质量。适当调整沥青混凝土施工配合比,如调整各级矿料用量,尤其是矿粉用量,与基础配合比的矿料合成级配尽可能吻合,也可适当增加油石比等方法,还应考虑施工工艺和施工环境,控制碾压温度和碾压功能等方法预防沥青混凝土表面出现裂纹或裂缝问题。可以看出,沥青混凝土碾压完毕后要特别注意加强保护,减少外界因素对心墙的侵蚀,沥青混凝土表面裂缝完全可以减少,甚至是可以避免的。

质量裂纹一般为贯穿性裂纹,裂纹较深,可达 3 cm,是沥青混凝土表面裂纹中性质最严重的一类裂纹。质量裂缝由于其成因较为特殊,没有办法采取措施使得沥青混凝土的表面裂缝愈合,裂缝的存在将大大降低沥青混凝土的防渗性能,成为工程防渗的隐患,必须进行处理。

这种裂缝处理方式应以不给工程留隐患为原则。对发现问题的部位,补充钻孔取芯,对沥青混凝土的性能指标(主要指孔隙率、渗透系数)进行检测,若沥青混凝土芯样的检测结果仍然不能满足设计要求,质量缺陷段通常采用在上游侧贴补或彻底挖除两种办法进行处理。

10.2.2　力学性能不满足要求的质量缺陷段处理

10.2.2.1　处理范围

在沥青混凝土摊铺施工过程中,要求进行一定频率的无损检测,确保质量问题不被遗漏。当发现沥青混凝土施工质量有问题时,应按以下步骤先确定处理的范围。

(1)应增加无损检测的频率。对沥青混凝土孔隙率不合格的区间进行分析,必要时可以采用每米一个测点甚至更密,确定待分析、处理的范围。

(2)在无损检测确定的不合格的范围内,分区分段进一步采用钻孔取芯的办法,对沥青混凝土芯样进行孔隙率、渗透系数等物理力学参数的检测。

(3)应以沥青混凝土芯样的检测结果为标准,初步划分需要进行处理的区段。

(4)在已确定的处理区段两端向外各延伸 1 m,再次取芯检测,确定沥青混凝土的物理力学指标是否满足设计要求,如满足要求可不扩大处理区段,否则应继续向区段两端外延各 1 m,重新进行取芯,至满足设计要求为止,同时也确定出最终处理区段。

(5)根据质量缺陷的性质及范围的大小,确定处理方法。

10.2.2.2　处理方法

如沥青混凝土芯样测试值(孔隙率和渗透性能)合格,则认为沥青混凝土质量是满足要求的;如沥青混凝土芯样测试值仍不合格,则必须要进行处理。对现场无损检测检查出的不能满足要求的沥青混凝土区段,按质量缺陷段的严重程度和范围通常有以下三种处理方法。

1. 不处理

现场采用无损检测(核子密度仪法和真空渗气仪法)发现沥青混凝土存在孔隙率或渗透系数检测结果处于设计容许值或规范临界值边缘,在进行加密检测确定的待处理的区段内,钻孔取芯样进行检测,沥青混凝土芯样检测结果满足设计要求,经分析论证确认,不影响沥青混凝土心墙的正常运行,不会给工程留下隐患。对这部分心墙沥青混凝土可以不作处理。

2. 贴补处理

对无损检测发现问题的部位,检测结果与设计容许值偏差较大,补充钻孔取芯进行检测,沥青混凝土芯样检测结果也不能满足设计要求,经分析论证确认,将会影响沥青混凝土心墙的正常运行,给工程留下隐患。对发现问题的部位,可以在有缺陷部位的心墙上游侧挖开,贴补 5~10 cm 厚沥青砂浆或立模板浇筑 10~20 cm 厚浇筑式沥青混凝土,以增强沥青混凝土的防渗效果,是一种行之有效的处理方法。

沥青砂浆或浇筑式沥青混凝土贴补高度一般要包含裂缝处理层(也可为多层处理)、处理层的上一层、处理层的下一层。用于施工浇筑的沥青砂浆或浇筑式沥青混凝土配合比须根据试验确定。如采用沥青砂浆贴补处理,沥青:填料(矿粉):砂=1:2:4;如采用浇筑式沥青混凝土贴补处理,油石比选择 9.0%~9.6%,填料用量选择 13%~15% 为宜。

在上游面贴补浇筑式沥青混凝土的具体做法是:继续进行下一层的沥青混凝土施工,施工结束后将心墙上游面过渡料挖开,将其表面进行清理,要求表面平整,且无过渡料镶嵌,见图 10-1。对沥青混凝土心墙上游侧表面清理完成并通过验收后,就可以在需要贴补沥青混凝土的区域支立施工模板了。施工模板要求支立平整、稳定,能够满足设计要求,并确保浇筑式沥青混凝土的最小厚度满足设计要求。立模完成后,按照试验确定的浇筑式沥青混凝土配合比进行浇筑施工,见图 10-2。施工中,应严格按浇筑式沥青混凝土的施工方法进行,完成缺陷区域浇筑式沥青混凝土贴面处理,见图 10-3。施工中应注意观察浇筑式沥青混凝土贴面与处理区域沥青混凝土的融合效果,见图 10-4。

采用沥青砂浆或浇筑式沥青混凝土贴补的处理方式可以使一部分质量缺陷问题彻底解决,但也不是万能的,它的施工程序太麻烦,有时必须采用别的办法如人工挖除或用铣刨进行彻底处理。通常情况下,当缺陷部位的区间长度较长且经分析采用沥青砂浆或浇筑式沥青混凝土贴补处理完全可以解决,不会给工程留下质量隐患时,一般采用此处理方法。

3. 挖除

采用沥青砂浆或浇筑式沥青混凝土贴补的处理方式不能从根本上解决质量缺陷时,可采用将质量缺陷段彻底挖除并重新铺筑沥青混凝土的处理办法。

图 10-1　缺陷部位上游过渡料挖开断面

图 10-2　浇筑式沥青混凝土贴面施工

图 10-3　浇筑式沥青混凝土贴面处理

图 10-4　贴面处融合效果的观测

当挖除处理范围较小时,宜采用人工挖除的方法,在缺陷段用红外线加热罩等加热方法加热沥青混凝土,人工用铁锹等工具铲除已加热的沥青混凝土,直至把该层全部清除,并重新铺筑沥青混凝土,并使之达到合格要求,但此方法费工费时,处理不当对下层沥青混凝土影响较大,人工挖除的方法仅适用于小范围的缺陷。当挖除处理范围较大时,如果某一层沥青混凝土都有缺陷,可采用垂直于心墙轴线用路面切割机切块,此方法对下层扰动较小(见图 10-5)所示,辅助人工的方法进行清除,图 10-6 中切割下来的沥青混凝土块,采用高压水枪清理(见图 10-7),待干燥后进行新的沥青混凝土摊铺。如果处理的范围是连续多层,经过论证必须采用挖除方法,宜采用路面铣刨机铲除的方法,如图 10-8 所示。采用铣刨机铲除沥青混凝土心墙缺陷效率较高,且在铲除过程中对心墙下部扰动较小,清除后表面平整,如图 10-9 所示。对表面进行加热升温处理后,重新铺筑碾压新的沥青混凝土。

挖除处理是一种最彻底的处理方式,采用此种处理方式将不会给工程留下隐患。但挖除处理也有其局限性,当需要进行处理的范围过大时,处理难度大,费时费力,同时在处理过程中,挖除方法不当,会对下层沥青混凝土造成影响。

图 10-5　分块切割缺陷层　　　图 10-6　切割的沥青混凝土块　　　图 10-7　高压水枪清理表面

图 10-8　铣刨机铲除缺陷区域　　　　　　　图 10-9　铣刨后心墙表面

10.2.3　碾压层面结合不良的缺陷处理

　　由于施工工艺和施工条件的影响,沥青混凝土碾压过程中容易出现碾压层面结合不良的缺陷,这种缺陷主要表现在沥青混凝土本体孔隙率能满足要求,但结合区域的孔隙率较大,结合层面水平渗透性大。将心墙上游过渡料挖开后,钻取芯样孔内注水时,表现出结合面的渗水情况,见图 10-10、图 10-11。此类缺陷主要表现在结合区渗透系数不满足设计要求。

图 10-10　心墙上游过渡料挖开情况　　　　　图 10-11　碾压结合区的渗水现象

　　还有一类碾压层面结合不良的问题,沥青混合料碾压施工过程的碾压机具应及时清理,保持干净。然而有些碾压过程中为了防止沥青混合料粘碾,施工人员经常往碾轮上喷洒柴油类防粘液,或喷水过多,造成摊铺层面的污染。在上一层沥青混合料摊铺后,与前一层已碾压的沥青混凝土很难有效结合,此类缺陷将减小结合层面的抗剪切强度,增大结合层面的渗漏量,表现出对沥青混凝土钻芯取样时,芯样往往断裂于结合层面部位,且断口齐平,见图 10-12。在挖除过程中,也可以很容易地将该层沥青混凝土剥离,断面平整,两层沥青混凝土完全没有结合,见图 10-13。因此,沥青混凝土碾压层面要保证清洁、无污染,碾压完成后及时进行覆盖在施工中是非常重要的。

图 10-12　沥青混凝土芯样断口齐平

图 10-13　沥青混凝土碾压层面未有效结合

　　此类缺陷一般来说范围较大,可能是一层,也可能是多层,处理起来难度较大。由于缺陷仅存在于沥青混凝土碾压结合区,宜采用前述介绍的沥青砂浆或浇筑式沥青混凝土贴补的处理方式。

10.2.4　心墙厚度不满足设计要求的处理

　　沥青混凝土外观尺寸不满足设计要求,而沥青混凝土本体及结合面都能满足要求。施工后心墙厚度一般不会与设计厚度相差过大,一般都为 3~5 cm。对于此类缺陷采用沥青砂浆或浇筑式沥青混凝土贴补的方式进行处理是比较科学的。为减小心墙沥青混凝土厚度偏差,施工时控制好沥青混凝土的碾压温度、过渡料的碾重和碾压工序是很重要的。

10.2.5　沥青混凝土过碾返油的处理

　　心墙沥青混凝土不同于道路沥青混凝土,沥青胶浆用量较高,施工中控制不好容易造成骨料分离现象。施工过程中刻意追求表面效果而加大碾压力度,形成明显的"返油"现象,将直接影响沥青混凝土心墙的使用性能。这类"返油"主要是沥青胶浆,厚度可达0.5~1 cm,将其称为过碾返油。

　　过碾返油现象形成的原因有很多,归纳起来有以下几个方面:

　　(1)沥青混凝土的过碾。一定程度地增加碾压遍数,对沥青混凝土的孔隙率无明显影响,如果碾压遍数过多,则形成沥青混凝土过碾返油现象,对沥青混凝土孔隙率反而会造成负面的影响,使每一浇筑层中下部沥青混凝土的孔隙率增加,这种现象俗称"蒸馒头"。

（2）沥青混合料的碾压温度过高，如果不改变相应的施工碾压参数，同样会形成过碾返油现象。一般地，沥青混合料的碾压温度控制为 130~145 ℃，温度较高时进行碾压，骨料颗粒间的内摩擦力较小，粗颗粒下沉，沥青胶浆上浮，造成骨料的分离现象，形成表面返油，对沥青混凝土结构的形成造成不利。

（3）沥青混合料配合比偏差较大，特别是施工中的沥青用量远高于设计值，同样在正常碾压工艺情况下造成过碾返油现象。过碾返油将对心墙沥青混凝土的力学和变形性能造成很大的影响，过碾返油层是沥青混凝土心墙施工存在的一个薄弱环节。从钻芯取样可以明显看到，碾压层间形成明显的沥青胶浆层，没有因上一层的铺筑而消失。同时，过碾返油层的中下部芯样粗骨料明显增多，孔隙率较大，影响沥青混凝土的抗渗性能。

在沥青混凝土心墙施工过程中，应严格控制沥青混合料配合比及施工工艺参数，尤其是要控制好沥青混合料的油石比和初碾温度，消除过碾返油现象。沥青混凝土心墙结构设计要考虑坝体填筑料与沥青混凝土心墙的协调变形，要考虑沥青混凝土承受的自重压力和侧压力对沥青混凝土心墙使用性能的影响。因此，如果施工中出现过碾返油现象，先要检查沥青混凝土的孔隙率是否满足设计要求，如果沥青混凝土心墙过碾返油层中下部沥青混凝土满足设计要求，则可将过碾返油层表面挖除；否则，需要将整个过碾返油层全部挖除。

参 考 文 献

[1] 林宝玉,丁建彤.水工材料的发展前景展望[J].中国水利,2006(20):61-63.

[2] 岳跃真,郝巨涛,孙志恒,等.水工沥青混凝土防渗技术[M].北京:化学工业出版社,2006.

[3] 丁朴荣.水工沥青混凝土材料选择与配合比设计[M].北京:中国水利水电出版社,1990.

[4] 张怀生.水工沥青混凝土[M].北京:中国水利水电出版社,2005.

[5] 张金升,张银燕,夏小裕,等.沥青材料[M].北京:化学工业出版社,2009.

[6] 沈金安.沥青及沥青混合料路用性能[M].北京:人民交通出版社,2006.

[7] 王德库,金正浩.土石坝沥青混凝土防渗心墙施工技术[M].北京:中国水利水电出版社,2006.

[8] 吴建民.高等空气动力学[M].北京:北京航空航天大学出版社,1992.

[9] 王福军.计算流体动力学分析[M].北京:清华大学出版社,2004.

[10] H & D, Asphaltic concrete cores(Tables), Hydropower & Dams[M]. World Atlas & Industry Guide, 2008.

[11] 中华人民共和国水利部.土石坝沥青混凝土面板和心墙设计规范:SL 501—2010[S].北京:中国水利水电出版社,2010.

[12] 中华人民共和国国家能源局.土石坝沥青混凝土面板和心墙设计规范:DL/T 5411—2009[S].北京:中国电力出版社,2009.

[13] 中华人民共和国交通运输部.公路工程沥青及沥青混合料试验规程:JTG E20—2011[S].北京:人民交通出版社,2011.

[14] 中华人民共和国水利部.土工试验规程:SL 237—1999[S].北京:中国水利水电出版社,2007.

[15] 交通运输部公路科学研究院.公路工程沥青及沥青混合料试验规程:JTG E20—2011[S].北京:人民交通出版社,2011.

[16] 中华人民共和国水利部.水工沥青混凝土施工规范:SL 514—2013[S].北京:中国水利水电出版社,2013.

[17] 中华人民共和国国家能源局.水工碾压式沥青混凝土施工规范:DL/T 5363—2016[S].北京:中国电力出版社,2016.

[18] 中华人民共和国国家能源局.水工沥青混凝土试验规程:DL/T 5362—2018[S].北京:中国电力出版社,2018.

[19] 伦聚斌.骨料级配对心墙沥青混凝土性能影响研究[D].乌鲁木齐:新疆农业大学,2017.

[20] 杨武.高应力下心墙沥青混凝土应力-应变特性研究[D].乌鲁木齐:新疆农业大学,2017.

[21] 韩林安.寒冷地区浇筑式沥青混凝土防渗心墙施工关键技术研究[D].西安:西安理工大学,2008.

[22] 屈漫利.水工沥青混凝土抗裂性能和试件成型方法的试验研究[D].西安:西安理工大学,2001.

[23] 朱西超.低温环境下沥青混凝土碾压结合层面性能试验研究[D].乌鲁木齐:新疆农业大学,2014.

[24] 李琦琦,何建新,张正宇.孔隙率对长期浸水沥青混凝土性能的影响[J].水电能源科学,2019,37(2):119-122,182.

[25] 杨乐天,何建新,开鑫.终碾温度对沥青混凝土压实性的影响研究[J].粉煤灰综合利用,2019(1):10-12,27.

[26] 李江,柳莹,何建新.新疆碾压式沥青混凝土心墙坝筑坝技术进展[J].水利水电科技进展,2019,39

(1):82-89.

[27] 开鑫,何建新,杨武,等.沥青混凝土粘附性与长期水稳定性分析[J].粉煤灰综合利用,2018(6):
    37-40.

[28] 李琦琦,何建新,张正宇.孔隙率和填料对沥青混凝土的长期水稳定性分析[J].水电能源科学,
    2018,36(12):101-104.

[29] 陈磊,马敬,何建新.低温环境下心墙沥青混凝土的施工工艺及质量控制[J].粉煤灰综合利用,
    2018(5):67-69,76.

[30] 白传贞,何建新.不同配合比的心墙沥青混凝土物理力学性能分析[J].粉煤灰综合利用,2018(4):
    14-18.

[31] 王建祥,唐新军,何建新,等.考虑多因素的浇筑式沥青混凝土动力特性研究[J].材料导报,2018,
    32(12):2085-2090.

[32] 李琦琦,何建新,张正宇.填料类型和浸水时间对沥青混凝土力学性能影响分析[J].新疆农业大学
    学报,2018,41(1):72-78.

[33] 杨武,宋剑鹏,何建新,等.心墙沥青混凝土静三轴试验的剪胀性研究[J].粉煤灰综合利用,2017
    (4):6-8.

[34] 游光明.水泥填料对水工沥青混凝土长期水稳定性影响研究[D].乌鲁木齐:新疆农业大学,2016.

[35] 初伟.土石坝沥青混凝土心墙材料基本性能研究——蠕变和动力特性研究[D].西安:西安理工大
    学,2004.

[36] 杨耀辉,蔡宝柱,何建新.天然砾石与大理岩矿料对沥青混凝土性能的影响[J].新疆农业大学学
    报,2017,40(3):229-234.

[37] 何建新,仝卫超,王怀义,等.砾石骨料破碎率对沥青混凝土心墙坝应力应变影响分析[J].水力发
    电,2017,43(3):54-58,64.

[38] 杨耀辉,宋剑鹏,何建新,等.沥青混凝土水稳定性影响因素分析[J].新疆农业大学学报,2016,39
    (6):495-499.

[39] 余林,凤炜,何建新.过渡层与沥青混凝土心墙的相互作用研究[J].水利规划与设计,2016(10):
    75-79,141.

[40] 仝卫超,何建新,王怀义.砾石骨料破碎对心墙沥青混凝土的性能影响分析[J].水资源与水工程学
    报,2016,27(1):175-179.

[41] 杨耀辉,何建新,王怀义.心墙沥青混凝土配制中砾石骨料酸碱性判定方法的探讨[J].水电能源科
    学,2015,33(9):117-120.

[42] 王文政,唐新军,何建新,等.五一水库天然砾石骨料在沥青混凝土心墙中的适用性研究[J].水利
    与建筑工程学报,2014,12(5):172-175.

[43] 何建新,郭鹏飞,刘录录,等.阳离子乳化沥青混凝土配合比设计的优选方法研究[J].水利与建筑
    工程学报,2013,11(3):96-98,106.

[44] 贺传卿,何建新,杨桂权.浇筑式沥青混凝土配合比试验研究[J].新疆农业大学学报,2012,35(5):
    418-421.

[45] 周佺,宋琪文,刘亮.不同水泥掺量对花岗岩沥青混凝土性能的影响[J].粉煤灰综合利用,2019
    (5):27-29,92.

[46] 杨海华,刘亮,游光明.不同孔隙率下沥青混凝土的水稳定性试验研究[J].水力发电,2017,43(6):
    115-119.

[47] 刘亮,杨海华,朱西超.天然砾石骨料对心墙沥青混凝土力学性能影响分析[J].水资源与水工程学

报,2016,27(4):194-198.

[48] 干建祥,刘亮,张媛媛.浇筑式沥青混凝土心墙坝应力变形有限元分析[J].水资源与水工程学报,2014,25(4):119-122.

[49] 宗敦峰,刘建发,肖恩尚,等.水工建筑物防渗墙技术 60 年Ⅱ:创新技术和工程应用[J].水利学报,2016,47(4):483-492.

[50] 杨晓征.骨料最大粒径对浇注式沥青混凝土性能影响研究[D].乌鲁木齐:新疆农业大学,2013.

[51] 郭鹏飞.阳离子乳化沥青混凝土性能试验研究[D].乌鲁木齐:新疆农业大学,2013.

[52] 谭凡,黄斌,饶锡保.沥青混凝土心墙材料动力特性试验研究[J].岩土工程学报,2013,35(S1):383-387.

[53] 孔宪京,许诏君,邹德高,等.沥青混凝土心墙坝心墙与基座模型抗震试验研究[J].大连理工大学学报,2013,53(4):559-564.

[54] 伦聚斌,孙卫江,何建新.级配偏差对心墙沥青混凝土性能影响研究[J].粉煤灰综合利用,2017(4):13-17.

[55] 李琦琦,何建新,张正宇,等.大孔隙率下水泥作填料的沥青混凝土水稳定性分析[J].新疆农业大学学报,2017,40(4):308-312.

[56] 何建新,杨武,杨耀辉,等.水泥填料对心墙沥青混凝土长期水稳定性的影响[J].水利水电科技进展,2017,37(4):59-62.

[57] Yu X. Linear elastic and plastic-damage analyses of a concrete cut-off wall constructed in deep overburden[J]. Computers and Geotechnics,2015,69(9):462-473.

[58] Haciefendioglu K, Soyluk K, Birinci F. Comparison of stochastic responses of asphaltic concrete core and asphaltic lining dams with clay core dams to stationary and nonstationary excitation[J]. Advances in Structural Engineering,2012,15(1):91-105.

[59] 杨耀辉,何建新,杨海华.填料级配及浓度对心墙沥青混凝土的性能影响分析[J].水资源与水工程学报,2015,26(4):192-195.

[60] 何建新,朱西超,杨海华,等.采用砾石骨料的心墙沥青混凝土水稳定性能试验研究[J].中国农村水利水电,2014(11):109-112.

[61] 邓建伟,凤炜,何建新.沥青混凝土心墙坝水力劈裂发生机理及分析[J].水资源与水工程学报,2014,25(5):46-50.

[62] Klahn S, Kuhlmann W, Kuhlmann S C. Refurbishment of the external asphalt concrete sealing at the main Bigge Dam and the Kessenhammer pre-dam[J]. Wasserwirtschaft,2018,108(S1):50-54.

[63] Wei Min, Zhou Heqing, Cui Dongdong. Research and application on seepage detection and repair of anti-seepage system for earth-rockfill dam with asphalt concrete core[J]. Water Resources And Hydropower Engineering,2018,4(4):40-50.

[64] 郭鹏飞,何建新,刘亮,等.浇筑式沥青混凝土配合比设计优选方法研究[J].水利与建筑工程学报,2012,10(4):42-46.

[65] 郭鹏飞,何建新,刘亮,等.采用天然砾石骨料的浇筑式沥青混凝土配合比设计及性能研究[J].水资源与水工程学报,2012,23(3):148-150.

[66] 开鑫,刘亮,杨海华.高温气候下沥青混凝土心墙连续碾压施工结合面温控试验研究[J].水资源与水工程学报,2020,31(1):194-199.

[67] Zhou C J, Feng D C, Wu X S,et al. Prediction of concrete coefficient of thermal expansion by effective self-consistent method considering coarse aggregate shape[J]. Journal of Materials in Civil Engineering,

2018,30(12):88-99.

[68] Duncan J M, Chang C Y. Nonlinear analysis of stress and strain in soil[J]. Soil Mech,1970,96(05):
1629-1652.

[69] 朱西超,何建新,杨海华.心墙结合面温度对碾压式沥青混凝土强度影响[J].中国农村水利水电,
2014(8):138-141.

[70] 朱西超,何建新,凤炜,等.上层恒温下层变温浇筑时碾压沥青混凝土心墙结合面劈裂抗拉试验研
究[J].水电能源科学,2014,32(6):77-80.

[71] 何建新,杨晓征,马晓兰,等.骨料最大粒径对浇注式沥青混凝土力学性能影响研究[J].水资源与
水工程学报,2013,24(5):88-91,95.

[72] Fwa T F, Low B H, Tan S A. Behavior analysis of asphalt mixtures using triaxial test-determined proper-
ties Shaw [J]. Biology of Reproduction,1995,53(4):847-854.

[73] Quezada J C, C Chazallon. Complex modulus modeling of asphalt concrete mixes using the Non-Smooth
Contact Dynamics method[J]. Computers and Geotechnics,2020,117(2):24-38.

[74] 杨晓征,何建新,郭鹏飞.沥青混凝土芯样与室内试件三轴试验结果对比分析[J].水电与新能源,
2013(3):23-25.

[75] 杨晓征,何建新,郭鹏飞.沥青混凝土芯样与室内试件三轴试验差异分析[J].人民黄河,2013,35
(3):108-109.

[76] Wang Z X, Hao J T, Yang J, et al. Experimental study on hydraulic fracturing of high asphalt concrete
core rock-fill dam[J]. Applied Sciences-Basel,2019,9(11):2285.

[77] Assouline S, Or D. Anisotropy factor of saturated and unsaturated soils[J]. Water Resources Research,
2006,42(12):1675-1679.

[78] 何建新,杨耀辉,杨海华.基于PPR无假定建模的沥青胶浆拉伸强度变化规律分析[J].水资源与
水工程学报,2016,27(2):189-192.

[79] 仝卫超.砾石骨料破碎率对心墙沥青混凝土性能影响研究[D].乌鲁木齐:新疆农业大学,2016.

[80] 杨耀辉.天然砾石骨料界面与沥青胶浆粘附性能研究[D].乌鲁木齐:新疆农业大学,2015.

[81] Hoeg K. Asphaltic concrete cores for embankment dams[J]. Norwegian Geotechnical Institute,1993.

[82] 余梁蜀,晋晓海,丁治平.心墙沥青混凝土动力特性影响因素的试验研究[J].水力发电学报,2013,
32(3):194-197,206.

[83] 王为标,Kaare Hoeg.沥青混凝土心墙土石坝:一种非常有竞争力的坝型[C]//第一届堆石坝国际
研讨会.成都:2009.

[84] 钟登华,陈永兴,常昊天,等.沥青混凝土心墙堆石坝施工仿真建模与可视化分析[J].天津大学学
报,2013,46(4):285-290.

[85] 杨武,何建新,杨海华.针片状含量对心墙沥青混凝土性能的影响研究[J].粉煤灰综合利用,2017
(1):20-22.

[86] 伦聚斌,何建新,王怀义.粗骨料超径率对心墙沥青混凝土力学性能的影响分析[J].水资源与水工
程学报,2017,28(1):169-173.

[87] 何建新,伦聚斌,杨武.碾压式沥青混凝土心墙越冬层面结合工艺研究[J].水利水电技术,2016,47
(11):48-51.

[88] 裴亮,吴震宇,崔萌,等.高土石坝安全监测位移混合模型研究及应用[J].四川大学学报(工程科学
版),2012,44(S1):42-47.

[89] 张应波,王为标,兰晓,等.土石坝沥青混凝土心墙酸性砂砾石料的适用性研究[J].水利学报,

2012,43（4）:460-466.

[90] 朱晟,徐骞,王登银.沥青混凝土的增量蠕变模型研究[J].水利学报,2011,42（2）:192-197.

[91] 邓铭江,于海鸣,李湘权.新疆坝工技术进展[J].岩土工程学报,2010,32（11）:1678-1687.

[92] 曹学兴,何蕴龙,熊堃,等.汶川地震对冶勒大坝影响分析[J].岩土力学,2010,31（11）:3542-3548.

[93] 王为标,张应波,朱悦,等.沥青混凝土心墙石渣坝的有限元计算分析[J].水力发电学报,2010,29（4）:173-178.

[94] 杨武,何建新,王怀义,等.细骨料采用天然砂的心墙沥青混凝土力学性能[J].粉煤灰综合利用,2016（4）:7-10.

[95] 游光明,何建新,杨海华.延长浸水时间对心墙沥青混凝土水稳定性能影响分析[J].粉煤灰综合利用,2016（3）:11-13.

[96] 陈愈炯.对"沥青混凝土心墙土石坝的应力应变分析"一文的讨论之讨论[J].岩土工程学报,2010,32（7）:1150.

[97] 陈宇,姜彤,黄志全,等.温度对沥青混凝土力学特性的影响[J].岩土力学,2010,31（7）:2192-2196.

[98] 何蕴龙,刘俊林,熊堃.汶川地震冶勒大坝动力响应规律分析[J].四川大学学报（工程科学版）,2009,41（3）:157-164.

[99] 朱晟,张美英,戴会超.土石坝沥青混凝土心墙力学参数反演分析[J].岩土力学,2009,30（3）:635-639,644.

[100] 朱晟.沥青混凝土心墙堆石坝三维地震反应分析[J].岩土力学,2008（11）:2933-2938.

[101] 郝巨涛.国内沥青混凝土防渗技术发展中的重要问题[J].水利学报,2008（10）:1213-1219.

[102] 汪明元,周欣华,包承纲,等.三峡茅坪溪高沥青混凝土心墙堆石坝运行性状研究[J].岩石力学与工程学报,2007（7）:1470-1477.

[103] 李志强,张鸿儒,安明喆,等.土石坝心墙沥青混凝土三轴蠕变试验研究[J].北京交通大学学报,2007（1）:77-80.

[104] 方朝阳,代礼红,段亚辉.隘口沥青混凝土心墙堆石坝岩溶坝基稳定分析及处理研究[J].岩石力学与工程学报,2006（S2）:3802-3808.

[105] 李志强,张鸿儒,侯永峰,等.土石坝沥青混凝土心墙三轴力学特性研究[J].岩石力学与工程学报,2006（5）:997-1002.

[106] 王为标.土石坝沥青防渗技术的应用和发展[J].水力发电学报,2004（6）:70-74.

[107] 屈漫利,王为标,蔡新合.冶勒水电站沥青混凝土心墙防渗性能的试验研究[J].水力发电学报,2004（6）:80-82.

[108] 朱晟,曹广晶,张超然,等.茅坪溪土石坝安全复核[J].水利学报,2004（11）:124-128.

[109] 胡春林,胡安明,李友华.茅坪溪土石坝沥青混凝土心墙的力学特性与施工控制[J].岩石力学与工程学报,2001,20（5）:742-742.

[110] 熊焰,刘永红,鄢双红.沥青混凝土心墙土石坝工程[J].岩石力学与工程学报,2001（S1）:1917-1919.

[111] 饶锡保,程展林,谭凡,等.碾压式沥青混凝土心墙工程特性研究现状与对策[J].长江科学院院报,2014,31（10）:51-57.

[112] 蒋富强,李莹,蒋富强,等.兰新铁路百里风区风沙流结构特性研究[J].铁道学报,2010（3）:105-110.

[113] 王家主.热管在沥青混凝土内部传热效率的影响因素分析[J].公路,2015,60（9）:26-31.

［114］杨德源. 矿井风流热交换［J］. 煤矿安全,2003(S1):94-97.

［115］张洁,刘堂红. 新疆单线铁路土堤式挡风墙坡角优化研究［J］. 中国铁道科学,2012,33(2):28-32.

［116］Birgitta Kllstrand,Hans Bergstrm,Jrgen Hjstrup,et al. Mesoscale wind field modifications over the baltic sea［J］. Boundary-Layer Meteorology,2000,95(2).

［117］姜翠香,梁习锋. 挡风墙高度和设置位置对车辆气动性能的影响［J］. 中国铁道科学,2006(2):66-70.

［118］姜瑜君,桑建国,张伯寅. 高层建筑的风环境评估［J］. 北京大学学报(自然科学版),2006(1):68-73.

［119］程建军,蒋富强,杨印海,等. 戈壁铁路沿线风沙灾害特征与挡风沙措施及功效研究［J］. 中国铁道科学. 2010(5):15-20.